空天前沿技术丛书

结构序列近似建模优化方法与应用

雷勇军　王志祥　王　斌　著

科学出版社

北　京

内 容 简 介

本书面向大型运载火箭关键承载舱段轻量化设计需求，聚焦大型复杂结构高效优化设计理论方法，系统研究结构序列近似建模优化方法及其在大型运载火箭加筋圆柱壳舱段设计中的应用。在理论研究方面，提出面向高维非规则设计域的混合整数填充采样算法，实现了设计样本点对非规则设计空间的均匀覆盖；发展了面向设计域全局近似的增广径向基函数近似建模方法、序列近似建模方法和多保真度近似建模方法，提升了大型复杂结构非线性力学问题分析效率。在应用研究方面，重点针对大型运载火箭两类典型加筋圆柱壳舱段，研究考虑整体稳定性和桁条局部稳定性的大直径加筋圆柱壳舱段的优化设计方法，并协同考虑结构承载能力和载荷扩散性能的集中力扩散舱段的优化设计方法，获得满足工程应用需求的结构轻量化设计方案。

本书可供力学专业和航空航天工程领域的研究人员、工程技术人员阅读，也可供相关专业研究生和高年级本科生学习。

图书在版编目(CIP)数据

结构序列近似建模优化方法与应用 / 雷勇军, 王志祥, 王斌著. --北京：科学出版社，2025.3
（空天前沿技术丛书）
ISBN 978-7-03-076281-8

Ⅰ. ①结⋯ Ⅱ. ①雷⋯ ②王⋯ ③王⋯ Ⅲ. ①航天器-可靠性设计-系统建模-研究 Ⅳ. ①V411.8

中国国家版本馆CIP数据核字(2023)第169478号

责任编辑：张艳芬 / 责任校对：崔向琳
责任印制：师艳茹 / 封面设计：无极书装

科学出版社 出版
北京东黄城根北街 16 号
邮政编码：100717
http://www.sciencep.com

北京富资园科技发展有限公司印刷
科学出版社发行 各地新华书店经销

*

2025 年 3 月第 一 版　开本：720×1000 1/16
2025 年 3 月第一次印刷　印张：17 1/4
字数：348 000
定价：160.00 元
（如有印装质量问题，我社负责调换）

"空天前沿技术丛书"编委会

顾　问：包为民　陈小前　邓小刚　李东旭
　　　　刘永坚　宋君强　唐志共　王振国
　　　　于起峰　周建平　朱广生　祝学军
　　　　邹汝平
主　编：吴建军
副主编：易仕和　刘卫东　罗亚中
秘书长：崔　达　魏英杰
编　委：程海峰　程玉强　范才智　冯　坚
　　　　侯中喜　雷勇军　李道奎　李海阳
　　　　李清廉　梁剑寒　梁彦刚　刘海韬
　　　　孙明波　汤国建　田　彪　夏智勋
　　　　杨乐平　张士峰　赵　勇　赵玉新
　　　　郑　伟

"空天前沿技术丛书"序一

　　探索浩瀚宇宙，发展航天事业，建设航天强国，是我们不懈追求的航天梦。现代空天技术已经发展和应用了一百多年，一直是科学技术的前沿领域，大大增强了人类理解、进入和利用空间的能力，引领着科学技术的发展和工业技术的进步。今天，无论是国家安全、经济发展，还是我们的日常生活，无不处处有空天技术的作用和影响。空天技术目前仍然是一门不断发展进步和创造奇迹的学科。新概念、新方法、新技术、新疆界等不断激励着空天技术领域的科学家和工程师去挑战极限、开辟新战场、赋能各行各业。

　　"空天前沿技术丛书"是在国防科技大学建校 70 周年之际，依托空天科学学院与科学出版社合作出版的。国防科技大学空天科学学院源自"哈军工"的导弹工程系，是由钱学森先生倡导创建的。该院六十多年来一直致力于航天学科的建设和发展，拥有先进的教学理念、雄厚的师资力量、优良的传统和学风，为我国航天领域培养和造就了大批高水平人才，取得了众多蜚声海内外的成果。

　　这套丛书旨在集中传播空天技术领域的前沿技术，展示空天飞行器、新型推进技术、微纳集群卫星、航天动力学、计算力学、复合材料等领域的基础理论创新成果，介绍国防科技大学在高超声速、载人航天、深空探测、在轨服务等国家重大工程中的科研攻关探索实践。丛书编写人员都是奋战在祖国科研一线的青年才俊，他们在各自的专业领域埋头耕耘，理论功底扎实，实践经验丰富。

　　相信这套丛书的出版，对于发展我国空天领域的前沿科技，促进研究和探索相关重大理论和实践问题将带来一些启迪和帮助。通过空天前沿科技领域的深入耕耘和刻苦攻关，必将推动新时代空天科技创新发展，为科技强军和航天强国做出新的更大贡献。

中国工程院院士
中国载人航天工程总设计师

"空天前沿技术丛书"序二

当今,世界正经历百年未有之大变局,新一轮科技革命和产业变革蓬勃兴起。空天技术是发展最迅速、最活跃、最有影响力的领域之一,其发展水平体现了一个国家的科技、经济和军事等综合实力。

空天技术是跨学科、跨领域、跨行业的综合性科技,实现了人类憧憬数千年走出地球的梦想,改变了人类文明进程、带动了国家经济发展、提升了民众生活水平。从第一架飞机起飞、第一颗人造卫星进入太空,到构建全球卫星导航系统,再到今天的快速发射、可重复使用、临近空间高超声速飞行等尖端领域的大国竞争,空天领域的竞争与合作深刻影响着国家间的力量格局。

国防科技大学空天科学学院是开创新中国航天技术人才培养和科学研究先河的单位之一,拥有60多年来从未中断建设的航天类学科专业,是我国空天领域科技创新和人才培养的重要基地。我青少时代成长于国防科大校园,后来长期参与学校的建设发展,深度参与了空天科学学院的科学研究、人才培养等工作,既是学院一系列空天科技创新的参与者,又是学院奋进一流的见证者。

近年来,国防科技大学空天科学学院瞄准航天强国的发展需求,以国家重大工程为牵引,大力推动核心科技自主可控、理论与工程深度融合、空天与智能跨域交叉,产出了一大批高水平成果。

"空天前沿技术丛书"是国防科技大学依托空天科学学院与科学出版社经过深入细致论证后组织出版的系列图书。丛书集中展示了航空宇航科学与技术、力学和材料科学与技术领域的众多科研历程,凝结了数十年攻关的累累硕果,相信对于围绕国家战略需求推动科技前沿探索,尤其是航空航天领域的创新研究和重大科技攻关,将产生重要参考和指导作用。

中国科学院院士
航天科技集团科技委主任

前　　言

结构轻量化设计是航空航天飞行器研制中的关键技术，也是飞行器轻质结构力学研究中的重要方向。本书面向大型运载火箭关键承载舱段轻量化设计需求，系统研究大型复杂结构高效优化设计理论方法，可以为充分发挥结构轻量化设计潜力提供一定的科学依据。

第 1 章主要针对典型结构优化方法、面向大型复杂结构设计的序列近似优化算法和运载火箭典型舱段优化设计进行综述。

第 2 章研究高维非规则设计域的混合整数序列填充采样算法。针对高维立方体域填充采样问题，考虑混合整数的拉丁超立方空间均布性要求，分别建立基于递归演化和概率跃迁的混合整数序列填充采样算法和低相关性混合整数序列填充采样算法；针对高维非规则域填充采样问题，分别建立基于样本点局部密度函数改造的非规则域序列填充采样算法和基于逐点采样-排列优化的非规则域混合整数序列填充采样算法；以典型加筋圆柱壳轻量化设计为例，分析立方体域和非规则域混合整数序列填充相关采样算法的优化效率和精度。

第 3 章研究大型复杂结构的增广径向基函数(augmented radial basis function, ARBF)近似建模方法。针对 ARBF 近似模型形状参数确定问题，采用局部密度函数对形状参数进行归一化处理，通过引入缩放系数将确定形状参数的复杂域优化问题转化为确定缩放系数的优化问题，分别基于矩估计和分片 K 折交叉验证方法获得最优缩放系数；针对 ARBF 序列近似建模问题，基于偏差-方差分解技术和非精确 Voronoi 图解算法，提出面向全局近似的 ARBF 序列近似建模方法，解决近似模型在不同区域对训练样本点需求度的量化问题，降低样本点间的冗余信息；针对 ARBF 多保真度近似建模问题，采用分片 K 折交叉验证方法建立 ARBF 多保真度近似模型，有效融合高/低保真度模型信息。

第 4 章采用传统优化算法对加筋圆柱壳舱段进行优化设计。针对网格加筋圆柱壳舱段，基于 Kriging 模型建立网格加筋圆柱壳设计变量与极限承载能力间的非线性映射关系，可以避免迭代优化过程中反复调用显式动力学进行后屈曲计算，在一定程度上提高结构分析和优化效率；针对集中力扩散舱段，给出变截面-等比布局多区域联合设计方法，建立基于静力分析和工程估算的优化模型，提出基于迭代解合作和基于最优解合作的协同模拟退火优化算法，实现集中力扩散舱段承载能力和集中力扩散性能的综合提升。

第 5 章针对传统优化算法在复杂结构优化设计中存在的效率低和精度差等不

足，开展大直径加筋圆柱壳轻量化设计。针对单次分析耗时长的混合整数非线性优化难题，提出基于探索/开发竞争并行采样的 ARBF 序列近似优化算法，分别开展考虑整体稳定性的大直径加筋圆柱壳轻量化设计，获得减重效果明显的优化结构。

第 6 章进一步分析典型截面桁条失稳模式及关键参数对加筋圆柱壳整体承载性能的影响，并基于 ARBF 近似模型开展加筋圆柱壳承载性能全局灵敏度分析；为避免桁条局部失稳引发加筋圆柱壳整体压溃破坏，提出基于搜索空间重构的 ARBF 序列近似优化算法，分别开展考虑桁条局部稳定性的大直径加筋圆柱壳轻量化设计，获得满足工程规范要求的优化结构。

第 7 章基于多保真度近似模型开展集中力扩散舱段轻量化设计。针对高维多约束优化问题，给出面向多保真度近似模型的按需采样准则，推导 ARBF 近似模型最大化留一交叉验证(leave-one-out cross validation, LOOCV)误差的简便计算方法，进而提出基于搜索空间重构的多保真度序列近似优化算法，并开展集中力扩散舱段轻量化设计，进一步获得减重效果突出的优化结构。

本书的研究工作得到中国运载火箭研究院总体设计部相关科研项目的支持，同时得到中国运载火箭研究院刘观日研究员、欧阳兴研究员，国防科技大学宋先村高级工程师、李道奎教授、武泽平副研究员、张大鹏副教授的指导帮助。在此，对所有给予支持的单位和个人一并表示感谢。

限于作者水平，书中难免存在不妥之处，敬请读者批评指正。

目　　录

"空天前沿技术丛书"序一
"空天前沿技术丛书"序二
前言
第1章　绪论 ·· 1
 1.1　结构优化概述 ·· 1
  1.1.1　结构优化设计 ·· 1
  1.1.2　结构优化算法 ·· 4
 1.2　结构序列近似优化方法研究进展 ··· 6
  1.2.1　初始采样方法 ·· 6
  1.2.2　近似建模方法 ·· 9
  1.2.3　序列加点采样方法 ·· 14
 1.3　运载火箭典型薄壁加筋舱段优化设计研究进展 ····························· 16
  1.3.1　薄壁均匀加筋圆柱壳优化设计 ······································ 16
  1.3.2　集中力扩散舱段优化设计 ··· 18

第2章　高维非规则设计域的混合整数序列填充采样算法 ························· 21
 2.1　立方体域的混合整数序列填充采样算法 ···································· 21
  2.1.1　考虑混合整数的拉丁超立方均布性准则 ······························· 21
  2.1.2　基于递归演化和概率跃迁的混合整数序列填充采样算法 ················· 24
  2.1.3　基于递归演化和概率跃迁的低相关性混合整数序列填充采样算法 ········· 30
 2.2　非规则域的混合整数序列填充采样算法 ···································· 35
  2.2.1　基于样本点局部密度函数改造的非规则域序列填充采样算法 ············· 36
  2.2.2　基于逐点采样-排列优化的非规则域混合整数序列填充采样算法 ········· 46
 2.3　不同采样方法在典型加筋圆柱壳优化设计中的应用 ······················· 51
  2.3.1　典型加筋圆柱壳描述 ·· 51
  2.3.2　面向加筋圆柱壳轻量化的非规则域混合整数序列填充采样 ·············· 52
  2.3.3　不同初始样本点的加筋圆柱壳轻量化对比分析 ························ 54
 2.4　本章小结 ··· 59

第3章　大型复杂结构的增广径向基函数近似建模方法 ····························· 61
 3.1　增广径向基函数近似模型 ·· 61
 3.2　基于矩估计的 ARBF 近似建模方法 ·· 64
  3.2.1　矩估计方法 ·· 64

  3.2.2 算例测试···69
 3.3 基于分片 K 折交叉验证的 ARBF 近似建模方法·································75
  3.3.1 分片 K 折交叉验证方法··75
  3.3.2 算例测试···83
 3.4 面向全局近似的 ARBF 序列近似建模方法···89
  3.4.1 辅助模型与最终模型差异性的偏差-方差分解·························90
  3.4.2 基于非精确 Voronoi 图解的 ARBF 序列近似建模算法··············92
  3.4.3 算例测试···99
 3.5 基于 ARBF 的多保真度近似建模方法···105
  3.5.1 多保真度近似模型··105
  3.5.2 基于分片 K 折交叉验证的 ARBF 多保真度近似建模方法······107
  3.5.3 算例验证···109
 3.6 本章小结···113

第 4 章 基于传统优化算法的加筋圆柱壳舱段优化设计·································115
 4.1 基于近似建模的网格加筋圆柱壳优化设计···115
  4.1.1 网格加筋圆柱壳有限元建模··115
  4.1.2 网格加筋圆柱壳稳定性分析··116
  4.1.3 基于近似模型的网格加筋圆柱壳优化设计·····························118
 4.2 基于模拟退火算法的集中力扩散舱段优化设计···································121
  4.2.1 基于多层级加筋的集中力扩散舱段多区域联合设计················121
  4.2.2 基于静力分析和工程算法的集中力扩散舱段优化模型···············129
  4.2.3 集中力扩散舱段多区域联合优化设计·····································134
 4.3 基于协同模拟退火算法的集中力扩散舱段优化设计··························139
  4.3.1 集中力扩散舱段结构分解策略···140
  4.3.2 协同模拟退火算法··142
  4.3.3 集中力扩散舱段多子域协同优化设计·····································148
 4.4 本章小结···159

第 5 章 考虑整体稳定性的大直径加筋圆柱壳优化···161
 5.1 大直径薄壁加筋圆柱壳稳定性分析及优化问题建模···························161
  5.1.1 加筋圆柱壳有限元建模··161
  5.1.2 加筋圆柱壳稳定性分析··163
  5.1.3 大直径加筋圆柱壳轻量化设计问题建模·································164
 5.2 基于探索/开发竞争并行采样的 ARBF 序列近似优化算法···················165
  5.2.1 序列并行采样策略··165
  5.2.2 探索/开发竞争采样机制··172
  5.2.3 算法整体框架··173

5.3 考虑整体承载性能的重型运载火箭加筋圆柱壳轻量化设计 ······ 174
5.3.1 优化问题建模 ······ 174
5.3.2 加筋圆柱壳轻量化设计 ······ 175
5.4 本章小结 ······ 184

第6章 考虑桁条局部稳定性的大直径加筋圆柱壳优化 ······ 185
6.1 桁条稳定性对大直径加筋圆柱壳承载性能影响分析 ······ 185
6.1.1 大直径加筋圆柱壳失稳机理 ······ 185
6.1.2 桁条失稳模式对大直径加筋圆柱壳承载性能影响分析 ······ 186
6.2 基于近似模型的大直径加筋圆柱壳参数灵敏度分析 ······ 189
6.2.1 基于 ARBF 近似模型正交分解的全局灵敏度分析方法 ······ 189
6.2.2 数值算例分析 ······ 197
6.2.3 大直径加筋圆柱壳参数灵敏度分析 ······ 198
6.3 基于搜索空间重构的 ARBF 序列近似优化算法 ······ 203
6.3.1 初始采样空间描述及优化问题重构 ······ 204
6.3.2 基于改进双精英种群进化的约束空间开发采样策略 ······ 205
6.3.3 基于 MIVDO 算法的约束空间探索采样策略 ······ 208
6.3.4 优化算法整体框架 ······ 209
6.4 考虑桁条局部稳定性约束的重型运载火箭加筋圆柱壳轻量化设计 ······ 210
6.5 本章小结 ······ 218

第7章 基于多保真度近似模型的集中力扩散舱段优化 ······ 220
7.1 集中力扩散舱段多保真度优化问题描述 ······ 220
7.2 面向多响应系统的多保真度序列近似建模方法 ······ 221
7.2.1 mMIVDO 自适应采样算法 ······ 222
7.2.2 mLOOCV 自适应采样算法 ······ 225
7.3 基于搜索空间重构的多保真度序列近似优化算法 ······ 229
7.3.1 高保真度样本点采样策略 ······ 229
7.3.2 低保真度样本点采样策略 ······ 232
7.3.3 搜索空间重构及无效样本点剔除策略 ······ 234
7.3.4 算法框架 ······ 235
7.4 基于多保真度近似模型的集中力扩散舱段优化设计 ······ 237
7.5 本章小结 ······ 245

参考文献 ······ 246

第1章 绪 论

1.1 结构优化概述

如何获取满足使役功能、低成本和轻量化需求的最优结构设计方案,一直是工程师和学者关注的重点。随着有限元方法、数学规划理论和计算机技术的发展,结构优化技术逐渐成为计算力学领域的重要分支,并在航空航天、车辆、船舶等工程领域得到广泛的关注和应用。下面从结构优化设计和结构优化算法两方面对结构优化技术进行概述。

1.1.1 结构优化设计

集计算力学、数学规划、计算机科学与技术,以及其他工程学科于一体的结构优化设计是现代结构设计领域的重要研究方向,可以为获取创新结构最优化设计提供强有力的先进工具。从设计变量的不同类型来看,结构优化设计通常分为三个层次(图1.1),即拓扑优化、形状优化、尺寸优化。这与工程设计中概念设计、基本设计和详细设计恰好对应。

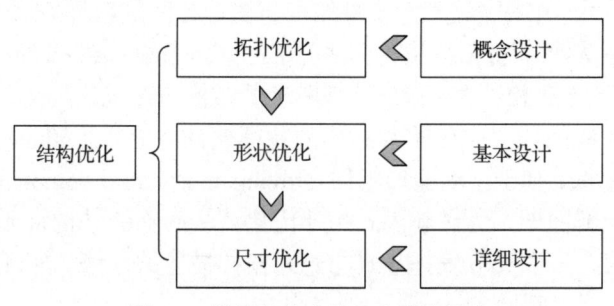

图1.1 结构优化中的三个设计层次

1. 拓扑优化设计

拓扑优化通过优化设计域内的材料分布,使结构在指定载荷及位移边界条件作用下,满足多种设计需求并达到最优性能。拓扑优化是结构优化领域层级最高的设计手段,优化效果最明显,优化结果更新颖,但是同时也更具挑战性,是结构优化领域公认的极具挑战性的课题。

拓扑优化算法主要分为变密度拓扑优化及其衍生方法、边界演化拓扑优化算法两大类。变密度拓扑优化算法采用有限元网格单元作为拓扑优化的基本设计变量，将连续体结构的拓扑优化问题等价转换为结构有限元模型中离散单元的保留和删除问题，进而通过均匀化思想将离散优化问题转化为便于数值求解的连续优化问题。其衍生方法还包括固体各向同性材料/微结构插值惩罚函数方法(solid isotropic macrostructural/material with penalization method, SIMP)[1, 2]、渐进结构优化(evolutionary structural optimization, ESO)方法[3]、独立-连续-映射(independent continuous and mapping, ICM)方法[4-7]等。变密度拓扑优化算法理论完备、便于数值实现，虽然其设计结果具有边界不光滑、应力计算不准确、难加工制造等不足，但是可通过细分单元、使用新的过滤策略、方法演化或后处理手段进行缓解，因此在工程设计应用中具有一定的优势。特别地，Xie 等[3, 8-12]提出的渐进结构优化算法具有算法理念简单、收敛速度快和边界清晰等优点，并成功集成于商用软件 Ameba[13]，已在建筑工程、机械工程、航空航天等领域的创新设计方面展现出强大的实际工程解决能力[14, 15]。

边界演化拓扑优化算法通过控制实边界的演化过程来实现拓扑优化。其优势在于能够得到光滑和清晰的优化结构边界，并且几何信息可以通过函数表示，易于提取最终构型的几何信息，典型方法包括水平集法、特征驱动法、相场法、拓扑导数法和移动可变性组件/孔洞法等。水平集法[16, 17]通过引入水平集函数的等值面隐式描述结构边界的移动、合并，以及空洞的生成，并通过函数演化更新结构的边界形状，但是该方法的隐式拓扑优化框架会制约几何描述能力，难以实现新型结构对特征尺寸、结构连通性、支撑结构布置等方面的精细控制要求[18]。为此，周莹[19]和 Zhang 等[20, 21]将拓扑优化算法与 CAD(computer aided design, 计算机辅助设计)特征设计方法相结合，提出特征驱动的结构拓扑优化算法，在实现最优化创新结构力学性能的同时保留工程结构的特征属性。此外，Zhang 等[22-25]和 Liu 等[26,27]原创性地提出基于可动变形组件(moving morphable components, MMC)法的显式拓扑优化新框架，为破解隐式拓扑优化算法面临的结构特征精细控制难题提供了全新思路，可以充分发挥显式与隐式拓扑描述的优势，实现对结构局部特征几何进行显式、灵活控制。

目前，拓扑优化算法在解决线性问题中已表现出巨大的应用潜力，成功解决了诸如热传导、热力耦合、增材制造、振动抑制、线性屈曲、稳健性和可靠性设计等问题。然而，工程实际中存在大量强非线性因素，如几何非线性、材料非线性、接触非线性，现有的拓扑优化算法在优化效率、收敛性和准确度方面都还面临不小的挑战[28-30]。

2. 形状优化设计

形状优化通过优化结构内部或边界几何轮廓，使整体结构达到性能最优、缓解边界应力集中或质量最轻。通常情况下，在形状优化过程中，结构的拓扑构型不变，即没有新的孔洞生成。形状优化将结构的几何边界作为关键控制变量，因此主要难点在于如何建立结构几何边界的描述方法，并在优化过程中对其进行调整和形状灵敏度分析[31]。

最早的形状优化策略是将有限元网格的边界节点坐标作为设计变量，实现结构边界几何轮廓的调控。然而，该策略存在两个明显不足：一方面，过多的设计变量使优化效率低下；另一方面，边界节点坐标相互独立变化极易导致有限元网格出现过度畸变和锯齿形状边界。为此，多项式和样条函数相继被用于参数化描述结构边界形状，即采用直线、圆弧、样条曲线、二次参数曲线、二次曲面、柱面来描述结构边界，将结构边界形状优化问题转化为如多项式系数、样条的插值节点或控制点的确定问题，在大幅改善边界形状光滑性的同时降低设计变量的数目，提高优化效率。

上述形状优化设计多是基于有限元方法进行力学性能分析。由于结构边界形状不断变化，甚至扭曲，有限元网格需要相应调整和重构。此外，为保证几何形状的精确性，减少几何近似误差带来的计算误差，一般还需要在几何边界处划分更为精细的网格，这在一定程度上制约了结构形状优化设计的计算精度和优化效率。因此，诸多学者探索了基于边界元技术的形状优化算法。该方法仅需对结构边界进行离散，有效降低空间维度，从而极大地简化网格重构任务，提高建模效率和鲁棒性，因此成为解决上述问题的有效途径。

为进一步摆脱形状优化设计中有限元模型和 CAD 模型频繁交互带来的几何逼近误差，能够紧密结合 CAD 模型和结构分析的等几何分析方法得到大量关注和广泛应用[32]。该方法的核心思想是几何建模的基函数和结构分析的形函数一致，即 CAD 中表示几何的信息作为力学计算的基础，实现具有高精度几何模型的结构分析[32]。等几何分析方法应用于形状优化问题的一个显著优势是，描述几何的样条函数不仅可用于力学分析，还可定义形状设计变量，用较少的控制点即可控制结构的几何改变，从而显著减少形状优化问题维数[33, 34]。Wall 等[35]基于非均匀有理 B 样条(non-uniform rational B-spline, NURBS)离散和控制点坐标变量推导了解析灵敏度分析列式，给出等几何形状优化的基本框架，并将其应用到二维线弹性结构的设计，获得满足工程需求的光滑边界。张升刚等[36]基于 NURBS 函数提出形状优化中灵敏度的全解析计算方法，获得了比传统基于网格的灵敏度半解析计算方法更高的计算精度和效率，同时避免了优化迭代中的网格畸变。不同计算方法的有机耦合也有助于实现优势互补，从而提升算法的综合性能。文献[37]~[39]通过进一步将等几何分析与边界元技术相结合，提出等几何边界元法，大幅提高结构形状优化精度和效率。

3. 尺寸优化设计

通常,在不改变结构拓扑构型和几何形状的条件下,尺寸优化设计通过优化结构的关键特征尺寸(如杆的横截面积、板壳的厚度、复合材料铺层厚度和纤维铺设角度等)来提高结构的力学性能,是提出最早、实施最简便的结构优化设计。由于尺寸优化设计往往不需要重新划分有限元网格,因此可以避免拓扑优化和形状优化因网格重构带来的几何近似误差。此外,对结构力学性能具有明显影响的关键参数的确定是尺寸优化设计的首要任务,因此结构尺寸优化设计多聚焦灵敏度分析和高效优化算法[40, 41]。

然而,随着工程优化问题日趋复杂,尺寸优化设计不仅涉及连续实数变量,往往还涉及离散整数变量,如复合材料铺层数目、加筋圆柱壳筋条类型及数目、筋条布局等,同时还伴随着强非线性、多类型的目标和性能约束函数,使解空间呈现出多峰值、非线性、不连续等特点,进而加剧求解难度[42]。胡嘉欣等[43]针对飞行器结构轻量化设计中的布局和尺寸优化问题,在基结构的基础上引入尺寸变量,并通过改进遗传算法(genetic algorithm, GA)的染色体编码方式,建立结构布局与尺寸混合优化算法。郑帅等[44]针对飞机油量测量传感器布局问题,将离散型变异算子引入标准差分进化(differential evolution, DE)算法,并使用二代非支配排序遗传算法(non-dominated sorting genetic algorithm II, NSGA-II)的快速非支配排序、拥挤度计算测量,解决传感器布局中的多目标优化问题。郑志阳等[45]提出一种薄壁叶片辅助支撑布局优化算法,可以大幅抑制薄壁叶片加工弹性变形。

1.1.2 结构优化算法

确定结构优化设计问题并建立相应优化模型后,需选用具体的优化算法进行求解。结构优化设计领域,常用的优化算法通常可以分为准则法、数学规划法、进化优化算法,以及近年来兴起的数据驱动全局优化技术。

1. 准则法

准则法是通过力学概念或工程经验来建立相应的最优设计准则,通过不断迭代更新设计变量,直至结构响应满足建立的最优设计准则。因其具有物理意义明确、方法实现相对简单、优化结构重分析次数少、收敛速度快等优点,在工程界应用非常广泛[42, 46]。最优设计准则的确定通常基于设计人员的直觉和工程经验,如同步失效准则、满应力准则、应变能均匀准则等,或者基于数学推导获得,如基于KKT必要条件(Karush-Kuhn-Tucker conditions, KKT)建立的准则,这在简单的桁架结构优化中取得了良好的应用效果。然而,特定的准则通常仅适用于特定的结构优化问题,难以推广到其他类型的优化问题。此外,随着工程结构优化问题日趋复杂，准则法得到的优化设计不一定是最优设计，甚至很难是局部最优设计。

2. 数学规划法

数学规划法将结构优化问题抽象成数学规划模型求解，即在由等式约束超曲面和不等式约束半空间构成的可行域空间内，大多以灵敏度分析为基础，搜寻位于最小目标等值面上的可行点，从而得到最优解。数学规划法以规划论为基础，具有理论严谨、适用性好、可保证收敛性等特点，典型算法包括牛顿法、最速下降法、内点法、序列线性规划法、二分法、黄金分割法等。然而，这类方法一般难以充分考虑结构优化问题的特点，并且随着设计变量的增加，迭代次数也相应骤增，这在一定程度上会限制数学规划法的求解效率和精度。为此，数学规划法吸收了准则法的优点，根据力学特性进行适应性改进，如显式逼近、变量变换、选择有效约束、引入倒数变量、采用对偶求解技术等，进而发展出求解效率更高的序列凸规划法、移动渐进线法和对偶算法等[42]。

通常，数学规划法要求优化函数必须连续，而且梯度类数学规划法还要求目标函数及约束函数一阶可导。然而，实际工程优化问题的目标函数和约束函数往往很复杂，呈现非凸、多峰、不可微等特点，甚至难以给出它们关于设计变量的表达式，数学归纳法求解这些问题的能力大幅受限。此外，工程实际中常常还存在大规模连续-离散混合整数优化问题，由于可行域不连通和存在奇异最优解等求解困难，即使采用专门的离散变量处理技术，数学规划法往往也难以奏效。

3. 进化优化算法

数学规划法的局限性促使学者不断探索和发展适合不同优化问题的新优化算法，如进化优化算法。进化优化算法是根据直观感受或经验构造的一类寻优算法，通过模拟自然界种群进化行为与自然选择机制，综合目标函数与约束条件信息构造适应度函数，采用交叉、变异、选择等进化操作迭代更新，引导优化收敛。有一大类这样的算法，包括GA、DE、进化策略(evolution strategy, ES)、粒子群优化(particle swarm optimization, PSO)等[47]。进化优化算法按照特定的规则，并采取随机搜索策略生成新设计，通过比较不同设计的性能选出最优设计，优化过程不要求函数连续、可微。由于它们通常采用多点随机并行搜索的形式，因此可以避免搜索陷入局部最优的困境，适合处理多峰、非凸、混合整数、黑箱计算等优化问题[48]。

相比数学规划法，进化优化算法更易收敛至全局最优解附近，但由于其微调能力较差，获得全局最优解并不容易，甚至出现算法"早熟"现象。针对该问题，众多学者相继提出进化优化改进算法来提升优化性能，如多岛遗传算法(multi-island genetic algorithm, MIGA)[49]、小生境遗传算法(niched genetic algorithm, NGA)[50]、双子代竞争 DE 算法[51]等。

虽然进化优化算法具有全局收敛性,适用于高度非线性、不连续、黑箱优化问题求解,但是优化过程通常需要成千上万次调用目标函数和约束函数,并且设计空间复杂度随设计变量维数和目标函数个数呈指数级急剧增加。另外,对于大型复杂的工程结构优化问题,常常涉及动力学性能、几何非线性(大变形和大应变)、材料非线性(弹塑性、黏塑性)、接触、断裂、多场耦合,单次数值分析的计算成本极大,这都使进化优化算法在求解该类大型复杂结构优化问题时面临瓶颈。

1.2 结构序列近似优化方法研究进展

发展适用于大型复杂结构的优化理论与方法一直是国内外众多学者研究的重点[48, 52, 53]。通常,可将大型复杂结构耗时的结构力学问题分析当成黑箱处理,通过建立输入和输出间的非线性映射关系,实现大型复杂结构的高效分析和优化。近似模型也称代理模型、元模型等,以其具备反映真实模型输入与输出间的非线性关系和快速预测等优点受到众多学者的关注。随着研究的不断深入,基于近似模型更新技术的序列近似优化算法取得了长足发展和广泛应用。如图 1.2 所示,序列近似优化算法在结构优化设计中的应用大体上呈逐年递增趋势。

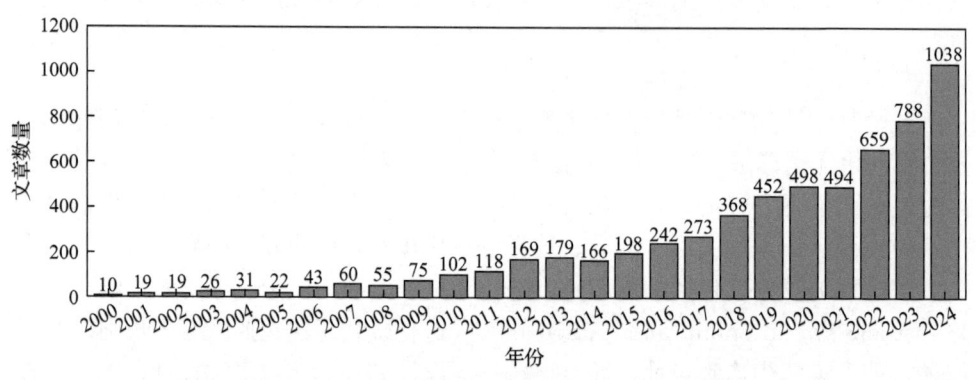

图 1.2 美国工程索引数据库检索的近似模型结构优化方面的文章数

下面对序列近似优化算法中涉及的初始采样方法、近似建模方法和序列加点采样方法进行综述。

1.2.1 初始采样方法

空间填充采样追求样本点在空间中的低维投影均匀性和空间均布性来提高样

本点在空间的探索性。由于模型响应特征信息未知,任意低维投影重合的两个样本点具有相似,甚至相同的模型响应,这将造成计算资源的浪费,因此要求任意两个样本点在任意低维投影均不重合。空间均布性则要求将有限数量的样本点尽可能均匀地覆盖整个设计空间,实现以更大的概率捕获近似对象在空间中的响应特征信息,提高近似模型的预测精度[54-56]。传统的初始采样点生成方法主要有均匀设计[57]、中心复合设计[58]、box-behnken 设计[59],以及田口设计[60]等,但上述方法均不同程度存在多个样本点在低维空间投影重合的现象。

拉丁超立方设计(latin hypercube design, LHD)作为空间填充采样的典型代表,已成为应用最为广泛的计算实验设计方法[61]。具体地,为在 m 维单位设计空间 $X^m = [0 \quad 1]^m$ 中生成具有 N 个样本点的样本集 $D = \{x_i \mid x_i \in X^m\}_i^N$,LHD 首先将每一维设计空间划分为 N 等份,然后不重复地从每一维的任一等份中抽取一个随机值(通常为中点)构成一个样本点 x。该过程重复 N 次,进而构成 $N \times m$ 规模的 LHD 样本点。LHD 采样过程虽然可以保证样本点低维投影性,但是该采样过程存在一定的随机性,样本点在空间的均布性难以保证。

为进一步改善 LHD 样本点的空间均布性,国内外学者基于样本点空间均布性指标陆续开展优化拉丁超立方设计(optimal latin hypercube design, OLHD)研究。表 1.1 所示为目前广泛使用的 LHD 空间均布性指标及其优化列式,包括最大化最小距离(maximin)准则[62, 63]、ϕ_p 准则[64]、Audze-Eglais (AE) 准则[65],以及 CL2 准则[66],其中 $x_i^{(k)}$ 表示第 i 个样本点的第 k 个分量,ϕ_p 中的 p 表示正整数,通常取值为 2。值得说明的是,最大化最小距离准则、ϕ_p 准则和 AE 准则均是基于任意两个样本点在设计空间的距离演化而来的。特别地,不同 p 值下的 ϕ_p 准则可分别对应最大化最小距离准则和 AE 准则[55]。

表 1.1 LHD 空间均布性指标及其优化列式

名称	表达式	优化列式
最大化最小距离(1-范数)	$d_{L_1}(D) = \min\limits_{x_i, x_j \in D} \sum\limits_{k=1}^{m} \left\| x_i^{(k)} - x_j^{(k)} \right\|_1$	$D_{\text{OLHD}} = \arg\max\limits_{D \subset x^m} d_{L_1}(D)$
最大化最小距离(2-范数)	$d_{\min}(D) = \min\limits_{x_i, x_j \in D} \sqrt{\sum\limits_{k=1}^{m} \left\| x_i^{(k)} - x_j^{(k)} \right\|_2}$	$D_{\text{OLHD}} = \arg\max\limits_{D \subset x^m} d_{\min}(D)$
ϕ_p 准则	$\phi_p(D) = \left(\sum\limits_{x_i, x_j \in D} \sqrt{\sum\limits_{k=1}^{m} \left\| x_i^{(k)} - x_j^{(k)} \right\|_2}^{-p} \right)^{1/p}$	$D_{\text{OLHD}} = \arg\min\limits_{D \subset x^m} \phi_p(D)$
AE 准则	$\phi_{\text{AE}}(D) = \sum\limits_{x_i, x_j \in D} \left(\sum\limits_{k=1}^{m} \left\| x_i^{(k)} - x_j^{(k)} \right\|_2 \right)^{-2}$	$D_{\text{OLHD}} = \arg\min\limits_{D \subset x^m} \phi_{\text{AE}}(D)$

除在规则立方体域均匀填充样本点问题，仅在非规则约束域内均匀填充采样越来越受到众多学者的关注。Montgomery 等[67]、Coetzer 等[68]基于 D 最优准则[69]在非规则约束域内生成了满足空间均布性需求的初始采样点。然而，上述研究仅涉及线性约束域。为适应众多优化问题涉及的非线性约束域，Stinstra 等[70]基于最小距离最大化准则，提出在任意设计域内生成具有均匀填充特性样本点的采样方法，但是该方法仍存在两个样本点低维投影重合的不足。进一步地，Borkowski 等[71]指出，最小距离最大化准则存在驱动采样点向约束域边界聚集的不足，提出改进的约束空间采样方法。为平衡样本点在约束空间内的均匀填充特性和低维投影特性，Crombecq 等[55]提出基于采样点欧几里得距离和投影距离加权的采样准则，并基于该准则获得空间分布特性较优的初始采样点。然而，在实际应用中，该方法中加权系数的选取方法并不明确。Chen 等[72]将样本点的低维投影均匀性作为约束，采用改进的 PSO 算法强化采样点的空间均布性，获得满足设计需求的初始样本点。Fuerle 等[73, 74]基于改进的能量准则提出一种有效的约束域采样方法，并成功应用于结构优化设计。然而，该方法涉及的空间细分策略制约了其在高维优化问题中的应用潜力。Draguljie 等[75]提出一种在有界非矩形域内生成具有空间填充和低维投影均匀特性的采样算法，但是该算法仅考虑线性约束。

随后，众多学者以聚类算法为基础开展相关研究。Lekivetz 等[76]基于聚类算法提出适合非规则约束域的快速灵活的空间填充(the fast flexible space-filling, FFF)采样算法。Piepel 等[77]针对不同设计变量间存在的线性和非线性约束关系，进一步改进了 FFF 采样算法。Wang 等[78]以聚类算法为基础，提出面向非规则约束域均匀采样的两步差分进化(two-phase differential evolution, ToPDE)采样算法。该算法虽然能有效改善样本点的空间均布性，但不足是其生成的样本点难以满足低维投影均匀性要求。Wu 等[79]通过对可行样本点和不可行样本点进行加权，构造适用于约束域采样的空间填充准则(记为 C_OLHD)，有效地生成满足空间填充性和低维投影均匀性需求的约束域初始采样点。然而，该算法的采样有效性严重依赖初始 OLHD 中落入约束域的样本点数量，当约束域空间相对占比很小时，该算法将存在优化耗时激增等不足。

综合可知，初始样本点设计是应用序列近似优化算法的关键步骤。然而，在应用于大型复杂结构优化设计时，传统采样方法仍面临如下两个挑战。其一，大型复杂结构设计变量众多、可行设计域复杂，并且往往需要更多的初始采样点来提高近似模型精度，这将严重制约传统方法的采样效率。其二，大型复杂结构设计中往往涉及整数变量，是典型的混合整数优化问题，传统采样方法缺少容纳整数变量的合理机制。因此，亟须开展面向非规则设计域的混合整数采样方法研究。

1.2.2 近似建模方法

1. 基于单保真度样本信息的近似建模方法

目前，较为常用的基于单保真度样本信息的近似模型主要有多项式响应面近似模型、径向基函数近似模型、Kriging 近似模型、支持向量回归近似模型和人工神经网络近似模型等。

(1) 多项式响应面近似模型(polynomial response surface model, PRSM)是一种基于多项式拟合的近似建模方法[80]，是工程设计领域应用最早的近似模型之一。常用的基于二阶多项式拟合的数学描述为

$$\hat{f}_{PRSM} = \beta_0 + \sum_{i=1}^{m} \beta_i x_i + \sum_{i=1}^{m} \beta_{ii} x_i^2 + \sum_{i=1}^{m} \beta_{ij} x_i x_j \tag{1.1}$$

其中，β_0、β_i、β_{ii}、β_{ij} 为待定系数，通常采用最小二乘法确定；m 为设计变量个数；x_i、x_j 为第 i、j 个设计变量。

多项式响应面近似模型建模简单，便于工程实现。然而，在面对强非线性工程优化问题时，多项式响应面近似模型的精度较差，难以满足工程需求。

(2) 径向基函数(radial basis function, RBF)近似模型是一种利用径向对称基函数加权的空间插值函数[81, 82]，其数学表达式为

$$\hat{f}_{RBF} = \sum_{i=1}^{N} \omega_i \phi_i (\|x - x_i\|) \tag{1.2}$$

其中，$\phi_i(\|x - x_i\|)$ 为基函数。

RBF 近似模型非线性逼近能力强且实现过程简单，是目前广泛应用的近似模型之一。Gutmann[81]引入线性项的增广径向基函数(augmented radial basis function, ARBF)近似模型，并成功应用于全局优化设计。特别地，对设计变量非线性程度不一的模型，Kavuri 等[83]以非径向对称函数为基函数，提出椭圆基函数(ellipsoidal basis function, EBF)近似模型，该模型可以显著增强近似能力。

(3) Kriging 近似模型是一种基于高斯过程的无偏最优估计插值模型[84]，本质上是将未知函数 $y(x)$ 看作高斯静态随机过程，即

$$Y(x) = \beta_0 + Z(x) \tag{1.3}$$

其中，β_0 为未知常数，表征随机过程 $Y(x)$ 的期望；$Z(x)$ 是均值为 0、方差为 σ^2 的随机高斯过程。

对于给定的训练样本集，Kriging 近似模型可进一步定义为已观测样本点响应

值的线性加权，即

$$\hat{f}_{\text{Kriging}}(\boldsymbol{x}) = \sum_{i=1}^{N} w_i y_i$$

$$\text{s.t.} \quad \sum_{i=1}^{N} w_i = 1 \tag{1.4}$$

其中，w_i 为加权系数。

进而，最优加权系数可通过最小化均方差(mean square error, MSE)获得，即

$$\{w_{\text{opt},i}\}_{i=1}^{N} = \arg\min \text{MSE}(\boldsymbol{x}) \tag{1.5}$$

$$\begin{aligned}
\text{MSE}(\boldsymbol{x}) &= E[(\hat{y}(\boldsymbol{x}) - y(\boldsymbol{x}))^2] \\
&= \left[\sum_{i=1}^{N} \omega_i (\beta_0 + Z(\boldsymbol{x}_i)) - (\beta_0 + Z(\boldsymbol{x}))\right]^2 \\
&= \sigma^2 \left(\sum_{i=1}^{N}\sum_{j=1}^{N} \omega_i \omega_j R(\boldsymbol{x}_i, \boldsymbol{x}_j) - 2\sum_{i=1}^{N} \omega_i R(\boldsymbol{x}_i, \boldsymbol{x}) + 1\right)
\end{aligned} \tag{1.6}$$

其中，$R(\boldsymbol{x}_i, \boldsymbol{x}_j)$ 为空间相关函数，其表达式为

$$R(\boldsymbol{x}_i, \boldsymbol{x}_j) = \exp\left(-\sum_{k=1}^{m} \theta_k \left|x_i^{(k)} - x_j^{(k)}\right|^2\right), \quad \theta_k \in \mathbf{R}^+ \tag{1.7}$$

最终，可获得 Kriging 近似模型的数学表达式，即

$$\hat{f}_{\text{Kriging}}(\boldsymbol{x}) = \begin{bmatrix} \boldsymbol{r}(\boldsymbol{x}) \\ 1 \end{bmatrix}^{\text{T}} \begin{bmatrix} \boldsymbol{R} & \boldsymbol{F} \\ \boldsymbol{F}^{\text{T}} & 0 \end{bmatrix}^{-1} \begin{bmatrix} \boldsymbol{y}_s \\ 0 \end{bmatrix} = \beta_0 + \boldsymbol{r}^{\text{T}}(\boldsymbol{x}) \boldsymbol{R}^{-1}(\boldsymbol{y}_s - \beta_0 \boldsymbol{F}) \tag{1.8}$$

其中，$\beta_0 = (\boldsymbol{F}^{\text{T}} \boldsymbol{R}^{-1} \boldsymbol{F})^{-1} \boldsymbol{F}^{\text{T}} \boldsymbol{R}^{-1} \boldsymbol{y}_s$；$\boldsymbol{y}_s = (y_1, \cdots, y_N)^{\text{T}}$；$\boldsymbol{F} = (1, \cdots, 1)^{\text{T}} \in \mathbf{R}^N$；$\boldsymbol{r} = (R(\boldsymbol{x}_1, \boldsymbol{x}), \cdots, R(\boldsymbol{x}_N, \boldsymbol{x}))^{\text{T}} \in \mathbf{R}^N$，$\boldsymbol{R} = [R(\boldsymbol{x}_i, \boldsymbol{x}_j)]_{N \times N} \in \mathbf{R}^{N \times N}$。

此外，Kriging 近似模型在未知区域 $\boldsymbol{x}$ 处的预测方差为

$$s_{\text{Kriging}}^2(\boldsymbol{x}) = \sigma^2 [1 - \boldsymbol{r}^{\text{T}} \boldsymbol{R}^{-1} \boldsymbol{r} + (1 - \boldsymbol{F}^{\text{T}} \boldsymbol{R}^{-1} \boldsymbol{r})^2 / (\boldsymbol{F}^{\text{T}} \boldsymbol{R}^{-1} \boldsymbol{F})] \tag{1.9}$$

由于对非线性模型具有优越的泛化性能和固有的预测方差估计，Kriging 近似模型受到广泛关注，并成功应用于航空航天领域[85-87]，是目前最具工程应用潜力的近似模型之一[88]。

(4)支持向量回归(support vector regression, SVR)近似模型是 Vapnik[89]基于统计学提出的学习模型,被视为是 RBF 近似模型和 Kriging 近似模型的综合与拓展[90, 91]。SVR 近似模型的数学描述为

$$\hat{f}_{\text{SVR}} = \mu + \sum_{i=1}^{N} \omega_i \boldsymbol{\Phi}(\boldsymbol{x}_i) = \mu + \|\boldsymbol{\omega} \cdot \boldsymbol{\Phi}(\boldsymbol{x})\| \tag{1.10}$$

其中,μ 为偏置量;ω_i 为权重系数;$\boldsymbol{\omega} = [\omega_i]_{i=1}^{N}$;$\boldsymbol{\Phi}(\boldsymbol{x})$ 表示 $\boldsymbol{x} \to f$ 的映射关系;$\|\cdot\|$ 表示向量的模。

通常构造如下优化问题获得 μ 和 $\boldsymbol{\omega}$ 的最优取值,即

$$\max\left[-1/2\sum_{i,j=1}^{N}(\alpha_i^+ - \alpha_i^-)(\alpha_j^+ - \alpha_j^-)\|\boldsymbol{\Phi}(\boldsymbol{x}_i) \cdot \boldsymbol{\Phi}(\boldsymbol{x}_j)\| - \tau\sum_{i=1}^{N}(\alpha_i^+ + \alpha_i^-) + \sum_{i=1}^{N}y_i(\alpha_i^+ + \alpha_i^-)\right]$$
$$\text{s.t.} \sum_{i=1}^{N}(\alpha_i^+ - \alpha_i^-) = 0, \quad \alpha_i^+, \alpha_i^- \in [0, C] \tag{1.11}$$

其中,C 为罚系数;α_i^+ 和 α_i^- 为松弛变量;τ 为不敏感损失系数。

进而,权重系数 $\boldsymbol{\omega}$ 可表示为

$$\boldsymbol{\omega} = \sum_{i=1}^{N}(\alpha_i^+ - \alpha_i^-)\boldsymbol{\Phi}(\boldsymbol{x}_i) \tag{1.12}$$

采用二次规划求解式(1.11)即可确定 α_i^+、α_i^-。最终,SVR 近似模型可表述为

$$\hat{f}_{\text{SVR}} = \mu + \sum_{i=1}^{N}(\alpha_i^+ - \alpha_i^-)K(\boldsymbol{x} - \boldsymbol{x}_i) \tag{1.13}$$

其中,$K(\boldsymbol{x} - \boldsymbol{x}_i)$ 为核函数,$K(\boldsymbol{x} - \boldsymbol{x}_i) = \|\boldsymbol{\Phi}(\boldsymbol{x}_i) \cdot \boldsymbol{\Phi}(\boldsymbol{x}_j)\|$。

相对 RBF 和 Kriging 近似模型,SVR 近似模型的优势在于通过引入不敏感损失系数 τ,可以较好地实现训练样本点噪声过滤,但是其不足之处在于建模过程相对繁琐复杂。

2. 基于多保真度样本信息的近似建模方法

多保真度近似模型,亦称变可信度近似模型、变复杂度近似模型等,其核心思想是首先通过大量低保真度样本点建立近似模型,以充分挖掘真实模型响应的

特征趋势，然后以少量高保真度样本点信息对其进行修正，进而建立具有较高预测精度的近似模型。目前，多保真度近似建模方法主要归结如下。

(1) 基于标度函数的多保真度近似建模方法 (multiplicative scaling function based multi-fidelity surrogate modeling method, MS-MFS)[92-94]。该方法以低保真度样本点建立的单保真度近似模型为基础，结合相关标度函数将高保真度样本点引入单保真度近似模型，进而建立相应的多保真度近似模型。以乘法标度函数[92]、加法标度函数[93]和混合标度函数[94]建立的多保真度近似模型分别为

$$\hat{y}_{\mathrm{MF}}(\bm{x}) = \hat{\rho}(\bm{x}) \cdot \hat{y}_{\mathrm{LF}}(\bm{x}) \tag{1.14}$$

$$\hat{y}_{\mathrm{MF}}(\bm{x}) = \hat{y}_{\mathrm{LF}}(\bm{x}) + \hat{\delta}(\bm{x}) \tag{1.15}$$

$$\hat{y}_{\mathrm{MF}}(\bm{x}) = \varpi \hat{\rho}(\bm{x}) \cdot \hat{y}_{\mathrm{LF}}(\bm{x}) + (1-\varpi)(\hat{y}_{\mathrm{LF}}(\bm{x}) + \hat{\delta}(\bm{x})) \tag{1.16}$$

其中，$\hat{y}_{\mathrm{LF}}(\bm{x})$ 为基于低保真度样本点建立的近似模型；$\hat{y}_{\mathrm{MF}}(\bm{x})$ 为融合高/低保真度样本点建立的多保真度近似模型；$\hat{\rho}(\bm{x})$ 和 $\hat{\delta}(\bm{x})$ 为基于高保真度样本点和低保真度样本点建立的乘法标度函数和加法标度函数；ϖ 为混合标度函数中的权重系数。

为提高对加筋圆柱壳结构的近似建模效率，Tian 等[95]利用乘法标度函数，并结合高斯回归过程和模糊聚类算法，建立适用于多层级加筋圆柱壳的多保真度近似模型，可以显著提高近似建模效率。然而，乘法标度函数不足之处在于，当存在低保真度近似模型 $\hat{y}_{\mathrm{LF}}(\bm{x})$ 在高保真度样本点处预测值为零的情形时，该建模方式将不再适用[96]。相比乘法标度函数，以加法标度函数形式建立的多保真度近似模型逼近真实模型的精度更高，并且具有更优的算法鲁棒性，因此获得广泛的应用[97, 98]。Zhang 等[99]以深层神经网络建立低保真度近似模型，结合加法标度函数建立多保真度近似模型，将其应用于大型飞机机翼优化，可以大幅降低优化时长，并获得形状较优的翼型结构。Hebbal 等[100]也基于加法标度函数和高斯过程建立多保真度近似模型，将其应用于飞行器气动外形优化设计。Guo 等[101, 102]、Hao 等[103]、Tian 等[104]和 Yoo 等[105]还基于加法标度函数建立多保真度近似模型，并据此开展加筋圆柱壳及加筋壁板优化设计。进一步，Hu 等[106]基于混合标度函数建立多保真度近似模型，并针对无人飞行器开展结构优化设计。Han 等[107]将梯度信息引入混合标度函数，以提高多保真度近似模型泛化性能。值得说明的是，上述三种多保真度近似建模方法并不受限于近似模型类型，RBF[108, 109]、Kriging[110]、神经网络[99]等近似模型均可用于建立多保真度近似模型。

(2) 基于空间映射的多保真度近似建模方法 (space mapping based multi-fidelity surrogate modeling method, 记为 SM-MFS)[111]。该方法的核心思想是将低保真度设

计空间映射至高保真度设计空间,以使低保真度模型能够以足够精度逼近高保真度模型[111, 112]。该方法首先对低保真度模型进行优化,然后将获得的最优解映射至高保真度设计空间,获得高保真度真实模型的最优解。但是,如何获得合适的映射关系是高效应用该方法的关键,进而产生渐进空间映射[113]、神经网络空间映射[114]、隐式空间映射[115]等算法。由于实际工程问题通常属于多维,甚至高维问题,获取该映射关系并不容易[96]。

(3) CoKriging 近似建模方法[116]。CoKriging 作为 Kriging 模型的拓展,本质上是基于贝叶斯理论建立两类 Kriging 模型,并利用不同保真度样本信息之间的交叉协方差对两者进行融合。首先,基于低保真度训练样本点建立 Kriging 近似模型 $\hat{y}_{LF}(x)$。然后,计算高保真模型和低保真模型在高保真度样本点处的偏差,并基于此建立该偏差模型的 Kriging 模型 $\hat{\delta}(x)$。最后,CoKriging 近似模型可表述为

$$\hat{y}_{MF}(x) = \rho \hat{y}_{LF}(x) + \hat{\delta}(x) \tag{1.17}$$

对于高/低保真度训练样本点 D_{HF} 和 D_{LF},其相互间的关联矩阵可表述为

$$C = \begin{bmatrix} \sigma_{LF}^2 R_{LF}(D_{LF}, D_{LF}) & \rho \sigma_{LF}^2 R_{LF}(D_{LF}, D_{HF}) \\ \rho \sigma_{LF}^2 R_{LF}(D_{HF}, D_{LF}) & \rho^2 \sigma_{LF}^2 R_{LF}(D_{HF}, D_{HF}) + \sigma_\delta^2 R_\delta \end{bmatrix} \in \mathbf{R}^{(n_{LF}+n_{HF}) \times (n_{LF}+n_{HF})} \tag{1.18}$$

其中,$R_{LF}(D_{LF}, D_{LF}) = [R_{LF}(x_{LF,i}, x_{LF,j})]_{i,j}$,$R_{LF}$ 为基于式(1.7)计算的低保真度样本点的空间相关函数;$R_{LF}(D_{LF}, D_{HF}) = [R_{LF}(x_{LF,i}, x_{HF,j})]_{i,j}$;$R_{LF}(D_{HF}, D_{LF}) = [R_{LF}(x_{HF,i}, x_{LF,j})]_{i,j}$;$R_{LF}(D_{HF}, D_{HF}) = [R_{LF}(x_{HF,i}, x_{HF,j})]_{i,j}$;$R_\delta(D_{HF}, D_{HF}) = [R_\delta(x_{HF,i}, x_{HF,j})]_{i,j}$,$R_\delta$ 为基于式(1.7)计算的高保真样本点的空间相关函数。

进一步,可得未观测区域 x_{HF} 与已观测样本点间的关联向量,即

$$c(x_{HF}) = \begin{bmatrix} \rho \sigma_{LF}^2 R_{LF}(D_{LF}, x_{HF}) \\ \rho^2 \sigma_{LF}^2 R_{LF}(D_{HF}, x_{HF}) + \sigma_\delta^2 R_\delta(D_{HF}, x_{HF}) \end{bmatrix} \tag{1.19}$$

根据以上说明,式(1.17)给出的 CoKriging 近似模型可表述为

$$\hat{y}_{MF}(x_{HF}) = \beta_{HF} + c(x_{HF})^T C^{-1} (y_{LF,HF} - \beta_{HF} F_{HF}) \tag{1.20}$$

其中,$\beta_{HF} = \rho \beta_{LF} + \beta_\delta$;$y_{LF,HF} = (y_{LF}^T, y_{HF}^T)^T$;$F_{HF} = (1, \cdots, 1)^T \in \mathbf{R}^{n_{LF}+n_{HF}}$。

特别地,CoKriging 模型在未知区域 x_{HF} 的预测方差为[117]

$$s_{MF}^2(x_{HF}) = \rho^2 \sigma_{LF}^2 + \sigma_\delta^2 - c(x_{HF})^T C^{-1} c(x_{HF}) + [1 - c(x_{HF})^T C^{-1} F_{HF}]^2 / (F_{HF}^T C^{-1} F_{HF}) \tag{1.21}$$

CoKriging 近似模型提出之后便受到国内外学者的广泛关注[116, 118-120]。相对 Kriging 近似模型，CoKriging 近似模型的超参数相对更多，同时其近似建模的效率和精度严重依赖超参数的求解。为此，Huang 等[121]进一步发展了多保真度 Kriging 近似建模理论，将多保真度 Kriging 超参数优化问题分解为多个子优化问题，提出一种高保真度序列 Kriging 优化(multi-fidelity sequential Kriging optimization, MFSKO)方法来大幅提高建模效率。Zimmermann 等[122]通过简化 CoKriging 近似模型的相关函数来大幅减少超参数的数目，但是不会过度降低近似精度。为提高 CoKriging 近似模型的实用性并简化近似建模的复杂度，Han 等[123]进一步改进了 CoKriging 近似模型，并提出更为简单实用的分层 Kriging(hierarchical Kriging, HK)模型。

1.2.3 序列加点采样方法

序列加点采样方法的研究重点是如何根据当前信息确定新增样本点，进而提高近似模型预测精度，实现优化过程的快速收敛[90]。

目前，序列加点采样方法主要有开发采样策略、探索采样策略和自适应采样策略。开发采样策略是在当前近似模型预测最优区域进行序列采样，典型代表为潜在最优解采样策略和信赖域采样策略。显然，该采样策略易使优化过程陷入局部最优解。因此，为提高近似模型全局近似性能，旨在填充当前稀疏区域的探索采样策略得到发展。然而，该策略同样面临无效采样点多、优化收敛速度慢等困境。

为综合利用开发策略和探索策略的各自优势，提高新增采样点的局部开发和全局探索能力，自适应采样策略应运而生，典型的自适应采样准则可表示为[56]

$$\text{RC}(\boldsymbol{x}) = w_{\text{local}} \cdot \text{local}(\boldsymbol{x}) + w_{\text{global}} \cdot \text{global}(\boldsymbol{x}) \tag{1.22}$$

其中，$\text{local}(\boldsymbol{x})$ 为局部开发准则；$\text{global}(\boldsymbol{x})$ 为全局探索准则；w_{local} 和 w_{global} 为局部开发和全局探索的权重系数，并且满足 $w_{\text{local}} + w_{\text{global}} = 1$。

如图 1.3 所示，平衡局部开发和全局探索的策略主要分为渐变策略[124, 125]、贪婪策略[126]和自适应变换策略[127-129]。图 1.3(a)所示的渐变策略在采样初期侧重全局探索，随后倾向于局部探索。然而，在面对"黑箱"问题时，该策略的明显不足是何时终止全局探索并不明确，采样后期样本点将不可避免地在局部聚集，进而难以兼顾全局近似能力。针对该问题，有学者提出图 1.3(b)所示的贪婪策略。该策略设置一个阈值 $q_0 \in [0,1]$，每次采样过程根据随机值 q_{rand} 与阈值 q_0 的大小关系随机选择局部开发或者全局探索。贪婪策略虽然可以避免采样后期难以兼顾全局近似能力的不足，但是随机选择局部开发和全局探索的过程会忽略模型响应对采样过程的指引作用。进而，出现图 1.3(c) 所示的自适应变换策略，该策略根据上一轮采样获得的新采样点信息确定下一轮采样中局部开发和全局探索的比重，可以较好地解决贪婪策略面临的困境。该策略的典型代表是 Mo 等[130]提出的基于泰勒展开的自适应设计(the Taylor-expansion based adaptive design, TEAD)，以及 Liu 等[129]提出的基于最大化期望预测误差(maximizing expected prediction error, MEPE)的采样策略。文献[56]和[131]针对上述三种平衡策略做了较为详尽的探讨和综述，这里不再赘述。

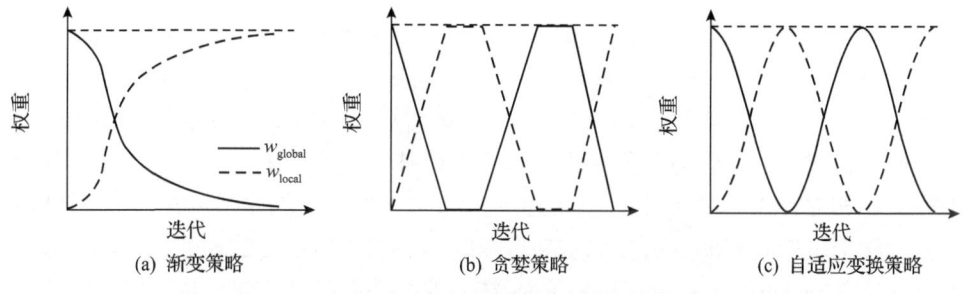

(a) 渐变策略　　　　　(b) 贪婪策略　　　　　(c) 自适应变换策略

图 1.3　平衡局部开发和全局探索的典型策略示意图

目前国内外学者针对多保真度近似模型的序列加点采样策略的研究仍相对不足，通常是将基于单保真度近似模型发展的序列加点采样策略直接应用于多保真度近似模型[97]。较为典型的是 Zhang 等[132]提出的多保真度期望提高(variable-fidelity expected improvement, EIvf)准则。该策略本质上是通过期望提高(expected improvement, EI)准则[133]对高保真度和低保真度样本点分别进行序列采样。Hao 等[103]指出利用低保真度近似模型最优点对获取多保真度近似模型最优点具有重要作用，通过改进 EIvf 序列采样策略，并成功应用于加筋圆柱壳优化设计，获得相对 EIvf 更高的优化性能。然而，上述方法的不足之处在于应用范围相对较窄，仅适用于类 Kriging 多保真度近似模型。Wu 等[134]提出自适应空间预选序列采样方法，并将其应用于飞行器结构多保真度优化设计。Zhou 等[109-111, 135-140]分别对低保真度样本点和高保真样本点设计不同的序列采样准则，并对飞行器气动外形[110, 140]、加筋圆柱壳[139]等开展了大量卓有成效的研究。

综合来看，基于单保真度近似模型的序列近似优化算法已在结构优化设计中获得大量的研究和应用[141-143]。同时，基于多保真度近似模型的序列近似优化算法在大型复杂结构优化设计中有巨大的应用前景。目前来看，相关研究仍缺少适用于实际工程问题的通用优化框架，如何高效合理生成高/低保真度样本点规模仍不明确[144]。因此，仍需针对具体大型复杂结构优化设计问题，发展更为高效的序列近似优化算法。

1.3 运载火箭典型薄壁加筋舱段优化设计研究进展

运载火箭加筋圆柱壳结构众多,包括网格加筋圆柱壳、燃料贮箱、级间段、尾舱段等。下面重点对薄壁均匀加筋圆柱壳和集中力扩散舱段结构优化设计研究进行综述。

1.3.1 薄壁均匀加筋圆柱壳优化设计

薄壁均匀加筋圆柱壳结构以其较高的轴压和弯曲承载效率,广泛应用于大型飞机机身、运载火箭及导弹舱段等航空航天结构。太空发射系统(Space Launch System, SLS)重型运载火箭及其级间段示意图如图1.4所示。对于轴压工况下的此类薄壁加筋圆柱壳,整体后屈曲失稳是其主要破坏模式,提升对应的轴压极限承载能力是其主要结构设计目标。为较准确分析轴压下薄壁加筋圆柱壳的承载性能,目前广泛采用的后屈曲分析方法主要有非线性显式动力学方法和非线性隐式分析方法。相对Newton-Raphson法和Riks法等非线性隐式动力学分析方法,显式动力学方法可以较为准确地模拟加筋圆柱壳的后屈曲行为,并且算法收敛性较好。然而,显式动力学计算耗时受模型复杂度、单元尺寸,以及单元数量影响较大,这会直接决定薄壁加筋圆柱壳的分析与优化效率。

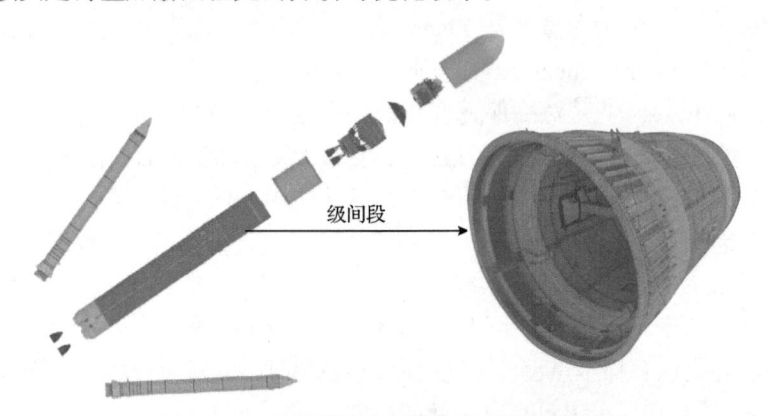

图1.4 SLS重型运载火箭及其级间段示意图

为提高此类薄壁加筋圆柱壳后屈曲分析效率,国内外学者基于结构等效的思想开展了大量研究。等效刚度方法(smeared stiffener method, SSM)[145]因具有较高的分析效率而广泛应用于薄壁加筋圆柱壳屈曲分析。其核心思想是,基于解析法对筋条进行刚度等效,进而将薄壁加筋圆柱壳转化为薄壁圆柱壳结构。然而,加筋构型、边界条件,以及载荷的复杂性极大地制约了SSM的适用性。代表体积元(representative volume element, RVE)[146]和渐近均匀化方法(asymptotic homogenization method,

AHM)[147]采用数值等效方法，相较解析法具有更高的精度和适用性，但是其在大规模复杂结构应用中的求解效率仍相对较低。Cheng 等[148]和 Cai 等[149]发展了 AHM，提出一种新的渐近均匀化数值实现方法(numerical implementation of asymptotic homogeni-zation, NIAH)。王博等[150]基于 NIAH 和 Rayleigh-Ritz 法建立了适用于超大直径网格加筋圆柱壳的快速屈曲分析框架。Hao 等[151]采用 NIAH 建立了开口加筋圆柱壳的混合等效模型。对于多级加筋圆柱壳设计问题，Wang 等[152]采用 NIAH 对次筋条进行刚度等效，建立多级加筋圆柱壳的混合等效模型。在上述工作中，加筋圆柱壳的筋条截面形状相对简单，由于应用 NIAH 时需首先采用 AHM 对周期性单胞结构进行刚度等效，筋条刚度的等效精度决定了方法的分析精度，但是在加强框、筋截面形状多样的大直径薄壁加筋圆柱壳后屈曲分析应用上，NIAH 仍存在刚度等效精度和算法适用性等挑战。

随着加筋圆柱壳结构逐步向尺寸大型化、承载重型化发展，加筋结构的失稳模式变得更为复杂，进而使加强筋的局部失稳模式成为制约结构承载性能的主要因素。Hughes 等[153]和 Paik 等[154]系统总结了加筋壁板典型失稳模式，并分析了筋条弯/扭耦合失稳对加筋壁板承载性能的影响规律。Seo 等[155]基于有限元方法系统分析筋条截面形状及参数对轴压下加筋壁板失稳模式和失稳应力的影响，并给出预测加筋壁板失稳应力的解析表达式来指导工程设计。陈金睿等[156]采用能量法建立轴压复合材料加筋壁板蒙皮局部屈曲问题的理论模型，并基于该模型对典型复合材料加筋壁板轴压局部失稳临界载荷进行分析，取得了与实验测试、有限元计算一致性较好的结果。Schilling 等[157]基于能量法研究轴压下"Ω"形截面加筋壁板的局部失稳特性。Shiomitsu 等[158]分别基于梁、壳模型分析蒙皮局部失稳和筋条弯扭失稳的耦合效应对加筋圆柱壳承载性能的影响。Zhou 等[159]基于增量理论探究了筋条高厚比、壁板宽厚比等参数对加筋壁板弹塑性屈曲载荷的影响规律。Song 等[160]也分析了筋条结构参数对加筋壁板后屈曲压溃模式的影响。然而，由于框桁纵横加强圆柱壳具有尺寸大、承载高等特点，纵向加强筋失稳模式及其与蒙皮失稳模式间耦合效应对结构承载性能的影响更为突出。目前，相关工作主要集中于分析加筋壁板的轴压稳定性并建立相应理论分析模型，还缺少对大直径、大载荷框桁加筋圆柱壳失稳机理及影响因素的系统研究。

作为运载火箭的主要承力部段，薄壁加筋圆柱壳的轻量化设计将大幅提高运载能力，节约发射成本。然而，涉及极限承载性能的加筋圆柱壳轻量化设计是典型的高耗时、多变量、多约束、多峰值黑箱优化问题，如何高效、快速求解一直是国内外学者研究的焦点和难点。特别地，对于应用于重型运载火箭的加筋圆柱壳结构，大直径、大载荷的结构特点将对其轻量化设计效率和精细程度提出更高要求，若直接采用上述加筋圆柱壳后屈曲分析方法进行迭代优化，将面临优化耗时急剧飙升、优化精度差等难题。如前所述，基于输入输出复杂映射关系建立的近似模型以其具备快速预测和算法适用性强等优点受到国内外航空航天领域学者的青睐，并广泛应用于飞行器结构和气动优化设计[90, 97, 161]。

为提高优化效率，Hao 等[151, 162]首先基于 NIVH 方法将加筋圆柱壳结构等效为均匀薄壁壳结构，随后基于近似模型开展提高极限承载能力的加筋圆柱壳优化设计。针对加筋圆柱壳多变量优化问题，Hao 等[163]还通过变量分组策略，提出考虑设计偏好的自适应采样策略，并将其应用于加筋圆柱壳优化设计。Singh 等[164]基于深度学习方法开展加筋壁板变刚度优化设计。根据仿生设计思想，Dong 等[165]提出筋条自适应生长方法，并将其成功应用于加筋壁板筋条的布局优化设计，可以显著提高加筋壁板的轴压承载性能。针对开孔加筋圆柱壳优化设计问题，Wang 等[166]基于 RBF 近似模型实现开孔处和未开孔处筋条布局协同设计，在有效减重的同时还可以降低加筋圆柱壳开孔处的应力水平。与上述加筋圆柱壳的参数与形状优化不同，Liu 等[167]基于显式水平集拓扑优化算法，开展加筋壁板结构拓扑优化设计，提高加筋壁板的动力学性能。Chu 等[168]还基于拓扑优化算法实现加筋壁板筋条的非规则布局设计。Zhou 等[169]基于拓扑优化算法开展网格加筋圆柱壳优化设计，可以显著提高优化结构的屈曲载荷。值得说明的是，上述工作均是基于高精度有限元分析模型开展的加筋圆柱壳优化设计。为进一步缩短优化设计周期，Hao 等[103]将加筋壁板精细有限元模型当成高保真度模型，而将基于刚度等效的简化有限元模型当成低保真度模型，采用多保真度 Kriging 模型，开展提高加筋壁板结构屈曲载荷的优化设计。Tian 等[95, 104]和李增聪等[170]进一步基于多保真度近似建模技术，建立多级加筋圆柱壳的近似模型，并结合序列采样方法[171]，开展加筋圆柱壳的优化设计与分析。

综合可知，目前针对加筋圆柱壳优化设计多聚焦于采用近似建模技术，并辅以相应的序列采样方法而开展。然而，在面对应用于重型运载火箭的大直径加筋圆柱壳结构设计时，鲜有文献综合考虑纵向筋条等加筋部件局部失稳特性和并行采样技术开展高效、并行优化设计方法研究。

1.3.2 集中力扩散舱段优化设计

前述的运载火箭薄壁加筋圆柱壳结构主要承受均匀轴压载荷作用。然而，在捆绑运载火箭实际结构中，由于飞行工况的复杂性，还有一类加筋圆柱壳往往需要承受沿环向非均匀分布的大量级轴压载荷，如火箭尾舱段、集中力扩散段与助推器贮箱等薄壁加筋结构[172]。针对该类结构的优化设计，Wang 等[173]针对薄壁均匀加筋圆柱壳沿环向承受非均匀外压和轴向载荷情况，分别开展后屈曲仿真分析和压溃破坏实验验证研究。Hao 等[174]针对助推器贮箱的不同承载区域采用不同的均匀加筋方案，并基于分步优化策略开展结构优化设计。然而，上述研究均忽略了集中载荷扩散效应对提高结构承载性能的影响。

特别地，集中力扩散舱段作为捆绑连接运载火箭芯级和助推器的关键结构舱段，其主要功能是传递并扩散助推器巨大推力载荷至芯级。该结构的整体承载能力和载荷扩散性能是其结构设计的两个主要因素[175]。Merino 等[176]针对阿丽亚娜 6 型运载火箭的集中力扩散舱段结构(图 1.5)进行了较为详细的介绍和分析，并阐述了集中力扩散舱段不同结构形式的优劣。

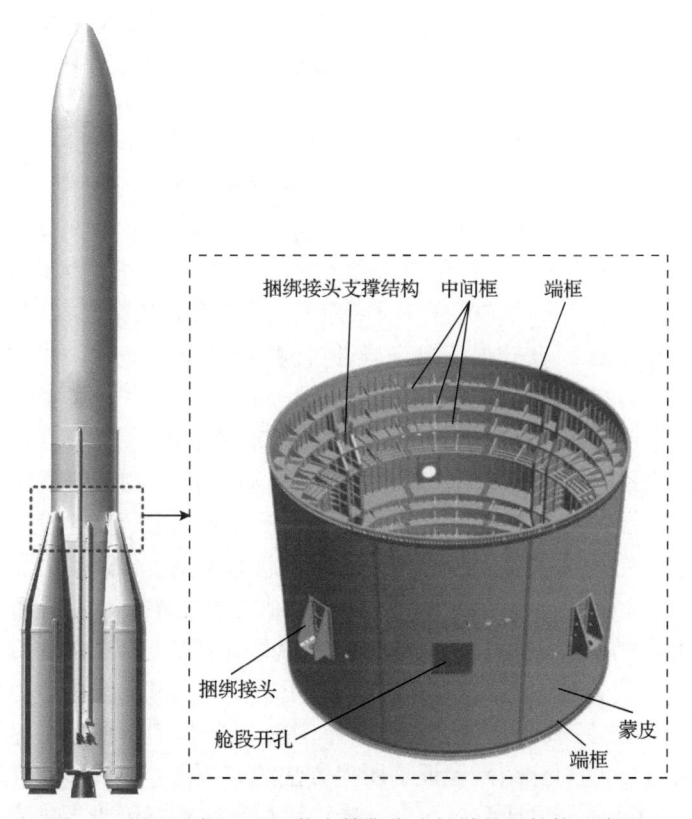

图 1.5 阿丽亚娜 6 型运载火箭集中力扩散舱段结构示意图

拓扑优化算法[177-181]在集中力扩散结构优化设计中获得广泛应用。牛飞等[182,183]采用连续体拓扑优化算法开展平板集中力扩散结构和贮箱短壳"放射肋"优化设计，获得满足工程设计需求的优化结构形式。为进一步提高贮箱短壳集中力扩散效果，张家鑫等[184-186]基于拓扑优化算法，提出一种分级型放射肋结构形式，并针对拓扑优化构型开展形状、尺寸精细化设计，验证了分级型放射肋在集中力扩散均匀性方面的优势。张晓颖等[187]综合运用工程估算、拓扑优化和实验验证等方法，设计了承载千吨级集中载荷的薄壁贮箱结构来大幅提高薄壁贮箱的集中力扩散能力。

为进一步加强对集中力扩散路径的设计，Cao 等[188]将人工杆单元引入拓扑优化算法,开展指定支反力区域的集中力扩散结构优化设计。Lu 等[189]指出桁架结构在集中力扩散路径设计方面的不足,提出基于连续体拓扑优化算法的集中力扩散路径设计方法。Gao 等[190]将支反力方差约束引入拓扑优化中,提高优化后集中力扩散结构的载荷扩散均匀性。对于不同构件接触导致的应力集中现象,Niu 等[191]进一步发展了考虑构件接触边界的拓扑优化算法来有效地降低构件接触区域的应力水平。特别地,Liu 等[192]在结构中掺杂碳纳米管,并基于 GA 和有限元分析对掺杂的碳纳米管进行布局优化设计,有效缓解了结构的应力集中现象,验证了掺杂碳纳米管对合理设计集中力载荷传递路径的有效性。Wang 等[193]基于拓扑优化和晶格优化算法,提出结构多尺度优化设计方法,并成功应用于飞行器尾舵结构设计。Zhu 等[21]结合仿生学设计思想,提出飞行器尾舵新的加筋形式,并开展相应的优化设计,获得相较前述工作更优的结构形式。梅勇等[194, 195]针对运载火箭集中力扩散舱段捆绑连接机构开展拓扑优化研究,获得减重效果明显的优化结构形式。针对拓扑优化算法在应用于回转体设计时所面临的自动化重构精度差、制造加工难度大等挑战,李增聪等[196]提出基于各向异性过滤技术和网格变形技术的拓扑优化算法,并开展集中力扩散回转加筋结构优化设计。Savine 等[197]以阿丽亚娜 6 型运载火箭集中力扩散舱段结构设计为背景,针对筋条布局形式,提出基于构件的集中力扩散结构优化方法,但是他们忽略了筋条局部稳定性对筋条布局形式的影响。

上述工作主要采用拓扑优化算法对集中力扩散结构进行优化设计分析,给出相关集中力扩散结构的概念设计构型,但是均忽略了蒙皮传递剪力、集中力加载偏心和结构承载稳定性等因素的影响,同时在结构形式复杂的大型/重型运载火箭集中力扩散舱段结构的应用上,仍存在优化构型精细程度、加工制造等方面的挑战。与采用拓扑优化算法不同,我们提出适用于重型运载火箭集中力扩散舱段的变截面-等比布局多区域联合设计方法[198],建立基于静力分析及工程估算的优化模型,与文献[175]的对比结果验证了所提方法的有效性。进一步,针对集中力扩散舱段轻量化设计面临设计变量众多、传统优化算法求解困难等挑战,我们首先基于集中力扩散舱段结构形式和承载特点将设计变量进行合理分组[199],然后提出协同进化模拟退火(simulated annealing, SA)算法,开展集中力扩散舱段轻量化设计,在大幅提高优化效率的同时,获得相较传统 SA 算法更优的结构形式。

综合可知,大型/重型运载集中力扩散舱段作为典型的薄壁加筋结构,需综合考虑结构极限承载能力和集中力扩散性能开展结构轻量化设计。然而,大直径、大载荷的结构特点对箭体结构轻量化、精细化设计提出了更高要求,并对传统的设计经验和验证方法带来挑战[175],进一步加剧了集中力扩散舱段的设计难度。为满足我国对重型运载火箭的迫切需求,提高集中力扩散舱段结构轻量化和精细化设计程度,亟须发展一套高效的箭体结构分析与设计方法,并据此开展新型集中力扩散舱段结构优化设计。

第 2 章 高维非规则设计域的混合整数序列填充采样算法

初始样本点的空间均布性设计是提高序列近似优化算法效率和精度的关键。传统的 OLHD 采样致力于生成空间覆盖率高的样本点，但是在实际工程结构设计中，往往存在多个性能约束，这使可行设计域形状复杂，传统采样方法将产生大量不可行样本点，造成计算资源的浪费。另外，实际结构往往还涉及整数变量，如加筋圆柱壳的加筋根数确定等，而传统 LHD 采样合理容纳整数变量的能力不强。

本章对复杂设计域的混合序列填充采样方法进行研究。考虑混合整数的拉丁超立方均布性评价准则，基于递归演化和概率跃迁搜索机制，给出混合整数序列填充采样算法和低相关性混合整数序列填充采样算法；针对非规则域填充采样问题，分别给出基于样本点局部密度函数改造的非规则域序列填充采样算法和基于逐点采样-排列优化的非规则域混合整数序列填充采样算法；结合相关方法，开展典型加筋圆柱壳轻量化设计。

2.1 立方体域的混合整数序列填充采样算法

2.1.1 考虑混合整数的拉丁超立方均布性准则

加筋圆柱壳设计中面临实数和整数变量，需要生成含整数的初始样本点。传统的 OLHD 算法在生成含有整数因子的样本点时，首先将整数因子当成实数因子，然后通过取整实现混合整数优化拉丁超立方设计(mixed integer optimal latin hypercube design, MIOLHD)。该生成方式存在两方面的不足，一是在一定程度上破坏了样本点的空间均布性；二是直接取整使整数因子不同水平上的样本点不均衡，进而使样本点对该整数因子不同水平的探索能力不均衡。图 2.1(a)所示为 2 因子 15 水平的 OLHD 样本点在设计空间中的分布，图 2.1(b)所示为通过取整生成的 MIOLHD 样本点。由此可知，直接取整后样本点在空间的均布性变差。因此，为提高近似模型对含混合整数的近似对象的近似能力，合理高效生成 MIOLHD 样本点是一个重要的问题。

合适的混合整数样本点均布性准则是生成 MIOLHD 样本点的基础。针对该问题，Joseph 等[200]提出考虑混合整数的 MaxPro(maxmum projection)准则，即

$$\phi_{\text{MaxPro}} = \left(\frac{1}{C_N^2} \sum_{i} \sum_{j \neq i} \frac{1}{\prod_{l=1}^{m_{\text{real}}} (x_i^{(l)} - x_j^{(l)})^2 \prod_{k=1}^{m_{\text{int}}} \left(d_{\text{proj}}^k(\bm{x}_i, \bm{x}_j) + \frac{1}{L_k} \right)^2} \right)^{1/m} \quad (2.1)$$

其中，C_N^2 为从 N 个样本点中随机取出两个样本点的组合数，即 $C_N^2 = N!/((N-2)!2!)$；m_{real} 为实数因子的数量，m_{int} 为整数因子的数量，并且 $m_{\text{real}} + m_{\text{int}} = m$；$d_{\text{proj}}^k(\bm{x}_i, \bm{x}_j)$ 为样本点 $\bm{x}_i$ 与 $\bm{x}_j$ 在第 k 个整数因子上的投影距离，即 $d_{\text{proj}}^k(\bm{x}_i, \bm{x}_j) = \left| x_i^{(k)} - x_j^{(k)} \right|$；$L_k$ 为第 k 个整数因子的水平数。

通过最小化 ϕ_{MaxPro}，可以实现 MIOLHD 样本点设计。

(a) 实数域内的OLHD样本点　　　　(b) 取整后的OLHD样本点

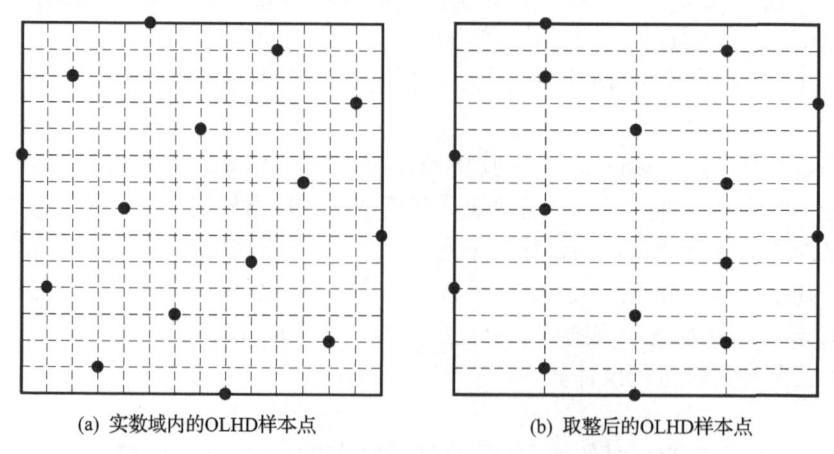

图 2.1　基于取整生成的 2 因子 15 水平 MIOLHD 样本点

通常情况下，整数因子的水平数远小于样本点数量，因此整数因子同一水平上将分布多个样本点。观察式(2.1)，不难发现，MaxPro 准则倾向于生成具有较大 $d_{\text{proj}}^k(\bm{x}_i, \bm{x}_j)$ 取值的 MIOLHD 样本点，即驱使更多的样本点向边界聚集，降低样本点对整个设计空间的探索能力。图 2.2 所示为基于 MaxPro 准则生成的 2 因子 15 水平的 MIOLHD 样本点，其中整数因子的水平数为 5。较图 2.1(b) 所示的通过取整生成的 MIOLHD 样本点，MaxPro 准则生成的样本点最小距离相对更大，表明其具有改善 MIOLHD 样本点空间均布性的能力。然而，MaxPro 准则使样本点在整数因子不同水平上分布的数量不一，并且在整数因子边界水平上分布 4 个样本点，而在整数因子中间水平上仅分布 1 个样本点。这导致样本点对设计空间的探索力度并不均衡。

为改善 MaxPro 准则这一不足，均衡 MIOLHD 样本点对整数因子各个水平的探索力度，本节提出了改进 MaxPro(modified MaxPro, mMaxPro)准则。MaxPro 准则的不足一定程度来源于对整数因子的处理方式。最大化样本点在整数因子上的投影距离将不可避免地使样本点向整数因子边界聚集。为此，给出基于最小弧长距离的整数因子处理方式。具体来说，将整数因子的不同水平均匀置于周长为 1 的圆上，进而样本点 $\boldsymbol{x}_i$ 与 $\boldsymbol{x}_j$ 在整数因子上的投影距离 $d_{\text{proj}}^k(\boldsymbol{x}_i,\boldsymbol{x}_j)$ 通过 $x_i^{(k)}$、$x_j^{(k)}$ 在该圆上对应的最小弧长距离计算而得。这样可以避免 $x_i^{(k)}$ 和 $x_j^{(k)}$ 分别取整数因子最小、最大水平时 $d_{\text{proj}}^k(\boldsymbol{x}_i,\boldsymbol{x}_j)$ 取最大值的情形。以 4 水平的整数因子为例，图 2.3 直观地给出了基于欧几里得距离和基于最小弧长距离的整数因子处理方式。

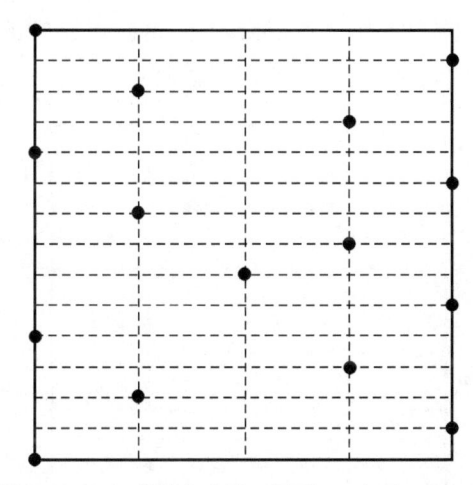

图 2.2 基于 MaxPro 准则生成的 2 因子 15 水平 MIOLHD 样本点

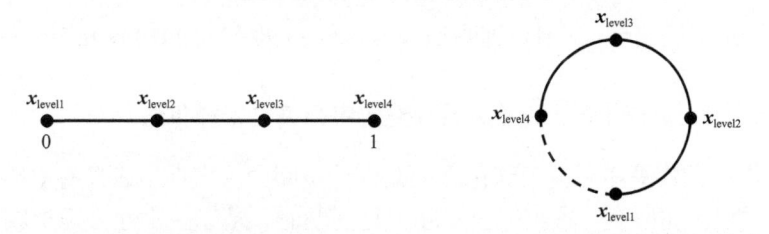

(a) 基于欧氏距离的处理方式　　　　(b) 基于最小弧长距离的处理方式

图 2.3 整数因子处理方式示意图

因此，基于最小弧长距离的整数因子处理方式，mMaxPro 准则可表示为

$$\phi_{\text{mMaxPro}} = \left(\frac{1}{C_N^2} \sum_{i}^{N} \sum_{j \neq i} \frac{1}{\prod_{l}^{m_{\text{real}}} (x_i^{(l)} - x_j^{(l)})^2 \prod_{k=1}^{m_{\text{int}}} \left(d_{\text{projarc}}^k(\boldsymbol{x}_i,\boldsymbol{x}_j) + \frac{1}{L_k} \right)^2} \right)^{1/m} \quad (2.2)$$

其中，$d_{\text{projarc}}^k(\boldsymbol{x}_i,\boldsymbol{x}_j)$ 为样本点 $\boldsymbol{x}_i$ 与 $\boldsymbol{x}_j$ 在第 k 个整数因子上投影所对应的最小弧长距离，具体表达式为

$$d_{\text{projarc}}^k(\pmb{x}_i,\pmb{x}_j)=\begin{cases}\left|x_i^{(k)}-x_j^{(k)}\right|/L_k, & \left|x_i^{(k)}-x_j^{(k)}\right|/L_k\leqslant 0.5\\ 1-\left|x_i^{(k)}-x_j^{(k)}\right|/L_k, & \text{其他}\end{cases} \quad (2.3)$$

进而，可通过最小化 ϕ_{mMaxPro} 获得 MIOLHD。图 2.4 所示为基于 mMaxPro 准则生成的 2 因子 15 水平的 MIOLHD 样本点，其中整数因子水平数亦为 5。15 个样本点均匀地分布在整数因子的 5 个水平上，实现样本点对整数因子不同水平的均衡探索，可以弥补 MaxPro 准则的不足。鉴于 mMaxPro 准则在生成 MIOLHD 样本点方面表现出的优越性，本节以 mMaxPro 准则作为 MIOLHD 样本点空间均布性和填充性的评判标准，并据此开展相关研究。

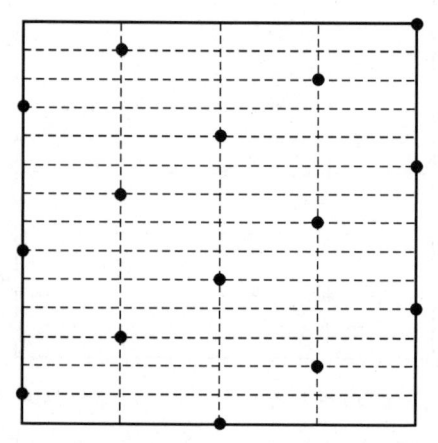

图 2.4　基于 mMaxPro 准则生成的 2 因子 15 水平 MIOLHD 样本点

2.1.2　基于递归演化和概率跃迁的混合整数序列填充采样算法

传统的 OLHD 采样是基于优化算法在设计空间中一次性生成具有空间均布性样本点的过程。在面对"黑箱"或实际工程问题时，基于一次性采样生成 OLHD 样本点的方式往往面临两方面的挑战。一是，由于对问题的非线性程度认识不足，通常难以确定合适的初始样本点规模，这将不可避免地出现样本点的补充采样。二是，随着问题维度的增加，需要在设计空间中生成更多数量的样本点捕获更多的特征信息，考虑 m 维设计空间中生成具有 N 个样本点的所有可能选择多达 $(N!)^m$，具体地，在二维空间中生成 30 个样本点的搜索空间达 10^{64} 量级，这将使 OLHD 的优化耗时呈指数级增加。因此，基于序列填充采样的 OLHD 得到广泛的关注与应用。

1. 算法流程

所谓序列填充采样，本质上是将 $N\times m$ 的 OLHD 大规模优化问题分解为一系列

$N_i \times m$（$N_i < N$ 且 $\sum_i N_i = N$）的 OLHD 小规模优化问题[56]。具体来说，首先在 m 维设计空间中生成小规模的样本点 $D_{N_i \times m}$，然后在保证 $D_{N_i \times m}$ 中样本点位置不变情况下，对未采样区域进行填充采样，并确保由一系列 $N_i \times m$ 的 OLHD 样本点 $D_{N_i \times m}$ 组成的 OLHD 样本集 $D_{\left(\sum_i N_i\right) \times m}$ 仍满足低维投影均匀性和空间均布性需求，依此循环，直至生成满足需求规模的 OLHD 样本点。

为解决传统 OLHD 容纳整数变量能力弱的问题，研究基于递归演化和概率跃迁混合整数序列填充采样算法(sequential enlarged mixed integer sampling algorithm based on recursive evolution and probabilistic transition, SMIRP)来提高大规模 MIOLHD 的采样效率。

对于已生成 $N \times m$ 的 OLHD 样本点集 $D_{N \times m}$，其含 m_{real} 个实数因子，m_{int} 个整数因子，并且整数因子的水平数分别为 $\{L_k\}_{k=1}^{m_{\text{int}}}$。为了将其扩充为 $(2N-1) \times m$ 的 OLHD，需在未采样区域填充 $N-1$ 个样本点。具体来说，对于实数因子，按图 2.5 所示的插空填充方式直接新增 $N-1$ 水平；对于整数因子，为均衡不同水平的探索力度，根据已有样本点在不同水平上的数量，将 $N-1$ 个样本点分配至 m_{int} 个整数因子的 $\{L_k\}_{k=1}^{m_{\text{int}}}$ 个水平上，使各个水平上的样本点趋于一致，进而获得新增样本集 $D_{(N-1) \times m}$，并与已有样本点集 $D_{N \times m}$ 构成 $(2N-1) \times m$ 的 OLHD 样本集 $D_{(2N-1) \times m}$。然而，以此方式获得的样本集 $D_{(2N-1) \times m}$ 一般具有较差的空间均布性。以图 2.6 所示

● N个已观测样本　◆ $N-1$个新增样本

图 2.5　递归演化填充机制示意图

● 已有样本点　■ 扩充样本点

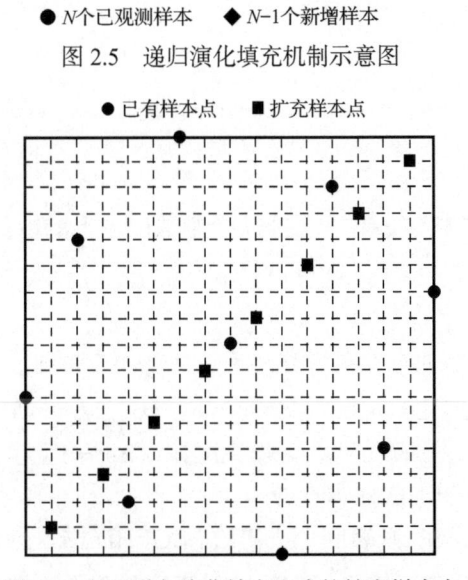

图 2.6　基于递归演化填充生成的扩充样本点

的二维实数域 9×2 的 OLHD 样本点为例,基于上述方式可直接扩充至 17×2 的 OLHD。然而,新增样本点分布在对角线上,需进一步调整新增样本点的空间布局,提高扩充后样本点的空间均布性。

因此,可通过求解下式来改善扩充后样本点空间均布性,即

$$\begin{aligned}&\text{find } \{\boldsymbol{\kappa}_{\text{real},i}(D_{(N-1)\times m})\}_{i=1}^{m_{\text{real}}}, \{\boldsymbol{\kappa}_{\text{int},j}(D_{(N-1)\times m})\}_{j=1}^{m_{\text{int}}} \\ &\min \phi_{\text{mMaxPro}}(D_{(2N-1)\times m}) \\ &\text{s.t. } D_{N\times m} \subset D_{(2N-1)\times m}\end{aligned} \quad (2.4)$$

其中,$\boldsymbol{\kappa}_{\text{real},i}(D_{(N-1)\times m})$ 为新增样本点 $D_{(N-1)\times m}$ 中第 i 个实数因子的排列;$\boldsymbol{\kappa}_{\text{int},j}(D_{(N-1)\times m})$ 为新增样本点 $D_{(N-1)\times m}$ 中第 j 个整数因子的排列。

对于上述问题,当仅涉及实数因子时,采用传统的 SA 算法[64]或者改进的随机进化(enhanced stochastic evolutionary, ESE)算法[201]即可求解。然而,当涉及整数因子时,由于允许同一水平上存在多个样本点,SA 和 ESE 算法基于随机选取两个样本点并互相交换元素的搜索机制(图 2.7)本质上缩减了整数因子排列的搜索空间,进而制约了 MIOLHD 空间均布性的提高。因此,采用概率跃迁的方式对整数因子排列进行调整,即以一定概率允许某一样本点不通过与另一样本点进行元素交换,直接从整数因子的某一水平跃迁至另一水平(图 2.8),进而最大限度地提高样本点的空间均布性。对于任意两个样本点 x_i 和 x_j,其整数因子的搜索机制可表述为

$$\begin{cases} x_i^{(k)} = x_j^{(k)}, & p_{\text{rand}} < p_1 \\ x_j^{(k)} = x_i^{(k)}, & p_{\text{rand}} > p_2 \\ x_0 = x_i^{(k)}, x_i^{(k)} = x_j^{(k)}, x_j^{(k)} = x_0, & \text{其他} \end{cases} \quad (2.5)$$

其中,$x_i^{(k)}$ 和 $x_j^{(k)}$ 为样本点 x_i 和 x_j 在第 k 个整数因子上的取值;p_1 和 p_2 为跃迁概率,并且满足 $0 < p_1 < p_2 < 1$,这里设置 $p_1 = 0.25$、$p_2 = 0.75$;p_{rand} 为[0,1]的随机数。

至此,混合整数序列填充采样算法可总结为如下步骤。

步骤 1,算法初始化。记已观测样本点为 D_{observed},新增样本点为 D_{new},所有样本点为 $D_{\text{all}} = \{D_{\text{observed}}, D_{\text{new}}\}$,记填充次数为 $k_{\text{iter}} = 1$。

步骤 2,生成 MIOLHD 样本点 D_{new}。

步骤 2.1,若 $k_{\text{iter}} = 1$,则表明生成初始 MIOLHD 样本点,即 $D_{\text{new},k_{\text{iter}}} = D_{N\times m}$,此时 $D_{\text{observed},k_{\text{iter}}} = \varnothing$。在 m 维设计空间,对于实数因子,均匀生成 N 个水平;对

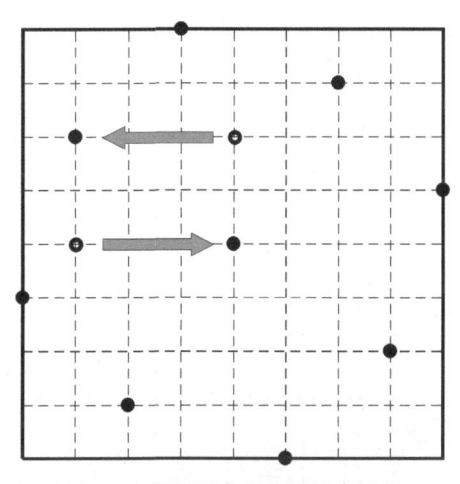

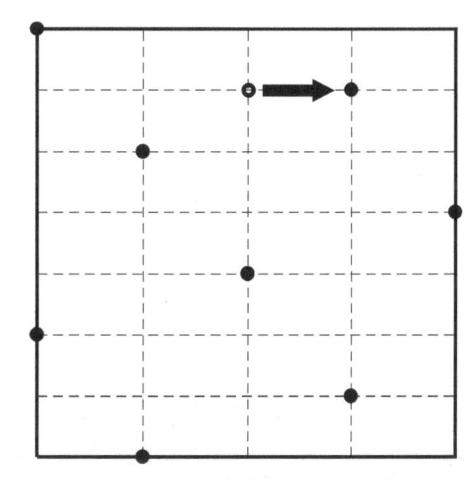

图 2.7　基于元素交换的搜索机制　　　图 2.8　基于"概率跃迁"的搜索机制

于整数因子，选取整数因子某一水平与实数组成样本点 $\{x_i\}_{i=1}^N$，同时使整数因子不同水平上的样本点尽量均衡，记构成的样本集为 $D_{\text{new},k_{\text{iter}}}$；若 $k_{\text{iter}}>1$，则表明生成新增 MIOLHD 样本点，即 $D_{\text{new},k_{\text{iter}}}=D_{(N-1)\times m}$。

步骤 2.2，更新 $D_{\text{all},k_{\text{iter}}}=\{D_{\text{observed},k_{\text{iter}}},D_{\text{new},k_{\text{iter}}}\}$。

步骤 3，改善样本点 D_{new} 的空间均布性。对于实数变量，采用传统的元素交换搜索机制；对于整数变量，采用式(2.5)所述的概率跃迁搜索机制。在改善 $D_{\text{new},k_{\text{iter}}}$ 均布性的过程，以所有样本点 $D_{\text{all},k_{\text{iter}}}$ 的均布性为评价指标，通过调整 D_{new} 中样本点的实数因子排列 $\{\kappa_{\text{real},i}(D_{\text{new},k_{\text{iter}}})\}_{i=1}^{m_{\text{real}}}$ 和整数因子排列 $\{\kappa_{\text{int},j}(D_{\text{new},k_{\text{iter}}})\}_{j=1}^{m_{\text{int}}}$，使 $D_{\text{all},k_{\text{iter}}}$ 中所有样本点空间均布性最优，记改善后的新增样本点为 $D_{\text{new,opt}}$，并更新 $D_{\text{all},k_{\text{iter}}}=\{D_{\text{observed},k_{\text{iter}}},D_{\text{new,opt}}\}$、$D_{\text{observed},k_{\text{iter}}+1}=D_{\text{all},k_{\text{iter}}}$、$N\leftarrow 2N-1$、$D_{N\times m}=D_{\text{all},k_{\text{iter}}}$。

步骤 4，判断。当 D_{all} 中样本点数量满足需求时，算法终止；否则，令 $k_{\text{iter}}=k_{\text{iter}}+1$，并转步骤 2。

混合整数序列填充采样算法流程图如图 2.9 所示。

2. 算例演示

图 2.10 所示为二维设计空间的 OLHD 序列填充示意图，其中实心圆点表示已有样本点，空心方形表示扩充样本点。由此可知，经序列填充后，样本点的空间填充性和空间均布性均得到保证。

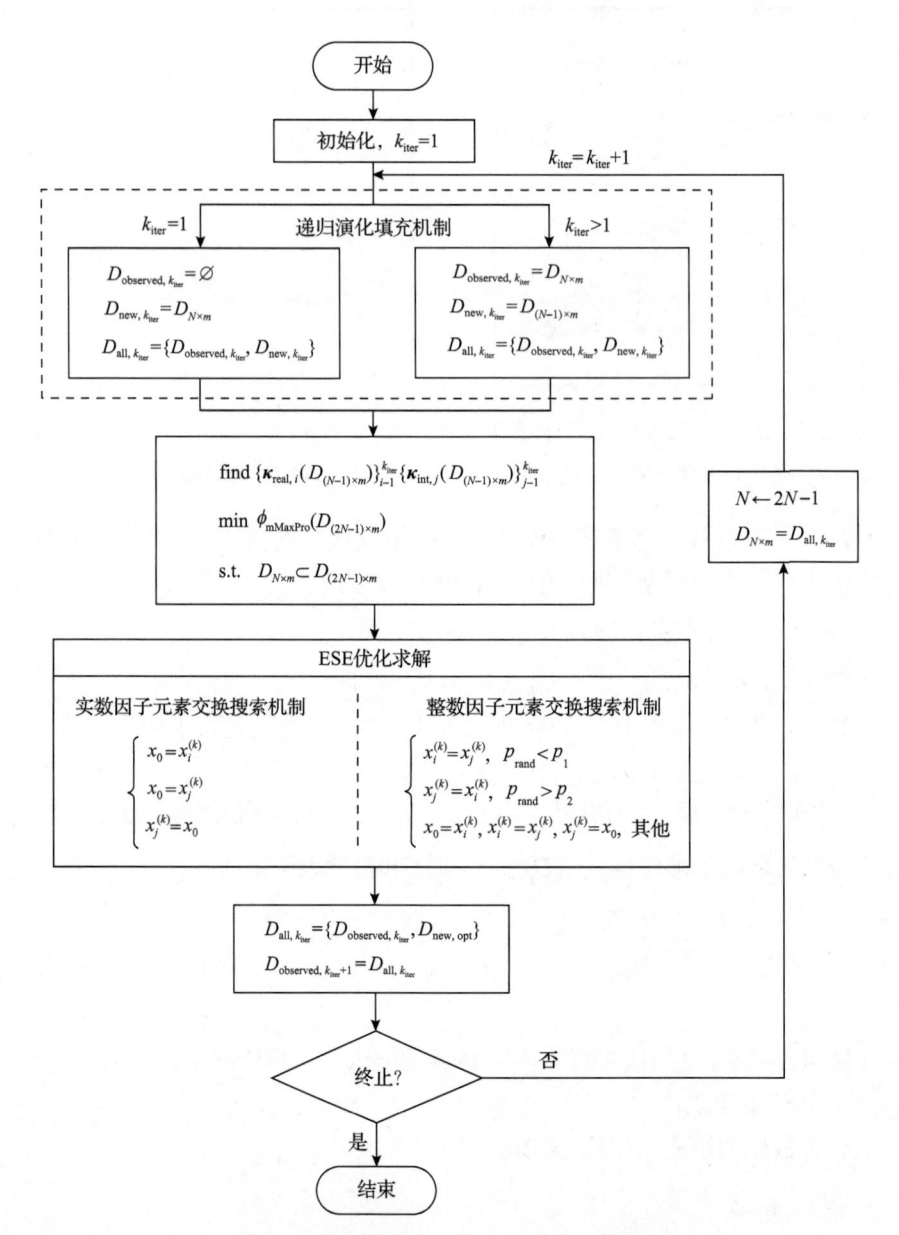

图 2.9 混合整数序列填充采样算法流程图

(a) 初始设计　　　　　　　　　　　(b) 第一次填充

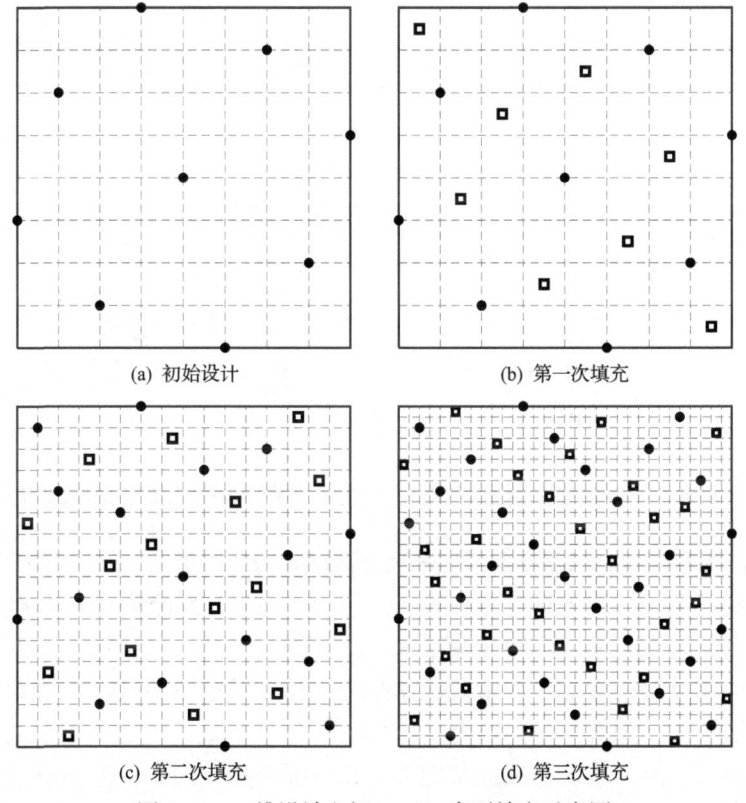

(c) 第二次填充　　　　　　　　　　(d) 第三次填充

图 2.10　二维设计空间 OLHD 序列填充示意图

　　进一步，以二维设计空间中存在一个 5 水平整数因子为例，对混合整数序列填充采样算法进行验证。二维设计空间混合整数序列填充示意图如图 2.11 所示。其中，实心圆点表示已有样本点，空心圆点表示扩充样本点，经序列填充后，整数因子各水平上的样本点数量趋于一致，可以验证混合整数序列填充采样算法的有效性。

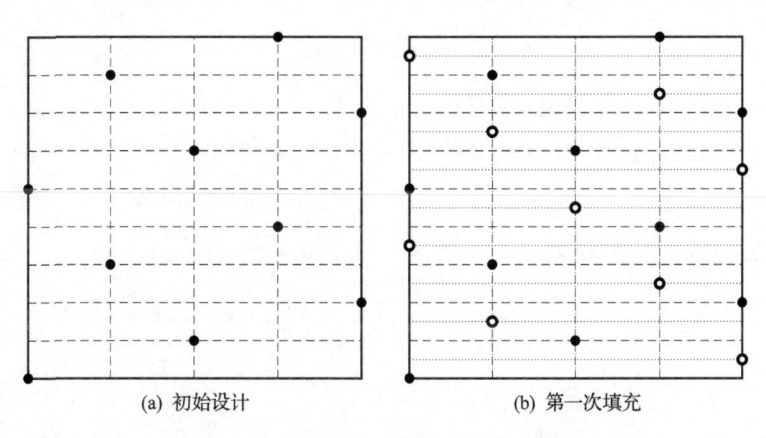

(a) 初始设计　　　　　　　　　　　(b) 第一次填充

(c) 第二次填充   (d) 第三次填充

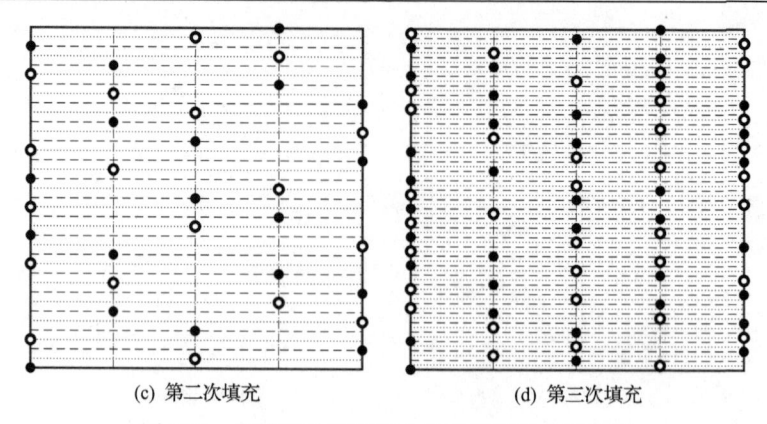

图 2.11 二维设计空间混合整数序列填充示意图

2.1.3 基于递归演化和概率跃迁的低相关性混合整数序列填充采样算法

为提高大规模 MIOLHD 样本点的生成效率，2.1.2 节给出了针对任意初始规模样本点的混合整数序列填充采样算法。然而，在对高维空间进行序列填充采样时，在已有的 N 个样本点基础上填充 $N-1$ 个样本点的优化空间仍为 $[(N-1)!]^m$，并且随着问题维数的增加，求解该优化问题的计算成本不容忽略。为此，出现了针对实数因子的低相关性序列填充采样方法[202]，在满足空间均布性的同时，可以大幅降低计算耗时。本节将在此基础上，针对混合整数问题，进一步基于递归演化和概率跃迁发展低相关性混合整数序列填充采样算法（near-orthogonal sequential enlarged mixed integer sampling algorithm based on recursive evolution and probabilistic transition, NOrSMIRP）。

1. 算法流程

对于水平数为 $N=2^{n+1}+1$、实数因子数为 m_{real} 的低相关性 LHD，需满足

$$m_{\text{real}} < 1+n+C_n^2 \tag{2.6}$$

其中，n 为正整数，表示能够容纳 m_{real} 个因子的最小正整数。

为生成上述 m_{real} 因子 N 水平的低相关性 LHD，需首先构造 $(2^{n-1} \times m_{\text{real}})$ 维排列矩阵 $\boldsymbol{M}_{2^{n-1} \times m_{\text{real}}}$ 和 $2^{n-1} \times m_{\text{real}}$ 维符号矩阵 $\boldsymbol{S}_{2^{n-1} \times m_{\text{real}}}$。排列矩阵 $\boldsymbol{M}_{2^{n-1} \times m_{\text{real}}}$ 每一列均为 $\boldsymbol{\kappa}_{\text{real}}=[1,2,\cdots,2^{n-1}]^{\text{T}}$ 的排列，每一行为一组变量组合，即

$$\boldsymbol{M}_{2^{n-1} \times m_{\text{real}}} = [\boldsymbol{\kappa}_{\text{real}}, \underbrace{\boldsymbol{A}_1 \boldsymbol{\kappa}_{\text{real}}, \cdots, \boldsymbol{A}_k \boldsymbol{\kappa}_{\text{real}}, \cdots, \boldsymbol{A}_n \boldsymbol{\kappa}_{\text{real}}}_{n \text{项}}, \underbrace{\boldsymbol{A}_i \boldsymbol{A}_j \boldsymbol{\kappa}_{\text{real}}}_{m_{\text{real}}-n-1 \text{项}}] \tag{2.7}$$

其中，$k,i \in [1,n]$，$j \in [i+1,n]$，并且

$$A_k = \underbrace{I \otimes \cdots \otimes I}_{n-k-1 \text{项}} \otimes \underbrace{R \otimes \cdots \otimes R}_{k \text{项}} \tag{2.8}$$

其中，"$\otimes$"表示克罗内克(Kronecher)积；$I = \begin{bmatrix} 1 & 0 \\ 0 & 1 \end{bmatrix}$；$R = \begin{bmatrix} 0 & 1 \\ 1 & 0 \end{bmatrix}$。

符号矩阵 $S_{2^{n-1} \times m_{\text{real}}}$ 每一项均为 ±1，并且任意两列向量满足正交条件，即

$$S_{2^{n-1} \times m_{\text{real}}} = [j, \underbrace{a_1, \cdots, a_k, \cdots, a_n}_{n \text{项}}, \underbrace{a_i a_j}_{m_{\text{real}}-n-1 \text{项}}], \quad k,i \in [1,n], j \in [i+1,n] \tag{2.9}$$

$$a_k = B_1 \otimes \cdots \otimes B_k \otimes \cdots \otimes B_{n-1} \tag{2.10}$$

其中，$j = (1,1,\cdots,1)^{\text{T}}_{2^{n-1}}$；$B_k = b = (-1,1)^{\text{T}}$；$B_{i,i \neq k} = 1 = (1,1)^{\text{T}}$。

进而，$(2^{n-1} \times m_{\text{real}})$ 维设计矩阵 $T_{2^{n-1} \times m_{\text{real}}}$ 可由排列矩阵 $M_{2^{n-1} \times m_{\text{real}}}$ 和符号矩阵 $S_{2^{n-1} \times m_{\text{real}}}$ 的元素积(阿达马(Hadamard)积)获得，即

$$T_{2^{n-1} \times m_{\text{real}}} = S_{2^{n-1} \times m_{\text{real}}} \circ M_{2^{n-1} \times m_{\text{real}}} = [S_{(i,j)} M_{(i,j)}]_{2^{n-1} \times m_{\text{real}}} \tag{2.11}$$

其中，符号"$\circ$"表示 Hadamard 积；$S_{(i,j)}$ 表示矩阵 $S_{2^{n-1} \times m_{\text{real}}}$ 第 i 行第 j 列元素；$M_{(i,j)}$ 表示矩阵 $M_{2^{n-1} \times m_{\text{real}}}$ 第 i 行第 j 列元素。

因此，低相关性 LHD 矩阵 $T_{(2^n+1) \times m_{\text{real}}}$ 可直接构造为

$$T_{(2^n+1) \times m_{\text{real}}} = [T_{2^{n-1} \times m_{\text{real}}} \quad \mathbf{0}_{1 \times m_{\text{real}}} \quad -T_{2^{n-1} \times m_{\text{real}}}]^{\text{T}} \tag{2.12}$$

当设计变量中存在整数变量并且整数变量数为 m_{int} 时，为使设计矩阵能够容纳整数变量，最小正整数 n 可由下式确定，即

$$\begin{cases} m \leqslant 1 + n + C_n^2 \\ \max_{1 \leqslant k \leqslant m_{\text{int}}} (L_k) \leqslant 2^n + 1 \end{cases} \tag{2.13}$$

考虑 m_{real} 个实数因子和 m_{int} 个整数因子的设计矩阵 $T_{(2^n+1) \times m}$ 可构造为

$$T_{(2^n+1) \times m} = [T_{(2^n+1) \times m_{\text{real}}} \quad T_{(2^n+1) \times m_{\text{int}}}] \tag{2.14}$$

其中，$T_{(2^n+1) \times m_{\text{int}}} = [x_i^{(k)}]_{(2^n+1) \times m_{\text{int}}}$ 为涉及整数因子的设计矩阵，$\mathbf{k}$ 为 m_{int} 个整数因子在设计变量中序号组成的向量。

初始矩阵 $T_{(2^n+1)\times m_{\text{int}}}$ 的确定方法与 2.1.2 节相同。将设计矩阵 $T_{(2^n+1)\times m}$ 映射至设计空间 X^m 中，即可获得低相关性混合整数 LHD 样本点集 $D_{(2^n+1)\times m}$。

考虑直接构造的设计矩阵 $T_{(2^n+1)\times m}$ 对应的样本点集 $D_{(2^n+1)\times m}$ 空间均布性较差，改善其均布性的优化问题可描述为

$$\begin{aligned} &\text{find } \kappa_{\text{real}}, \{\kappa_{\text{int},i}(D_{(2^n+1)\times m})\}_{i=1}^{m_{\text{int}}} \\ &\min \phi_{\text{mMaxPro}}(D_{(2^n+1)\times m}) \end{aligned} \tag{2.15}$$

其中，$\kappa_{\text{int},i}(D_{(2^n+1)\times m})$ 为样本点集 $D_{(2^n+1)\times m}$ 中第 i 个整数因子的排列。

结合图 2.5 所述的递归演化填充机制，可进一步发展低相关性混合整数序列填充采样算法。对于已生成的 $(2^n+1)\times m$ 个样本点集 $D_{(2^n+1)\times m}$，其对应的设计矩阵为 $T_{(2^n+1)\times m}$，记新填充的样本点集为 $D_{2^n\times m}$，其对应的设计矩阵为 $T_{2^n\times m}$，提高扩充后的样本点集 $D_{(2^{n+1}+1)\times m}$ 的空间均布性的优化问题可描述为

$$\begin{aligned} &\text{find } \kappa_{\text{real}}(D_{2^n\times m}), \{\kappa_{\text{int},i}(D_{2^n\times m})\}_{i=1}^{m_{\text{int}}} \\ &\min \phi_{\text{mMaxPro}}(D_{(2^{n+1}+1)\times m}) \\ &\text{s.t. } D_{(2^n+1)\times m} \subset D_{(2^{n+1}+1)\times m} \end{aligned} \tag{2.16}$$

其中，$\kappa_{\text{real}}(D_{2^n\times m})$ 为实数因子的排列；$\kappa_{\text{int},i}(D_{2^n\times m})$ 为第 i 个整数因子的排列。

式(2.4)需分别确定各个实数因子 $\{\kappa_{\text{real},i}(D_{(N-1)\times m})\}_{i=1}^{m_{\text{real}}}$ 的排列，而式(2.16)中各个实数因子的排列由 κ_{real} 的排列统一确定，因此设计变量的大幅缩减将使优化效率得到大幅提升。

至此，低相关性混合整数序列填充采样算法可总结为如下步骤。

步骤 1，确定最小正整数 n。根据式(2.13)确定最小正整数 n，使排列矩阵能够容纳 m_{real} 个实数因子，同时初始样本数 2^n+1 应大于整数因子中的最大水平数。

步骤 2，确定初始样本点集 $D_{(2^n+1)\times m}$。由最小正整数 n、式(2.7)和式(2.9)确定排列矩阵 $M_{2^{n-1}\times m_{\text{real}}}$ 和符号矩阵 $S_{2^{n-1}\times m_{\text{real}}}$，进而由式(2.12)和式(2.14)确定设计矩阵 $T_{(2^n+1)\times m}$。将设计矩阵 $T_{(2^n+1)\times m}$ 映射至设计空间 X^m，即可获得初始样本点集 $D_{(2^n+1)\times m}$。随后，求解优化问题式(2.15)来改善初始样本点集 $D_{(2^n+1)\times m}$ 的空间均布性。记填充次数 $k_{\text{iter}}=1$，空间均布性改善后的样本点集为 $D_{(2^n+1)\times m, k_{\text{iter}}}$，并且其对应的实数因子和整数因子排列分别为 $\kappa_{\text{real}, k_{\text{iter}}}$ 和 $\kappa_{\text{int}, k_{\text{iter}}}$。

步骤 3，确定新填充的样本点集 $D_{2^n\times m, k_{\text{iter}}}$。对于实数因子，在已生成的样本点集 $D_{(2^n+1)\times m, k_{\text{iter}}}$ 中递归演化填充 2^n 个样本点，样本点集 $D_{(2^n+1)\times m, k_{\text{iter}}}$ 对应的实数因

子在填充后样本点集 $D_{(2^n+1)\times m, k_{\text{iter}}}$ 中的排列应为 $\kappa_{\text{real, observed}} = 2\kappa_{\text{real}, k_{\text{iter}}}$，新填充样本点集 $D_{2^n\times m, k_{\text{iter}}}$ 在填充后样本点集 $D_{(2^n+1)\times m, k_{\text{iter}}}$ 中的排列应为 $\kappa_{\text{real, add}} = \kappa_{\text{real}, k_{\text{iter}}} - 1$。进而，样本点集 $D_{(2^{n+1}+1)\times m, k_{\text{iter}}}$ 的排列为 $\kappa_{\text{real, total}} = [\kappa_{\text{real, observed}}, \kappa_{\text{real, add}}]$。对于整数变量，新增样本点的确定方式与 2.1.2 节所述方法相同，已生成样本点对应的整数因子排列记为 $\kappa_{\text{int, observed}} = \{\kappa_{\text{int}, i}(D_{(2^n+1)\times m})\}_{i=1}^{m_{\text{int}}}$，新增样本点对应的整数因子排列记为 $\kappa_{\text{int, add}} = \{\kappa_{\text{int}, i}(D_{2^n\times m})\}_{i=1}^{m_{\text{int}}}$，并记所有样本点对应的整数因子排列为 $\kappa_{\text{int, total}} = [\kappa_{\text{int, observed}}, \kappa_{\text{int, add}}]$。将 $\kappa_{\text{real, add}}$ 和 $\kappa_{\text{int, add}}$ 分别代入式(2.7)、式(2.9)、式(2.12)、式(2.14)，即可得新增设计矩阵 $T_{2^n\times m}$，并映射至设计空间 X^m，进而获得新增样本点集 $D_{2^n\times m, k_{\text{iter}}}$。更新样本点集为 $D_{(2^{n+1}+1)\times m, k_{\text{iter}}} = \{D_{(2^n+1)\times m, k_{\text{iter}}}, D_{2^n\times m, k_{\text{iter}}}\}$。

步骤 4，改善样本点 $D_{2^n\times m, k_{\text{iter}}}$ 空间均布性。由于序列填充过程中应保持已生成样本点在空间的位置不变，即保持 $\kappa_{\text{real, observed}}$ 和 $\kappa_{\text{int, observed}}$ 不变，因此需调整新增样本点集 $D_{2^n\times m, k_{\text{iter}}}$ 的排列 $\kappa_{\text{real, add}}$ 和 $\kappa_{\text{int, add}}$，使填充后的样本点集 $D_{(2^{n+1}+1)\times m, k_{\text{iter}}}$ 空间均布性最优，即求解优化问题式(2.16)。对于排列 $\kappa_{\text{real, add}}$，采用传统的元素交换搜索机制；对于整数因子，采用式(2.5)所述的概率跃迁搜索机制。记均布性改善后的新增样本点集为 $D_{2^n\times m, k_{\text{iter,opt}}}$，并更新 $D_{(2^{n+1}+1)\times m, k_{\text{iter}}} = \{D_{(2^n+1)\times m, k_{\text{iter}}}, D_{2^n\times m, k_{\text{iter,opt}}}\}$。

步骤5，终止判据。当样本点数量满足需求时，算法终止；否则，令 $n \leftarrow n+1$，$k_{\text{iter}} \leftarrow k_{\text{iter}}+1$，并转步骤 3。

2. 算例演示

以三维设计空间中存在一个 5 水平整数因子为例，对低相关性混合整数序列填充采样算法进行演示，其中 x_1 为 5 水平整数因子，x_2 和 x_3 为实数因子。三维设计空间混合整数序列填充示意图如图 2.12 所示。其中，实心圆点表示已有样本点，空心圆点表示扩充样本点。由此可知，经序列采样后，样本点在设计空间中的均

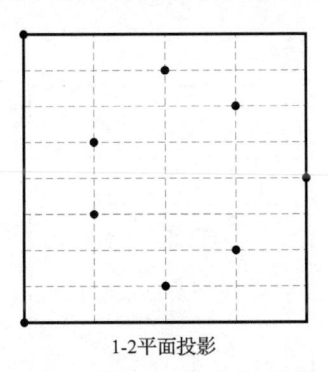

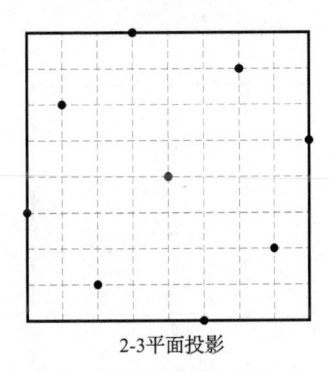

1-2平面投影　　　　　2-3平面投影

三维视图　　　　　　　　　1-3平面投影

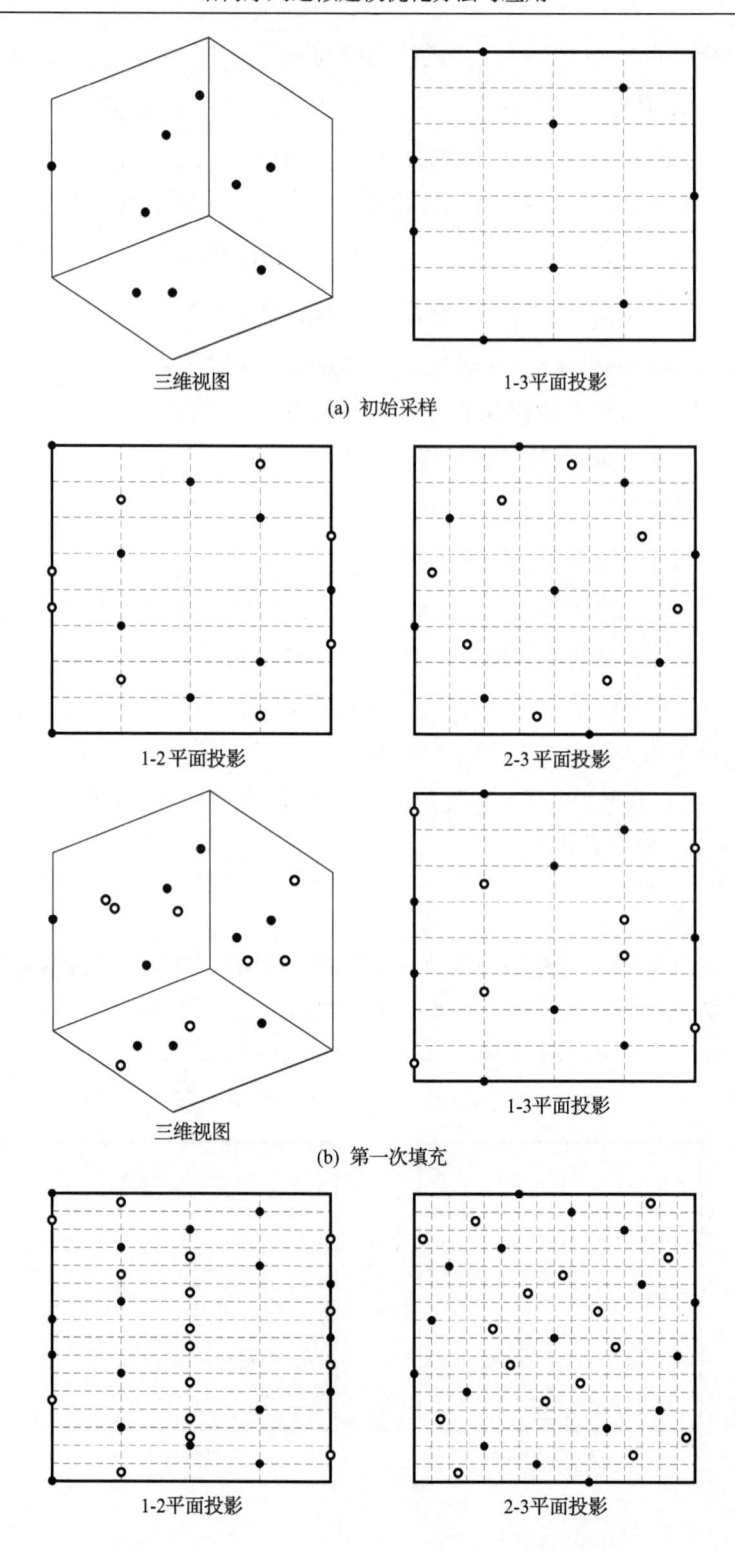

(a) 初始采样

1-2平面投影　　　　　　　2-3平面投影

三维视图　　　　　　　　　1-3平面投影

(b) 第一次填充

1-2平面投影　　　　　　　2-3平面投影

三维视图

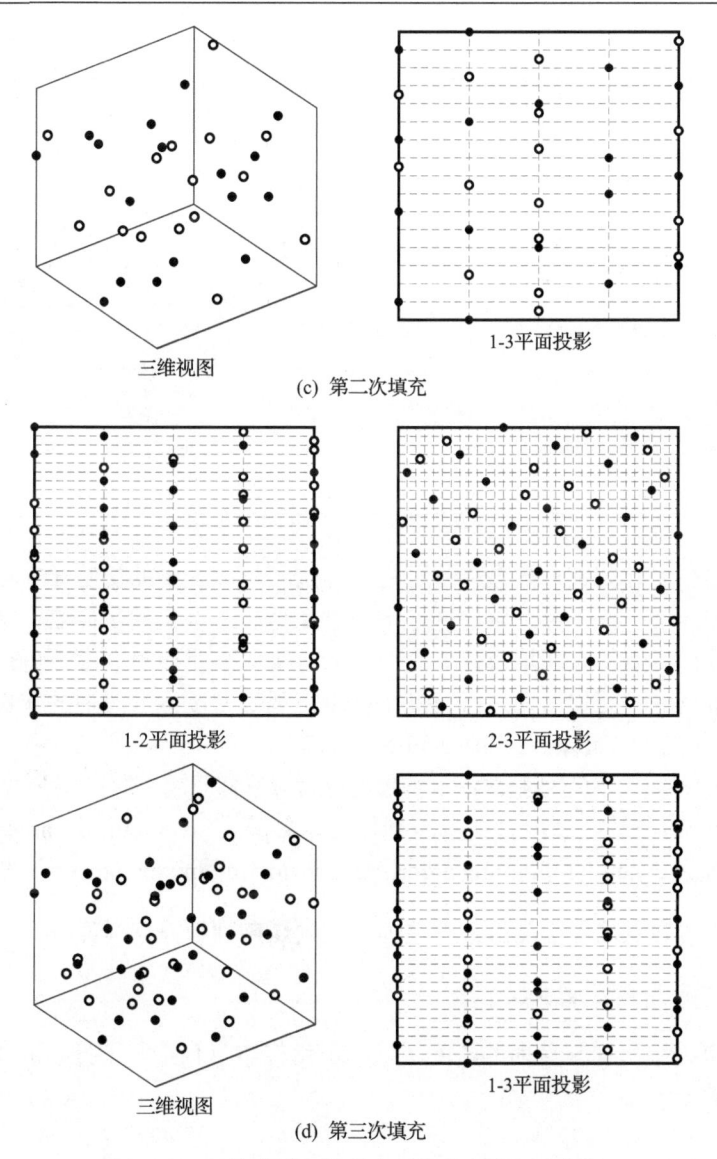

(c) 第二次填充

1-2平面投影

2-3平面投影

三维视图

1-3平面投影

(d) 第三次填充

图 2.12　三维设计空间混合整数序列填充示意图

布性和填充性得到较大改善。同时，整数因子各水平上的样本点数量趋于一致，样本点在 2-3 平面的投影满足低相关性采样需求。

2.2　非规则域的混合整数序列填充采样算法

在结构优化设计中，往往存在多种类型约束，不仅包括复杂耗时的性能约束，如结构稳定性、强度、刚度等约束，还包括具有显式或隐式表达式的简单约束，如结构质量、尺寸比例关系等约束。合理考虑各类约束将对初始采样效率和后续结构优化产生影响。如图 2.13 所示，若有限的计算资源仅用于可行域采样及近似建模，将在一定程度上提升对可行域的探索力度，进而指引优化过程更高效地搜索至最优解区域，缩短计算时长。

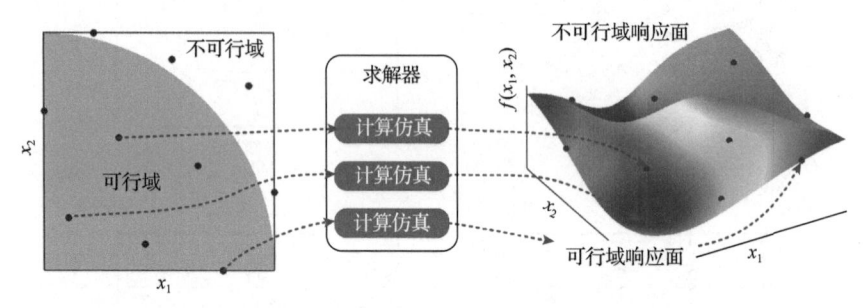

图 2.13　可行域和不可行域的近似模型

只有先在立方体域采样再进行可行点筛选，生成更多的初始样本点才有满足需求数量的样本点落入可行域，这样不可避免地会影响初始采样效率，并且难以保证可行域样本点的空间均布性。因此，为提高对满足简单约束下可行域的采样效率和样本点的空间均布性，研究基于样本点局部密度函数改造的非规则域序列填充采样算法(constrained space-filling and non-collapsing sequential sampling algorithm, CSFSS)。为有效解决混合整数的可行域采样问题，进一步研究基于逐点采样-排列优化的非规则域混合整数序列填充采样算法(constrained space-filling and non-collapsing sequential sampling algorithm considering mixed integers, CSFSSMI)。

2.2.1　基于样本点局部密度函数改造的非规则域序列填充采样算法

1. 样本点局部密度函数

文献[203]给出样本点局部密度函数来衡量样本点在空间中分布的疏密程度，具体表达式为

$$\rho(\bm{x}) = \sum_{i=1}^{N} \exp(-\|\bm{x} - \bm{x}_i\|^2 / \sigma^2) \tag{2.17}$$

其中，σ 为样本点对设计空间中局部密度的贡献程度，可通过下式确定[203]，即

$$\sigma = \max(d_{\max}) / (\sqrt{m}\sqrt[m]{N}) \tag{2.18}$$

其中，$d_{\max}$ 为空间中任意两个样本点间的最大距离。

不失一般性，在 m 维单位超立方体中，$d_{\max}$ 最大值为 $\sqrt{m}$，因此

$$\sigma = \sqrt{m}/(\sqrt{m}\sqrt[m]{N}) = 1/\sqrt[m]{N} \tag{2.19}$$

图 2.14 所示为一维空间中样本点局部密度曲线。由此可知，在样本点密集区域，样本点密度函数值较高；在样本点稀疏区域，样本点密度函数值较低。特别地，对于图 2.14(b) 所示的样本点均匀分布情况，在远离边界处，样本点密度处处相等，表明式(2.19)所示的 σ 估计值具有量化表征样本点空间分布特性的能力。

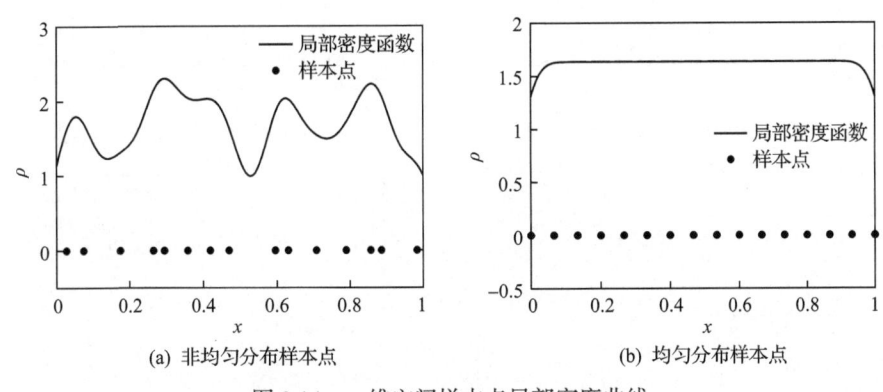

(a) 非均匀分布样本点

(b) 均匀分布样本点

图 2.14　一维空间样本点局部密度曲线

然而，当考虑各种类型的非线性约束时，可行域将非规则地分布在立方体空间中，采用式(2.19)所示的 σ 估计值来表征非规则可行域内样本点的分布将不再合适。非规则可行域 Ω 可表示为

$$\Omega = \{x \mid g_{\text{cons}}(x) \leqslant 0, \ x \in X^m\} \tag{2.20}$$

其中，g_{cons} 为非线性约束。

记非规则可行域 Ω 在立方体空间中的占比为 λ_Ω，直观地，若可行域 Ω 内分布 N 个样本点，则立方体域应具有 $\lceil N/\lambda_\Omega \rceil$ 个样本点，这样才可近似表征此时非规则可行域内样本点的局部密度。因此，非规则可行域的 σ_Ω 可近似估计为

$$\sigma_\Omega = \sqrt{m}\bigg/\left(\sqrt{m}\sqrt[m]{\lceil N/\lambda_\Omega \rceil}\right) \approx \sqrt[m]{\lambda_\Omega}/\sqrt[m]{N} \tag{2.21}$$

其中，λ_Ω 可通过蒙特卡罗(Monte Carlo, MC)方法求得，当 $\lambda_\Omega \to 1$ 时，有 $\sigma_\Omega \to \sigma$ 成立，因此式(2.19)是式(2.21)的特例。

为验证式(2.21)在表征非规则可行域内样本点局部密度方面的合理性，对比式(2.21)与式(2.19)给出的 σ 估计值在表征图 2.15 中四种样本点分布密度方面的表现，其中连通域区间为[0,0.5]，非连通域区间为[0,1/3]∪[2/3,1]。由此可

知，相对式(2.19)，式(2.21)给出的估计值更能准确描述样本点在可行域内的疏密程度。

(a) 非均匀分布于连通可行域的样本点

(b) 均匀分布于连通可行域的样本点

(c) 非均匀分布于非连通可行域的样本点

(d) 均匀分布于非连通可行域的样本点

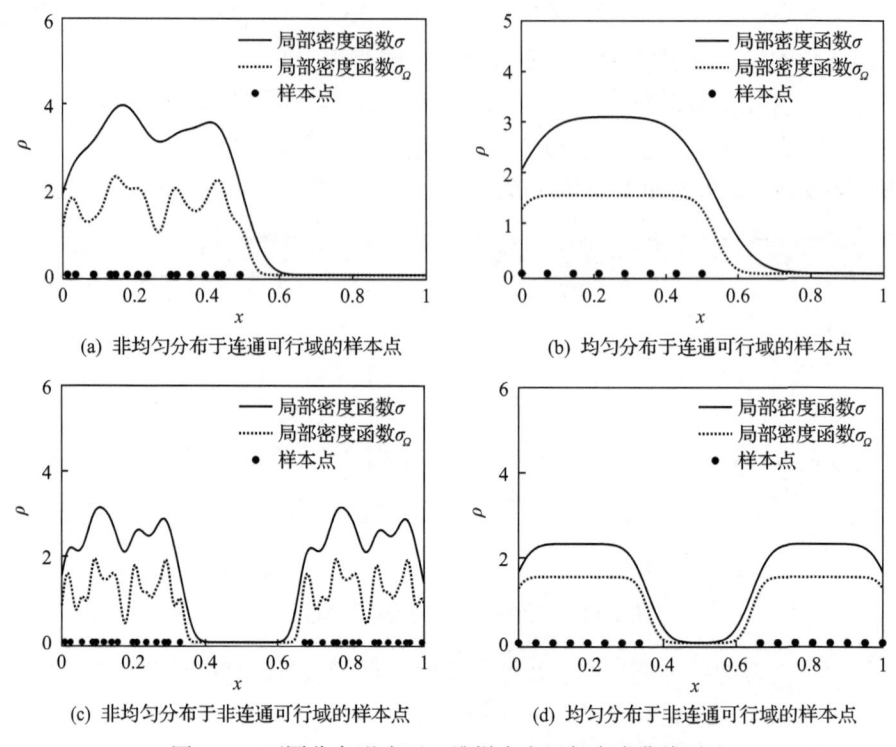

图 2.15 不同分布形式下一维样本点局部密度曲线对比

2. 逐点序列采样策略

直观地，若分布于非规则可行域的样本点使该区域样本点局部密度函数取值趋于一致，则在一定程度上可认为该区域的样本点具有较高的空间均布性。换言之，通过逐步选取样本点局部密度函数在非规则可行域的最小值点作为新的采样点，将有助于该区域样本点的分布趋于均匀。如图 2.16 所示，通过在当前局部密度函数最小值点处采样，样本点局部密度函数将趋于平坦，并且空间均布性得以改善。

然而，仅以样本点局部密度函数最小值作为采样准则将难以满足样本点低维投影均匀性要求，如图 2.14 和图 2.15 所示。由于约束边界外无样本点存在，因此样本点局部密度在靠近边界处的取值相对较低。上述采样方式极易导致样本点在边界处聚集，甚至重复采样。为进一步提高非规则可行域样本点的低维投影均匀性，以样本点局部密度函数为基础，给出综合考虑样本点空间均布性和低维投

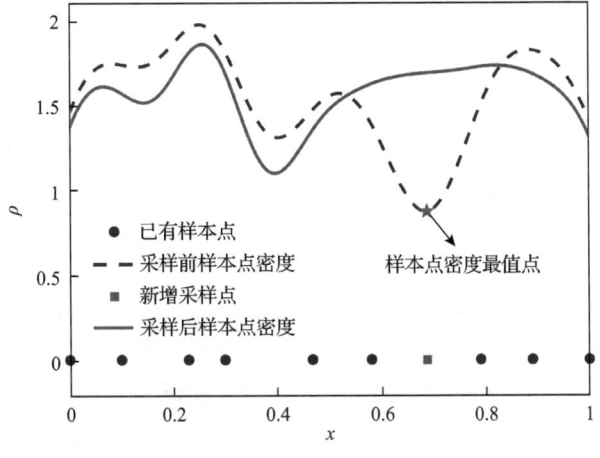

图 2.16 局部密度函数最值采样

影均匀性的序列采样准则 $\psi(x)$。基于该采样准则，非规则可行域序列采样优化问题可表述为

$$\min\ \psi(x) = \sum_{i=1}^{N_{\text{fesi}}} \exp(-\|x - x_i\|^2/\sigma_\Omega^2) + \min_{k=1,2,\cdots,m}(d_{\min}^k(D_{\text{fesi}})/d_{\text{proj}}^k(x, D_{\text{fesi}})) \quad (2.22)$$
$$\text{s.t.}\ \ g_{\text{cons}} \leqslant 0,\ x \in X^m$$

$$\begin{cases} d_{\text{proj}}^k(x, D_{\text{fesi}}) = \min\limits_{x_j \in D_{\text{fesi}}} \left(\left|x^{(k)} - x_j^{(k)}\right|\right) \\ d_{\min}^k(D_{\text{fesi}}) = \min\limits_{x_i, x_j \in D_{\text{fesi}}} \left(\left|x_i^{(k)} - x_j^{(k)}\right|\right) \end{cases} \quad (2.23)$$

其中，D_{fesi} 为非规则可行域 Ω 内生成的可行样本集，即 $D_{\text{fesi}} = \{x_i \mid g_{\text{cons}}(x_i) \leqslant 0,\ x_i \in X^m\}$；$N_{\text{fesi}}$ 为可行样本集 D_{fesi} 中样本点数量；$d_{\text{proj}}^k(x, D_{\text{fesi}})$ 为新增样本点与样本集 D_{fesi} 中样本点在第 k 维投影的最小距离；$d_{\min}^k(D_{\text{fesi}})$ 为样本集 D_{fesi} 中样本点之间在第 k 维投影的最小距离；采样准则 $\psi(x)$ 第一项表征样本点空间均布性，第二项表征低维投影均匀性，考虑非规则可行域在各维的投影并不相同，相对投影距离 $d_{\min}^k(D_{\text{fesi}})/d_{\text{proj}}^k(x, D_{\text{fesi}})$ 旨在平衡各维间投影距离的量级差。

当新采样点与任一已有样本点低维投影距离过近，即 $d_{\text{proj}}^k(x, D_{\text{fesi}}) \to 0$ 时，有 $\min\limits_{k=1,2,\cdots,m}(d_{\min}^k(D_{\text{fesi}})/d_{\text{proj}}^k(x, D_{\text{fesi}})) \to \infty$，进而有效避免新采样点在靠近边界处聚集或重复采样。式(2.22)通过最小化采样准则 $\psi(x)$ 获取新的采样点，同步实现最小化样本点局部密度 $\rho(x)$ 和最大化最小样本点投影距离 $d_{\text{proj}}^k(x, D_{\text{fesi}})$，综合提高

样本集 D_{fesi} 的空间均布性和低维投影均匀性。

在非规则可行域 Ω 中,生成满足需求数量样本点的序列填充采样过程可整理为算法 2.1。

算法 2.1:CSFSS 算法逐点序列采样策略伪代码

输入:需生成可行样本点数量 N_{fesi};约束函数 g_{cons};设计空间 X^m
输出:约束空间样本集 $D_{\text{fesi,I}}$

---

1. 采用蒙特卡罗打靶法确定可行域在超立方体空间 X^m 中的占比 λ_Ω;
2. 采用 OLHD 在超立方体域内生成 N_{fesi} 个样本点,并选取落入可行域内的样本点作为初始样本点集 D_{fesi};
3. **while** $(n < N_{\text{fesi}})$ **do**
4.   计算已生成样本点的局部密度;
5.   求解优化问题 (2.22),并将其最优解 x_{opt} 作为新增样本点加入可行样本点集 D_{fesi};
6.   从样本点集 D_{fesi} 中剔除一个非可行样本(若存在);
7.   更新样本点集 D_{fesi} 的可行样本点数量 n;
8. **end while**

进一步观察式 (2.22),采样准则 $\psi(x)$ 的非线性多峰特性由样本集 D_{fesi} 的样本点综合决定。以二维空间 10×2 OLHD 为例,不同位置处样本点局部密度,以及相对投影距离取值分别如图 2.17(a) 和图 2.17(b) 所示。由此可知,样本点局部密度曲面相对光滑,然而相对投影距离曲面具有多达 $(N_{\text{fesi}}-1)^m$ 个局部最小值,并且随着样本集 D_{fesi} 中样本点数量的增加,其局部最优解数量将呈指数级增长。同

(a) 样本点局部密度函数

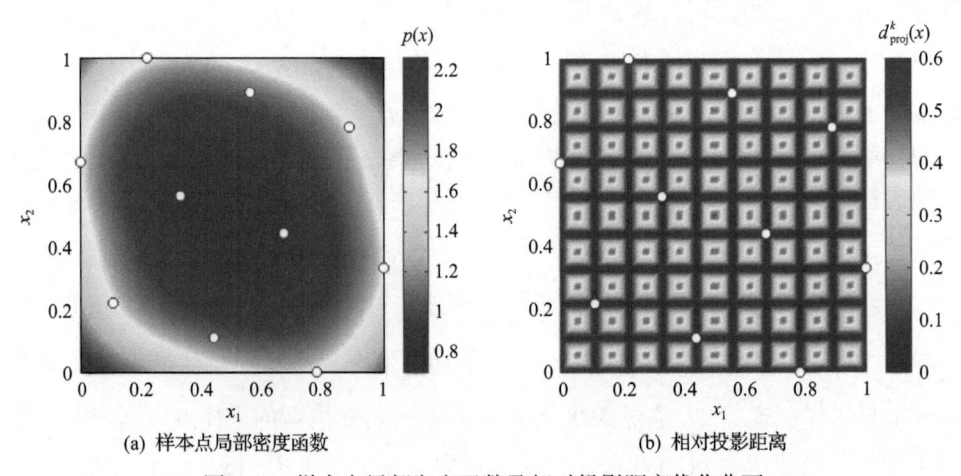

(b) 相对投影距离

图 2.17 样本点局部密度函数及相对投影距离优化曲面

时,算法 2.1 序列采样过程中需不断求解优化问题式(2.22)以获取新采样点,因此高精度、高效求解优化问题式(2.22)是提高非规则可行域内样本点空间均布性和低维投影均匀性的关键。

为此,分别采用 GA、MC 方法,以及蒙特卡罗-多起点(Monte Carlo assisted multistart, MS)算法[204, 205]来求解优化问题式(2.22),并分别记为 CSFSS_GA、CSFSS_MC 和 CSFSS_MS。具体来说,CSFSS_GA 采用 GA 求解优化问题;考虑 GA 效率偏低,为提高算法 2.1 采样效率,CSFSS_MC 算法通过 MC 方法在设计空间 X^m 生成数量为 $\min(100N_{\mathrm{fesi}}/\lambda_\Omega)$ 的随机点,并选取其中最优点作为新采样点。进一步,鉴于 CSFSS_MC 算法生成的采样点具有一定的随机性,给出的 CSFSS_MS 算法首先选取 CSFSS_MC 算法生成的距离足够远的多个随机点作为 MS 算法的初始点,然后以 MS 算法获得的最优解作为新采样点。

3. 空间均布性改善策略

前面已在非规则可行域内生成具有一定空间均布性和低维投影均匀性的样本集 D_{fesi}。然而,逐点序列采样要求已有的样本点位置保持不变,这在一定程度制约了逐点序列采样策略获得最优分布的样本点。直观地,考虑替换样本集 D_{fesi} 中已存在距离过近的样本点将有助于改善样本点集 D_{fesi} 的空间均布性。基于此,为进一步提高样本集 D_{fesi} 在非规则可行域内空间均布性和低维投影均匀性,给出基于样本点替换的均匀性改善策略,即剔除 D_{fesi} 中距离过近的样本点并重新采样,直至趋于收敛。基于样本点替换的空间均布性改善策略可整理总结为算法 2.2。

算法 2.2:CSFSS 算法空间均布改善策略伪代码

输入:CSFSS 算法逐点序列采样策略生成的约束空间样本集 $D_{\mathrm{fesi, I}}$

输出:CSFSS 算法最终生成的约束空间样本集 $D_{\mathrm{fesi, II}}$

1. 参数初始化,设定 $c_{\mathrm{iter}} = 1$,$\alpha = 0.005$,$D_{\mathrm{fesi, II}} = D_{\mathrm{fesi, I}}$,$D_{\mathrm{try}} = D_{\mathrm{fesi, I}}$,设置最大迭代次数 c_{max};
2. **while** ($c_{\mathrm{iter}} < c_{\mathrm{max}}$) **do**
3. 计算约束空间样本集 D_{try} 中任意两个样本点的最小欧几里得距离 $d_{\min}(D_{\mathrm{try}})$ 和最小一维投影距离 $\min\limits_{k=1,2,\cdots,m}(d_{\mathrm{proj}}^k(D_{\mathrm{try}}))$;
4. 分别剔除样本点集 D_{try} 中欧几里得距离最小和一维投影距离最小的任一样本点,并更新样本点集 D_{try};
5. 基于样本点集 D_{try},采用逐点序列采样策略生成两个新增样本点,获得样本点集 D_{new};

6. **if**

$$\{d_{\min}(D_{\text{new}}) \geqslant (1+\text{rand}(0,1)\cdot\alpha)\cdot d_{\min}(D_{\text{best}}) \ \& \ \min_{k=1,2,\cdots,m}(d_{\text{proj}}^k(D_{\text{new}})) \geqslant \min_{k=1,2,\cdots,m}(d_{\text{proj}}^k(D_{\text{best}}))\} \text{ or}$$

$$\{\min_{k=1,2,\cdots,m}(d_{\text{proj}}^k(D_{\text{new}})) \geqslant (1+\text{rand}(0,1)\cdot\alpha)\cdot \min_{k=1,2,\cdots,m}(d_{\text{proj}}^k(D_{\text{best}})) \ \& \ d_{\min}(D_{\text{new}}) \geqslant d_{\min}(D_{\text{best}})\}$$

then

7. $D_{\text{best}} = D_{\text{new}}$; citer=1; $D_{\text{fesi, II}} = D_{\text{best}}$;

8.   **else**

9.   citer = citer+1;

10. **end if**

11.   设置 $D_{\text{try}} = D_{\text{new}}$;

12. **end while**

结束

4. CSFSS 算法

CSFSS 算法分内外两层循环执行。内层循环基于样本点局部密度函数改造的采样准则对非规则可行域进行序列采样,直至获得满足需求数量的可行样本点。外层循环基于样本点替换策略进一步改善非规则可行域内样本点的空间均布性和低维投影均匀性。具体步骤如下。

步骤 1,算法初始化。指定变量取值范围、约束函数、非规则可行域内预期采样点数量 N_{fesi}、外层最大循环次数 $c_{\max}$。记算法外层循环次数 $c_{\text{iter}} = 0$。

步骤 2,生成初始样本集 D_{fesi}。在立方体空间 X^m 生成一定数量的 LHD 样本点作为初始样本点。

步骤 3,非规则可行域逐点序列填充采样(详见算法 2.1)。求解优化问题式(2.22),并将优化解作为新增采样点加入样本点集 D_{fesi}。

步骤 4,剔除样本集 D_{fesi} 中的不可行样本点。计算并判断样本集 D_{fesi} 中样本点违反约束情况,并剔除一个不可行样本点。

步骤 5,逐点序列填充采样终止判断。若样本集 D_{fesi} 中均为可行样本点,并且样本点数量为 N_{fesi},则逐点序列填充采样结束,进而转步骤 6;否则,转步骤 4。

步骤 6,CSFSS 算法终止判断。当 $c_{\text{iter}} \geqslant c_{\max}$ 时,CSFSS 算法终止,输出在非规则可行域内生成的样本集 D_{fesi};否则,转步骤 7。

步骤 7,样本集 D_{fesi} 均匀性改善(算法 2.2)。分别剔除样本集 D_{fesi} 中欧几里得距离和低维投影距离最近的两个样本点,并转步骤 3。更新外层循环次数 $c_{\text{iter}} \leftarrow c_{\text{iter}} + 1$。

5. 算例测试

为定量评判非规则可行域内样本点空间均布性和低维投影均匀性,选取广泛

适用的 ϕ_p 准则衡量样本点空间均布性，选取式(2.24)所示的 $\phi_{p,1D}$ 准则衡量样本点低维投影均匀性，即

$$\phi_{p,1D} = \max_{1 \leqslant k \leqslant m} \left[\left(\sum_{x_i, x_j \in D_{\text{fesi}}, i \neq j} \left| x_i^{(k)} - x_j^{(k)} \right|^{-p} \right)^{1/p} \right] \quad (2.24)$$

其中，$\phi_{p,1D}$ 取值越小，表明样本集 D_{fesi} 的低维投影均匀性越高。

以式(2.25)和式(2.26)表述的约束域为测试算例，其中算例 1 为连通凸空间，算例 2 为非连通空间[79]。

算例 1

$$\Omega_{\text{case1}}^m = \left\{ x \in [0,1]^m \middle| \sum_{i=1}^m (x^{(i)} - 0.5)^2 \leqslant 0.25 \right\} \quad (2.25)$$

算例 2

$$\Omega_{\text{case2}}^m = \left\{ x \in [0,1]^m \middle| \min \left\{ \sum_{i=1}^m (x^{(i)} - 1)^2 - 0.25, \max_{i=1,2,\cdots,m} x^{(i)} - 0.5 \right\} \leqslant 0 \right\} \quad (2.26)$$

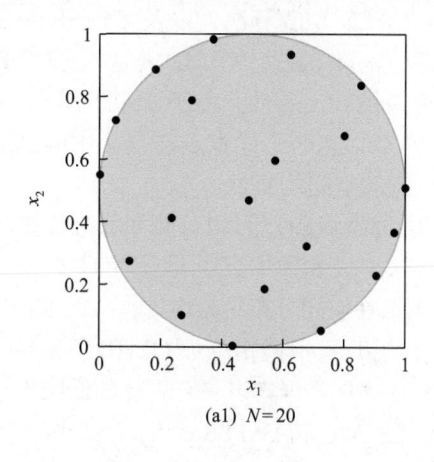

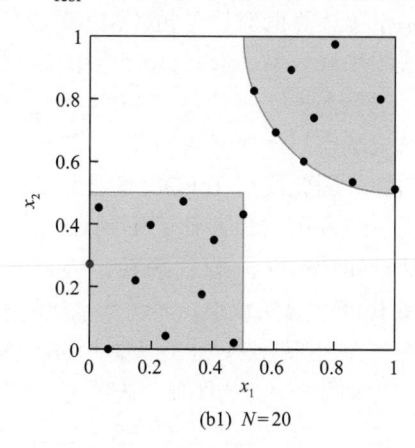

如图 2.18 所示，CSFSS 算法生成的样本点较为均匀地散布在非规则约束域内，并且随着样本点数量的增加，样本点的空间填充性逐渐增强，未出现样本在边界或某局部聚集现象。图 2.18 直观地表明，CSFSS 算法在不同类型非规则域具有生成高空间均布性样本点的可行性。

为测试 CSFSS 算法在不同维度问题中的适应性，在不同 m 取值下（$m = 2,3,5,10$），以非规则域内生成不同数量（$N_{\text{fesi}} = 20,50,100$）的样本点为测试算

(a1) $N=20$ (b1) $N=20$

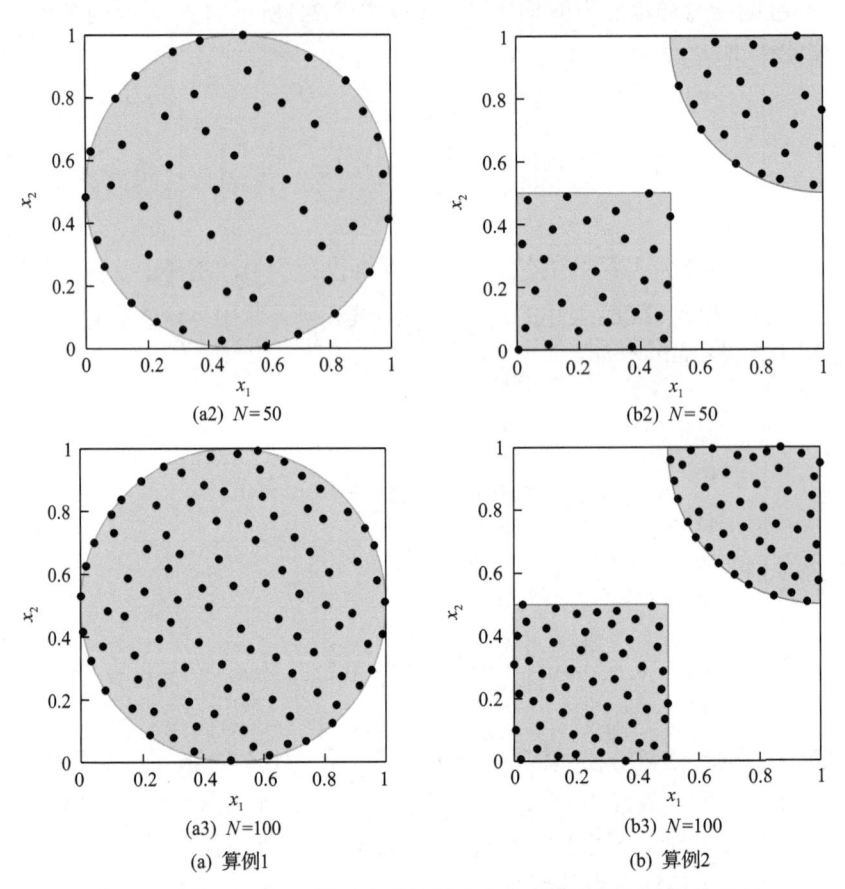

图 2.18 基于 CSFSS 算法生成的样本点在二维非规则域中的分布

例,以空间均布性 ϕ_p 和低维投影均匀性 $\phi_{p,1D}$ 为评判指标,对 CSFSS 算法进行验证。基于上述算例对比分析 CSFSS_GA、CSFSS_MC 算法,以及 CSFSS_MS 衍生算法的采样效果,同时选取典型的非规则域采样方法 C_OLHD 算法[79]和 ToPDE 算法[78]进行对比,来说明 CSFSS 算法的有效性和优越性。由于 ToPDE 算法只关注在非规则空间生成具有空间均布性的样本点,忽略了样本点在空间中的低维投影均匀性,因此仅与 ToPDE 算法对比样本点的空间均布性。

图 2.19 和图 2.20 对比了不同算法生成的样本点的空间均布性和低维投影均匀性。从空间均布性 ϕ_p 对比来看,CSFSS 算法生成的样本点 ϕ_p 取值相对 C_OLHD 算法和 ToPDE 算法较小,表明其生成的样本点在空间分布更为均匀;从低维投影均匀性 $\phi_{p,1D}$ 对比来看,CSFSS 算法生成的样本点 $\phi_{p,1D}$ 取值相对 C_OLHD 算法更小,并且在高维问题中尤为明显,表明 CSFSS 算法生成的样本点具有更高的低维投影均匀性。对于三种衍生算法 CSFSS_GA、CSFSS_MC 和 CSFSS_MS,CSFSS_MS 算

法相对 CSFSS_MC 算法生成的样本点虽然具有更小的 ϕ_p 值，但是 $\phi_{p,1D}$ 值更高。综合分析，CSFSS_GA 具有较为优异的表现。

(a) 20个样本点的 ϕ_p ($N=20$)

(b) 20个样本点的 $\phi_{p,1D}$ ($N=20$)

(c) 50个样本点的 ϕ_p ($N=50$)

(d) 50个样本点的 $\phi_{p,1D}$ ($N=50$)

(e) 100个样本点的 ϕ_p ($N=100$)

(f) 100个样本点的 $\phi_{p,1D}$ ($N=100$)

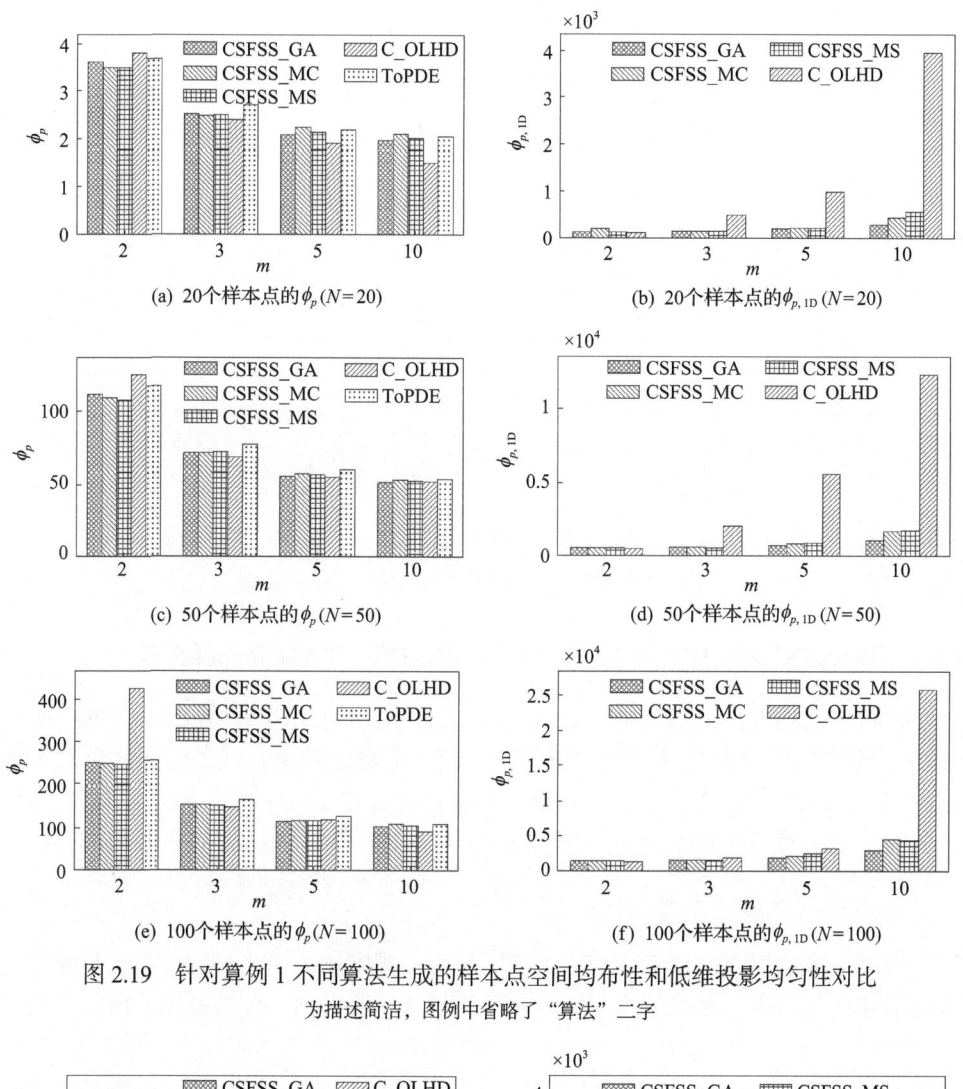

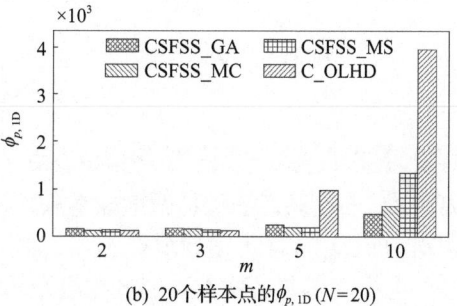

图 2.19　针对算例 1 不同算法生成的样本点空间均布性和低维投影均匀性对比

为描述简洁，图例中省略了"算法"二字

(a) 20个样本点的 ϕ_p ($N=20$)

(b) 20个样本点的 $\phi_{p,1D}$ ($N=20$)

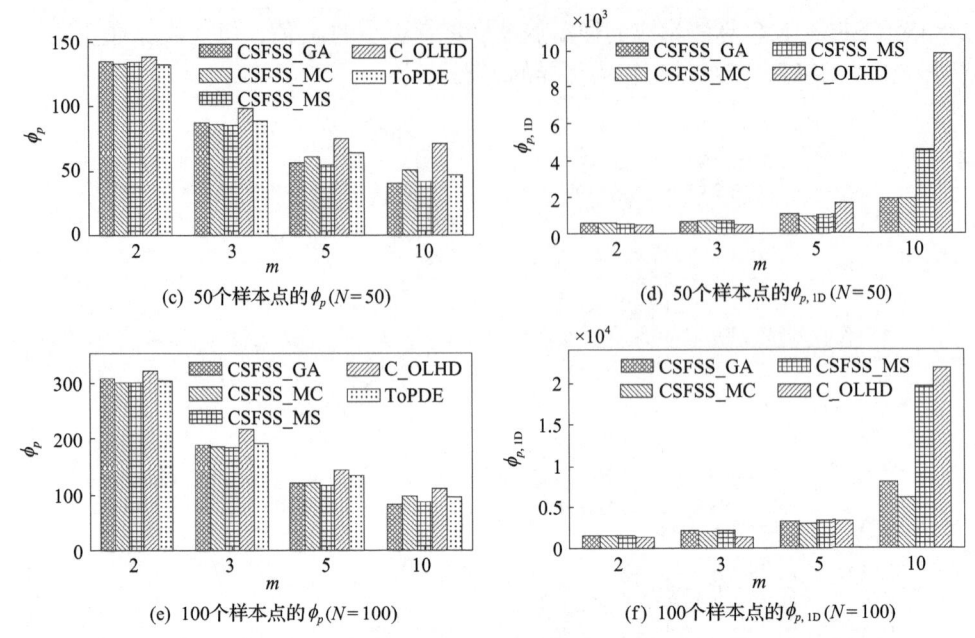

(c) 50个样本点的ϕ_p ($N=50$)

(d) 50个样本点的$\phi_{p,\text{1D}}$ ($N=50$)

(e) 100个样本点的ϕ_p ($N=100$)

(f) 100个样本点的$\phi_{p,\text{1D}}$ ($N=100$)

图2.20 针对算例2不同算法生成的样本点空间均布性和低维投影均匀性对比

为描述简洁，图例中省略了"算法"二字

2.2.2 基于逐点采样-排列优化的非规则域混合整数序列填充采样算法

针对非规则可行域均匀填充采样问题，前一节给出CSFSS算法。然而，对于含混合整数的非规则可行域序列填充采样，CSFSS算法缺少合理考虑整数变量的搜索机制。为此，结合2.1节讨论的考虑混合整数的均布性准则，以及针对整数因子的概率跃迁搜索机制，进一步研究基于逐点采样-排列优化的CSFSSMI算法。

1. 非规则域逐点序列采样准则

较高的空间均布性要求新增样本点应距离非规则域内已生成的样本点足够远。为定量评估新增样本点与已生成样本点间的距离，给出如下评估准则，即

$$\phi_{\text{dist}}(\boldsymbol{x}|D_{\text{fesi}}) = \frac{1}{N_{\text{fesi}}} \sum_{i=1, \boldsymbol{x}_i \in D_{\text{fesi}}}^{N_{\text{fesi}}} \frac{1}{\|\boldsymbol{x}-\boldsymbol{x}_i\|^2} + \frac{1}{\min_{1 \leqslant i \leqslant N_{\text{fesi}}, \boldsymbol{x}_i \in D_{\text{fesi}}} \|\boldsymbol{x}-\boldsymbol{x}_i\|^2} \tag{2.27}$$

其中，等式右端第一项评估新增样本点$\boldsymbol{x}$到样本点集D_{fesi}中所有样本点$\{\boldsymbol{x}_i\}_{i=1}^{N_{\text{fesi}}}$的距离；等式右端第二项评估新增样本点$\boldsymbol{x}$到样本点集$D_{\text{fesi}}$中样本点的最近距离；最小化$\phi_{\text{dist}}(\boldsymbol{x}|D_{\text{fesi}})$即可使新增样本点$\boldsymbol{x}$距离样本点集$D_{\text{fesi}}$足够远。

为提高填充后样本点的低维投影均匀性，给出如下低维投影评估准则，即

$$\phi_{\text{prodist}}(\boldsymbol{x}|D_{\text{fesi}}) = \left(\frac{1}{N_{\text{fesi}}} \sum_{i=1, \boldsymbol{x}_i \in D_{\text{fesi}}}^{N_{\text{fesi}}} \frac{1}{\prod_{l=1}^{m_{\text{real}}} (x^{(l)} - x_i^{(k)})^2 \prod_{k=1}^{m_{\text{int}}} \left(\left| x^{(k)} - x_i^{(k)} \right| + \frac{1}{L_k} \right)^2} \right)^{1/m}$$

$$+ \frac{1}{\min_{1 \leqslant i \leqslant N_{\text{fesi}}, \boldsymbol{x}_i \in D_{\text{fesi}}} \left(\prod_{l=1}^{m_{\text{real}}} (x^{(l)} - x_i^{(k)})^2 \prod_{k=1}^{m_{\text{int}}} \left(\left| x^{(k)} - x_i^{(k)} \right| + \frac{1}{L_k} \right)^2 \right)} \quad (2.28)$$

综合考虑空间均布性和低维投影均匀性，新增样本点 $\boldsymbol{x}_{\text{sup}}$ 可通过求解下式获得，即

$$\boldsymbol{x}_{\text{sup}} = \arg\min_{\boldsymbol{x} \in X^m} (\phi_{\text{dist}}(\boldsymbol{x}|D_{\text{fesi}}) + \phi_{\text{prodist}}(\boldsymbol{x}|D_{\text{fesi}})) \quad (2.29)$$

进而，在非规则可行域 Ω 中，生成满足需求数量样本点的序列填充采样过程与 2.2.1 节类似，本节不再赘述。

2. 非规则域均布性指标

当在非规则域生成具有一定空间均布性和低维投影均匀性的样本点集 $D_{\text{fesi, I}}$ 后，为提高其在非规则约束域内的空间均布性，可采用基于样本替换的均布性改善策略。然而，样本点替换策略每次仅关注样本点集 $D_{\text{fesi, I}}$ 中距离过近的两个样本点，忽略了调整其余样本点的空间布局对空间均布性和低维投影均匀性的贡献。另外，该策略也缺少合理考虑混合整数变量的机制，这使其在应用于混合整数填充采用问题时存在一定的局限性。因此，本书综合优化样本点集 $D_{\text{fesi, I}}$ 中所有样本点的空间布局，并合理考虑混合整数变量容纳机制，进一步对样本点集 $D_{\text{fesi, I}}$ 的空间均布性改进策略开展研究。

非规则域均匀填充采样需满足如下两个优化目标[91]：一是落入非规则域的样本点数量足够多；二是非规则域内样本点具有较高的空间均布性和低维投影均匀性。在样本点集 $D_{\text{fesi, I}}$ 中，对所有样本点进行布局位置调整后，将不可避免地出现调整后的个别样本点落入不可行域内的情况，因此为同时满足上述两个目标，构造如下非规则域均布性指标函数，即

$$\phi_{\text{fesi}}(D_{\text{fesi, I}}) = (N_{\text{fesi, I}} - N_{\text{fesi, II}}) + \frac{1}{C_{N_{\text{fesi, II}}}^2}$$

$$\times \left[\sum_{i=1, \boldsymbol{x}_i, \boldsymbol{x}_j \in D_{\text{fesi, II}}}^{N_{\text{fesi, II}}} \sum_{j \neq i} \prod_{l}^{m_{\text{real}}} (x_i^{(l)} - x_j^{(l)})^{-2} \prod_{k=1}^{m_{\text{int}}} \left(d_{\text{projarc}}^k(\boldsymbol{x}_i, \boldsymbol{x}_j) + \frac{1}{L_k} \right)^{-2} \right]^{1/m}$$

$$(2.30)$$

其中，$D_{\text{fesi, II}}$ 表示对样本点集 $D_{\text{fesi, I}}$ 中样本点进行布局调整后落入非规则可行域的样本点；$N_{\text{fesi, I}}$ 为样本点集 $D_{\text{fesi, I}}$ 中样本点的数量；$N_{\text{fesi, II}}$ 为样本点集 $D_{\text{fesi, II}}$ 中样本点的数量；等式右端第一项表示调整后样本点集 $D_{\text{fesi, I}}$ 中落入不可行域内样本点的数量，最小化该指标可使 $D_{\text{fesi, II}}$ 中的样本点尽可能多；等式右端第二项源自式(2.2)给出的 mMaxPro 准则，最小化该指标可使样本点集 $D_{\text{fesi, II}}$ 具有较优的空间均布性。

进而，针对序列采样获得的样本点集 $D_{\text{fesi, I}}$，通过求解下式来改善其空间分布特性，即

$$\begin{aligned} &\text{find } \{\kappa_{\text{real}, i}(D_{\text{fesi, I}})\}_{i=1}^{m_{\text{real}}}, \ \{\kappa_{\text{int}, i}(D_{\text{fesi, I}})\}_{i=1}^{m_{\text{int}}} \\ &\min \phi_{\text{fesi}}(D_{\text{fesi, I}}) \end{aligned} \quad (2.31)$$

采用 ESE 算法求解上述问题，并记所确定的样本点集 $D_{\text{fesi, I}}$ 中落入非规则可行域 Ω 内的样本点为新的样本点集 $D_{\text{fesi, II}}$。

3. CSFSSMI

CSFSSMI 实施过程与 CSFSS 算法类似，步骤如下。

步骤 1，对算法初始化。指定变量取值范围、约束函数、非规则可行域内预期采样点数量 N_{fesi}。

步骤 2，生成初始样本集 $D_{\text{fesi, I}}$。在立方体空间 X^m 生成一定数量的 LHD 样本点作为初始样本点。

步骤 3，对非规则可行域进行逐点序列填充采样。求解优化问题式(2.29)，并将优化解作为新增采样点加入样本点集 $D_{\text{fesi, I}}$。

步骤 4，剔除样本集 $D_{\text{fesi, I}}$ 中的不可行样本点。计算并判断样本集 $D_{\text{fesi, I}}$ 中样本点违反约束情况，剔除一个不可行样本点。

步骤 5，判断逐点序列填充采样终止条件。若样本集 $D_{\text{fesi, I}}$ 中均为可行样本点，并且样本点数量为 N_{fesi}，则逐点序列填充采样结束，进而转步骤 6；否则，转步骤 3。

步骤 6，改善样本点集 $D_{\text{fesi, I}}$ 均布性。求解优化问题式(2.31)，并获得均布性改善后的样本点集 $D_{\text{fesi, II}}$。

步骤 7，判断 CSFSSMI 终止条件。若 $N_{\text{fesi, I}} = N_{\text{fesi, II}}$，算法终止，输出非规则可行域内生成的样本集 $D_{\text{fesi, II}}$；否则，转步骤 3。

4. 算例测试

首先，不考虑变量为整数情况，对 CSFSSMI 的采样性能进行测试。以在

式(2.25)和式(2.26)表述的二维约束空间内分别生成 20 个、50 个、100 个样本点作为测试算例。如图 2.21 所示，CSFSSMI 具有生成均匀覆盖非规则域样本点的能力。

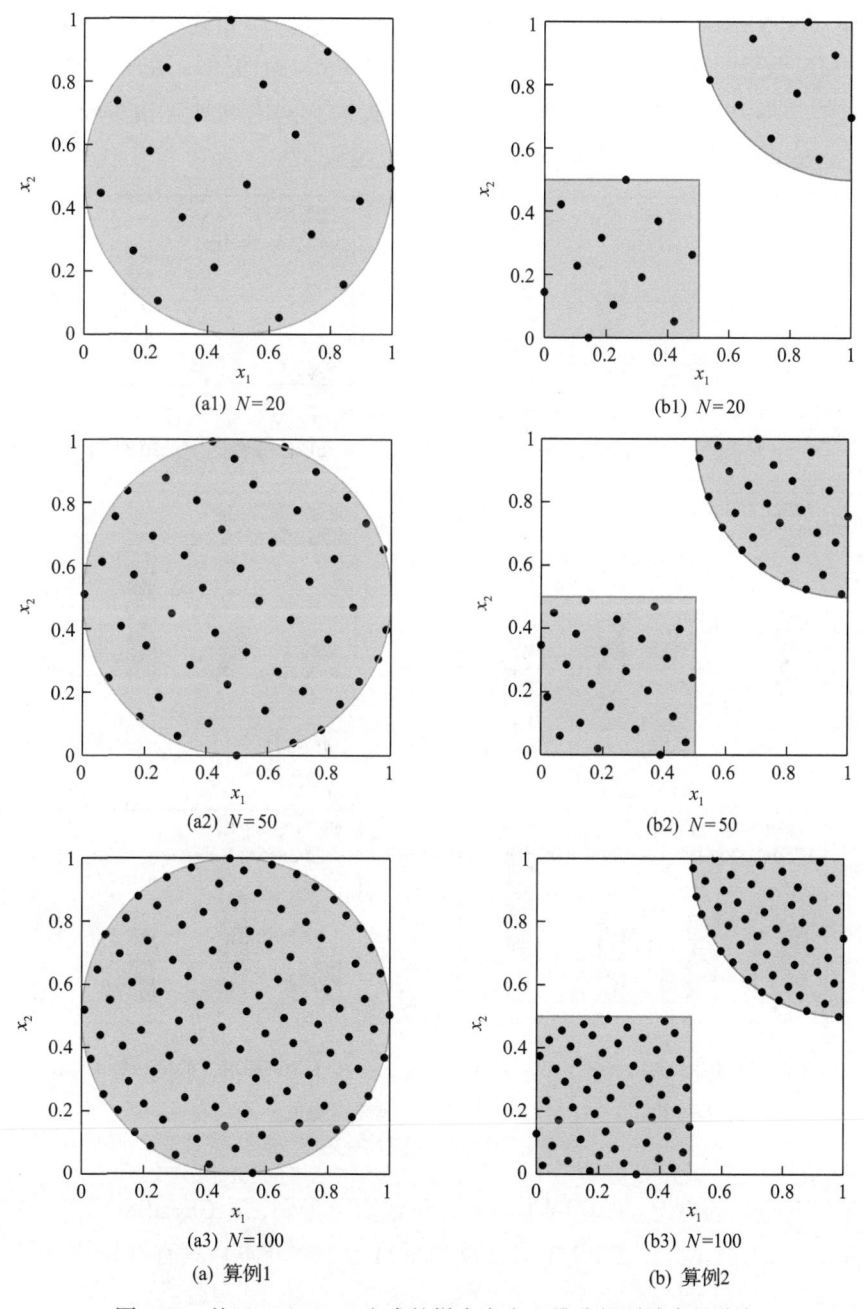

图 2.21 基于 CSFSSMI 生成的样本点在二维非规则域中的分布

在如式(2.25)和式(2.26)所示的更高维($m=3,5,10$)约束空间内分别生成 20 个、50 个、100 个样本点为测试算例,以 ϕ_{MaxPro} 准则为样本点空间均布性评价指标,对 CSFSSMI 在不同问题中的表现进行测试。图 2.22 分别定量对比了 CSFSSMI 算法和 CSFSS-GA 在不同非规则域内生成样本点的均布性指标。由此可知,CSFSSMI 算法生成的样本点 ϕ_{MaxPro} 取值相对 CSFSS-GA 更小,表明 CSFSSMI 算法生成的样本点在 m 维设计空间和任意低维投影空间内均具有相对较优的空间均布性,验证了其在非规则域内均匀采样的优越表现。

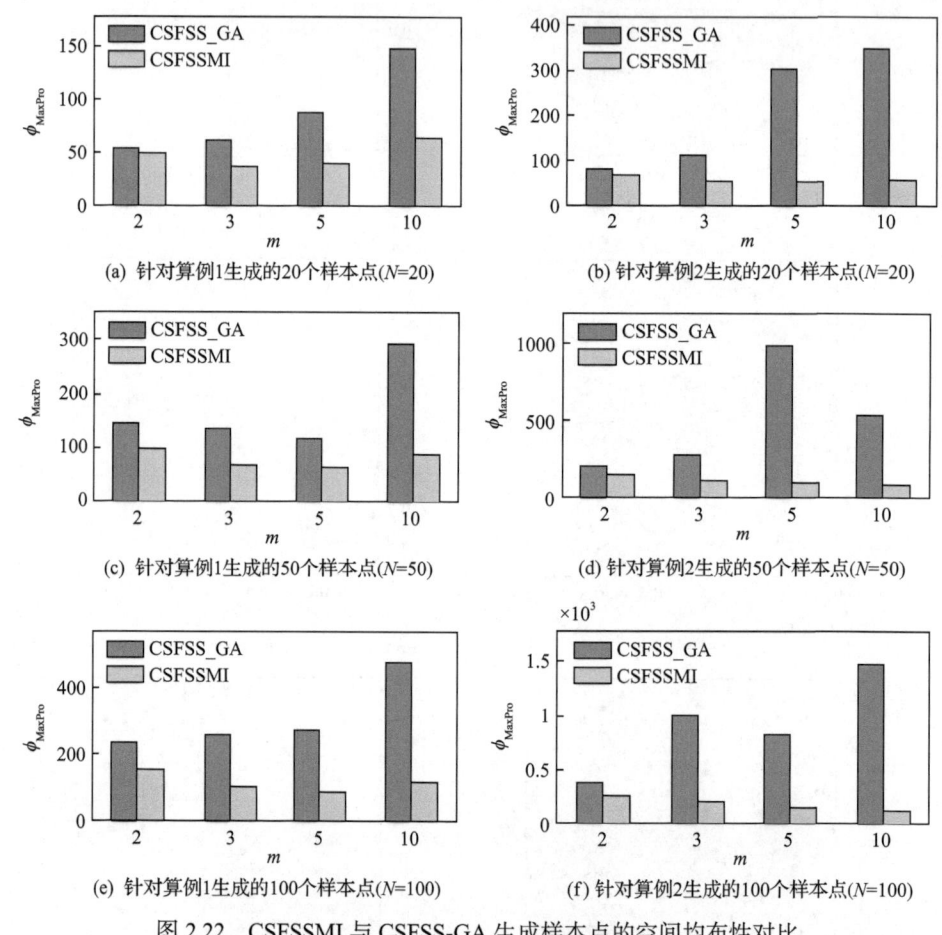

图 2.22 CSFSSMI 与 CSFSS-GA 生成样本点的空间均布性对比

为描述简洁,图例中省略了"算法"二字

对于有整数的情况,以算例 1 中 x_1 是整数因子为例,对 CSFSSMI 算法进行测试。如图 2.23 所示,CSFSSMI 算法生成的混合整数样本点具有较高的空间填充特性。

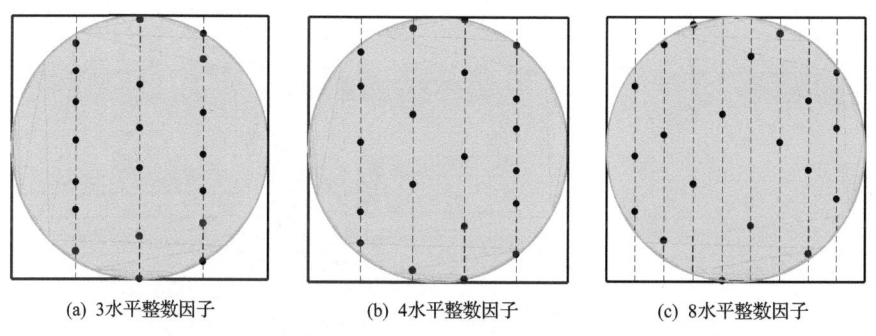

(a) 3水平整数因子   (b) 4水平整数因子   (c) 8水平整数因子

图 2.23　CSFSSMI 算法生成的 20 个混合整数样本点示意图

2.3　不同采样方法在典型加筋圆柱壳优化设计中的应用

2.3.1　典型加筋圆柱壳描述

作为重型运载火箭的主要承载部段，直径 9.5m、高 5m 的典型加筋圆柱壳结构形式如图 2.24 所示。各构件的构件截面形式及参数如图 2.25 所示。轴压稳定性及极限承载性能是该类结构设计的主要因素。典型加筋圆柱壳位移-载荷曲线及其径向变形云图如图 2.26 所示。随着载荷位移逐步增大，加筋圆柱壳将呈现线性前屈曲-非线性后屈曲-压溃破坏过程，通常结构在进入线性前屈曲后仍可继续承载，直至发生整体压溃破坏。加筋圆柱壳详细有限元建模及相关参数取值范围在第 5 章具体介绍。

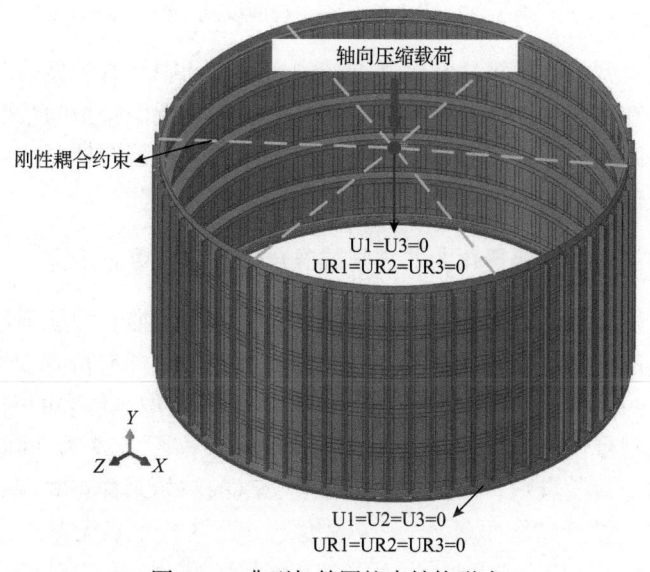

图 2.24　典型加筋圆柱壳结构形式

(a) 端框　　　　　　　(b) 中间框　　　　　　(c) 桁条

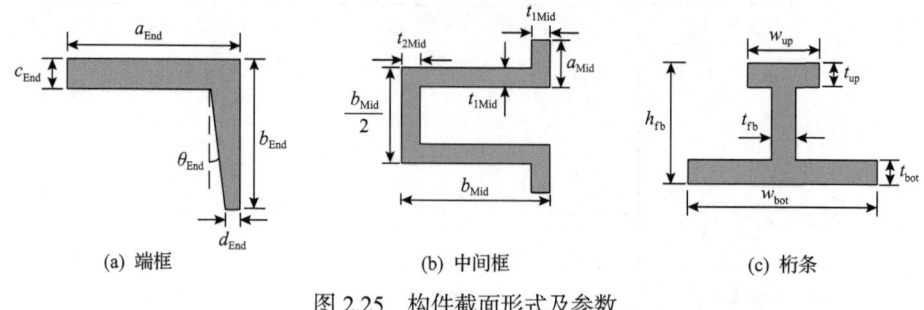

图 2.25　构件截面形式及参数

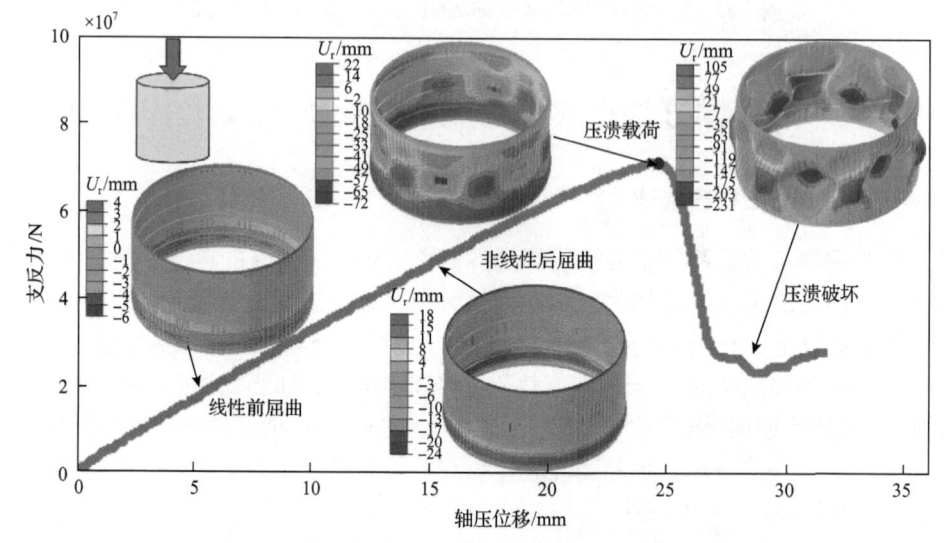

图 2.26　典型加筋圆柱壳位移-载荷曲线及其径向变形云图

基于近似模型的优化算法在该类结构的优化设计中具有明显的效率优势，同时初始采样点在空间中的分布特点在一定程度上影响近似模型的精度，以及后续的优化效率。因此，本节将不同采样方法应用于典型加筋圆柱壳的优化设计，说明不同初始采样方法对加筋圆柱壳优化的效果。

2.3.2　面向加筋圆柱壳轻量化的非规则域混合整数序列填充采样

空间均布性及填充性高的样本点能够以更大的概率捕获加筋圆柱壳结构参数与极限承载性能之间的非线性特征信息，进而提高近似模型精度。为此，首先基于 OLHD 在 19 维设计空间生成 2400 个样本点，以期获取足够多的响应特征信息。参照以往工程型号，该舱段的总质量应小于 3800kg，图 2.27 为 2400 个样本点在响应空间中的分布散点图。由此可知，有近 76%的初始采样点对应的结构质量大于 3800kg(初始设计结构质量)，一定程度上，这些样本点无益于优化算法搜索到更优的结构参数。相比立方体域采样，将有限数量的初始样本点均匀地分布在结构质量小于 3800kg 的设计区域会更具效率和精度优势。相应的非规则域 Ω_{fesi}^m 可描述为

$$\Omega_{\text{fesi}}^m = \left\{ x \in X^m \,\middle|\, M(x) \leqslant M_0, x = \frac{X - X_{\min}}{X_{\max} - X_{\min}}, X \in [X_{\min}, X_{\max}] \right\} \quad (2.32)$$

其中，$X_{\max}$、$X_{\min}$ 为加筋圆柱壳设计变量的最大取值、最小取值；x 为设计变量映射至单位立方体空间 X^m 的归一化变量；$M(x)$ 为结构质量，具有明确的解析表达式；M_0 为加筋圆柱壳的初始设计结构质量。

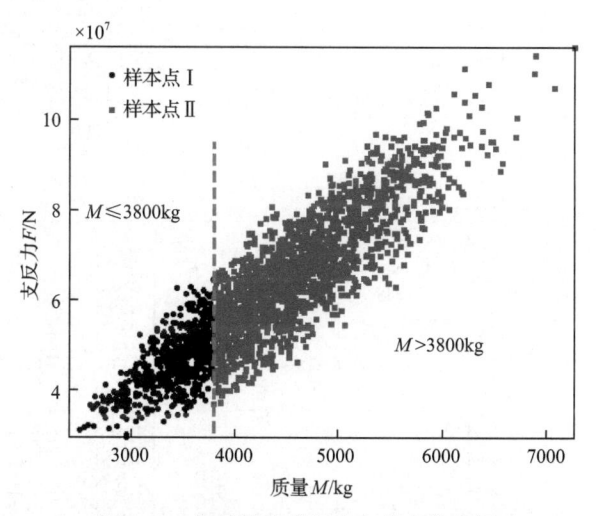

图 2.27　加筋圆柱壳样本点分布散点图

加筋圆柱壳轻量化涉及桁条根数，因此是典型的混合整数优化问题。为说明立方体域混合整数填充采样算法生成的初始样本点在加筋圆柱壳轻量化设计方面的效果，分别基于 OLHD 和 MIOLHD 在立方体域生成相同数量的样本点，并将其作为初始训练样本点；同时，为说明非规则域混合整数填充采样算法相对传统立方体域采样算法在加筋圆柱壳轻量化设计方面的优势，分别基于 CSFSS、CSFSSMI、C_OLHD[79] 和 ToPDE[78] 算法在式 (2.32) 描述的非规则域内生成相同数量的样本点，并将其作为初始训练样本点。在上述采样算法中，仅 MIOLHD 和 CSFSSMI 可直接处理整数变量，其余采样算法均采取实数取整方式处理整数变量。

不同方法生成的训练样本点在空间的均布性对比如图 2.28 所示。图 2.28(a) 和图 2.28(b) 分别为采用 ϕ_p 和 ϕ_{MaxPro} 准则的对比结果。由于 ToPDE 算法未合理考虑样本点在空间中的低维投影特性，因此仅图 2.28(a) 以 ϕ_p 准则衡量其生成样本点的空间分布特性。当采用 ϕ_p 准则衡量样本点空间均布性时，CSFSS_GA 生成的样本点具有较低的 ϕ_p 值，表明 CSFSS_GA 生成样本点互相之间距离较大；当采用

ϕ_{MaxPro} 准则衡量样本点低维投影空间均布性时，CSFSSMI 算法生成的样本点具有较低的 ϕ_{MaxPro} 值，表明 CSFSSMI 算法生成的样本点在低维空间具有较优的均布性。

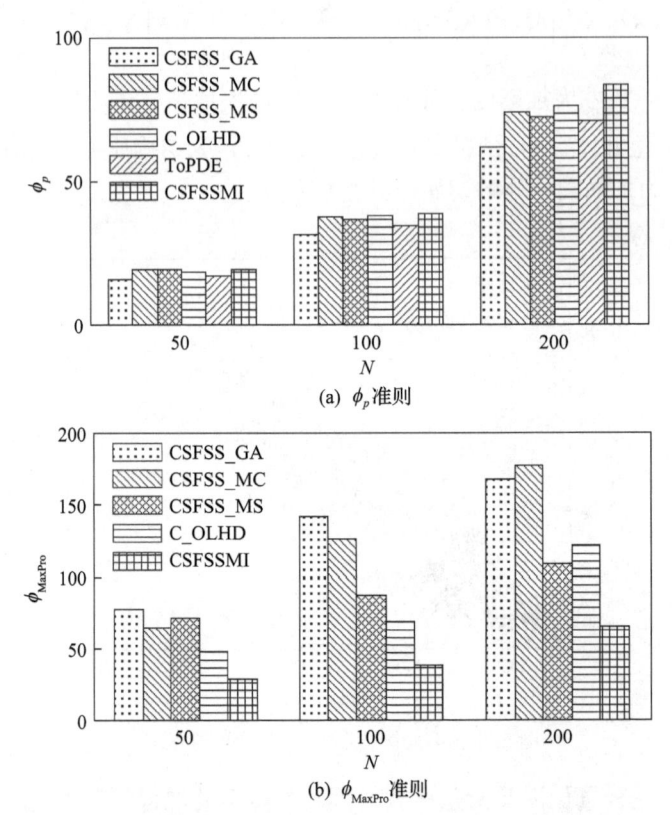

图 2.28 不同方法生成的训练样本点在空间的均布性对比
为描述简洁，图例中省略了"算法"二字

2.3.3 不同初始样本点的加筋圆柱壳轻量化对比分析

为进一步对比不同初始样本点对加筋圆柱壳优化设计的影响，基于近似最优解更新的序列近似优化算法[206]对加筋圆柱壳结构开展轻量化设计。为适应针对非规则域的近似建模和优化，可将加筋圆柱壳轻量化设计优化模型表述为

$$\begin{aligned}
&\max \hat{F}_{\text{cr}}(\boldsymbol{x}) \\
&\text{s.t.} \quad M(\boldsymbol{x}) < M(\boldsymbol{x}_{\text{best}}), \quad \boldsymbol{x} \in \Omega_{\text{fesi}}^m \\
&\boldsymbol{x}_{\text{best}} = \begin{cases} \arg\max\limits_{\boldsymbol{x} \in D_{\text{sp}}}(M(\boldsymbol{x})), \quad \max\limits_{\boldsymbol{x} \in D_{\text{sp}}}, \quad F_{\text{cr}}(\boldsymbol{x}) < F_{\text{cr}}^* \\ \arg\min(M(\boldsymbol{x}) \mid F_{\text{cr}}(\boldsymbol{x}) \geqslant F_{\text{cr}}^*), \quad 其他 \end{cases}
\end{aligned} \quad (2.33)$$

其中，x_{best} 为当前已获得的最优解；$F_{\text{cr}}(x)$ 为加筋圆柱壳极限载荷；$\hat{F}_{\text{cr}}(x)$ 为加筋圆柱壳极限载荷的近似模型；F_{cr}^* 为加筋圆柱壳目标极限载荷，这里设定目标极限载荷为 $7 \times 10^7 \text{N}$；D_{sp} 为已观测样本点，即 $D_{\text{sp}} = \{x_i\}_{i=1}^N$，$N$ 为已观测样本点数量。

对于优化问题式(2.33)，其搜索空间将随最优解的更新而逐渐缩减，避免优化算法对大于当前最优结构质量区域的无效搜索，从而提高优化效率。

初始样本点难以保证近似模型对最优解的准确预测，因此采用图 2.29 所示的基于近似最优解更新的序列近似优化算法流程求解优化问题。该优化算法以 RBF 为主干，分为内层迭代和外层迭代优化。在内层优化中，采用 MIGA 和非线性二次规划(non-linear algorithm by quadratic Lagrangian programming, NLPQLP)算法对 RBF 近似模型进行寻优，收敛后进入外层优化。在外层优化中，将内层优化获

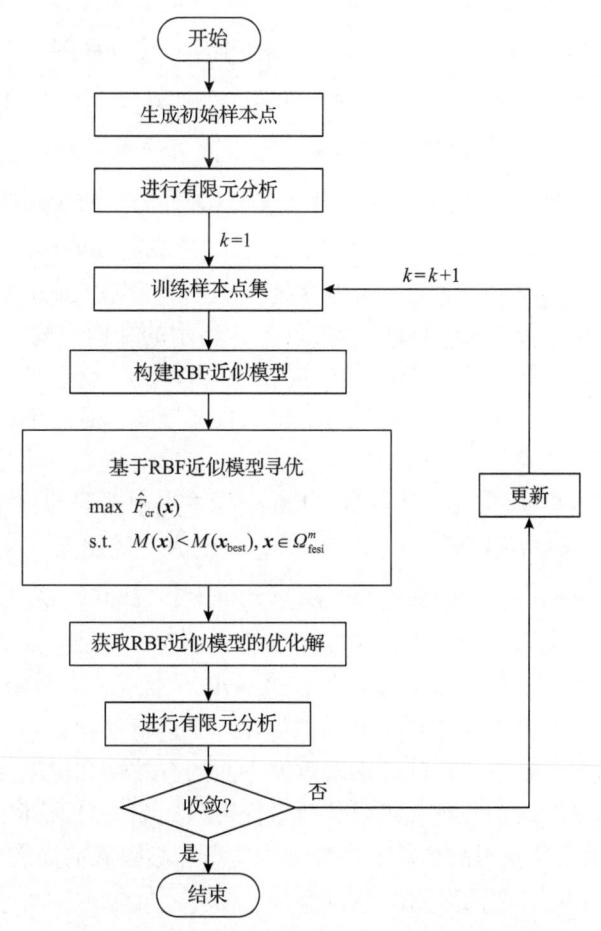

图 2.29 基于近似最优解更新的序列近似优化算法流程

得的近似最优解作为新的采样点,并进行非线性后屈曲分析。若有限元计算结果与 RBF 近似模型预测的误差满足收敛条件,即小于 0.01%,则优化结束;否则,将该采样点及其有限元计算结果加入训练样本集,更新 RBF 近似模型,提高近似模型的局部近似能力,并再次进入内层优化,直至内外两层都收敛。值得说明的是,该优化算法通过添加近似模型最优解来更新近似模型,进而使最终获得的最优解极大地依赖初始样本点在空间中的分布,因此极易陷入局部最优。然而,正是该优化算法的这一局限性,使其成为衡量初始样本点对优化增益贡献的有效方法之一。

为了充分验证立方体域混合整数填充采样算法和非规则域混合整数填充采样算法生成的初始样本点在提高加筋圆柱壳优化效率方面的表现,基于不同初始样本点设计 7 个对比优化算例。在各优化算例中,初始样本点数量均为 200,并以在外层迭代 10 次内获得的优化解作为评判标准。利用 CSFSS 算法在式(2.32)描述的非规则域 Ω_{fesi}^{m} 内生成 200 个初始训练样本点,记该算例为"优化一"。进一步,"优化二"利用 CSFSSMI 算法在非规则域 Ω_{fesi}^{m} 内生成 200 个初始训练样本点,以期验证非规则域混合整数填充采样算法在提高混合整数约束优化问题求解效率和精度方面的有效性。"优化三"利用 C_OLHD 算法在非规则域 Ω_{fesi}^{m} 生成 200 个初始训练样本点。同时,考虑基于 OLHD 算法生成的 2400 个样本点在立方体设计空间具有较高的填充性,为验证基于样本点剔除策略生成的非规则域采样点对优化增益的贡献,采用聚类算法[207]在图 2.27 所示的结构质量小于 3800kg 的样本点中选取具有空间均布性的 200 个样本点,以此作为"优化四"的初始训练样本点。特别地,Tian 等[208]针对类似问题,选取具有较高承载效率(F_{cr}/M)的样本点作为初始训练样本点,并通过对比算例验证该策略对提高优化效率和精度的有效性。为此,进一步在图 2.27 所示的 2400 个样本点中选取具有较高承载效率的 200 个样本点作为初始训练样本点(图 2.30),并记为"优化五"。

在上述 5 个算例中,初始训练样本点只分布于非规则域 Ω_{fesi}^{m} 内,为验证该策略对加筋圆柱壳优化增益的贡献,以 OLHD 算法在立方体域生成的 200 个样本点作为初始训练样本点,并记为"优化六"。进一步,"优化七"采用 MIOLHD 算法在立方体域生成初始训练样本点,并与"优化六"进行对比,验证混合整数填充采样算法在提高混合整数优化问题求解效率方面的有效性和优越性。

不同优化算例的结构质量和极限载荷迭代历程如图 2.31 所示。初始设计及迭代 10 次后各优化算例获得的加筋圆柱壳结构质量和极限载荷如表 2.1 所示。其中,k_{opt} 表示获得优化解的迭代次数。整体来看,相对"优化六"和"优化七","优化一"~"优化五"具有更快的收敛速度,可以获得满足承载需求的更轻的加筋圆柱壳优化结构，这验证了仅在非规则可行域采样和优化策略在提高优化效率方面的良好表现。

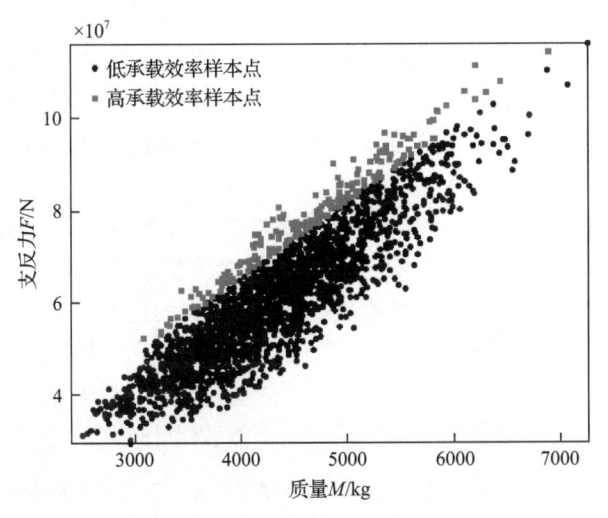

图 2.30　较高承载效率样本点分布散点图

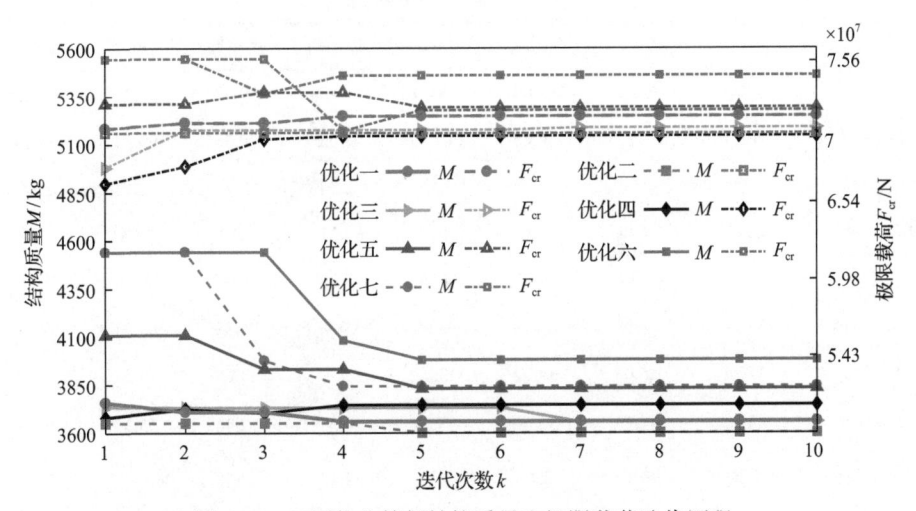

图 2.31　不同优化算例结构质量和极限载荷迭代历程

相较其他仅在非规则可行域内采样和优化的 4 种算例，"优化二"算例迭代 5 次即可获得结构质量最轻的加筋圆柱壳优化设计，其结构质量为 3600.80kg，并且相比初始设计减重达 202.20kg。这充分表明，非规则域混合整数序列填充算法在求解混合整数优化问题方面的显著性能优势。同时，"优化一"、"优化三"和"优化四"算例均采用实数取整的方式处理整数变量，并且都仅在结构质量小于 3800kg 的非规则域内采样和优化，从结构质量来看，"优化一"与"优化三"获得的加筋圆柱壳优化设计相当,都近似为 3660kg。然而,"优化一"获得的加筋圆柱壳最优设计具有更高的承载性能,并且具有更快的收敛速度(仅迭代 4 次),对比结果验证了基于样本点局部密度函数改造的非规则域序列填充采样算法在提高结构优化设计效率方面的有效性。特别地,"优化五"虽然选取具有高承载效率的样本点作为初始训练样本点,但是该类初始训练样本点在设计空间中的均布性难以保证,这在一定程度上会降低近似模型的泛化性能,进而制约"优化五"搜索到更优解的能力。

"优化六"和"优化七"中的初始训练样本点虽然在立方体域内具有较高的空间均布性,但是仅存在少量的样本点落入结构质量小于3800kg的非规则区域。这使近似模型对该区域的近似精度不足,进而在较少的迭代次数内难以搜索到结构质量小于3800kg 的优化解。进一步,对比"优化六"和"优化七","优化七"可以获得相比"优化六"质量更轻的加筋圆柱壳优化结构,减重近140kg。这表明,考虑混合整数的立方体域采样算法在求解混合整数优化问题方面具有有效性。

表 2.1 加筋圆柱壳初始设计及不同优化算例获得的最优设计

变量	初始设计	非规则约束域					立方体域	
		优化一	优化二	优化三	优化四	优化五	优化六	优化七
a_{End} /mm	57.38	54.78	63.09	45.00	77.64	59.67	57.80	67.15
b_{End} /mm	76.24	75	88.45	101.97	96.50	90.03	99.53	95.20
c_{End} /mm	2.09	2.00	3.20	2.15	3.34	5.30	2.05	2.34
d_{End} /mm	2.95	5.20	4.91	4.99	7.31	7.19	7.94	9.99
θ_{End} /(°)	4.01	4.17	4.37	4.37	4.07	4.44	4.53	4.42
w_{bot} /mm	85.59	99.03	86.40	98.65	99.01	96.32	80.28	89.26
t_{bot} /mm	14.24	15.00	14.99	13.85	14.48	14.65	14.53	15.00
w_{up} /mm	33.84	42.35	36.80	25.00	48.80	32.44	35.38	46.31
t_{up} /mm	5.84	10.15	2.19	5.39	2.12	13.48	6.38	2.00
h /mm	63.21	101.25	83.56	83.17	112.18	104.72	110.12	78.21
t_h /mm	8.41	4.77	6.87	6.20	6.15	4.56	9.31	7.71
n_s	103	85	96	92	90	89	86	93
a_{Mid} /mm	49.74	32.71	33.98	32.59	28.35	29.05	36.18	36.21
t_{1Mid} /mm	3.33	2.00	2.01	2.00	2.14	2.19	2.03	2.00
b_{Mid} /mm	83.24	80.00	97.25	156.10	84.32	88.27	171.53	179.51
t_{2Mid} /mm	4.67	2.17	5.92	2.94	5.88	2.61	2.64	2.39

续表

变量	初始设计	非规则约束域					立方体域	
		优化一	优化二	优化三	优化四	优化五	优化六	优化七
h_1/mm	480.00	464.77	508.5	556.11	591.19	508.33	577.81	516.72
h_2/mm	1200.00	1067.76	1176.02	1168.42	1194.04	904.13	1126.99	1197.70
t_{skin}/mm	1.37	1.28	1.39	1.43	1.22	1.30	1.27	1.50
M/kg	3803	3659.92	3600.80	3656.33	3746.03	3830.79	3981.38	3842.62
$F_{cr}/(10^7\text{N})$	7.17	7.16	7.03	7.08	7.02	7.21	7.20	7.46
k_{opt}	—	4	5	7	4	5	5	4

如图 2.32 所示,在发生整体压溃前,7 种优化结构具有相近的承载性能,并且发生整体压溃破坏时的轴压位移近似相同。

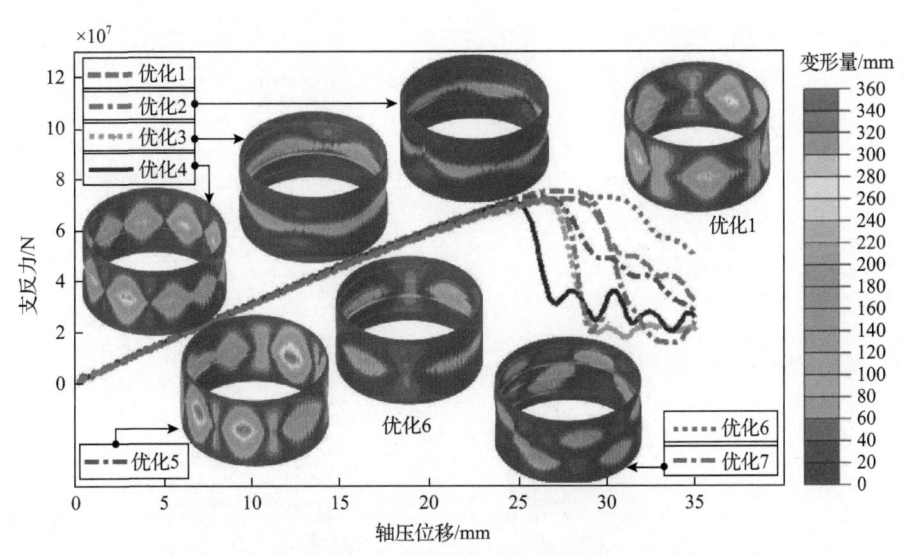

图 2.32 不同优化算例中最优结构轴压位移曲线及其变形云图

2.4 本章小结

本章针对 LHD 采样在加筋圆柱壳轻量化设计中面临的采样点在空间均布性要求的挑战,开展复杂非规则设计域的混合整数序列填充采样算法研究,主要工作和结论如下。

(1) 给出考虑混合整数的 LHD 均布性评价准则,这是混合整数序列采样的基础。为解决考虑混合整数的 OLHD,提高大规模 MIOLHD 的采样效率,基于递归演化和概率跃迁分别给出混合整数序列填充采样算法和低相关性混合整数序列填充采样算法。

(2)针对不含整数变量的非规则域均匀填充采样问题,首先通过改进的局部密度函数量化表征非规则域样本点的空间分布特性,同时给出非规则域序列采样准则,然后给出基于样本点局部密度函数改造的 CSFSS。针对含整数变量的非规则域均匀填充采样问题,分别给出非规则域混合整数序列采样准则和非规则域混合整数样本点的空间均布性评价指标,然后给出基于逐点采样-排列优化的 CSFSSMI 算法。

(3)分别将上述采样算法应用于大直径加筋圆柱壳轻量化设计,并与文献方法进行对比,对比结果不仅验证了考虑混合整数的立方体域采样算法在求解混合整数优化问题方面的有效性,而且验证了仅在非规则可行域采样和优化策略的良好效果。

第3章 大型复杂结构的增广径向基函数近似建模方法

建立具有全局高精度的近似模型是进行复杂结构分析、全局优化和参数灵敏度分析的关键技术。ARBF 近似模型以其非线性泛化能力强、训练样本点处预测误差为零等优势受到广泛关注。然而，在大型复杂结构分析与优化应用中，ARBF 近似模型仍存在基函数形状参数取值、利用当前信息对未知区域的按需序列采样方式、高/低保真度模型融合等方面技术难点。

本章首先介绍 ARBF 近似模型，并基于局部密度函数对形状参数进行归一化处理，通过引入缩放系数简化形状参数优化的复杂度，进而提出基于矩估计和基于分片 K 折交叉验证的 ARBF 近似建模方法。采用偏差-方差分解技术分析 ARBF 近似模型在不同区域对样本点的需求度，提出面向全局近似的 ARBF 序列近似建模方法。为高效融合高/低保真度模型，采用分片 K 折交叉验证方法，发展 ARBF 多保真度近似建模方法。

3.1 增广径向基函数近似模型

ARBF 近似模型的数学表达式为

$$\hat{y}(\boldsymbol{x}) = \sum_{i=1}^{N} \omega_i \phi_i(\|\boldsymbol{x}-\boldsymbol{x}_i\|) + \sum_{j=1}^{m+1} \lambda_j g_j(\boldsymbol{x}) \tag{3.1}$$

其中，$\boldsymbol{x}$ 为输入值；$\hat{y}(\boldsymbol{x})$ 为 ARBF 近似模型在 $\boldsymbol{x}$ 处的预测值；$\phi_i(\|\boldsymbol{x}-\boldsymbol{x}_i\|)$ 为对应第 i 个样本点的基函数，为了便于表述，在不引起歧义的情况下，记 $\phi_i(\boldsymbol{x}) = \phi_i(\|\boldsymbol{x}-\boldsymbol{x}_i\|)$；$\omega_i$ 为第 i 个基函数的权重系数；λ_j 为线性回归系数；g_j 为多项式 g 的第 j 项。

通常情况下多项式 g 仅考虑常数项和线性项，其表达式为

$$g(\boldsymbol{x}) = 1 + \sum_{k=1}^{m} \boldsymbol{x}^{(k)} \tag{3.2}$$

其中，$\boldsymbol{x}^{(k)}$ 为向量 $\boldsymbol{x}$ 的第 k 维分量。

对于一组训练样本点 $S = \{[\boldsymbol{x}_i, y_i] \mid \boldsymbol{x}_i \in X^m \subset \mathbf{R}^m, y_i \subset \mathbf{R}, i=1,2,\cdots,N\}$，将其

代入式(3.1)，可以得到如下线性方程组，即

$$[\boldsymbol{\Phi} \quad \boldsymbol{G}][\omega \quad \lambda]^{\mathrm{T}} = \boldsymbol{Y} \tag{3.3}$$

其中，$\boldsymbol{\Phi} = [\phi_i(\boldsymbol{x}_k)]_{i,k=1,2,\cdots,N}$；$\boldsymbol{G} = [1 \quad x_i^{(1)} \quad \cdots \quad x_i^{(m)}]_{i=1,2,\cdots,N}$；$\boldsymbol{Y} = [y_i]_{i=1,2,\cdots,N}$。

由于训练样本集 S 中的样本点互不相同，$\boldsymbol{G}$ 为列满秩矩阵，当训练样本点数量 $N > m+1$ 时，必存在非零向量 ω 使 $\boldsymbol{G}^{\mathrm{T}}\omega = 0$ 成立[81]，即

$$\sum_{i=1}^{N} \omega_i g_j(\boldsymbol{x}_i) = 0, \quad j = 1, 2, \cdots, m+1 \tag{3.4}$$

联立式(3.3)和式(3.4)，可得关于基函数权重系数 ω 和线性回归系数 λ 的线性方程组，即

$$\begin{bmatrix} \boldsymbol{\Phi} & \boldsymbol{G} \\ \boldsymbol{G}^{\mathrm{T}} & 0 \end{bmatrix} \begin{bmatrix} \omega \\ \lambda \end{bmatrix} = \tilde{\boldsymbol{\Phi}} \begin{bmatrix} \omega \\ \lambda \end{bmatrix} = \begin{bmatrix} \boldsymbol{Y} \\ 0 \end{bmatrix} \tag{3.5}$$

由于 $\boldsymbol{\Phi}$ 为满秩矩阵，$\boldsymbol{G}^{\mathrm{T}}$ 为行满秩矩阵，因此系数矩阵 $\tilde{\boldsymbol{\Phi}}$ 为非奇异矩阵，式(3.5)具有唯一非零解。近似模型精度在一定程度上依赖基函数的选取，并且 Gauss 基函数在全局近似能力方面优势较为明显，因此本节采用 Gauss 基函数开展研究，其表达式为

$$\phi_i(r) = \exp(-r^2/c_i^2) \tag{3.6}$$

其中，c_i 为第 i 个 Guass 基函数的形状参数，决定第 i 个样本点对周围空间的影响衰减程度。

不同形状参数下 Gauss 基函数如图 3.1 所示。形状参数 c_i 越小，基函数衰减越快，其相应样本点对周围空间的影响范围越小，反之越大。

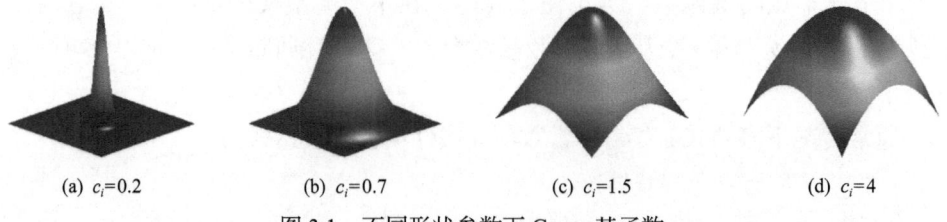

(a) c_i=0.2　　　　　(b) c_i=0.7　　　　　(c) c_i=1.5　　　　　(d) c_i=4

图 3.1　不同形状参数下 Gauss 基函数

以一维函数 $f(x)$ 为例，进一步分析形状参数取值对近似模型的影响规律。以 [0,1]分布的 10 个采样点为训练样本点，采用 ARBF 对 $f(x)$ 进行近似建模，即

$$f(x) = x^2 - \sin(4\pi x^2) \tag{3.7}$$

如图 3.2 所示，过小的形状参数使样本点对周围空间的影响快速衰减，导致近似模型泛化能力不足，而过大的形状参数将使式(3.5)中的系数矩阵 $\tilde{\boldsymbol{\Phi}}$ 病态性增加，导致解不稳定[209]，出现明显的"龙格现象"[210]。因此，过小或过大的形状参数均导致近似模型无法准确泛化真实模型。

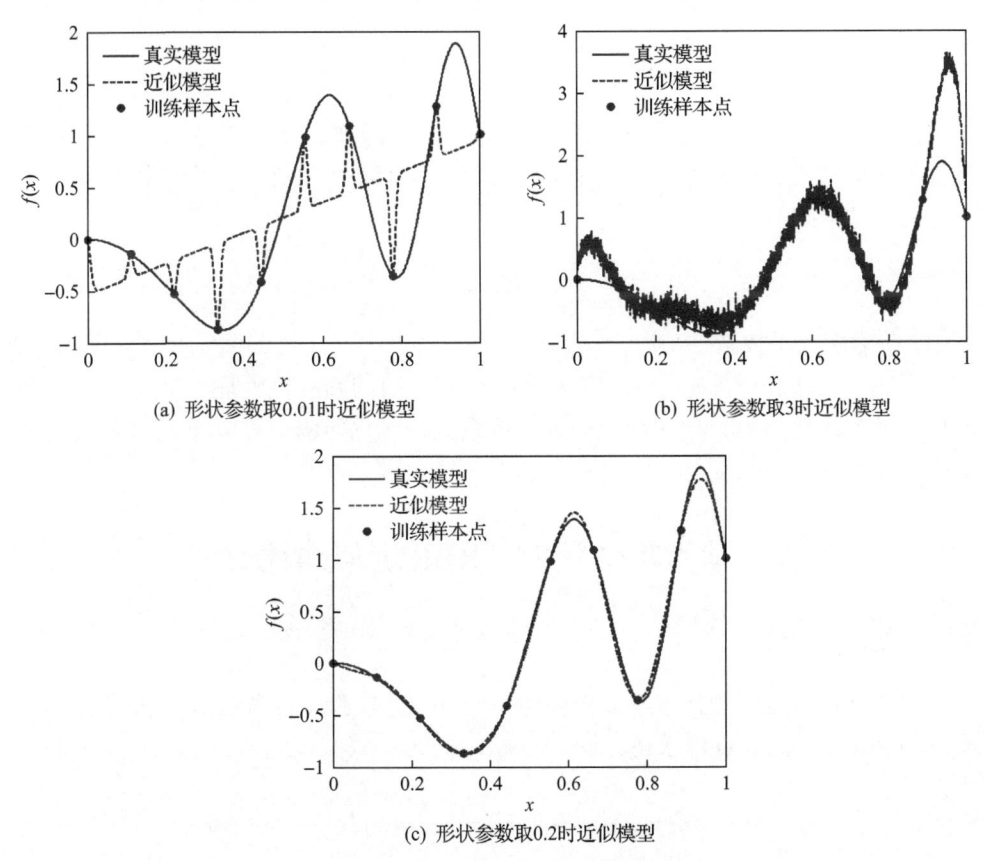

(a) 形状参数取0.01时近似模型

(b) 形状参数取3时近似模型

(c) 形状参数取0.2时近似模型

图 3.2　形状参数不同取值下近似模型

在对复杂高维系统进行近似建模时，往往需要大量训练样本点以建立满足精度需求的近似模型，这将使形状参数优化问题包含与训练样本点数量相当的独立优化变量数，增加问题的复杂度。考虑相邻样本点应具有相似的模型响应特性，为了高效确定形状参数的较优取值，采用式(2.17)和式(2.19)所示的样本点局部密度函数衡量样本点在空间中的分布情况。

根据 Gauss 基函数随形状参数的衰减特点，为充分利用样本点信息，需要增大稀疏区域样本点对周围空间的影响范围，减小密集区域样本点对周围空间的影

响范围。因此，令样本点影响范围与样本点局部密度成反比[211]，即

$$V_i/V_j = \rho(\pmb{x}_j)/\rho(\pmb{x}_i) \tag{3.8}$$

其中，V_i 和 V_j 为样本点 $\pmb{x}_i$ 和 $\pmb{x}_j$ 的影响体积。

令所有样本点的影响体积之和为 1，则各个形状参数的基准值 $\bar{c}_i$ 为

$$\bar{c}_i = \sqrt[m]{V_i}, \quad \sum_{i=1}^{N} V_i = 1 \tag{3.9}$$

最优形状参数不仅受到训练样本点空间分布的影响，在一定程度上还取决于模型的响应特性，因此在保持各个形状参数比值不变的基础上，将形状参数按下式进行自适应缩放，即

$$c_i = \varepsilon \bar{c}_i, \quad \varepsilon > 0 \tag{3.10}$$

其中，ε 为缩放系数。

至此，已通过局部密度函数实现多维形状参数的归一化处理，进而将复杂域的形状参数优化问题转化为确定一维缩放系数的优化问题，可以极大地降低形状参数优化问题的复杂度。

3.2 基于矩估计的 ARBF 近似建模方法

3.2.1 矩估计方法

由于 $\hat{y}$ 是通过训练样本集 S 对模型 y 的近似，模型 y 的各阶矩可通过近似模型 $\hat{y}$ 和训练样本点 S 近似求得，即

$$\begin{cases} E(y(\pmb{x})) \approx E(\hat{y}(\pmb{x})) = \int_{X^m} \hat{y}(\pmb{x}) \mathrm{d}\pmb{x} \\ E(y^2(\pmb{x})) \approx E(\hat{y}^2(\pmb{x})) = \int_{X^m} \hat{y}^2(\pmb{x}) \mathrm{d}\pmb{x} \\ \cdots \end{cases} \tag{3.11}$$

$$\begin{cases} E(y(\pmb{x})) \approx E(Y) = \sum_{i=1}^{N} y_i V_i \\ E(y^2(\pmb{x})) \approx E(Y^2) = \sum_{i=1}^{N} y_i^2 V_i \\ \cdots \end{cases} \tag{3.12}$$

缩放系数 ε 的合适取值将使上述两种方法得到相同的各阶矩，即

$$\begin{cases} E(Y) = E(\hat{y}(\boldsymbol{x})) \\ E(Y^2) = E(\hat{y}^2(\boldsymbol{x})) \\ \cdots \end{cases} \tag{3.13}$$

高效求解式(3.13)是确定最优缩放系数 ε 的关键，但是各阶矩很难严格相等。因此，仅考虑前两阶矩，通过求解如下最小化问题可以获得缩放系数最优取值，即

$$\varepsilon_{\text{opt}} = \arg\min F(\varepsilon) \tag{3.14}$$

其中，$F(\varepsilon) = [(E(Y) - E(\hat{y}(\boldsymbol{x})))/E(Y)]^2 + [(E(Y^2) - E(\hat{y}^2(\boldsymbol{x})))/E(Y^2)]^2$。

基于训练样本点的各阶矩 $E(Y)$ 和 $E(Y^2)$ 可通过式(3.12)直接获得；基于近似模型的各阶矩 $E(\hat{y}(\boldsymbol{x}))$ 和 $E(\hat{y}^2(\boldsymbol{x}))$ 的具体计算方法如下。

1. $E(\hat{y}(\boldsymbol{x}))$

$E(\hat{y}(\boldsymbol{x}))$ 的计算可化简为

$$E(\hat{y}(\boldsymbol{x})) = \sum_{i=1}^{N} \omega_i \int_{X^m} \phi_i(\boldsymbol{x}) \mathrm{d}\boldsymbol{x} + 0.5 \sum_{j=1}^{m} \lambda_{j+1} + \lambda_1 \tag{3.15}$$

$$\psi_i(\boldsymbol{x}) = \int_{X^m} \phi_i(\boldsymbol{x}) \mathrm{d}\boldsymbol{x} \tag{3.16}$$

其中

$$\psi_i(\boldsymbol{x}) = \prod_{j=1}^{m} \int_0^1 \exp(-(x^{(j)} - x_i^{(j)})^2 / c_i^2) \mathrm{d} x^{(j)} = \prod_{j=1}^{m} \psi_i^j(\boldsymbol{x}) \tag{3.17}$$

基于正态分布函数，$\psi_i^j(\boldsymbol{x})$ 的计算公式为

$$\begin{aligned} \psi_i^j(\boldsymbol{x}) &= \int_0^1 \exp(-(x^{(j)} - x_i^{(j)})^2 / c_i^2) \mathrm{d} x^{(j)} \\ &= \sqrt{\pi} c_i (\Phi(1, x_i^{(j)}, c_i/\sqrt{2}) - \Phi(0, x_i^{(j)}, c_i/\sqrt{2})) \end{aligned} \tag{3.18}$$

其中，$\Phi(x, \mu, \sigma)$ 表示均值为 μ、标准差为 σ 的正态分布函数。

为表述方便，记

$$\Psi(x, \mu) = \Phi(1, x, \mu) - \Phi(0, x, \mu) \tag{3.19}$$

将式(3.16)~式(3.18)代入式(3.15),可得$E(\hat{y}(\boldsymbol{x}))$的计算公式,即

$$E(\hat{y}(\boldsymbol{x})) = \sum_{i=1}^{N} \omega_i \sum_{j=1}^{m} \sqrt{\pi} c_i \Psi(x_i^{(j)}, c_i/\sqrt{2}) + 0.5 \sum_{j=1}^{m} \lambda_{j+1} + \lambda_1 \qquad (3.20)$$

2. $E(\hat{y}^2(\boldsymbol{x}))$

$E(\hat{y}^2(\boldsymbol{x}))$ 的计算可化简为

$$\begin{aligned}E(\hat{y}^2(\boldsymbol{x})) = &\int_{X^m} \left(\sum_{i=1}^{N} \omega_i \phi_i(\boldsymbol{x})\right)^2 \mathrm{d}\boldsymbol{x} + \int_{X^m} \left(\sum_{j=1}^{p} \lambda_j g_j(\boldsymbol{x})\right)^2 \mathrm{d}\boldsymbol{x} \\ &+ \int_{X^m} 2 \sum_{i=1}^{N} \omega_i \phi_i(\boldsymbol{x}) \sum_{j=1}^{p} \lambda_j g_j(\boldsymbol{x}) \mathrm{d}\boldsymbol{x}\end{aligned} \qquad (3.21)$$

$E(\hat{y}^2(\boldsymbol{x}))$ 可分解为三项,分别记为

$$\begin{cases} E_1 = \int_{X^m} \left(\sum_{i=1}^{N} \omega_i \phi_i(\boldsymbol{x})\right)^2 \mathrm{d}\boldsymbol{x} \\ E_2 = \int_{X^m} \left(\sum_{j=1}^{p} \lambda_j g_j(\boldsymbol{x})\right)^2 \mathrm{d}\boldsymbol{x} \\ E_3 = \int_{X^m} 2 \sum_{i=1}^{N} \omega_i \phi_i(\boldsymbol{x}) \sum_{j=1}^{p} \lambda_j g_j(\boldsymbol{x}) \mathrm{d}\boldsymbol{x} \end{cases} \qquad (3.22)$$

E_1 的计算可化简为

$$\begin{aligned}E_1 &= \sum_{i=1}^{N} \sum_{k=1}^{N} \omega_i \omega_k \int_{X^m} \phi_i(\boldsymbol{x}) \phi_k(\boldsymbol{x}) \mathrm{d}\boldsymbol{x} \\ &= \sum_{i=1}^{N} \sum_{k=1}^{N} \omega_i \omega_k \prod_{j=1}^{m} \int_0^1 \exp\left(-\frac{\left|x^{(j)} - x_i^{(j)}\right|^2}{c_i^2} - \frac{\left|x^{(j)} - x_k^{(j)}\right|^2}{c_k^2}\right) \mathrm{d}x^{(j)}\end{aligned} \qquad (3.23)$$

其中

$$-\frac{\left|x^{(j)} - x_i^{(j)}\right|^2}{c_i^2} - \frac{\left|x^{(j)} - x_k^{(j)}\right|^2}{c_k^2} = -\frac{c_k^2 + c_i^2}{c_i^2 c_k^2} \cdot \left(x^{(j)} - \frac{c_k^2 x_i^{(j)} + c_i^2 x_k^{(j)}}{c_k^2 + c_i^2}\right)^2 - \frac{(x_i^{(j)} - x_k^{(j)})^2}{c_k^2 + c_i^2}$$

$$(3.24)$$

进而可得

$$E_1 = \sum_{i=1}^{N}\sum_{k=1}^{N}\omega_i\omega_k\prod_{j=1}^{m}(\sqrt{2\pi}\sigma_j\Psi(\mu_j,\sigma_j)\exp(-(x_i^{(j)}-x_k^{(j)})^2/(c_k^2+c_i^2))) \quad (3.25)$$

其中，$\mu_j = (c_k^2 x_i^{(j)} + c_i^2 x_k^{(j)})/(c_k^2+c_i^2)$；$\sigma_j = \sqrt{c_i^2 c_k^2/2(c_k^2+c_i^2)}$。

E_2 的计算可化简为

$$E_2 = \lambda_1^2 + 2\lambda_1\sum_{j=1}^{m}\lambda_{j+1}\int_{X^m}x^{(j)}\mathrm{d}\boldsymbol{x} + \sum_{j=1}^{m}\sum_{k=1}^{m}\lambda_{j+1}\lambda_{k+1}\int_{X^m}x^{(j)}x^{(k)}\mathrm{d}\boldsymbol{x} \quad (3.26)$$

其中

$$\int_0^1 x^{(j)}\mathrm{d}\boldsymbol{x} = \int_0^1 x^{(j)}\mathrm{d}x^{(j)} = \frac{1}{2} \quad (3.27)$$

$$\int_0^1 x^{(j)}x^{(k)}\mathrm{d}\boldsymbol{x} = \int_0^1\int_0^1 x^{(j)}x^{(k)}\mathrm{d}x^{(j)}\mathrm{d}x^{(k)} = \begin{cases} \dfrac{1}{4}, & j \neq k \\ \dfrac{1}{3}, & j = k \end{cases} \quad (3.28)$$

将式(3.27)和式(3.28)代入式(3.26)，可得

$$E_2 = \lambda_1^2 + \lambda_1\sum_{j=1}^{m}\lambda_{j+1} + \frac{1}{4}\sum_{j=1}^{m}\sum_{k=1,k\neq j}^{m}\lambda_{j+1}\lambda_{k+1} + \frac{1}{3}\sum_{j=1}^{m}\sum_{k=j}^{m}\lambda_{j+1}\lambda_{k+1} \quad (3.29)$$

E_3 的计算可化简为

$$\begin{aligned}E_3 &= 2\lambda_1\sum_{i=1}^{N}\omega_i\int_{X^m}\phi_i(\boldsymbol{x})\mathrm{d}\boldsymbol{x} + 2\sum_{i=1}^{N}\sum_{j=1}^{m}\lambda_{j+1}\omega_i\int_{X^m}\phi_i(\boldsymbol{x})x^{(j)}\mathrm{d}\boldsymbol{x} \\ &= 2\lambda_1\sum_{i=1}^{N}\omega_i\prod_{j=1}^{m}\psi_i^j(\boldsymbol{x}) + 2\sum_{i=1}^{N}\sum_{j=1}^{m}\lambda_{j+1}\omega_i\int_{X^m}\phi_i(\boldsymbol{x})x^{(j)}\mathrm{d}\boldsymbol{x}\end{aligned} \quad (3.30)$$

$$\int_{X^m}\phi_i(\boldsymbol{x})x^{(j)}\mathrm{d}\boldsymbol{x} = \left(\prod_{k=1,k\neq j}^{m}\int_0^1\exp(-(x^{(k)}-x_i^{(k)})^2/c_i^2)\mathrm{d}x^{(k)}\right) \\ \times \int_0^1\exp(-(x^{(j)}-x_i^{(j)})^2/c_i^2)x^{(j)}\mathrm{d}x^{(j)} \quad (3.31)$$

基于式(3.17)、式(3.18)、式(3.31)，可得

$$E_3 = 2\lambda_1\sum_{i=1}^{N}\omega_i\prod_{j=1}^{m}\sqrt{\pi}c_i\Psi(x_i^{(j)},c_i/\sqrt{2}) + 2\sum_{i=1}^{N}\sum_{j=1}^{m}\left(\lambda_{j+1}\omega_i\left(\prod_{k=1,k\neq j}^{m}\sqrt{\pi}c_i\cdot\Psi(x_i^{(k)},c_i/\sqrt{2})\right)\right. \\ \left.\cdot\left(-0.5c_i^2\exp(-t^2/c_i^2)\Big|_{t=-x_i^{(j)}}^{t=1-x_i^{(j)}} + x_i^{(j)}\sqrt{\pi}c_i\Psi(x_i^{(j)},c_i/\sqrt{2})\right)\right) \quad (3.32)$$

最终，$E(\hat{y}^2(\boldsymbol{x}))$ 的计算表达式为

$$\begin{aligned}
E(\hat{y}^2(\boldsymbol{x})) &= E_1 + E_2 + E_3 \\
&= \sum_{i=1}^{N}\sum_{k=1}^{N}\left(\omega_i\omega_k\prod_{j=1}^{m}\sqrt{2\pi}\sigma_j\Psi(\mu_j,\sigma_j)\right.\\
&\quad \left.\cdot\exp(-(x_i^{(j)}-x_k^{(j)})^2/(c_k^2+c_i^2))\right) + 2\lambda_1\sum_{i=1}^{N}\omega_i\prod_{j=1}^{m}\sqrt{\pi}c_i\Psi(x_i^j,c_i/\sqrt{2}) \\
&\quad + 2\sum_{i=1}^{N}\sum_{j=1}^{m}\left(\lambda_{j+1}\omega_i\left(\prod_{k=1,k\neq j}^{m}\sqrt{\pi}c_i\Psi(x_i^{(k)},c_i/\sqrt{2})\right)\right. \\
&\quad \left.\cdot\left(-0.5c_i^2\exp(-t^2/c_i^2)\Big|_{t=-x_i^{(j)}}^{t=1-x_i^{(j)}}+x_i^{(j)}\sqrt{\pi}c_i\Psi(x_i^{(j)},c_i/\sqrt{2})\right)\right) \\
&\quad + \lambda_1^2 + \lambda_1\sum_{j=1}^{m}\lambda_{j+1} + \frac{1}{4}\sum_{j=1}^{m}\sum_{k=1,k\neq j}^{m}\lambda_{j+1}\lambda_{k+1} + \frac{1}{3}\sum_{j=1}^{m}\sum_{k=j}^{m}\lambda_{j+1}\lambda_{k+1}
\end{aligned} \quad (3.33)$$

至此，基于矩估计方法(moment estimate method，记为MMES)可以得到关于缩放系数ε的ARBF近似模型预测精度评价指标，进而可通过对缩放系数ε的最优化实现ARBF的高效建模。ARBF矩估计近似建模流程如图3.3所示。

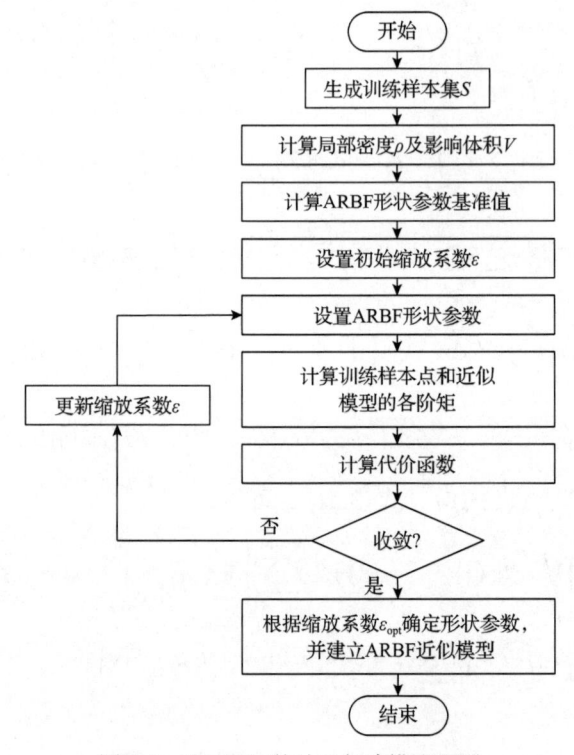

图3.3 ARBF矩估计近似建模流程图

建立高精度近似模型的核心包括两部分,训练样本点的选取和缩放系数的优化。训练样本点的空间均布性影响近似模型的全局近似精度。优化算法的选取会在一定程度上影响建模的效率和精度,针对式(3.14)所示的最优缩放系数确定问题,可采用多起点并行优化算法或 SA 算法进行求解。值得说明的是,缩放系数的最优取值在一定程度上取决于真实模型的响应特性。根据研究经验,可首先通过试凑法确定缩放系数取值范围,然后基于优化算法进行优化求解。在下面数值算例及工程应用中,缩放系数取值范围为[0.1,10]。

3.2.2 算例测试

采用 MMES、Kitayama 方法[212]、RBF[213]、EBF[83],以及 Kriging[214]建立近似模型,并对各个近似模型的全局和局部近似能力进行评估。近似模型精度评估准则如表 3.1 所示。其中,R^2 和 E_{RMSE} 表征近似模型的全局近似能力,E_{RMAE} 表征近似模型的局部近似能力。RMAE(root mean absolute error)是平均绝对误差;RMSE(root mean squared error)是均方根误差。

表 3.1 近似模型精度评估准则

精度准则	表达式	
复相关系数	$R^2 = 1 - \sum_{i=1}^{N}(y_i - \hat{y}_i)^2 / \sum_{i=1}^{N}\left(y_i - \sum_{j=1}^{N} y_j / N\right)^2$	↑
方均根误差	$E_{RMSE} = \sqrt{\left(\sum_{i=1}^{N}(y_i - \hat{y}_i)^2\right)/N}$	↓
相对最大误差	$E_{RMAE} = \max(|y_i - \hat{y}_i|) / \sqrt{\sum_{i=1}^{N}(y_i - \hat{y}_i)^2 / N}$	↓

注:"↑"表示值越大精度越高;"↓"表示值越小精度越高。

1. 数值算例

选取 6 个经典的非线性多峰值数值函数[215, 216]对上述方法进行对比测试。数值测试函数表达式、测试维数及初始样本点数量如表 3.2 所示。基于 OLHD 生成设计空间内均匀分布的样本点,分别采用上述五种建模方法建立各数值函数的近似模型,并采用 MC 方法生成 10000 个样本点对各近似模型的泛化能力进行评估。基于 OLHD 生成 30 倍设计变量数的初始样本点用于训练近似模型,可以获得较高的泛化性能。表 3.2 中给出的训练样本点数量均相对较少,以此测试本节方法构建的近似模型在稀疏样本下的泛化能力。为减小随机误差对评估结果的影响,独立重复 10 次上述过程。

表 3.2 数值测试函数

函数名	数学表达式	维数	取值范围	样本点数量
Rastrigin	$f_{RS} = \sum_{i=1}^{m}(x_i^2 - \cos(2\pi x_i))$	$m = 2$	$x_i \in [-1,1]$	40
Rosenbrock	$f_{RB} = \sum_{i=1}^{m-1}[100(x_{i+1} - x_i)^2 + (x_i - 1)^2]$	$m = 4$	$x_i \in [-1,1]$	100
Hartman	$f_{HN} = -\sum_{i=1}^{4} c_i \exp\left(-\sum_{j=1}^{m} \alpha_{ij}(x_i - p_{ij})^2\right)$	$m = 6$	$x_i \in [0,1]$	150
Ellipsoid	$f_{EP} = \sum_{i=1}^{m} i x_i^2$	$m = 10$	$x_i \in [-5,5]$	200
Griewank	$f_{GN} = \sum_{i=1}^{m} \frac{x_i^2}{4000} + \prod_{i=1}^{m} \cos\frac{x_i}{\sqrt{i}} + 1$	$m = 12$	$x_i \in [-6,6]$	200
16 Variable	$f_{F16} = \sum_{i=1}^{16}\sum_{j=1}^{16} \beta_{ij}(x_i^2 + x_i + 1)(x_j^2 + x_j + 1)$	$m = 16$	$x_i \in [-1,1]$	300

不同近似模型对表 3.2 中 6 个测试函数的近似精度箱形图分别如图 3.4～图 3.9 所示。由于 Kitayama 方法是通过样本点的空间距离直接确定形状参数，不能有效

(a) Rastrigin 函数 R^2 箱型图

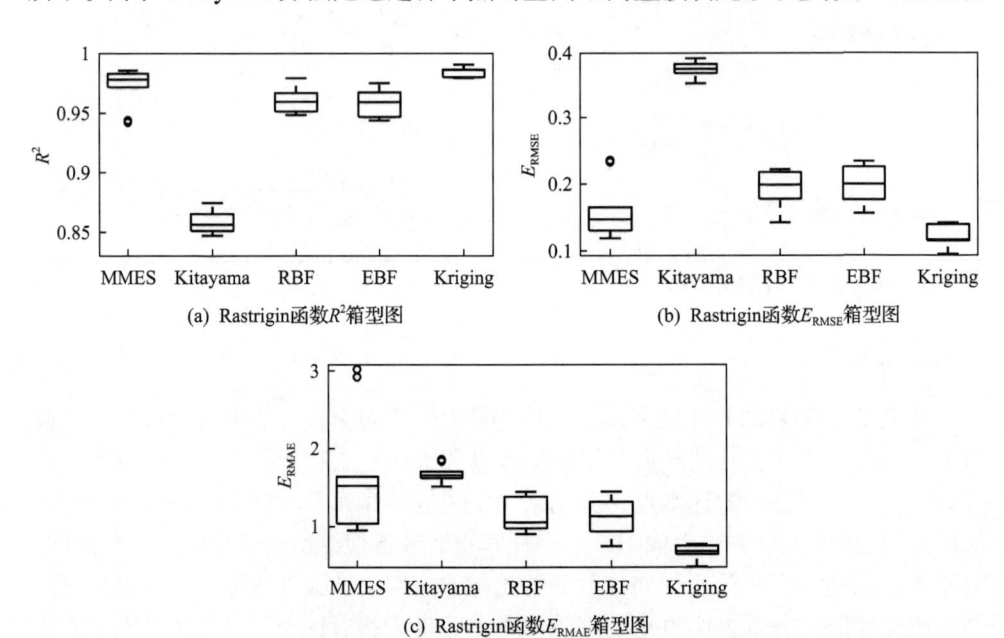

(b) Rastrigin 函数 E_{RMSE} 箱型图

(c) Rastrigin 函数 E_{RMAE} 箱型图

图 3.4 Rastrigin 函数近似精度箱形图

(a) Rosenbrock函数R^2箱型图

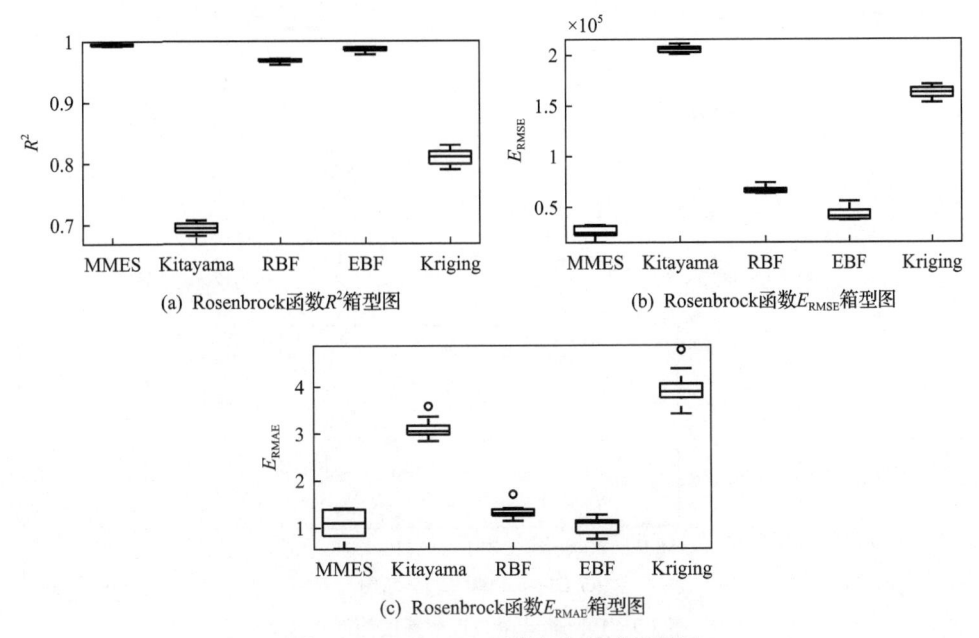

(b) Rosenbrock函数E_{RMSE}箱型图

(c) Rosenbrock函数E_{RMAE}箱型图

图 3.5　Rosenbrock 函数近似精度箱形图

(a) Hartman函数R^2箱型图

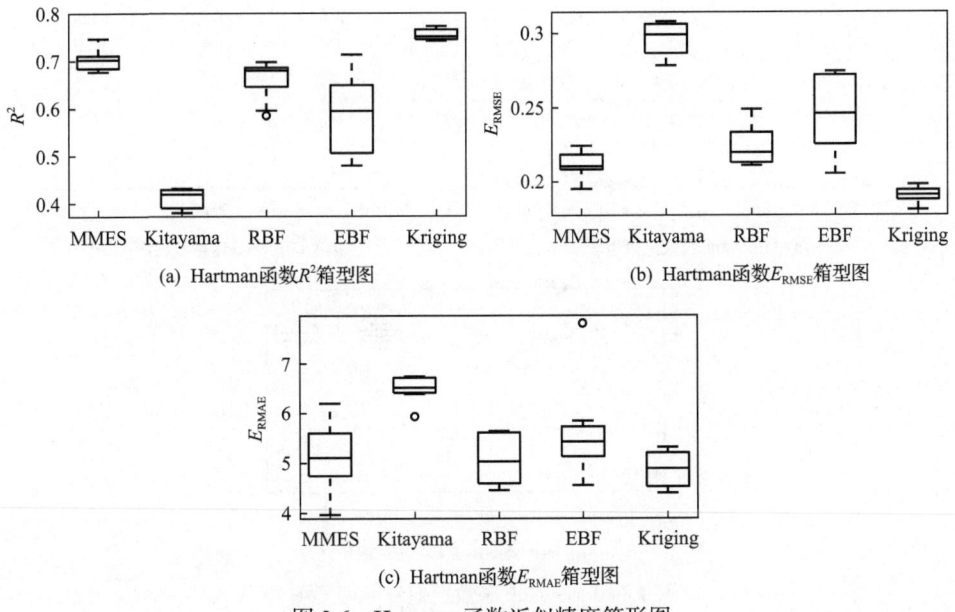

(b) Hartman函数E_{RMSE}箱型图

(c) Hartman函数E_{RMAE}箱型图

图 3.6　Hartman 函数近似精度箱形图

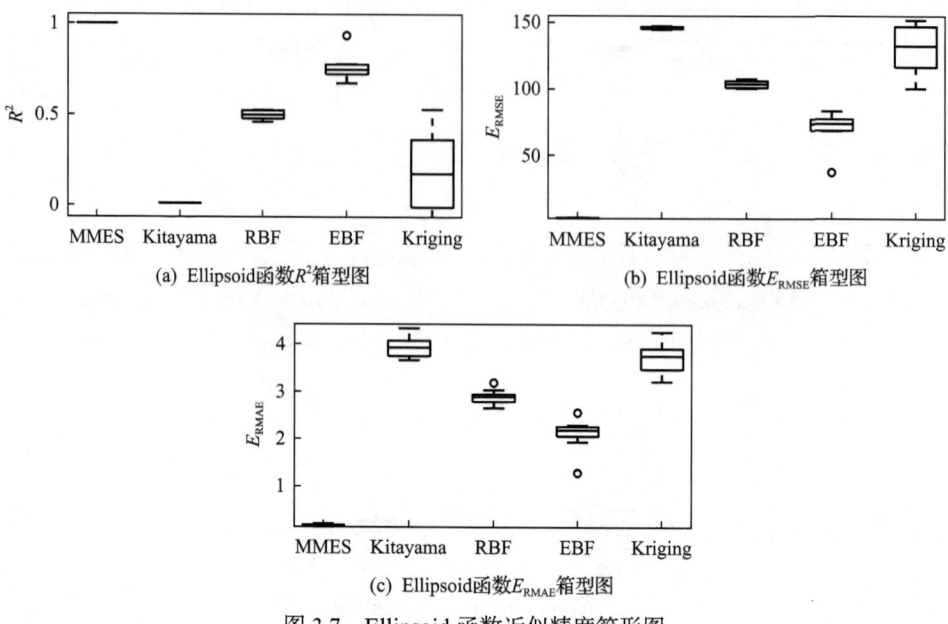

图 3.7 Ellipsoid 函数近似精度箱形图

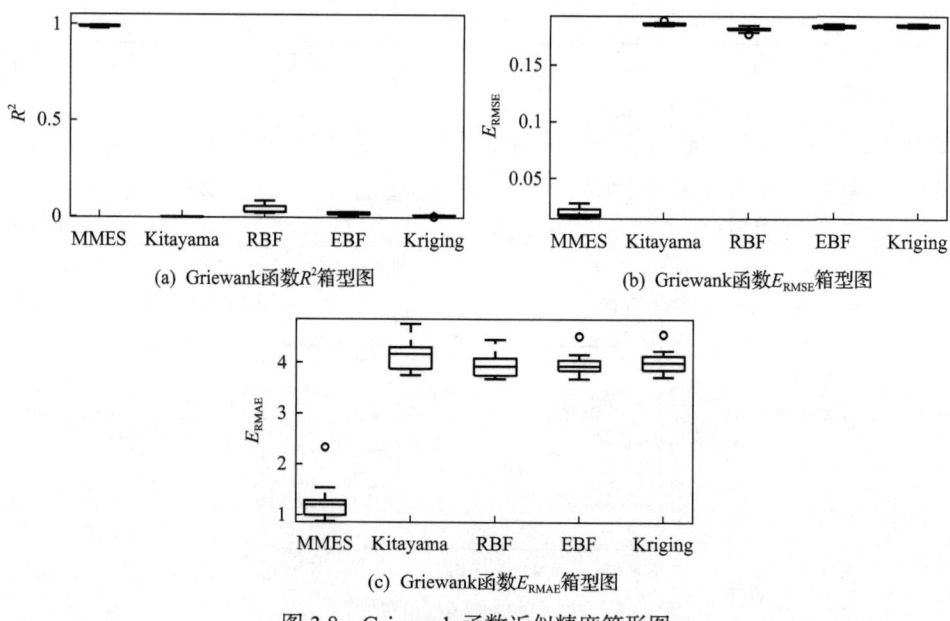

图 3.8 Griewank 函数近似精度箱形图

第3章 大型复杂结构的增广径向基函数近似建模方法

(a) 16 Variable函数R^2箱型图

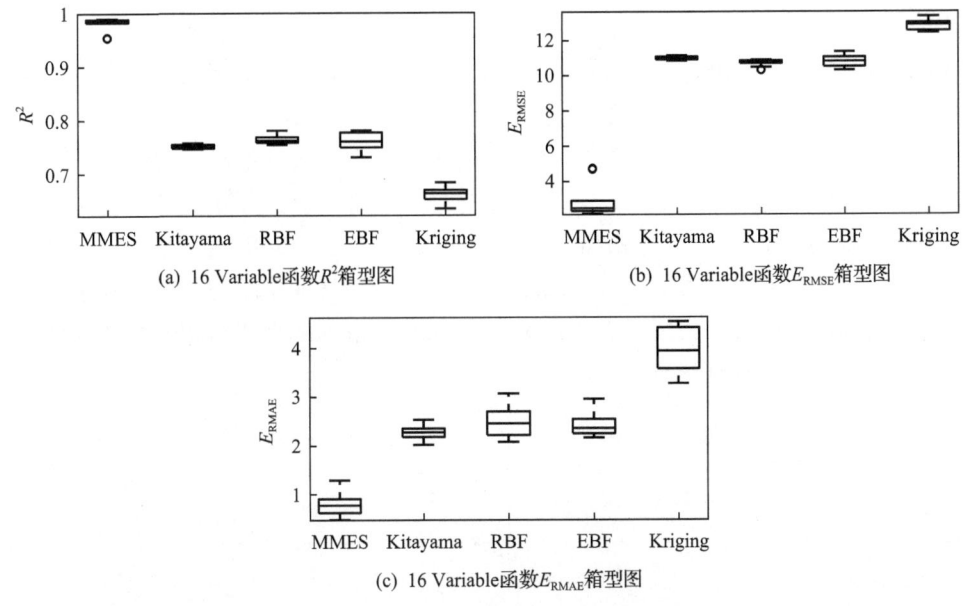

(b) 16 Variable函数E_{RMSE}箱型图

(c) 16 Variable函数E_{RMAE}箱型图

图3.9 16 Variable 函数近似精度箱形图

近似非线性多峰值问题,因此相对其他四种模型,其确定的近似模型精度偏低。如图3.4~图3.6所示,对于2维RS和6维HN函数,MMES与Kriging模型的全局和局部近似精度相当,并且略高于RBF和EBF近似模型;对于4维RB函数,MMES与RBF、EBF近似模型的全局和局部近似精度相当,并且高于Kriging近似模型。

对于图3.7~图3.9所示的高维测试函数近似精度对比箱形图,MMES的全局和局部近似精度均显著高于其他四种近似模型,尤其对于12维Griewank函数,在训练样本点数量相对较少的情况下,其他四种模型近似能力严重不足,但是MMES仍能获得较高的近似精度。

综上所述,在设计空间中训练样本点分布较为稀疏时,相对其他典型近似建模方法,MMES能以更高精度逼近高维多峰值非线性函数,而且评估结果的数据分布更为集中,表明该方法受训练样本点的分布影响较小,算法鲁棒性更高。

2. 工程应用

进一步探究MMES在加筋圆柱壳后屈曲分析和优化方面的应用潜力。基于第2章生成的2400个样本点,采用聚类算法[207]选取在空间中均匀分布的300个样本点作为训练样本点构建近似模型,其余2100个样本点作为测试样本点评估近似模型全局和局部近似精度。为减小评估结果的随机性,独立重复10次上述过程。

针对上述 10 组不同的训练和测试样本点，分别基于 MMES、Kitayama 方法、RBF、EBF，以及 Kriging 建立近似模型并评估近似精度。针对加筋圆柱壳的结构质量和极限载荷，不同近似模型的近似精度箱形图如图 3.10 和图 3.11 所示。对于结构质量，在全局和局部近似精度方面，MMES 近似精度均最高，EBF 近似模型次之，Kriging 近似模型相对最低；对于极限载荷，在全局近似精度和局部精度方面，MMES 与 EBF 近似模型相当，高于 Kitayama 方法和 RBF 近似模型，显著高于 Kriging 近似模型。相对极限载荷，结构质量与设计变量间的非线性关系更易被捕获。同时，箱形图数据分布再次表明，MMES 建立的近似模型的精度评估数据更集中，算法鲁棒性更高。

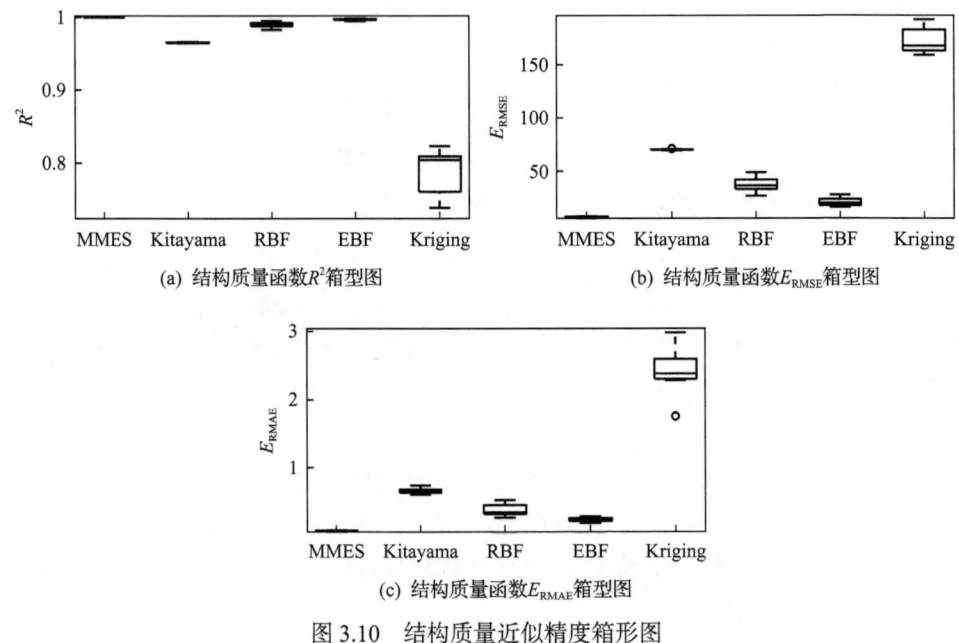

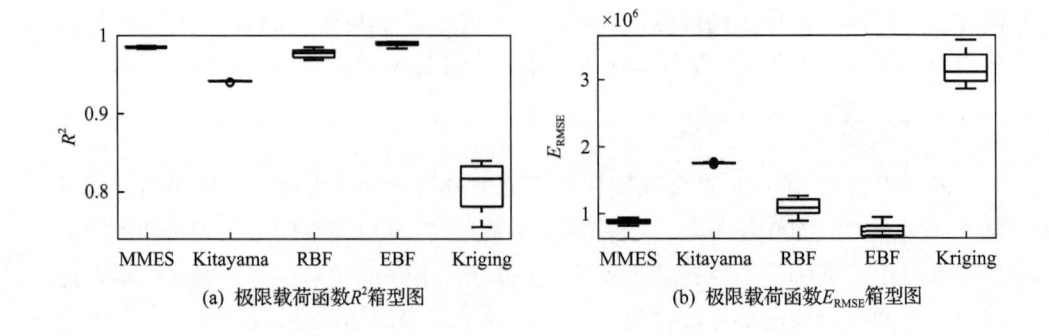

(a) 结构质量函数 R^2 箱型图

(b) 结构质量函数 E_{RMSE} 箱型图

(c) 结构质量函数 E_{RMAE} 箱型图

图 3.10　结构质量近似精度箱形图

(a) 极限载荷函数 R^2 箱型图

(b) 极限载荷函数 E_{RMSE} 箱型图

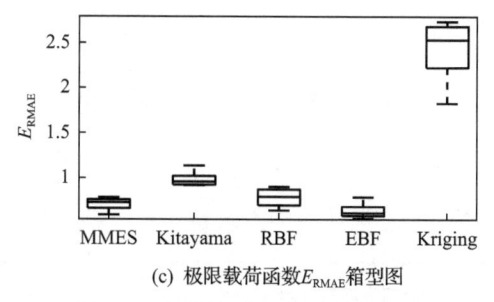

(c) 极限载荷函数E_{RMAE}箱型图

图 3.11 极限载荷近似精度箱形图

3.3 基于分片 K 折交叉验证的 ARBF 近似建模方法

通过近似模型和训练样本点可分别近似求得基于模型的各阶矩，进而给出基于矩估计的 ARBF 近似建模方法。该方法适用于训练样本均匀分布在超立方体空间的 ARBF 近似建模问题。然而，当样本点在立方体空间中非均匀分布（如约束域采样、序列优化后期样本点在最优区域聚集等）时，上述近似建模方法容易出现过拟合[217]现象，导致近似模型精度下降。

K 折交叉验证是解决过拟合问题的有效方法[218]，它首先将已观测的训练样本点集 D 随机划分为 K 个大小近似的互斥子集 $\{D_i\}_{i=1}^{K}$，任意选取其中 $K-1$ 个子集 $\{D_i\}_{i=1, i \neq k}^{K}$ 作为训练样本集构建近似模型 $\hat{y}_k(\boldsymbol{x}|D \setminus D_k)$，余下的第 k 个子集 D_k 作为评估近似模型预测精度的验证集。重复该过程 K 次，通过最小化 K 次预测均方差（mean-squared prediction error, MSPE）获得最终近似模型[219]。然而，当训练样本点数量相对不足时，K 折交叉验证的建模精度受限于训练样本点划分策略和泛化误差评估函数这两方面因素。为此，本节给出分片切割算法（sliced splitting algorithm, SS）来均匀分割训练样本点，并基于偏差-方差分解技术建立泛化误差评估函数，进而提出基于分片 K 折交叉验证的 ARBF 近似建模方法。

3.3.1 分片 K 折交叉验证方法

1. 训练样本点"分片切割"算法

由于建立辅助模型 $\hat{y}_k(\boldsymbol{x}|D \setminus D_k)$ 的样本集不包含子集 D_k 中的观测信息，为使 $\hat{y}_k(\boldsymbol{x}|D \setminus D_k)$ 尽可能多地捕获模型在设计空间中的响应特征信息，要求各子集 $\{D_i\}_{i=1, i \neq k}^{K}$ 中的样本点都具有较高的空间均布性[220]。为此，将划入子集 D_k 中的样本点 $\boldsymbol{x}_i$ 都标记编号为 $k(1 \leqslant k \leqslant K)$，并定义一个与之对应的新变量 $\boldsymbol{\mathcal{X}}_i = (\boldsymbol{x}_i, k)$。进而，通过求解下式来改善各子集 D_k 中样本点空间均布性，即

$$\text{find } P$$
$$\text{s.t.} \quad \min\left\{\tilde{\phi}_{\text{mMaxPro}}(\mathcal{X}) = \max_{k=1,2,\cdots,K}(\phi_{\text{mMaxPro}}(D_k))\right\} \quad (3.34)$$

其中，$\mathcal{X}=[\mathcal{X}_1,\mathcal{X}_2,\cdots,\mathcal{X}_N]^T$；$P$ 为矩阵 $\mathcal{X}$ 最后一列，即每个样本点编号。

上述问题本质上是排列优化问题，求解算法伪代码如算法 3.1 所示。

算法 3.1：训练样本点分片切割算法伪代码

输入：已观测训练样本点集 D

输出：K 折训练样本点集 $\{D_i\}_{i=1}^K$

1. 将已观测样本点集 D 随机分为 K 个大小近似相同的互斥子集 $\{D_i\}_{i=1}^K$，并定义初始矩阵 $\mathcal{X}_0$；

2. 设置 $i_{\text{outer}}=1$，$\mathcal{X}=\mathcal{X}_0$，$\mathcal{X}_{\text{best}}=\mathcal{X}$，$\mathcal{X}_{\text{oldbest}}=\mathcal{X}_{\text{best}}$，$\alpha_1=0.8$，$\alpha_2=0.9$，$\alpha_3=0.7$，并初始化 $T_h=0.005\tilde{\phi}_{\text{mMaxPro}}(\mathcal{X}_{\text{best}})$，$M_{\text{outer}}=40$，$M_{\text{inner}}=\min(2mC_m^2/J,100)$，$J=\min(C_m^2/5,50)$；

3. 设置 $i_{\text{inner}}=1$，$n_{\text{acpt}}=0$，$n_{\text{imp}}=0$，$t_h=0.0001\tilde{\phi}_{\text{mMaxPro}}(\mathcal{X}_{\text{oldbest}})$；

4. 通过交换矩阵 $\mathcal{X}$ 的第 $m+1$ 列元素生成 J 个矩阵，计算对应均匀性指标 $\tilde{\phi}_{\text{mMaxPro}}$，定义具有最小均匀性指标的矩阵为 $\mathcal{X}_{\text{try}}$；

5. **if** $\tilde{\phi}_{\text{mMaxPro}}(\mathcal{X}_{\text{try}})-\tilde{\phi}_{\text{mMaxPro}}(\mathcal{X})\leqslant t_h$ or $\tilde{\phi}_{\text{mMaxPro}}(\mathcal{X}_{\text{try}})-\tilde{\phi}_{\text{mMaxPro}}(\mathcal{X})\leqslant T_h\cdot\text{rand}(0,1)$

6. **then** 设置 $\mathcal{X}=\mathcal{X}_{\text{try}}$，$n_{\text{acpt}}=n_{\text{acpt}}+1$；

7. **if** $\tilde{\phi}_{\text{mMaxPro}}(\mathcal{X})<\tilde{\phi}_{\text{mMaxPro}}(\mathcal{X}_{\text{best}})$

8. **then** 设置 $\mathcal{X}_{\text{best}}=\mathcal{X}$，$n_{\text{imp}}=n_{\text{imp}}+1$；

9. **end if**

10. **end if**

11. **if** $i_{\text{inner}}<M_{\text{inner}}$, **then**

12. 设置 $i_{\text{inner}}=i_{\text{inner}}+1$，并转步骤 4；

13. **end if**

14. **if** $\tilde{\phi}_{\text{MaxPro}}(\mathcal{X}_{\text{best}})<\tilde{\phi}_{\text{MaxPro}}(\mathcal{X}_{\text{oldbest}})-t_h$

    then 设置 $\text{flag}_{\text{imp}}=1$；

    else 设置 $\text{flag}_{\text{imp}}=0$；

    end if

15. **if** $\text{flag}_{\text{imp}}==1$

    then

16. 设置 $\text{flag}_{\text{process}}=0$，$\mathcal{X}_{\text{oldbest}}=\mathcal{X}_{\text{best}}$，$i_{\text{outer}}=1$；

17. **if** $n_{\text{acpt}}/M>\beta_1$ 且 $n_{\text{imp}}<n_{\text{acpt}}$

    then 设置 $T_h=T_h\cdot\alpha_1$；

18.　　**elseif** $n_{acpt}/M > \beta_1$ 且 $n_{imp} = n_{acpt}$
　　　then 设置 $T_h = T_h$;
19.　　**else** $T_h = T_h/\alpha_1$;
20.　　**end if**
21.　**elseif** flag$_{imp}$==0,**then**
22.　　设置 $i_{outer} = i_{outer}+1$;
23.　　**if** $n_{acpt}/M < \beta_1$
　　　then 设置 $T_h = T_h/\alpha_3$ 且 flag$_{process}$=1;
24.　　**elseif** $n_{acpt}/M \geqslant \beta_1$ 且 $n_{acpt}/M \leqslant \beta_2$
25.　　**then**
26.　　　**if** flag$_{process}$==0 或 flag$_{process}$==1
　　　　then 设置 $T_h = T_h/\alpha_3$;
27.　　　**else** 设置 $T_h = T_h \cdot \alpha_2$;
28.　　　**end if**
29.　　**elseif** $n_{acpt}/M > \beta_2$,**then** 设置 flag$_{process}$=2 且 $T_h = T_h \cdot \alpha_2$;
30.　　**end if**
31.　**end if**
32.　**if** $i_{outer} < M_{outer}$
　　　then 转步骤 3;
　　　else 算法终止,
　　　end if
33.　将矩阵 $\mathcal{X}_{oldbest}$ 中编号为 k 的样本点归入样本点集 D_k,并输出 $\{D_i\}_{i=1}^K$。

2. 基于偏差-方差分解的泛化误差评估函数

对于未观测的样本点 x,近似模型的预测误差定义为

$$\mathcal{L}(x) = (y(x) - \hat{y}(x|D))^2 \tag{3.35}$$

其中,$\hat{y}(x|D)$ 为基于训练样本集 D 构建的近似模型,区别于辅助模型 $\hat{y}_k(x|D \setminus D_k)$,记之为最终模型。

最终模型 $\hat{y}(x|D)$ 在设计空间的累积泛化误差为

$$e = \int_{x \in X^m} E(\mathcal{L}(x))dx \tag{3.36}$$

其中,$E(\mathcal{L}(x))$ 为近似模型预测误差的期望。

基于偏差-方差分解 (bias-variance decomposition)[218],$E(\mathcal{L}(x))$ 可进一步表述为

$$E(\mathcal{L}(\boldsymbol{x})) = \underbrace{\{y(\boldsymbol{x}) - E(\hat{y}(\boldsymbol{x}|D))\}^2}_{\text{bias}^2} + \underbrace{E([\hat{y}(\boldsymbol{x}|D) - E(\hat{y}(\boldsymbol{x}|D))]^2)}_{\text{variance}} \quad (3.37)$$

其中，等式右端第一项为预测偏差的平方，表示近似模型预测期望偏离真实响应偏差的平方；等式右端第二项为预测方差，表示近似模型预测值偏离其期望偏差的平方。

由于辅助模型 $\{\hat{y}_k(\boldsymbol{x}|D\setminus D_k)\}_{k=1}^K$ 与最终模型 $\hat{y}(\boldsymbol{x}|D)$ 均是对模型 $y(\boldsymbol{x})$ 的近似，合适的形状参数应使 $\{\hat{y}_k(\boldsymbol{x}|D\setminus D_k)\}_{k=1}^K$ 具有与 $\hat{y}(\boldsymbol{x}|D)$ 相似的响应特性。因此，式(3.37)描述的近似模型预测误差的期望可进一步表述为

$$\begin{aligned} E(\mathcal{L}(\boldsymbol{x})) = & \left(y(\boldsymbol{x}) - \frac{1}{K}\sum_{k=1}^K \hat{y}_k(\boldsymbol{x}|D\setminus D_k) \right)^2 \\ & + \frac{1}{K}\sum_{k=1}^K (\hat{y}(\boldsymbol{x}|D) - \hat{y}_k(\boldsymbol{x}|D\setminus D_k))^2 \end{aligned} \quad (3.38)$$

其中，等式右端第一项为 K 个近似模型 $\{\hat{y}_k(\boldsymbol{x}|D\setminus D_k)\}_{k=1}^K$ 预测均值与真实响应偏差的平方；等式右端第二项表示基于 $K-1$ 个子集建立的近似模型 $\{\hat{y}_k(\boldsymbol{x}|D\setminus D_k)\}_{k=1}^K$ 偏离 $\hat{y}(\boldsymbol{x}|D)$ 的程度。

将式(3.38)代入式(3.36)，可得

$$\begin{aligned} e = \int_{\boldsymbol{x}\in X^m} & \left[\left(y(\boldsymbol{x}) - \frac{1}{K}\sum_{k=1}^K \hat{y}_k(\boldsymbol{x}|D\setminus D_k) \right)^2 \right. \\ & \left. + \frac{1}{K}\sum_{k=1}^K (\hat{y}(\boldsymbol{x}|D) - \hat{y}_k(\boldsymbol{x}|D\setminus D_k))^2 \right] \mathrm{d}\boldsymbol{x} \end{aligned} \quad (3.39)$$

由于未观测区域模型的响应未知，式(3.39)中近似模型在设计空间中的累积泛化误差可由下式给出的预测误差期望的均值(the average expected of the prediction error, AEPE)近似描述，即

$$\begin{aligned} e_{\text{AEPE}} = & \frac{1}{N}\sum_{i=1,\,\boldsymbol{x}_i\in D}^N \left(y(\boldsymbol{x}_i) - \frac{1}{K}\sum_{k=1}^K \hat{y}_k(\boldsymbol{x}_i|D\setminus D_k) \right)^2 \\ & + \frac{1}{N_{\text{MC}}}\sum_{j=1,\,\boldsymbol{x}_j\in D_{\text{MC}}}^{N_{\text{MC}}} \left(\frac{1}{K}\sum_{k=1}^K (\hat{y}(\boldsymbol{x}_j|D) - \hat{y}_k(\boldsymbol{x}_j|D\setminus D_k))^2 \right) \end{aligned} \quad (3.40)$$

其中，D_{MC} 为设计空间中基于 MC 方法生成的随机点；N_{MC} 为随机点的数量。

进而，求解最优缩放系数的优化问题可表述为

$$\varepsilon_{\mathrm{opt}} = \arg\min e_{\mathrm{AEPE}}(\varepsilon) \tag{3.41}$$

3. 辅助模型高效建立方法

对于任意给定的缩放系数 ε，近似模型 $\hat{y}(\boldsymbol{x}|D)$ 中的待定系数 $\{\omega_i\}_{i=1}^{N}$ 和 $\{\lambda_j\}_{j=1}^{m+1}$ 可通过求解下式确定，即

$$\begin{bmatrix} \boldsymbol{\omega} \\ \boldsymbol{\lambda} \end{bmatrix} = \tilde{\boldsymbol{\Phi}}^{-1} \begin{bmatrix} \boldsymbol{Y} \\ \boldsymbol{0} \end{bmatrix} \tag{3.42}$$

根据分块矩阵求逆规则，有

$$\tilde{\boldsymbol{\Phi}}^{-1} = \begin{bmatrix} \boldsymbol{\Phi}^{-1} - \boldsymbol{\Phi}^{-1}\boldsymbol{G}(\boldsymbol{G}^{\mathrm{T}}\boldsymbol{\Phi}^{-1}\boldsymbol{G})^{-1}\boldsymbol{G}^{\mathrm{T}}\boldsymbol{\Phi}^{-1} & \boldsymbol{\Phi}^{-1}\boldsymbol{G}(\boldsymbol{G}^{\mathrm{T}}\boldsymbol{\Phi}^{-1}\boldsymbol{G})^{-1} \\ (\boldsymbol{G}^{\mathrm{T}}\boldsymbol{\Phi}^{-1}\boldsymbol{G})^{-1}\boldsymbol{G}^{\mathrm{T}}\boldsymbol{\Phi}^{-1} & -(\boldsymbol{G}^{\mathrm{T}}\boldsymbol{\Phi}^{-1}\boldsymbol{G})^{-1} \end{bmatrix} \tag{3.43}$$

不失一般性，记子集 D_k 中 n_k 个训练样本点在训练样本集 D 中的序号为 $\{L_i^k\}_{i=1}^{n_k}$，同时子集 D_k 中的 n_k 个训练样本点总能移至训练样本集 D 的最后 n_k 行（列），进而式(3.5)所述的关于基函数权重系数 ω 和线性回归系数 λ 的线性方程组可以改写为

$$\prod_{i=1}^{n_k} \boldsymbol{I}_{L_i^k(N-i+1)} \tilde{\boldsymbol{\Phi}} \prod_{i=1}^{n_k} \boldsymbol{I}_{L_i^k(N-i+1)} \prod_{i=1}^{n_k} \boldsymbol{I}_{L_i^k(N-i+1)} \begin{bmatrix} \boldsymbol{\omega} \\ \boldsymbol{\lambda} \end{bmatrix} = \prod_{i=1}^{n_k} \boldsymbol{I}_{L_i^k(N-i+1)} \begin{bmatrix} \boldsymbol{Y} \\ \boldsymbol{0} \end{bmatrix} \tag{3.44}$$

其中，$\boldsymbol{I}_{L_i^k(N-i+1)}$ 为第 L_i^k 行（列）与第 $N-i+1$ 行（列）互换的单位转换矩阵，即 $\boldsymbol{I}_{L_i^k(N-i+1)}(L_i^k,:) = \boldsymbol{I}(N-i+1,:)$。

为叙述方便，记 $\tilde{\boldsymbol{\Phi}}_{\mathrm{new}} = \prod_{i=1}^{n_k} \boldsymbol{I}_{L_i^k(N-i+1)} \tilde{\boldsymbol{\Phi}} \prod_{i=1}^{n_k} \boldsymbol{I}_{L_i^k(N-i+1)}$，并将其代入式(3.5)，可得

$$\tilde{\boldsymbol{\Phi}}_{\mathrm{new}} = \begin{bmatrix} \prod_{l=1}^{n_i} \boldsymbol{I}_{L_i^k(N-i+1)} \boldsymbol{\Phi} \prod_{l=1}^{n_i} \boldsymbol{I}_{L_i^k(N-i+1)} & \prod_{l=1}^{n_i} \boldsymbol{I}_{L_i^k(N-i+1)} \boldsymbol{G} \\ \boldsymbol{G}^{\mathrm{T}} \prod_{l=1}^{n_i} \boldsymbol{I}_{L_i^k(N-i+1)} & \boldsymbol{0} \end{bmatrix} = \begin{bmatrix} \boldsymbol{\Phi}_{\mathrm{new}} & \boldsymbol{G}_{\mathrm{new}} \\ \boldsymbol{G}_{\mathrm{new}}^{\mathrm{T}} & \boldsymbol{0} \end{bmatrix} \tag{3.45}$$

进一步，可将 $\tilde{\boldsymbol{\Phi}}_{\mathrm{new}}$ 和 $\tilde{\boldsymbol{\Phi}}_{\mathrm{new}}^{-1}$ 表述为如下分块矩阵形式，即

$$\tilde{\boldsymbol{\Phi}}_{\mathrm{new}} = \begin{bmatrix} \boldsymbol{\Phi}_{\mathrm{new},A} & \boldsymbol{\Phi}_{\mathrm{new},B} & \boldsymbol{G}_{\mathrm{new},E} \\ \boldsymbol{\Phi}_{\mathrm{new},C} & \boldsymbol{\Phi}_{\mathrm{new},D} & \boldsymbol{G}_{\mathrm{new},F} \\ \hline \boldsymbol{G}_{\mathrm{new},E}^{\mathrm{T}} & \boldsymbol{G}_{\mathrm{new},F}^{\mathrm{T}} & \boldsymbol{0} \end{bmatrix}$$

$$= \begin{bmatrix} \boldsymbol{\Phi}_{\mathrm{new}(1:N-n_k,\,1:N-n_k)} & \boldsymbol{\Phi}_{\mathrm{new}(1:N-n_k,\,N-n_k+1:N)} & \boldsymbol{G}_{\mathrm{new}(1:N-n_k,\,\cdot)} \\ \boldsymbol{\Phi}_{\mathrm{new}(N-n_k+1:N,\,1:N-n_k)} & \boldsymbol{\Phi}_{\mathrm{new}(N-n_k+1:N,\,N-n_k+1:N)} & \boldsymbol{G}_{\mathrm{new}(N-n_k+1:N,\,\cdot)} \\ \hline \boldsymbol{G}_{\mathrm{new}(1:N-n_k,\,\cdot)}^{\mathrm{T}} & \boldsymbol{G}_{\mathrm{new}(N-n_k+1:N,\,\cdot)}^{\mathrm{T}} & \boldsymbol{0} \end{bmatrix} \quad (3.46)$$

$$\boldsymbol{\Phi}_{\mathrm{new}}^{-1} = \prod_{l=1}^{n_i} \boldsymbol{I}_{L_i^k(N-i+1)} \boldsymbol{\Phi}^{-1} \prod_{l=1}^{n_i} \boldsymbol{I}_{L_i^k(N-i+1)}$$

$$= \begin{bmatrix} \tilde{\boldsymbol{\Psi}}_A & \tilde{\boldsymbol{\Psi}}_B \\ \tilde{\boldsymbol{\Psi}}_C & \boldsymbol{\Psi}_D \end{bmatrix} \quad (3.47)$$

$$= \begin{bmatrix} \tilde{\boldsymbol{\Psi}}_{(1:N-n_k,\,1:N-n_k)} & \tilde{\boldsymbol{\Psi}}_{(1:N-n_k,\,N-n_k+1:N)} \\ \tilde{\boldsymbol{\Psi}}_{(N-n_k+1:N,\,1:N-n_k)} & \tilde{\boldsymbol{\Psi}}_{(N-n_k+1:N,\,N-n_k+1:N)} \end{bmatrix}$$

其中，$(i:j, l:q)$ 为矩阵中第 i 行至第 j 行、第 l 列至第 q 列的子矩阵；$(i:j, \cdot)$ 为矩阵中第 i 行至第 j 行的子矩阵；$(\cdot, l:q)$ 为矩阵中第 l 列至第 q 列的子矩阵；$\prod_{i=1}^{n_k} \boldsymbol{I}_{L_i^k(N-i+1)} \boldsymbol{Y} = \begin{bmatrix} \boldsymbol{Y}_{(D \setminus D_k)}^{\mathrm{T}} & \boldsymbol{Y}_{(D_k)}^{\mathrm{T}} \end{bmatrix}^{\mathrm{T}}$。为方便描述，分别记矩阵下标 $(1:N-n_k, 1:N-n_k)$、$(1:N-n_k, N-n_k+1:N)$、$(N-n_k+1:N, 1:N-n_k)$ 和 $(N-n_k+1:N, N-n_k+1:N)$ 为 A、B、C 和 D，同时，记 $(1:N-n_k, \cdot)$ 和 $(N-n_k+1:N, \cdot)$ 为 E 和 F，记 $(\cdot, 1:N-n_k)$ 和 $(\cdot, N-n_k+1:N)$ 为 E′ 和 F′。

观察可知，$\boldsymbol{\Phi}_{\mathrm{new}(1:N-n_k,\,1:N-n_k)}$、$\boldsymbol{G}_{\mathrm{new}(1:N-n_k,\,\cdot)}$，以及 $\boldsymbol{G}_{\mathrm{new}(\cdot,\,1:N-n_k)}^{\mathrm{T}}$ 仅与子集 $\{D \setminus D_k\}$ 中的训练样本点有关；$\boldsymbol{\Phi}_{\mathrm{new}(1:N-n_k,\,N-n_k+1:N)}$ 和 $\boldsymbol{\Phi}_{\mathrm{new}(N-n_k+1:N,\,1:N-n_k)}$ 仅与子集 D_k 中的训练样本点有关；$\boldsymbol{\Phi}_{\mathrm{new}(1:N-n_k,\,N-n_k+1:N)}$ 与 $\boldsymbol{\Phi}_{\mathrm{new}(N-n_k+1:N,\,1:N-n_k)}$ 为子集 $\{D \setminus D_k\}$ 与 D_k 间训练样本点的关联矩阵。

将式(3.46)代入式(3.44)，整理可得

$$\begin{bmatrix} \boldsymbol{\Phi}_{\mathrm{new},A} & \boldsymbol{\Phi}_{\mathrm{new},B} & \boldsymbol{G}_{\mathrm{new},E} \\ \boldsymbol{\Phi}_{\mathrm{new},C} & \boldsymbol{\Phi}_{\mathrm{new},D} & \boldsymbol{G}_{\mathrm{new},F} \\ \hline \boldsymbol{G}_{\mathrm{new},E}^{\mathrm{T}} & \boldsymbol{G}_{\mathrm{new},F}^{\mathrm{T}} & \boldsymbol{0} \end{bmatrix} \begin{bmatrix} \boldsymbol{\omega}_{(1:N-n_k)} \\ \boldsymbol{\omega}_{(N-n_k+1:N)} \\ \boldsymbol{\lambda} \end{bmatrix} = \begin{bmatrix} \boldsymbol{Y}_{(D \setminus D_k)} \\ \boldsymbol{Y}_{(D_k)} \\ \boldsymbol{0} \end{bmatrix} \quad (3.48)$$

由于辅助模型 $\hat{y}_k(\boldsymbol{x} | D \setminus D_k)$ 不包含子集 D_k 中的样本点信息，因此舍去与子集 D_k 中样本点相关的子矩阵，$\hat{y}_k(\boldsymbol{x} | D \setminus D_k)$ 的线性方程组可表述为

$$\begin{bmatrix} \boldsymbol{\Phi}_{\text{new},A} & \boldsymbol{G}_{\text{new},E} \\ \boldsymbol{G}_{\text{new},E}^{\text{T}} & \boldsymbol{0} \end{bmatrix} \begin{bmatrix} \widehat{\boldsymbol{\omega}}_k \\ \widehat{\boldsymbol{\lambda}}_k \end{bmatrix} = \begin{bmatrix} \boldsymbol{Y}_{(D\setminus D_k)} \\ \boldsymbol{0} \end{bmatrix} \quad (3.49)$$

记

$$\tilde{\boldsymbol{\Phi}}_{\text{new}\{D\setminus D_k\}} = \begin{bmatrix} \boldsymbol{\Phi}_{\text{new},A} & \boldsymbol{G}_{\text{new},E} \\ \boldsymbol{G}_{\text{new},E}^{\text{T}} & \boldsymbol{0} \end{bmatrix} \quad (3.50)$$

则

$$\tilde{\boldsymbol{\Phi}}_{\text{new}\{D\setminus D_k\}}^{-1}$$
$$= \begin{bmatrix} \boldsymbol{\Phi}_{\text{new},A}^{-1} - \boldsymbol{\Phi}_{\text{new},A}^{-1} \boldsymbol{G}_{\text{new},E} \\ (\boldsymbol{G}_{\text{new},E}^{\text{T}} \boldsymbol{\Phi}_{\text{new},A}^{-1} \boldsymbol{G}_{\text{new},E})^{-1} \boldsymbol{G}_{\text{new},E}^{\text{T}} \boldsymbol{\Phi}_{\text{new},A}^{-1} & \boldsymbol{\Phi}_{\text{new},A}^{-1} \boldsymbol{G}_{\text{new},E} (\boldsymbol{G}_{\text{new},E}^{\text{T}} \boldsymbol{\Phi}_{\text{new},A}^{-1} \boldsymbol{G}_{\text{new},E})^{-1} \\ (\boldsymbol{G}_{\text{new},E}^{\text{T}} \boldsymbol{\Phi}_{\text{new},A}^{-1} \boldsymbol{G}_{\text{new},E})^{-1} \boldsymbol{G}_{\text{new},E}^{\text{T}} \boldsymbol{\Phi}_{\text{new},A}^{-1} & -(\boldsymbol{G}_{\text{new},E}^{\text{T}} \boldsymbol{\Phi}_{\text{new},A}^{-1} \boldsymbol{G}_{\text{new},E})^{-1} \end{bmatrix}$$
$$(3.51)$$

至此，通过求解 $\tilde{\boldsymbol{\Phi}}_{\text{new}\{D\setminus D_k\}}$ 的逆，并结合式(3.49)即可确定近似模型 $\hat{y}_k(\boldsymbol{x}|D\setminus D_k)$ 的相关待定系数 $\{\widehat{\omega}_{k,i}\}_{i=1}^{N-n_k}$ 及 $\{\widehat{\lambda}_{k,j}\}_{j=1}^{m+1}$。然而，采用 K 折交叉验证方法的近似建模过程涉及计算 K 个辅助模型 $\{\hat{y}_k(\boldsymbol{x}|D\setminus D_k)\}_{k=1}^{K}$。这将涉及 K 次系数矩阵 $\tilde{\boldsymbol{\Phi}}_{\text{new}\{D\setminus D_k\}}$ 求逆计算[219,220]。由式(3.51)可知，计算 $\tilde{\boldsymbol{\Phi}}_{\text{new}\{D\setminus D_k\}}^{-1}$ 涉及求解 $\boldsymbol{\Phi}_{\text{new},A}^{-1}$，其计算复杂度为 $O((N-n_k)^3)$ [221]，并且随着样本点数量的增加，计算耗时将以 3 次方的速度急剧飙升，会极大制约 $\hat{y}_k(\boldsymbol{x}|D\setminus D_k)$ 的建模效率。因此，实现 $\boldsymbol{\Phi}_{\text{new},A}^{-1}$ 的高效计算是建立近似模型 $\hat{y}_k(\boldsymbol{x}|D\setminus D_k)$ 的关键。

依据

$$\boldsymbol{\Phi}_{\text{new}}^{-1} = \begin{bmatrix} \boldsymbol{\Phi}_{\text{new},A} & \boldsymbol{\Phi}_{\text{new},B} \\ \boldsymbol{\Phi}_{\text{new},C} & \boldsymbol{\Phi}_{\text{new},D} \end{bmatrix}^{-1} = \begin{bmatrix} \tilde{\boldsymbol{\Psi}}_A & \tilde{\boldsymbol{\Psi}}_B \\ \tilde{\boldsymbol{\Psi}}_C & \tilde{\boldsymbol{\Psi}}_D \end{bmatrix} \quad (3.52)$$

利用分块矩阵求逆方法可得以下公式：

$$\begin{cases} \tilde{\boldsymbol{\Psi}}_A = \boldsymbol{\Phi}_{\text{new},A}^{-1} + \boldsymbol{\Phi}_{\text{new},A}^{-1} \boldsymbol{\Phi}_{\text{new},B} \tilde{\boldsymbol{\Psi}}_D \boldsymbol{\Phi}_{\text{new},C} \boldsymbol{\Phi}_{\text{new},A}^{-1} \\ \tilde{\boldsymbol{\Psi}}_B = -\boldsymbol{\Phi}_{\text{new},A}^{-1} \boldsymbol{\Phi}_{\text{new},B} \tilde{\boldsymbol{\Psi}}_D \\ \tilde{\boldsymbol{\Psi}}_C = -\tilde{\boldsymbol{\Psi}}_D \boldsymbol{\Phi}_{\text{new},C} \boldsymbol{\Phi}_{\text{new},A}^{-1} \\ \tilde{\boldsymbol{\Psi}}_D = (\boldsymbol{\Phi}_{\text{new},D} - \boldsymbol{\Phi}_{\text{new},C} \boldsymbol{\Phi}_{\text{new},A}^{-1} \boldsymbol{\Phi}_{\text{new},B})^{-1} \end{cases} \quad (3.53)$$

进一步，观察式(3.53)，易得

$$\tilde{\Psi}_A = \Phi_{\text{new},A}^{-1} + (\Phi_{\text{new},A}^{-1}\Phi_{\text{new},B}\tilde{\Psi}_D)(\tilde{\Psi}_D)^{-1} \\ \cdot (\tilde{\Psi}_D\Phi_{\text{new},C}\Phi_{\text{new},A}^{-1}) = \Phi_{\text{new},A}^{-1} + \tilde{\Psi}_B(\tilde{\Psi}_D)^{-1}\tilde{\Psi}_C \tag{3.54}$$

化简可得

$$\Phi_{\text{new},A}^{-1} = \tilde{\Psi}_A - \tilde{\Psi}_B\tilde{\Psi}_D^{-1}\tilde{\Psi}_C \tag{3.55}$$

其中，通过式(3.43)求得$\tilde{\Phi}^{-1}$后，可通过式(3.47)求得$\tilde{\Psi}_A$、$\tilde{\Psi}_B$、$\tilde{\Psi}_C$、$\tilde{\Psi}_D$。

至此，式(3.55)成功将$(N-n_k)\times(N-n_k)$维矩阵$\Phi_{\text{new},A}$的求逆计算转化为$n_k\times n_k$维矩阵$\tilde{\Psi}_D$的求逆计算，这使求解$\Phi_{\text{new},A}^{-1}$的计算复杂度由$O((N-n_k)^3)$骤降至$O(n_k^3)$，从而极大地提高了计算效率。将式(3.51)和式(3.55)代入式(3.49)，即可高效获得近似模型$\hat{y}_k(\boldsymbol{x}|D\setminus D_k)$，其表达式为

$$\hat{y}_k(\boldsymbol{x}|D\setminus D_k) = \sum_{i=1}^{N-n_k}\hat{\omega}_{k,i}\phi_i(\boldsymbol{x}) + \sum_{j=1}^{m+1}\hat{\lambda}_{k,j}g_j(\boldsymbol{x}) \tag{3.56}$$

综合前述的训练样本点分片切割算法、基于偏差-方差分解的泛化误差评估函数，以及辅助模型$\{\hat{y}_k(\boldsymbol{x}|D\setminus D_k)\}_{k=1}^K$高效建立方法，记为 SSKCV 算法。其伪代码如算法 3.2 所示。

算法 3.2: SSKCV 算法伪代码

输入：已观测样本点集 D，缩放系数 ε 的取值范围 $[\varepsilon_L,\varepsilon_H]$
输出：缩放系数优化值 ε_{opt}，ARBF 近似模型 $\hat{y}(\boldsymbol{x},\varepsilon_{\text{opt}}|D)$

1. 采用算法 3.1 将样本点集 D 分割成 K 个子集 $\{D_k\}_{k=1}^K$；
2. **while** (不满足算法收敛准则) **do**
3.   更新缩放系数 ε；
4.   根据式(3.8)~式(3.10)计算样本点局部密度 $\{\rho_i\}_{i=1}^N$、影响体积 $\{V_i\}_{i=1}^N$ 和形状参数 $\{c_i\}_{i=1}^N$；
6.   根据式(3.5)计算权重系数 $\{\omega_i\}_{i=1}^N$ 及 $\{\lambda_i\}_{i=1}^N$，并得到矩阵 $\tilde{\Phi}$ 及其逆矩阵 $\tilde{\Phi}^{-1}$，以及相应的 ARBF 近似模型 $\hat{y}(\boldsymbol{x},\varepsilon|D)$；
7.   **parfor** $k=1:K$ **do**
8.   将归入子集 D_k 中的 n_k 个样本点移动至样本点集 D 的最后 n_k 行，根据式(3.45)和式(3.52)获得新矩阵 $\tilde{\Phi}_{\text{new}}$ 及其逆矩阵 Φ_{new}^{-1}；

9. 根据式(3.51)~式(3.55)计算矩阵 $\boldsymbol{\Phi}_{\text{new},A}^{-1}$ 和 $\tilde{\boldsymbol{\Phi}}_{\text{new}\{D\setminus D_k\}}^{-1}$；

10. 将 $\tilde{\boldsymbol{\Phi}}_{\text{new}\{D\setminus D_k\}}^{-1}$ 代入式(3.49)，求得系数矩阵 $\{\hat{\omega}_{k,i}\}_{i=1}^{N-n_k}$ 和 $\{\hat{\lambda}_{k,j}\}_{j=1}^{m+1}$，根据式(3.56)获得近似模型 $\hat{y}_k(\boldsymbol{x}|D\setminus D_k)$；

11. **end parfor**

12. 计算近似模型 $\hat{y}(\boldsymbol{x},\varepsilon|D)$ 预测误差期望的均值 e_{AEPE}，并采用 SA 算法求解式(3.41)；

13. **end while**

14. 输出最优缩放系数 ε_{opt} 及相应的 ARBF 近似模型 $\hat{y}(\boldsymbol{x},\varepsilon_{\text{opt}}|D)$。

3.3.2 算例测试

为测试 SSKCV 算法在高效、高精度建立 ARBF 近似模型方面的表现，验证分片切割算法和基于偏差-方差分解的泛化误差评估函数对提高 ARBF 近似模型精度的有效性，分别将四种样本点划分策略，即分片切割算法(记为 SS 算法)、最大化最小距离准则(记为 Maximin 算法)[222]、随机准则(记为 Random 算法)[223]和聚类准则(记为 Cluster 算法)[207]与两种泛化误差评估函数(MSPE 函数和 AEPE 函数)进行组合，获得七种 SSKCV 的衍生算法，即 AEPE_Cluster、AEPE_Maximum、AEPE_Random、MSPE_SS、MSPE_Cluster、MSPE_Maximum、MSPE_Random(CKCV)，其中各算法中 K 取值都为 10。此外，还采用 MMES 和 Blind Kriging(BlindKRG)[224,225]建立近似模型进行对比验证。

1. 数值算例

选取表 3.2 所示的 10 维 Ellipsoid 函数、12 维 Griewank 函数、16 维函数，以及 20 维 Ellipsoid 函数进行测试。为评估训练样本点数量对各近似建模方法的影响，分别基于 OLHD 生成 $10m$、$15m$、$20m$ 个样本点作为训练样本点(其中 m 表示变量维数)，并采用 MC 方法生成 $10000m$ 个测试样本点评估各近似模型的精度。

首先，评估 SS 算法获得的样本子集在空间均布性方面的表现，分别采用 SS、Cluster、Maxmin 和 Random 算法将上述训练样本点划分为 10 个子集，该过程独立重复 10 次。图 3.12 展示了不同划分策略获得的各子集样本点的空间均布性对比结果。与其他三种算法对比可知，SS 算法获得的各子集样本点具有更高的空间均布性。同时，SS 算法获得的各子集样本点空间均布性指标值更为集中，表明获得的各子集样本点间具有相似的空间均布性，验证了该算法在均匀划分训练样本点方面的优势。

为进一步评估上述方法的建模精度和稳定性，表 3.3～表 3.6 分别给出了针对不同函数的近似模型精度评估指标的均值和方差。其中，方差用于衡量各近似建模方法的稳定性,方差越小,表明该近似建模方法对不同空间分布特性的训练样本点的适应性越好,算法鲁棒性越高。如表 3.3 所示,不同精度评估指标均表明 SSKCV 算法在不同样本点规模下具有较高的全局/局部近似精度。对于 16 维函数,不同近似模型精度如表 3.5 所示,SSKCV 算法的全局/局部近似精度评估结果虽然不都是最优,但是 SS 算法相对其余三种分层算法在提高近似模型的精度和鲁棒性方面更具优势。如表 3.6 所示,在样本点数量为 $10m(200)$ 时,MMES 建立的近似模型精度较高,随着样本点数量增至 $20m(400)$,SSKCV 算法建立的近似模型在全局近似精度和局部近似精度方面均高于其他近似模型,并且算法鲁棒性更高。综合可知,对于不同维度的函数,SSKCV 算法在不同数量训练样本点下均具有优良的表现,具有同步降低模型预测偏差和方差的能力,验证了算法的有效性。

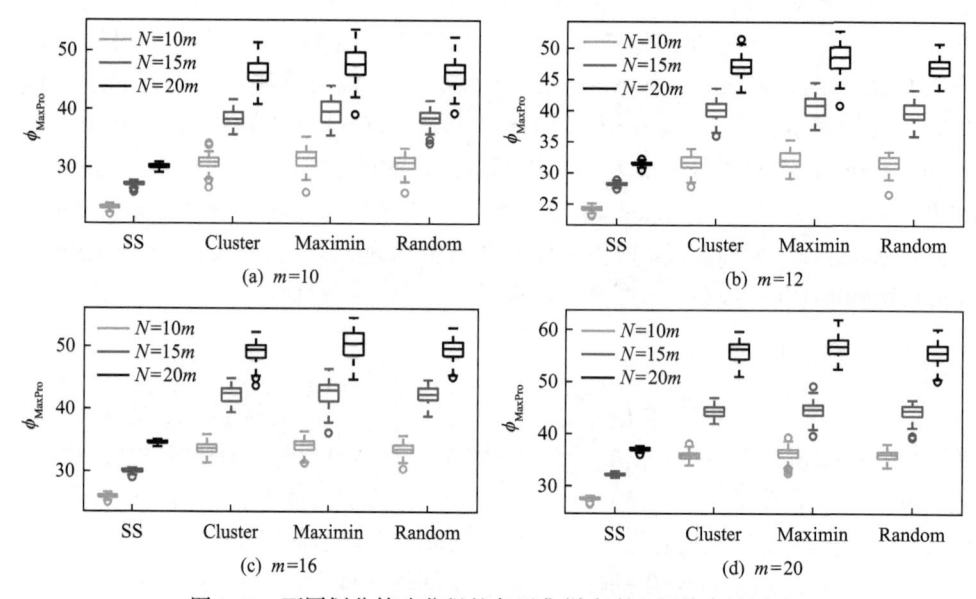

图 3.12　不同划分策略获得的各子集样本点空间均布性对比

表 3.3　不同近似建模方法对 10 维 Ellipsoid 函数的建模精度

准则	N	参数	SSKCV	AEPE			MSPE			CKCV	MMES	BlindKRG
				Cluster	Maximin	Random	SS	Cluster	Maximin			
E_{RMSE}	10m	均值	**0.05562**	0.05562	0.05562	0.05562	0.05563	0.05583	0.05564	0.05562	12.09129	45.07034
		方差	**0.01472**	0.01475	0.01475	0.01475	0.01474	0.01447	0.01476	0.01475	15.00339	35.89198
	15m	均值	0.01513	**0.01501**	0.01601	0.01516	0.01507	0.01816	0.01507	0.01621	3.65852	3.59426
		方差	0.00209	**0.00184**	0.00334	0.00174	0.00186	0.00892	0.00185	0.00265	2.21617	4.02658

续表

准则	N	参数	SSKCV	AEPE Cluster	AEPE Maximin	AEPE Random	MSPE SS	MSPE Cluster	MSPE Maximin	CKCV	MMES	BlindKRG
E_{RMSE}	20m	均值	0.01350	0.01917	0.01479	0.02195	0.01352	0.01552	0.01191	0.01320	5.90414	**2×10⁻¹³**
		方差	0.00454	0.01626	0.00815	0.02015	0.00712	0.01020	0.00314	0.00441	10.58084	**1×10⁻¹³**
R^2	10m	均值	**1.00000**	1.00000	1.00000	1.00000	1.00000	1.00000	1.00000	0.98371	0.85070
		方差	**0.00000**	0.00000	0.00000	0.00000	0.00000	0.00000	0.00000	0.03759	0.16643
	15m	均值	**1.00000**	1.00000	1.00000	1.00000	1.00000	1.00000	1.00000	0.99917	0.99872
		方差	**0.00000**	0.00000	0.00000	0.00000	0.00000	0.00000	0.00000	0.00105	0.00161
	20m	均值	**1.00000**	1.00000	1.00000	1.00000	1.00000	1.00000	1.00000	0.99369	1.00000
		方差	**0.00000**	0.00000	0.00000	0.00000	0.00000	0.00000	0.00000	0.01826	0.00000
E_{RMAE}	10m	均值	**0.00046**	0.00048	0.00048	0.00048	0.00048	0.00049	0.00049	0.00048	0.10513	0.31269
		方差	**0.00015**	0.00017	0.00017	0.00017	0.00017	0.00016	0.00017	0.00017	0.13237	0.21683
	15m	均值	**0.00010**	0.00012	0.00013	0.00012	0.00012	0.00014	0.00012	0.00013	0.03359	0.03809
		方差	**0.00001**	0.00001	0.00003	0.00002	0.00001	0.00007	0.00001	0.00002	0.02131	0.04292
	20m	均值	0.00009	0.00016	0.00012	0.00018	0.00011	0.00013	0.00010	0.00011	0.06586	**6×10⁻¹⁶**
		方差	0.00004	0.00014	0.00005	0.00016	0.00005	0.00009	0.00003	0.00004	0.12700	**6×10⁻¹⁶**

注：加粗数据表示几种算法对比后的最好结果。对于 E_{RMSE} 和 E_{RMAE}，均值越小越好；对于 R^2，均值越大越好。对于这三个指标，方差越小越好。对均值最好的数据进行加粗，并相应加粗其对应的方差数据。余同。

表 3.4 不同近似建模方法对 12 维 Griewank 函数的建模精度

准则	N	参数	SSKCV	AEPE Cluster	AEPE Maximin	AEPE Random	MSPE SS	MSPE Cluster	MSPE Maximin	CKCV	MMES	BlindKRG
E_{RMSE}	10m	均值	**0.01447**	0.01546	0.01547	0.01547	0.01531	0.01543	0.01539	0.01529	0.03051	0.07366
		方差	**0.00345**	0.00372	0.00392	0.00380	0.00370	0.00370	0.00384	0.00376	0.05591	0.01485
	15m	均值	**0.01169**	0.01194	0.01184	0.01181	0.01180	0.01186	0.01176	0.01178	0.03484	0.02563
		方差	**0.00103**	0.00193	0.00187	0.00183	0.00185	0.00194	0.00196	0.00194	0.05797	0.02192
	20m	均值	**0.01395**	0.01495	0.01503	0.01488	0.01499	0.01493	0.01502	0.01501	0.01948	0.01718
		方差	**0.00338**	0.00335	0.00354	0.00341	0.00358	0.00339	0.00353	0.00348	0.00587	0.00429
R^2	10m	均值	**0.99291**	0.99274	0.99269	0.99272	0.99288	0.99278	0.99278	0.99289	0.89206	0.83788
		方差	**0.00326**	0.00332	0.00357	0.00342	0.00331	0.00328	0.00347	0.00336	0.32630	0.05583
	15m	均值	**0.99600**	0.99579	0.99586	0.99589	0.99590	0.99584	0.99591	0.99590	0.87795	0.96859
		方差	**0.00140**	0.00134	0.00130	0.00127	0.00128	0.00134	0.00136	0.00133	0.32012	0.05180

准则	N	参数	SSKCV	AEPE Cluster	AEPE Maximin	AEPE Random	MSPE SS	MSPE Cluster	MSPE Maximin	CKCV	MMES	BlindKRG
R^2	$20m$	均值	**0.99355**	0.99326	0.99315	0.99331	0.99319	0.99327	0.99316	0.99318	0.98813	0.99100
		方差	**0.00307**	0.00306	0.00323	0.00312	0.00333	0.00311	0.00322	0.00317	0.00919	0.00468
E_{RMAE}	$10m$	均值	**0.26815**	0.26932	0.26940	0.26921	0.26867	0.26888	0.26922	0.26909	0.57415	0.42891
		方差	**0.05305**	0.05277	0.05326	0.05308	0.05262	0.05228	0.05317	0.05363	1.08087	0.07730
	$15m$	均值	**0.27013**	0.27304	0.27234	0.27293	0.27186	0.27260	0.27181	0.27178	0.80800	0.31363
		方差	**0.03009**	0.02908	0.02960	0.02968	0.02931	0.02940	0.03027	0.02963	1.65474	0.05502
	$20m$	均值	0.26326	0.26470	0.26228	0.26328	0.26187	0.26310	**0.26148**	0.26197	0.26407	0.27384
		方差	0.06437	0.06527	0.06414	0.06547	0.06476	0.06525	**0.06390**	0.06292	0.03086	0.06302

表 3.5 不同近似建模方法对 16 维函数的建模精度

准则	N	参数	SSKCV	AEPE Cluster	AEPE Maximin	AEPE Random	MSPE SS	MSPE Cluster	MSPE Maximin	CKCV	MMES	BlindKRG
E_{RMSE}	$10m$	均值	3.41019	3.39369	3.40000	3.39379	3.41878	3.37273	**3.36537**	3.36789	4.59442	9.90114
		方差	0.29786	0.29982	0.30356	0.30219	0.36374	0.28773	**0.28883**	0.30516	2.30521	1.45506
	$15m$	均值	2.86497	2.81908	2.84955	2.84402	**2.81400**	2.81699	2.85490	2.83718	3.19563	7.49863
		方差	0.14398	0.12075	0.14322	0.17021	**0.11323**	0.14883	0.18096	0.12755	1.76015	1.08959
	$20m$	均值	**2.44897**	2.47191	2.46059	2.46352	2.48124	2.46318	2.45062	2.45569	2.55993	7.28532
		方差	**0.08993**	0.09028	0.06558	0.07969	0.08785	0.07240	0.07652	0.08255	0.67662	1.46215
R^2	$10m$	均值	0.97598	0.97621	0.97611	0.97620	0.97578	0.97651	**0.97661**	0.97656	0.94691	0.79486
		方差	0.00410	0.00413	0.00419	0.00417	0.00518	0.00397	**0.00400**	0.00421	0.07074	0.05805
	$15m$	均值	0.98306	0.98361	0.98325	0.98330	**0.98368**	0.98362	0.98316	0.98340	0.97314	0.88208
		方差	0.00172	0.00142	0.00173	0.00205	**0.00133**	0.00176	0.00219	0.00151	0.03968	0.03282
	$20m$	均值	**0.98766**	0.98743	0.98755	0.98752	0.98733	0.98752	0.98765	0.98759	0.98571	0.88694
		方差	**0.00093**	0.00093	0.00069	0.00082	0.00091	0.00075	0.00079	0.00086	0.00937	0.05238
E_{RMAE}	$10m$	均值	0.16279	0.16094	0.16050	0.15921	**0.15004**	0.15457	0.15431	0.15479	0.18513	0.46465
		方差	0.01655	0.01745	0.01690	0.01765	**0.01809**	0.01823	0.01926	0.01691	0.09681	0.09612
	$15m$	均值	**0.12475**	0.13740	0.14247	0.14051	0.13735	0.12898	0.14095	0.14101	0.12673	0.36740
		方差	**0.02155**	0.01685	0.02057	0.02278	0.01764	0.02544	0.02568	0.01750	0.07030	0.08104
	$20m$	均值	0.09975	0.10247	0.10280	0.10042	0.09583	0.09653	0.09711	**0.09355**	0.11012	0.30885
		方差	0.01590	0.01496	0.01600	0.01567	0.01903	0.01419	0.01415	**0.01571**	0.06050	0.05944

表 3.6 不同近似建模方法对 20 维 Ellipsoid 函数的建模精度

准则	N	参数	SSKCV	AEPE Cluster	AEPE Maximin	AEPE Random	MSPE SS	MSPE Cluster	MSPE Maximin	CKCV	MMES	BlindKRG
E_{RMSE}	10m	均值	152.32698	152.35746	153.74787	153.62558	146.34646	146.56745	149.59501	147.34981	**137.37114**	167.16635
		方差	7.20079	6.22976	8.18964	8.09464	6.32337	6.88247	5.68065	6.22634	**12.91394**	12.02696
	15m	均值	1.28625	1.43420	**1.08683**	1.10195	1.86295	1.12794	1.33112	1.15607	59.65762	161.52879
		方差	0.98105	0.81013	**0.75909**	0.46629	1.50913	0.46721	0.75600	0.58141	21.60589	13.38402
	20m	均值	**0.29313**	0.33873	0.44906	0.55312	0.53635	0.43511	0.47071	0.47405	44.49683	168.93826
		方差	**0.19631**	0.26648	0.25423	0.75205	0.48640	0.44927	0.21738	0.34919	53.44626	17.21581
R^2	10m	均值	0.85428	0.85431	0.85149	0.85173	0.86557	0.86512	0.85957	0.86372	**0.88063**	0.82403
		方差	0.01385	0.01183	0.01574	0.01573	0.01165	0.01261	0.01058	0.01148	**0.02477**	0.02529
	15m	均值	**0.99999**	0.99998	0.99999	0.99999	0.99997	0.99999	0.99999	0.99999	0.97501	0.83509
		方差	**0.00001**	0.00002	0.00002	0.00001	0.00005	0.00001	0.00002	0.00001	0.02052	0.02698
	20m	均值	**1.00000**	1.00000	1.00000	0.99999	1.00000	1.00000	1.00000	1.00000	0.97142	0.81917
		方差	**0.00000**	0.00000	0.00000	0.00001	0.00001	0.00001	0.00000	0.00000	0.05977	0.03781
E_{RMAE}	10m	均值	0.26468	0.26472	0.27119	0.26928	**0.24499**	0.24855	0.25629	0.24907	0.25354	0.42521
		方差	0.02638	0.02585	0.03514	0.03355	**0.02458**	0.02263	0.02366	0.02303	0.02935	0.05646
	15m	均值	**0.00220**	0.00319	0.00245	0.00248	0.00409	0.00253	0.00297	0.00257	0.12245	0.39858
		方差	**0.00215**	0.00186	0.00170	0.00115	0.00314	0.00108	0.00159	0.00123	0.05479	0.05619
	20m	均值	**0.00060**	0.00067	0.00093	0.00111	0.00108	0.00093	0.00092	0.00092	0.09439	0.40724
		方差	**0.00046**	0.00051	0.00062	0.00154	0.00098	0.00112	0.00039	0.00068	0.11892	0.05145

2. 工程应用

以加筋圆柱壳为例，验证 SSKCV 算法的工程应用性能。依然利用第 2 章生成的 2400 个样本点，分别在空间中确定均匀分布的 100 个、200 个和 300 个样本点作为训练样本点构建近似模型，其余 2300 个、2200 个和 2100 个样本点作为测试样本点评估近似模型全局和局部近似精度。为减小随机过程对评估过程的影响，独立重复上述过程 10 次。

如表 3.7 和表 3.8 所示，对于结构质量，当样本点数量相对较少时，BlindKRG 近似精度相对最差且算法鲁棒性亦较差，但是随着样本点数量的增加，CKCV 和 BlindKRG 建立的近似模型在全局近似精度和局部近似精度方面以不同程度微弱优势优于其他基于 K 折交叉验证的近似建模方法。对于极限载荷，当样本点数量相对较少时，BlindKRG 近似精度依然相对最差且近似精度方差较大。随着样本点数量的增加，基于 K 折交叉验证的近似建模方法精度相当，并且一定程度上优于

MMES 和 BlindKRG 近似精度。当样本点数量增至 300 时，SSKCV 算法建立的近似模型在全局近似精度和局部近似精度方面均优于其他近似建模方法。综上，对比结果验证了 SSKCV 算法在加筋圆柱壳后屈曲分析和优化方面的应用潜力。

表 3.7 不同近似建模方法对结构质量的近似精度

准则	N	参数	SSKCV	AEPE Cluster	AEPE Maximum	AEPE Random	MSPE SS	MSPE Cluster	MSPE Maximin	CKCV	MMES	BlindKRG
E_{RMSE}	100	均值	65.20729	65.44443	65.34532	64.99604	64.72737	64.83041	64.46611	**64.37288**	65.64887	143.48372
		方差	4.02953	3.73928	4.63155	4.36969	4.12346	3.98827	3.92625	**3.93936**	6.18120	62.62740
	200	均值	27.04626	26.07017	26.01896	26.23125	21.88408	21.80158	22.04625	21.97211	39.90794	**10.21829**
		方差	4.10205	3.25936	3.96152	3.36243	2.37433	2.41300	2.06559	2.41192	20.19492	**5.61217**
	300	均值	5.13003	5.14691	5.15175	5.13077	5.12224	5.12184	5.12299	**5.12048**	29.18141	5.98948
		方差	0.42121	0.41805	0.40604	0.42751	0.42228	0.42115	0.42016	**0.42219**	29.33632	0.38067
R^2	100	均值	0.96988	0.96968	0.96972	0.97006	0.97032	0.97023	0.97056	**0.97065**	0.96932	0.82824
		方差	0.00369	0.00345	0.00430	0.00402	0.00374	0.00365	0.00359	**0.00361**	0.00598	0.12318
	200	均值	0.99473	0.99514	0.99513	0.99507	0.99659	0.99661	0.99654	0.99656	0.98619	**0.99906**
		方差	0.00169	0.00118	0.00158	0.00134	0.00072	0.00073	0.00064	0.00073	0.01309	**0.00107**
	300	均值	**0.99991**	0.99981	0.99981	0.99981	0.99981	0.99981	0.99981	0.99981	0.98867	0.99975
		方差	**0.00003**	0.00003	0.00003	0.00003	0.00003	0.00003	0.00003	0.00003	0.01556	0.00003
E_{RMAE}	100	均值	0.61953	0.62221	0.62367	0.61744	0.61536	0.61769	0.61532	**0.61197**	0.63307	1.58140
		方差	0.06273	0.06115	0.06492	0.06470	0.05989	0.06118	0.05807	**0.05930**	0.07607	0.75096
	200	均值	0.27160	0.26728	0.26263	0.26742	0.23077	0.23194	0.23496	0.23321	0.41422	**0.10365**
		方差	0.05762	0.05271	0.05451	0.05607	0.03904	0.04038	0.03661	0.03915	0.20418	**0.05368**
	300	均值	0.06055	0.06120	0.06129	0.06031	0.05900	**0.05896**	0.05900	0.05900	0.28682	0.06809
		方差	0.00650	0.00652	0.00667	0.00655	0.00614	**0.00614**	0.00633	0.00606	0.27530	0.00534

表 3.8 不同近似建模方法对极限载荷的近似精度

准则	N	参数	SSKCV	AEPE Cluster	AEPE Maximum	AEPE Random	MSPE SS	MSPE Cluster	MSPE Maximin	CKCV	MMES	BlindKRG
E_{RMSE}	100	均值	1.768×10^6	1.774×10^6	1.79×10^6	1.775×10^6	1.758×10^6	1.746×10^6	1.767×10^6	$\mathbf{1.746\times10^6}$	1.794×10^6	2.479×10^6
		方差	1.05×10^5	1.035×10^5	1.073×10^5	9.724×10^4	9.420×10^4	8.763×10^4	1.008×10^5	$\mathbf{9.134\times10^4}$	1.398×10^5	9.980×10^5
	200	均值	1.244×10^6	1.271×10^6	1.286×10^6	1.270×10^6	$\mathbf{1.178\times10^6}$	1.206×10^6	1.201×10^6	1.195×10^6	1.507×10^6	1.333×10^6
		方差	1.291×10^5	1.278×10^5	1.276×10^5	1.447×10^5	$\mathbf{5.665\times10^4}$	7.385×10^4	6.367×10^4	6.007×10^4	3.203×10^5	1.649×10^5
	300	均值	$\mathbf{9.003\times10^5}$	1.020×10^6	9.969×10^5	9.674×10^5	9.309×10^5	9.348×10^5	9.387×10^5	9.186×10^5	1.029×10^6	1.121×10^6
		方差	$\mathbf{1.037\times10^4}$	1.326×10^5	9.754×10^4	8.345×10^4	7.934×10^4	9.780×10^4	7.671×10^4	7.279×10^4	1.921×10^5	5.863×10^4

续表

准则	N	参数	SSKCV	AEPE Cluster	AEPE Maximum	AEPE Random	MSPE SS	MSPE Cluster	MSPE Maximin	CKCV	MMES	BlindKRG
R^2	100	均值	0.93999	0.93963	0.93852	0.93955	0.94074	0.94156	0.94014	**0.94158**	0.93810	0.86430
		方差	0.00703	0.00714	0.00737	0.00666	0.00630	0.00588	0.00681	**0.00614**	0.00988	0.10866
	200	均值	0.97014	0.96882	0.96812	0.96881	0.97342	0.97209	0.97234	**0.97263**	0.95472	0.96553
		方差	0.00623	0.00628	0.00633	0.00720	0.00243	0.00335	0.00293	**0.00265**	0.01884	0.00842
	300	均值	**0.98460**	0.97983	0.98085	0.98199	0.98333	0.98314	0.98307	0.98378	0.97913	0.97591
		方差	**0.00186**	0.00519	0.00362	0.00306	0.00285	0.00353	0.00259	0.00249	0.00883	0.00244
E_{RMAE}	100	均值	1.01596	1.01713	1.02169	1.01710	1.01174	1.00560	1.01364	1.00098	**0.98969**	1.40364
		方差	0.11226	0.10931	0.10758	0.10967	0.10029	0.10349	0.09679	0.10636	**0.10157**	0.61174
	200	均值	0.80318	0.81639	0.85089	0.83177	**0.78475**	0.80040	0.80847	0.80664	0.87667	0.86659
		方差	0.12197	0.11608	0.13837	0.12438	**0.11968**	0.12231	0.12030	0.11524	0.16042	0.17124
	300	均值	**0.64230**	0.74786	0.72088	0.71602	0.69580	0.70594	0.71120	0.69439	0.69494	0.69143
		方差	**0.05298**	0.06419	0.07726	0.06807	0.04630	0.05693	0.04915	0.04906	0.09376	0.09525

3.4 面向全局近似的 ARBF 序列近似建模方法

序列近似建模的基本思想是，根据当前样本点及近似模型的相关信息，获得下一个(组)采样点，实现训练样本点在设计空间的"按需分配"，以期在提高近似模型的全局/局部近似精度的同时，减少调用复杂耗时有限元分析、降低计算成本。序列近似建模的关键在于如何实现设计空间中样本点的按需分配，主要涉及如下两方面的关键问题。

(1) 如何确定近似模型在不同区域对训练样本点的需求度。文献[226]指出，在训练样本点数量一定的条件下，为更多地获取真实模型在设计空间中的响应特征信息，应在非线性程度高的区域布置较多的训练样本点，而在相对平坦区域布置较少的训练样本点。然而，在模型先验知识相对匮乏的情况下，其在设计空间中不同区域的非线性程度并不明确。如何根据当前训练样本点及近似模型信息确定模型在不同区域对训练样本点的需求度，进而实现训练样本点在设计空间中的按需分配，是需要首先解决的关键问题。

(2) 如何选取下一个(组)采样点，减少训练样本点间的冗余信息。当获取模型在不同区域对训练样本点的需求度后，采用按需分配的采样方式极易诱导新采样点在需求度高的区域聚集，进而导致训练样本点间信息冗余[12]。训练样本点局部聚集导致的冗余信息不仅会增加低效的高耗时有限元计算次数，还会造成计算资源的浪费，而且过度聚集的训练样本点极易造成系数矩阵 $\widetilde{\boldsymbol{\Phi}}$ 病态，使其求逆误差增大，反而无益于近似模型泛化性能的提高。因此，如何减少训练样本点间的冗余信息，实现序列近似模型全局/局部近似精度的逐步提高，又是需要进一步解决的关键问题。

3.4.1 辅助模型与最终模型差异性的偏差-方差分解

由于辅助模型 $\{\hat{y}_k(\boldsymbol{x}|D\setminus D_k)\}_{k=1}^K$ 是在缺失样本子集 D_k 中观测信息的情况下建立的，当样本点相对匮乏时，$\{\hat{y}_k(\boldsymbol{x}|D\setminus D_k)\}_{k=1}^K$ 与 $\hat{y}(\boldsymbol{x}|D)$ 的预测响应特性将不可避免地存在差异，并且差异性大的区域不仅表明在该区域模型响应与输入间具有较强的非线性映射关系，而且也表明当前布置于该区域的样本点数量相对不足，难以较全面地反映模型响应的特征信息，因此需进一步在该区域采样以获取模型更多的特征信息。例如，以如下一维函数[201]为例进行具体论述，即

$$\begin{aligned}f(x) &= (1-\mathrm{e}^{-2\sqrt{x}}) + 6x\mathrm{e}^{-7x}\sin(10x) - 0.2\mathrm{e}^{-2000(x-0.25)^2}\\ &+ 60\min(0,|x-0.14|-0.08)^2[\ln(x+0.2)+1.5\sin^2(85x)], \quad x\in[0,1]\end{aligned} \quad (3.57)$$

该函数的响应值分布包括一个平坦区域和一个非线性多峰值区域，如图 3.13 所示。采用 SSKCV 算法建立的最终模型 $\hat{y}(\boldsymbol{x}|D)$ 及辅助模型 $\{\hat{y}_k(\boldsymbol{x}|D\setminus D_k)\}_{k=1}^K$ 如图 3.14 所示。在非线性多峰值区域，需要布置更多的样本点才能较全面地捕获模型在该区域的响应特性。在平坦区域，仅需布置较少的训练样本点即可捕获模型在该区域的响应特性。当布置于非线性多峰值区域的训练样本点相对匮乏时，缺失该区域部分样本信息的辅助模型 $\{\hat{y}_k(\boldsymbol{x}|D\setminus D_k)\}_{k=1}^K$ 将表现出较大的预测偏差和预测方差，并且与最终模型 $\hat{y}(\boldsymbol{x}|D)$ 有较大的差异性。换言之，辅助模型 $\{\hat{y}_k(\boldsymbol{x}|D\setminus D_k)\}_{k=1}^K$ 与最终模型 $\hat{y}(\boldsymbol{x}|D)$ 较大差异性反映模型在该区域的非线性较强。

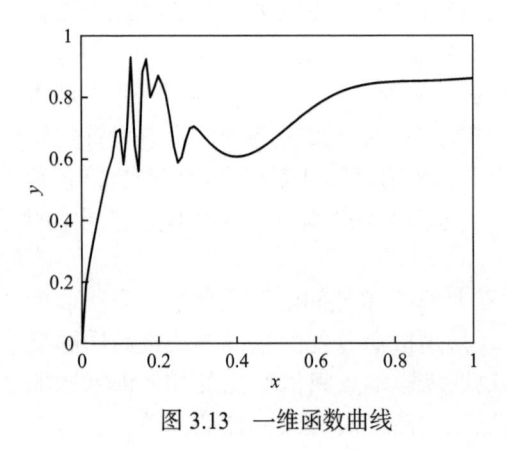

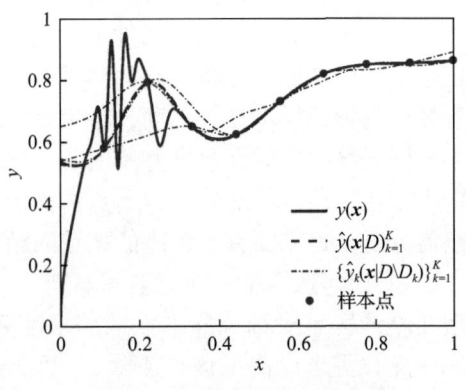

图 3.13　一维函数曲线

图 3.14　辅助模型及最终模型

基于上述讨论，这里充分利用辅助模型 $\{\hat{y}_k(\boldsymbol{x}|D\setminus D_k)\}_{k=1}^K$ 与最终模型 $\hat{y}(\boldsymbol{x}|D)$ 之间的差异性来定量表征近似模型在不同区域对训练样本点的需求度。鉴于该差异性不仅表现为预测偏差，也表现为预测方差，新采样点的加入既要有利于降低近似模型在该区域的预测偏差，也要有利于降低预测方差。因此，考虑任意 $\boldsymbol{x}$，最终模型 $\hat{y}(\boldsymbol{x}|D)$ 与辅助模型 $\{\hat{y}_k(\boldsymbol{x}|D\setminus D_k)\}_{k=1}^K$ 预测值的期望误差可表述为

$$\begin{aligned}&e_{\text{deviate}}(\boldsymbol{x})\\&=E((\hat{y}(\boldsymbol{x}|D)-\hat{y}_k(\boldsymbol{x}|D\setminus D_k))^2)\\&=\underbrace{(E(\hat{y}(\boldsymbol{x}|D))-E(\hat{y}_k(\boldsymbol{x}|D\setminus D_k)))^2}_{\text{Bias}^2(\hat{y}(\boldsymbol{x}|D))}+\underbrace{E(\hat{y}_k(\boldsymbol{x}|D\setminus D_k)-E(\hat{y}_k(\boldsymbol{x}|D\setminus D_k)))^2}_{\text{Var}(\hat{y}_k(\boldsymbol{x}|D\setminus D_k))}\end{aligned} \tag{3.58}$$

其中，等式右端第一项为偏差项，表征辅助模型 $\{\hat{y}_k(\boldsymbol{x}|D\setminus D_k)\}_{k=1}^K$ 与最终模型 $\hat{y}(\boldsymbol{x}|D)$ 的偏差特性；等式右端第二项为方差项，表征 K 个辅助模型 $\{\hat{y}_k(\boldsymbol{x}|D\setminus D_k)\}_{k=1}^K$ 的离散程度。

值得说明的是，式(3.37)与式(3.58)虽然都运用了偏差-方差分解技术，但是两者存在明显的区别，式(3.37)侧重评估近似模型在整个设计空间中的泛化误差，式(3.58)着重表征辅助模型与最终模型在任意位置的差异性，进而实现量化近似模型在该区域对训练样本点需求度的目的。

至此，基于式(3.58)所述的偏差-方差分解技术，可将辅助模型与最终模型之间的差异性(deviation of the auxiliary and ultimate metamodels, DEVAU)量化为

$$\begin{aligned}e_{\text{DEVAU}}(\boldsymbol{x})=&\left(\frac{1}{K}\sum_{k=1}^K(\hat{y}(\boldsymbol{x}|D)-\hat{y}_k(\boldsymbol{x}|D\setminus D_k))\right)^2\\&+\frac{1}{K}\sum_{k=1}^K\left(\hat{y}_k(\boldsymbol{x}|D\setminus D_k)-\frac{1}{K}\sum_{k=1}^K\hat{y}_k(\boldsymbol{x}|D\setminus D_k)\right)^2\end{aligned} \tag{3.59}$$

通过当前近似模型在设计空间中各点的 DEVAU 值即可量化评判近似模型 $\hat{y}(\boldsymbol{x}|D)$ 对样本点的需求度，具有较大 DEVAU 值的区域表示近似模型在该区域的预测值具有较大的不确定性，需要进一步采样获取该区域的模型响应信息。特别地，图3.15所示的曲线清晰地表明，DEVAU 值在该一维函数非线性多峰值区域的取值较大，在平坦区域的取值较小，进一步验证了采用 DEVAU 量化近似模型对样本需求度的合理性。

由此，可通过求解下式获取下一个采样点 $\boldsymbol{x}_{\text{sup, DEVAU}}$，即

$$\boldsymbol{x}_{\text{sup, DEVAU}}=\mathop{\arg\max}\limits_{\boldsymbol{x}\in X^m}(e_{\text{DEVAU}}(\boldsymbol{x})) \tag{3.60}$$

图 3.15 DEVAU 曲线

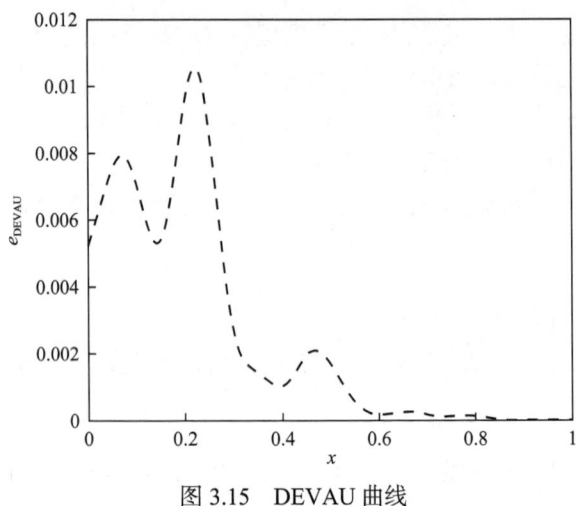

然而，直接最大化 DEVAU 采样准则仍存在如下两点不足。其一，最大化 DEUAU 值侧重在当前近似模型勘测到的样本匮乏区域重点采样，但是缺乏协助近似模型勘探其他非线性区域的能力。这容易导致对该区域的过度采样，进而导致训练样本点间的冗余信息。其二，对于单次分析复杂耗时的问题，在计算资源允许的情况下，每次迭代选取多个新采样点的并行采样相对仅选取一个新采样点的串行采样更具效率优势[56, 91, 131, 227, 228]。最大化 DEVAU 的采样准则是利用当前近似模型信息选取一个新样本点，但是缺少综合利用当前近似模型和训练样本点信息选取多个新采样点的并行采样机制。为此，下面引入基于样本点局部密度的空间探索机制，进一步探讨减小训练样本点冗余信息的按需并行采样方法。

3.4.2 基于非精确 Voronoi 图解的 ARBF 序列近似建模算法

具有较大 DEVAU 值的新采样点侧重提高近似模型的局部精度，降低当前近似模型在该区域的预测不确定性，属于开发策略；具有较小局部密度的新采样点侧重加大在样本点稀疏区域的采样力度，旨在勘探更多未发现的非线性区域，进而提高近似模型的全局精度，属于探索策略。侧重开发策略的新采样点虽然可以快速提升近似模型在该区域的泛化能力，但是容易导致采样点局部聚集，进而增加冗余信息。侧重探索策略的新采样点虽然可以最大限度地降低训练样本点间的冗余信息，但是在样本点稀疏且平坦区域采样易造成计算资源的浪费。

借鉴自适应变换策略的思想，同时为减小局部开发和全局探索量化取值在量级上的差别对采样过程的影响，进一步提升自适应采样效率，这里根据 DEVAU 取值和样本点局部密度在设计空间内的变化趋势，给出如下按需序列采样准则（on-demand sequential sampling criterion, ODSS），即

$$\mathrm{RC}_{\mathrm{ODSS}}(\boldsymbol{x}) = e_{\mathrm{DEVAU}}(\boldsymbol{x}) / \rho(\boldsymbol{x}) \tag{3.61}$$

这样，利用 $e_{\mathrm{DEVAU}}(\boldsymbol{x})$ 和 $\rho(\boldsymbol{x})$ 在设计空间中的相对变化趋势来平衡开发和探索力度，可以避免其中一个指标取值量级占优造成对采样过程的误导。

进而，通过最大化 $\mathrm{RC}_{\mathrm{ODSS}}(\boldsymbol{x})$ 即可确定新采样点 $\boldsymbol{x}_{\mathrm{opt,\,ODSS}}$，即

$$\boldsymbol{x}_{\mathrm{opt,\,ODSS}} = \arg\max_{\boldsymbol{x} \in X^m} (\mathrm{RC}_{\mathrm{ODSS}}(\boldsymbol{x})) \tag{3.62}$$

考虑 $\mathrm{RC}_{\mathrm{ODSS}}(\boldsymbol{x})$ 的非线性多峰值特性，传统优化算法在求解式(3.62)时将面临早熟收敛，以及搜索效率较低等困境。为高效求解式(3.62)，改善局部开发采样点的空间探索能力，本书建立非精确 Voronoi 图解优化(inexact Voronoi diagram optimization, IVDO)算法。此外，为进一步适应并行采样需求，降低并行采样点之间的冗余信息，这里建立适应并行采样的改进非精确 Voronoi 图解优化算法(modified inexact Voronoi diagram optimization, MIVDO)。

1. IVDO 算法

对于 IVDO 算法的搜索机制，在求解式(3.62)时，无须精确搜索至最优解，仅需在当前近似模型 $\hat{y}(\boldsymbol{x}|D)$ 最需样本点区域获取与已观测样本点适当距离的采样点。这不但可以满足按需采样需求，而且能降低该样本点与已观测样本点间的冗余信息，可以在一定程度提升采样点的空间探索能力。因此，基于 IVDO 算法的 ARBF 序列近似建模(sequential construction of augmented radial basis function metamodel based on IVDO method, SARBF_IVDO)方法可以总结为如下 7 个步骤。相应的建模流程如图 3.16 所示。

步骤 1，初始化训练样本集 S，记循环迭代次数 $k_{\mathrm{iter}} = 0$。

步骤 2，在第 k_{iter} 次循环，基于训练样本集 S 和 SSKCV 算法建立 ARBF 近似模型。

步骤 3，分割设计空间。为识别当前近似模型 $\hat{y}(\boldsymbol{x}|D)$ 最需样本点区域，首先基于已观测样本点将设计空间分割为环绕训练样本点 $\{\boldsymbol{x}_i\}_{i=1}^N$ 的 N 个泰森多边形 $\{C_i\}_{i=1}^N$，多边形 C_i 可表示为

$$C_i = \bigcap_{\boldsymbol{x}_j \in D \setminus \boldsymbol{x}_i} \mathrm{dom}(\boldsymbol{x}_i, \boldsymbol{x}_j) = \bigcap_{\boldsymbol{x}_j \in D \setminus \boldsymbol{x}_i} \left\{ \boldsymbol{x} \in \varOmega \middle\| \|\boldsymbol{x} - \boldsymbol{x}_i\|_2 \leqslant \|\boldsymbol{x} - \boldsymbol{x}_j\|_2 \right\} \tag{3.63}$$

其中，$\|\cdot\|_2$ 为 2 范数；$\mathrm{dom}(\boldsymbol{x}_i, \boldsymbol{x}_j)$ 为被样本点 $\boldsymbol{x}_i$ 和 $\boldsymbol{x}_j$ 之间连线的中垂线分割的封闭半平面，一般称样本点 $\boldsymbol{x}_i$ 为多边形 C_i 的中心点；多边形 C_i 为设计空间中距离已观测样本点 $\boldsymbol{x}_i$ 较近的可能设计点的集合。

步骤 4，识别当前近似模型 $\hat{y}(x|D)$ 最需样本点区域。采用 MC 方法求解下式，即

$$x_{\text{MCopt}} = \arg\max_{x \in D_{\text{MC}} \subset \Omega} (\text{RC}_{\text{ODSS}}(x)) \tag{3.64}$$

其中，D_{MC} 为 MC 方法在设计空间 Ω 生成的随机样本点；x_{MCopt} 为基于 MC 方法获得的最优点。

当采用 MC 方法生成的随机样本点数量足够多时，将有 $x_{\text{MCopt}} \to x_{\text{opt, ODSS}}$ 成立。因此，记距离 x_{MCopt} 最近的已观测样本点为 x_{desired}，其对应的泰森多边形 C_{desired} 即当前最需样本点区域。

步骤 5，确定新采样点 $x_{\text{sup, IVDO}}$。设定已观测样本点与 x_{desired} 的距离阈值 $d_{\text{thr}} = \min_{x_i \in D \setminus x_{\text{desired}}} (\|x_i - x_{\text{desired}}\|_2)$，当 x_{MCopt} 与 x_{desired} 的距离大于阈值 d_{thr} 时，选取 x_{MCopt} 作为新采样点；当 x_{MCopt} 与 x_{desired} 的距离小于阈值 d_{thr} 时，选取多边形 C_{desired} 内距离 x_{desired} 的最远点作为新采样点。具体描述如下，即

$$x_{\text{sup, IVDO}} = \begin{cases} x_{\text{MCopt}}, & \|x_{\text{MCopt}} - x_{\text{desired}}\|_2 \geqslant \min_{x_i \in D \setminus x_{\text{desired}}} (\|x_i - x_{\text{desired}}\|_2) \\ \arg\max_{x \in C_{\text{desired}}} (\|x - x_{\text{desired}}\|_2), & \text{其他} \end{cases} \tag{3.65}$$

对于上述采样机制，当 $x_{\text{sup, IVDO}} = x_{\text{MCopt}}$ 时，转步骤 7；当 $x_{\text{sup, IVDO}} = \arg\max_{x \in C_{\text{desired}}} (\|x - x_{\text{desired}}\|_2)$ 时，转步骤 6。

步骤 6，在多边形 C_{desired} 内高精度快速搜索距离 x_{desired} 最远点。IVDO 算法的焦点是高精度快速求解如下问题，即

$$x_{\text{sup, IVDO}} = \arg\max_{x \in C_{\text{desired}}} (\|x - x_{\text{desired}}\|_2) \tag{3.66}$$

步骤 7，判断终止条件。终止条件包括两部分，一是循环次数 k_{iter} 超过预设的最大循环次数 k_{maxiter}；二是新采样点的预测误差小于预定阈值 ς_{IVDO}，即 $|\hat{y}(x_{\text{sup, IVDO}}|D) - y(x_{\text{sup, IVDO}})| < \varsigma_{\text{IVDO}}$。满足上述任一条件，SARBF_IVDO 算法终止；否则，更新训练样本集 $S_{k_{\text{iter}}+1} \leftarrow \{S_{k_{\text{iter}}}, [x_{\text{sup, IVDO}}, y(x_{\text{sup, IVDO}})]\}$，并更新循环次数 $k_{\text{iter}} \leftarrow k_{\text{iter}} + 1$，转步骤 2。

由于泰森多边形一般不规则，传统优化算法直接求解上述问题将面临算法早熟、求解效率低等困难。刘海涛[229]采用 MC 方法在设计空间中生成一组随机采样点，通过选取落入多边形 C_{desired} 中且距离样本点 x_{desired} 最远的随机点作为式(3.66)

的解，因此落入多边形 C_{desired} 的随机点的数量成为保证该方法求解精度的关键。然而，对于高维问题或多边形 C_{desired} 在设计空间占比较小等情况，即使生成更多的随机采样点，该方法仍面临仅有少量，甚至无一随机点落入多边形 C_{desired} 的困境[228]。随机点数量的增加虽然可以在一定程度上缓解上述困境，但是会进一步增加计算负担，降低计算效率。

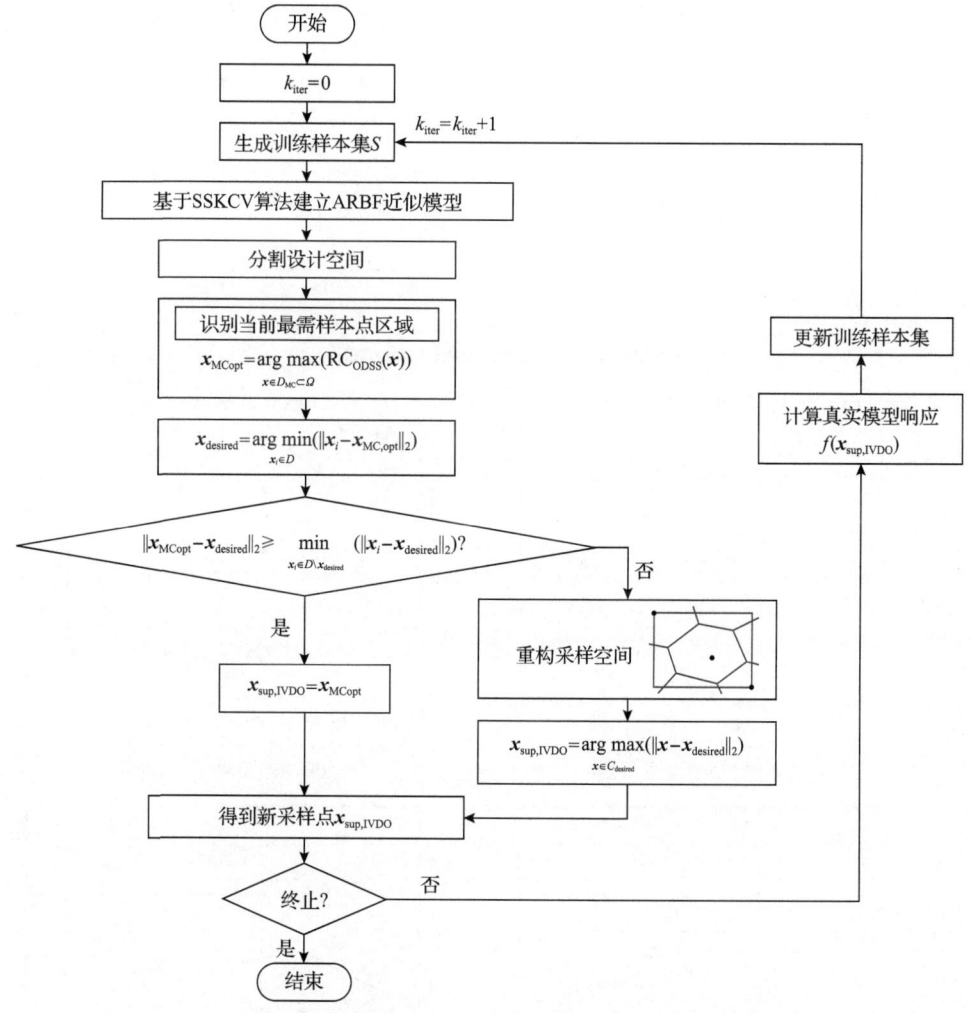

图 3.16 基于 IVDO 算法的 ARBF 序列近似建模流程图

Voronoi 图解二维示例如图 3.17 所示。

若缩小采样空间，即仅在包含多边形 C_{desired} 尽量小的空间中随机采样，势必提高随机采样点落入多边形 C_{desired} 内的概率，增加落入该区域采样点的数量。因此，为提高在多边形 C_{desired} 内的采样效率，可基于已观测训练样本点对采样空间进行重构。图 3.18 展示了采样空间重构的基本过程。首先，以点 x_desired 及与其最近的点 x_A 所围成的立方体空间作为最小采样空间 Ω_min，如图 3.18(a)所示；然

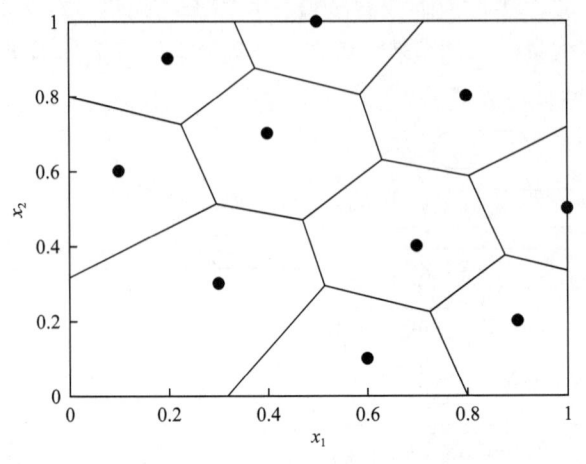

图 3.17　Voronoi 图解二维示例

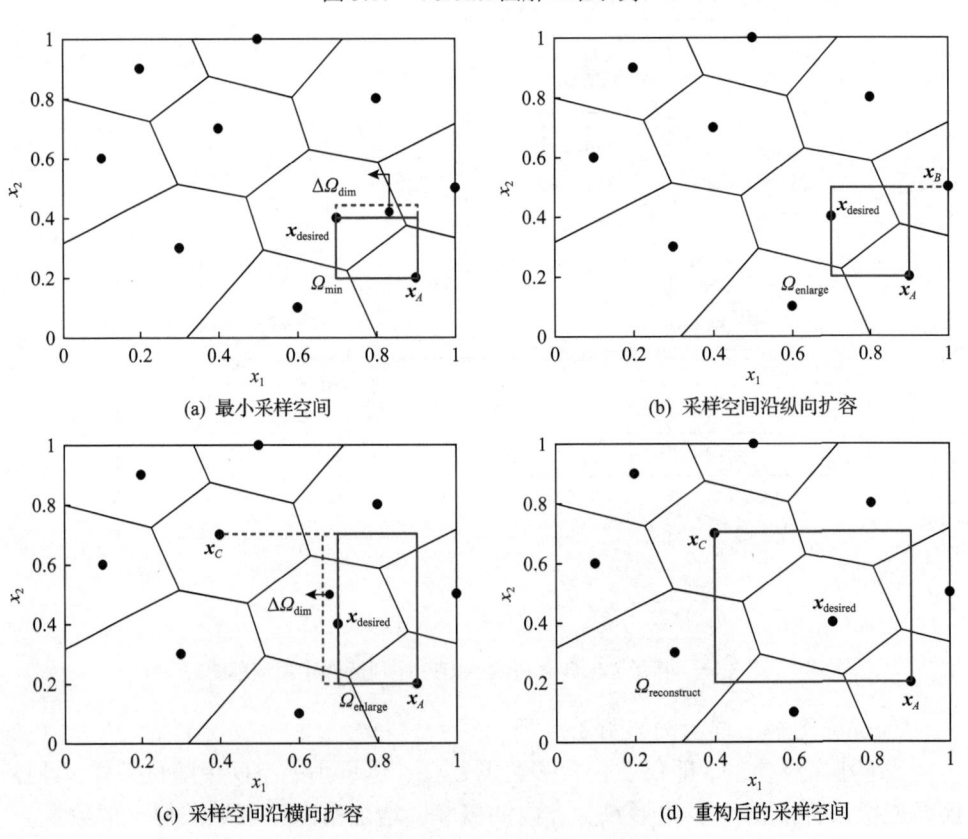

(a) 最小采样空间

(b) 采样空间沿纵向扩容

(c) 采样空间沿横向扩容

(d) 重构后的采样空间

图 3.18　采样空间重构过程示意图

后，针对某一维度，将最小空间 $\Omega_{\min}$ 沿该维度扩容较小的空间 $\Delta\Omega_{\dim}$，利用 MC 方法在 $\Delta\Omega_{\dim}$ 空间中随机撒点，若存在随机点落入多边形 $C_{desired}$ 内，则对采样空间 $\Omega_{\min}$ 扩容(图 3.18(b))，重复该过程直至无随机点落入多边形 $C_{desired}$ 内，进而获得如图 3.18(c)所示的采样空间 $\Omega_{enlarge}$；最后，针对其余维度，重复上述步骤，直至在 $\Delta\Omega_{\dim}$ 中生成的随机点无一落入多边形 $C_{desired}$ 内，最终获得如图 3.18(d)所示的重构后的采样空间 $\Omega_{reconstruct}$。

在生成 200 个随机采样点的情况下，采样空间重构前后落入多边形 $C_{desired}$ 内的随机采样点分布如图 3.19 所示。由此可知，采样空间重构前不足 30 个随机采样点落入多边形 $C_{desired}$ 内；采样空间重构后近 100 个随机采样点落入多边形 $C_{desired}$ 内。这充分说明，采样空间重构能有效提升在多边形 $C_{desired}$ 内的采样效率。

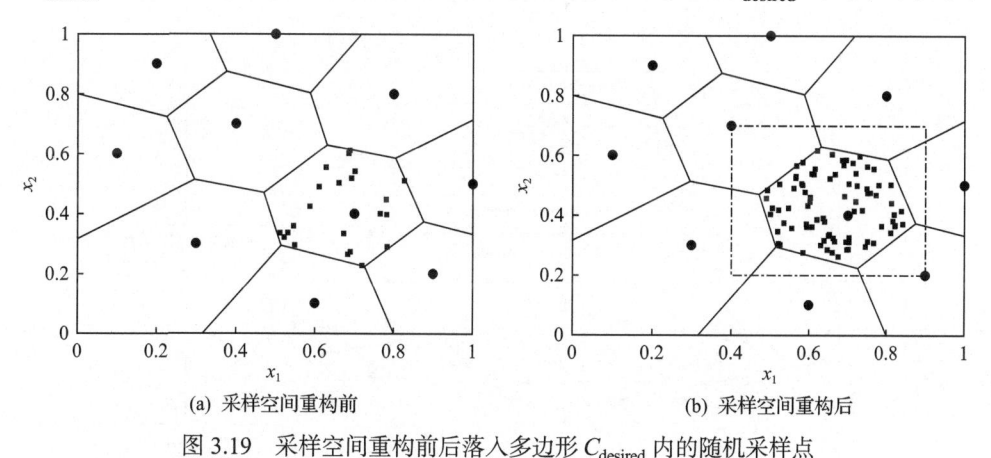

(a) 采样空间重构前

(b) 采样空间重构后

图 3.19 采样空间重构前后落入多边形 $C_{desired}$ 内的随机采样点

2. MIVDO 算法

并行采样是在当前近似模型尚未更新情况下，并行选取多个新采样点的过程。此时，如何降低并行采样冗余信息、快速提升近似模型精度是并行采样的关键。直观地，即使当前近似模型未更新下，新采样点的加入理应在一定程度上降低所在区域对样本点的需求度。观察式(3.61)可知，新增采样点的加入使该区域的样本点局部密度增加，进而在一定程度上降低区域上 $RC_{ODSS}(x)$ 的值，因此样本点局部密度函数的引入使 ODSS 采样准则具有应用于并行采样的潜力。

为此，以 IVDO 算法为基础，可进一步发展适应并行采样的 MIVDO 算法，并给出基于 MIVDO 算法的 ARBF 序列近似建模方法(sequential construction of augmented radial basis function metamodel based on MIVDO method, SARBF_MIVDO)。为避免混淆，明确本节中涉及的两个重要术语，即迭代(iteration)，指在序列近似建模或

者序列近似优化中,近似模型完成一次更新的过程;循环(cycle),指近似模型未发生改变,在当前迭代步中完成一次序列采样的过程。

基于 MIVDO 算法的 ARBF 序列近似建模流程如图 3.20 所示。与 SARBF_IVDO 不同,SARBF_MIVDO 算法主要分为内外两层循环,即在第 k_{iter} 次迭代的

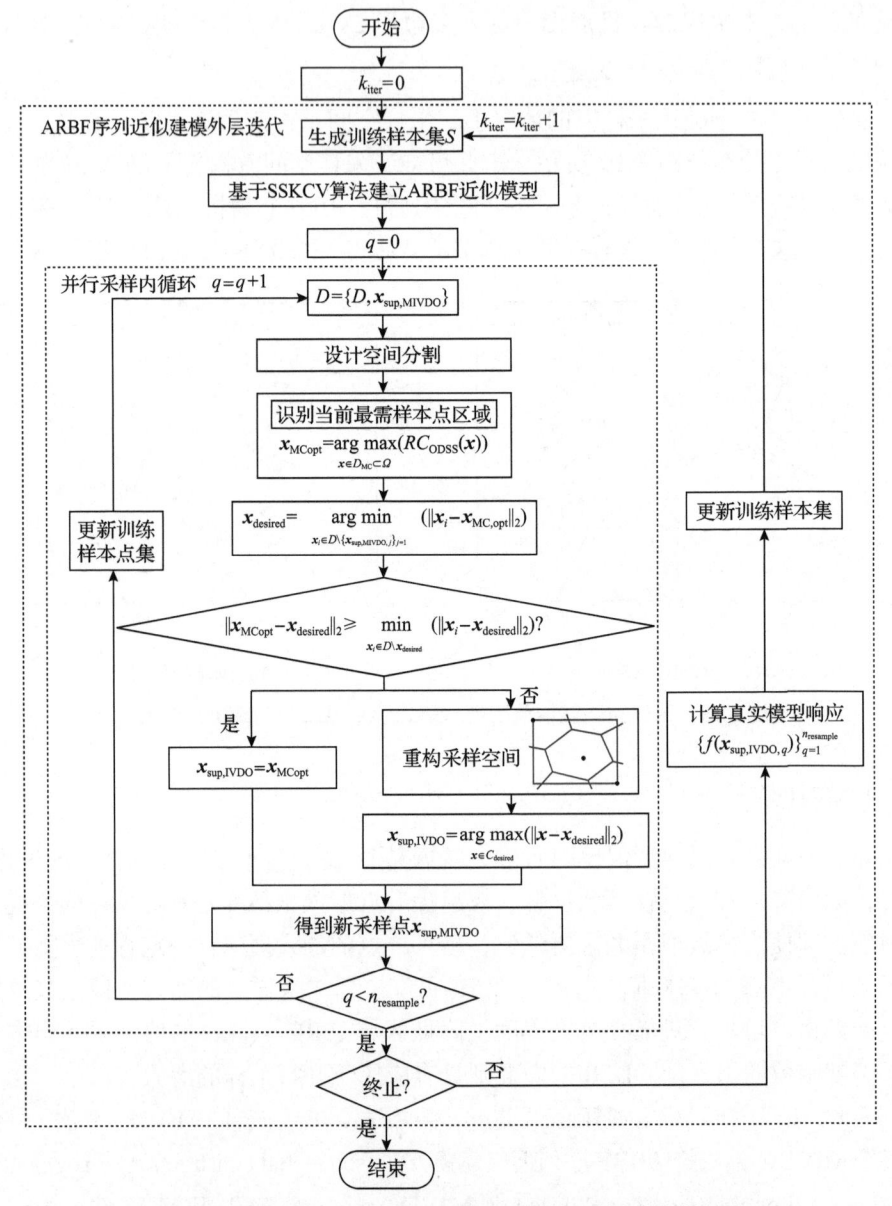

图 3.20 基于 MIVDO 算法的 ARBF 序列近似建模流程图

内循环中，通过已获得的新采样点 $x_{\text{sup, MIVDO}}$ 更新训练样本点集 D，即 $D=\{D,$ $x_{\text{sup, MIVDO}}\}$，使新增样本点处的局部密度函数值增加，进而降低该区域 $\text{RC}_{\text{ODSS}}(x)$ 的值，即降低当前近似模型在该区域对样本点的需求度，从而实现并行采样的目的。当第 k_{iter} 次循环中获取的新采样点数量达到设定的每次循环并行采样点数 n_{resample} 时，内循环结束。因此，确定采样区域的问题可描述为

$$x_{\text{desired}} = \mathop{\arg\min}_{x_i \in D \setminus \{x_{\text{sup, MIVDO},j}\}_{j=1}^q} \left(\left\| x_i - x_{\text{MC, opt}} \right\|_2 \right) \tag{3.67}$$

其中，q 为第 k_{iter} 次迭代中已获取的新增采样点数量；$\{x_{\text{sup, MIVDO},j}\}_{j=1}^q$ 为新增的 q 个采样点。

在第 k_{iter} 次迭代的外循环中，计算已获取的 n_{resample} 个新增采样点 $\{x_{\text{sup, MIVDO},j}\}_{j=1}^{n_{\text{resample}}}$ 的真实响应，进而更新训练样本集 $S=\{S,[x_{\text{sup, MIVDO},j},$ $y(x_{\text{sup, MIVDO},j})]_{j=1}^{n_{\text{resample}}}\}$，以及近似模型 $\hat{y}(x|D)$、$\{\hat{y}_k(x|D\setminus D_k)\}_{k=1}^K$。外层迭代的终止条件依然包括两部分：一部分是迭代次数 k_{iter} 超过预设的最大迭代次数 k_{maxiter}；另一部分是 n_{resample} 个新采样点的平均预测误差小于预定阈值 ς_{MIVDO}，即

$$\frac{1}{n_{\text{resample}}} \sum_{j=1}^{n_{\text{resample}}} \left| \hat{y}(x_{\text{sup, MIVDO},j}|D) - y(x_{\text{sup, MIVDO},j}) \right| < \varsigma_{\text{MIVDO}}$$

。满足上述任一条件，SARBF_MIVDO 算法终止。SARBF_MIVDO 算法的其余过程与 SARBF_IVDO 算法类似，不再赘述。

3.4.3 算例测试

1. 算例 1：一维函数

仍取式 (3.57) 给定的一维函数[227]为演示函数，以此说明 SARBF_IVDO 算法的采样机制。首先在 [0,1] 选取 5 个初始样本点，然后采用 SARBF_IVDO 算法对该函数进行序列采样。

如图 3.21 所示，在采样初期，辅助模型 $\{\hat{y}_k(x|D\setminus D_k)\}_{k=1}^K$ 与最终模型 $\hat{y}(x|D)$ 在非线性多峰区域 [0,0.4] 存在较大差异，因此 SARBF_IVDO 算法侧重在该区域进行重点采样，以期降低辅助模型与最终模型之间的差异性。随着采样过程的继续，非线性多峰值区域的近似模型 $\hat{y}(x|D)$ 能以较高的精度逼近真实模型。同时，近似模型在 [0.4,1] 尚未精确逼近真实模型，因此 SARBF_IVDO 算法也在该区域补充少量采样点，以期同步提高近似模型的全局和局部近似精度。当新增采样点数量达 50

个时，如图 3.21(f)所示，辅助模型 $\{\hat{y}_k(\bm{x}|D\setminus D_k)\}_{k=1}^{K}$ 与最终模型 $\hat{y}(\bm{x}|D)$ 在全域空间中表现出较好的一致性，而且近似模型 $\hat{y}(\bm{x}|D)$ 的 R^2 值高达 0.99986、E_{RMAE} 值

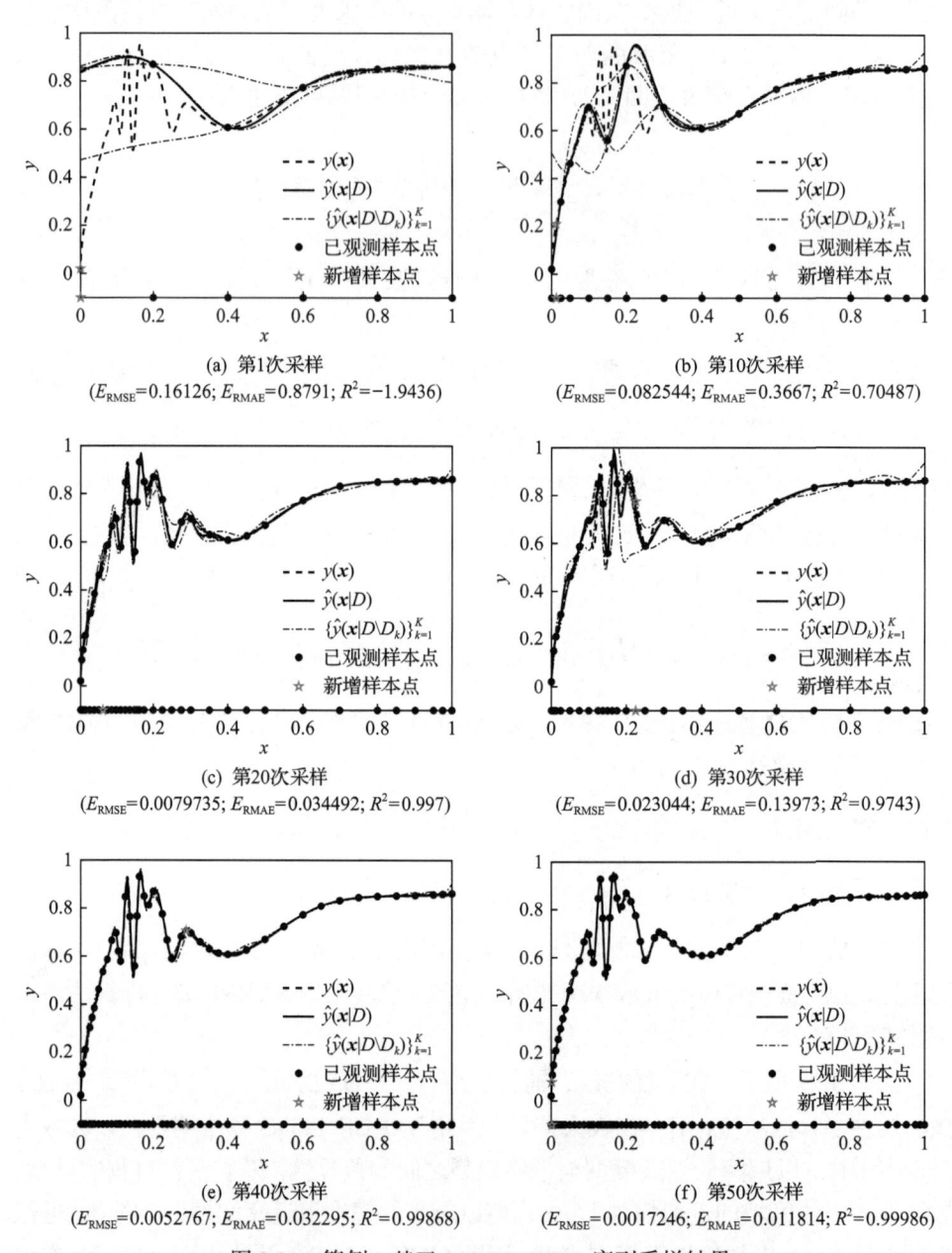

(a) 第1次采样
(E_{RMSE}=0.16126; E_{RMAE}=0.8791; R^2=−1.9436)

(b) 第10次采样
(E_{RMSE}=0.082544; E_{RMAE}=0.3667; R^2=0.70487)

(c) 第20次采样
(E_{RMSE}=0.0079735; E_{RMAE}=0.034492; R^2=0.997)

(d) 第30次采样
(E_{RMSE}=0.023044; E_{RMAE}=0.13973; R^2=0.9743)

(e) 第40次采样
(E_{RMSE}=0.0052767; E_{RMAE}=0.032295; R^2=0.99868)

(f) 第50次采样
(E_{RMSE}=0.0017246; E_{RMAE}=0.011814; R^2=0.99986)

图 3.21 算例 1 基于 SARBF_IVDO 序列采样结果

低至 0.011814，表明此时近似模型 $\hat{y}(\boldsymbol{x}|D)$ 以较高精度逼近真实模型，验证了 SARBF_IVDO 算法实现按需采样的可行性和有效性。

2. 算例 2：二维 Peak 函数

进一步，选取如下二维 Peak 函数对 SARBF_IVDO 算法进行测试，即

$$y = 3(1-x_1)^2 \exp(-x_1^2 - (x_2+1)^2) - \frac{1}{3}\exp(-(x_1+1)^2 - x_2^2) \\ -10\left(\frac{1}{3} - x_1^3 - x_2^5\right)\exp(-x_1^2 - x_2^2), \quad x_{1,2} \in [-5,5] \tag{3.68}$$

二维 Peak 函数三维视图如图 3.22 所示。在二维空间 $[-3,3]^2$，其表现为典型的非线性多峰值特性；在其余空间，函数值均为 0。显然，准确识别 Peak 函数非线性多峰值区域是近似模型高精度逼近 Peak 函数的关键。

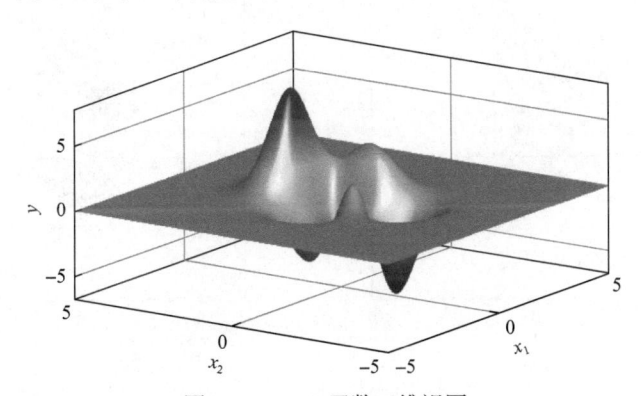

图 3.22 Peak 函数三维视图

选取相关文献中给出的 AME[128]、CVVor[230]、TEAD[231]、MEPE[129]、SFCVT[232]、EI[133]、EIGF[233] 七个典型自适应采样方法进行对比验证。首先，采用 OLHD 在二维设计空间中生成 10 个初始样本点，然后采用 SARBF_IVDO 算法及上述七种方法进行序列采样。需要说明的是，上述七种典型自适应采样算法采用的近似模型均为 Kriging 模型。

不同自适应采样算法分别采样 90 次后，生成的样本点在设计空间中的分布如图 3.23 所示。CVVor、TEAD，以及 SFCVT 三种方法生成的采样点倾向于在非线性多峰值区域聚集，这主要是由于 CVVor 和 SFCVT 均是基于最大化留一交叉验证 (leave-one-out cross validation, LOOCV) 误差[232]确定新增样本点的位置，而最大化 LOOCV 误差侧重提高模型在非线性多峰值区域的近似精度。与此类似，TEAD 更关注近似模型的高阶泰勒展开项，这也会促使 TEAD 采样点在非线性区域聚

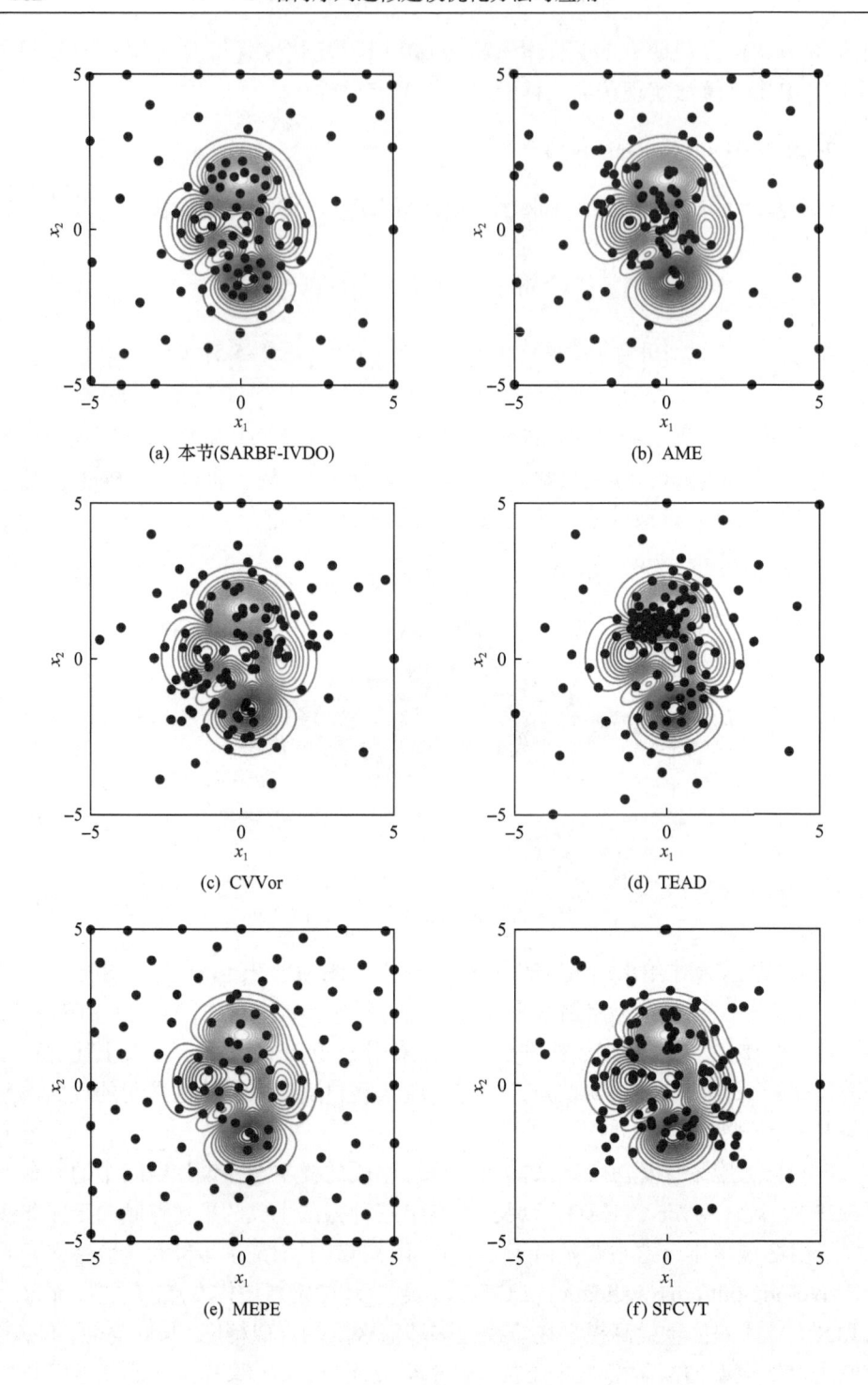

(a) 本节(SARBF-IVDO)

(b) AME

(c) CVVor

(d) TEAD

(e) MEPE

(f) SFCVT

(g) EI (h) EIGF

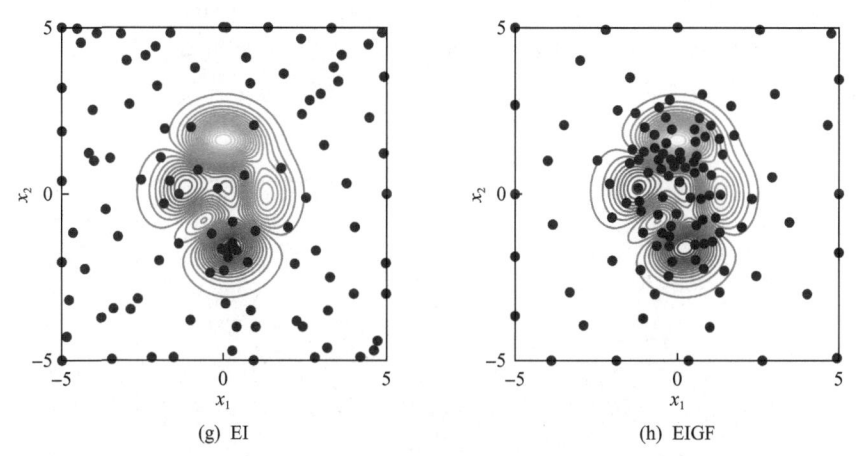

图 3.23　针对二维 Peak 函数不同自适应采样算法的采样点分布图

集。AME、EI 和 EIGF 这三种方法生成的采样点呈现多峰区域密集和平坦区域稀疏的特点，这有利于兼顾局部开发和全局探索的采样性能。由于这三种方法均利用高斯过程固有的预测方差特性，进而使其不局限于仅在非线性多峰值区域进行采样，因此具有一定的全局空间探索能力。进一步观察可知，AME、EI 和 EIGF 三种方法生成的采样点在非线性多峰值区域的均布性较差，存在样本点不同程度的聚集现象，极易导致该区域采样点间的冗余信息。特别地，图 3.23(e) 所示的 MEPE 自适应采样方法综合利用 Kriging 模型的预测误差和预测方差特性，可以较好地实现采样过程中局部开发和全局探索性能的均衡。MEPE 方法生成的采样点在非线性多峰值区域的分布相对平坦区域更为密集，并且未出现样本点过于聚集的现象。

相对 MEPE 方法，SARBF-IVDO 算法在非线性多峰值区域的采样点更为密集，可以提高对该区域的开发力度。相对其他方法，该方法生成的采样点更为均匀地散布于多峰值区域，可以有效降低该区域采样点间的冗余信息。同时，也生成了一定数量且均匀散布于其他平坦区域的样本点，可以有效兼顾采样点的全局探索能力。

为定量评判各采样方法对近似模型泛化性能的贡献，本书基于 MC 方法在设计空间中生成 10000 个随机采样点对近似模型的精度进行测试。图 3.24 分别以 E_{RMSE} 和 E_{RMAE} 为例，对比不同采样方法对模型全局和局部近似精度的贡献。由图 3.24(a) 可知，在采样初期，MEPE 方法可快速提升全局近似精度，并且 EIGF 方法亦较为明显地提升了全局近似精度。随着采样继续，SARBF-IVDO 算法表现出较为优越的性能，即增至 50 个训练样本点后，使模型具有更高的全局近似精度。与前述分析一致，TEAD 和 SFCVT 方法的精度相对较差。特别地，由于 EI 方法侧重在近似模型最值点采样，因此其在提升模型全局近似精度方面相对最差。进一步观察图 3.24(b)可知，SARBF-IVDO 算法在采样初期就具有相对较高的局部近似精度，并且随着采样继续，模型的局部近似精度逐步提高，并且处于相对领先地位。

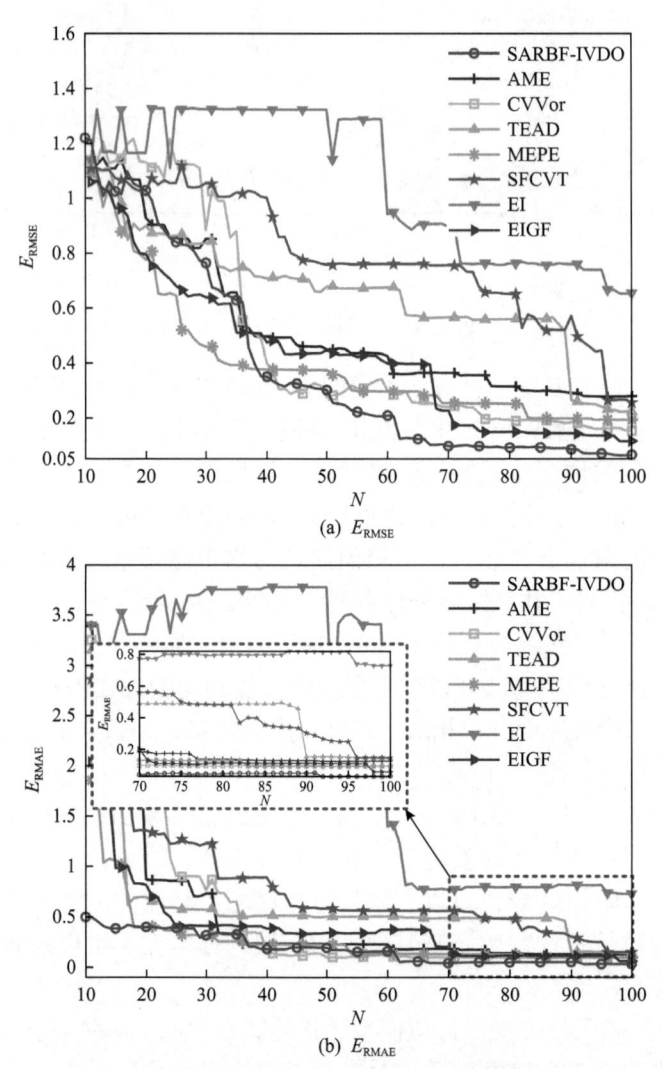

(a) E_{RMSE}

(b) E_{RMAE}

图 3.24　不同自适应采样算法下近似模型预测精度迭代曲线

为测试 SARBF_MIVDO 算法性能，验证并行采样对提高近似建模效率和精度的有效性，同样以 Peak 函数为例，在每轮迭代中分别基于 SARBF-MIVDO 算法生成 2 个、3 个、5 个新增采样点进行序列近似建模。如图 3.25 所示，并行采样点数目的增加可显著提高近似建模的效率和精度。

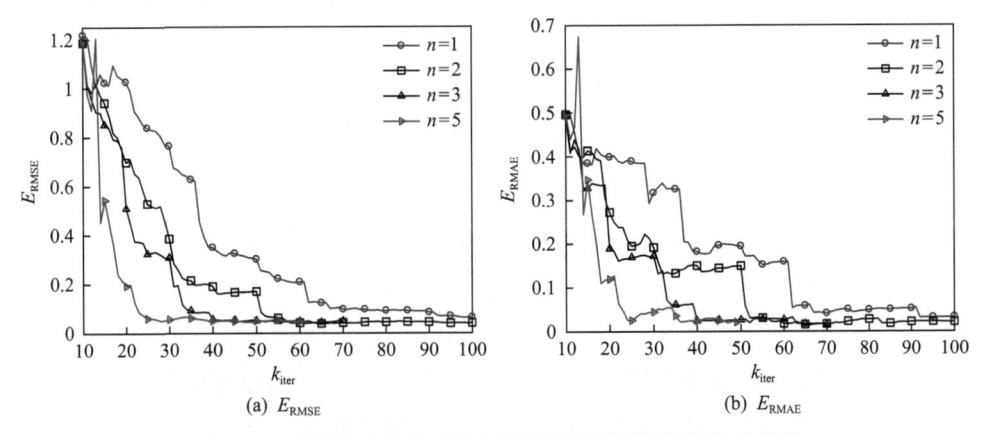

第 3 章 大型复杂结构的增广径向基函数近似建模方法

(a) E_RMSE

(b) E_RMAE

图 3.25 不同数目并行采样点下近似模型预测精度迭代曲线

3.5 基于 ARBF 的多保真度近似建模方法

为提高大型复杂结构分析与优化的效率，前面着重探讨了基于单精度分析模型和训练样本点的 ARBF 近似建模方法。然而，对于工程实际问题，往往存在如下两方面的情形。其一，大型复杂结构通常需要数十，甚至数百万的网格规模提高分析精度，这使得涉及结构大变形、材料弹塑性和界面接触等非线性因素的单次有限元分析耗时将长达数十，甚至数百小时，进而加剧获取一定数量初始样本点的计算压力。其二，基于合理假设，往往可以对复杂模型进行简化，如划分更少数量的计算网格、忽略结构分析中的弱非线性因素等，简化后的模型虽然难以精确反映实际模型的真实响应，但是计算效率高且在一定误差范围内具有反映实际模型响应特征的能力。因此，如何高效利用上述两方面信息，成为进一步提高近似建模效率和泛化精度的关键。

多保真度近似模型以其具有融合不同保真度模型信息和减少调用高精度、高耗时分析模型次数的能力而备受关注[96, 144, 161, 234]。但是，目前的研究大多是基于 Kriging 建立多保真度近似模型，基于 ARBF 模型建立的多保真度近似模型还相对较少。同时，如何高效确定形状参数仍是建立 ARBF 多保真度近似模型的核心问题。

3.5.1 多保真度近似模型

典型的融合高/低保真度模型信息的方式为基于加法标度的多保真度建模方法，即

$$y_\text{HF}(\boldsymbol{x}) = \rho y_\text{LF}(\boldsymbol{x}) + \delta(\boldsymbol{x}) \tag{3.69}$$

其中，$y_{HF}(\boldsymbol{x})$ 和 $y_{LF}(\boldsymbol{x})$ 为高保真度模型和低保真度模型；ρ 为高保真度模型和低保真度模型之间的缩放系数；$\delta(\boldsymbol{x})$ 为标度函数。

不失一般性，记 m 维设计空间 X^m 中高保真度训练样本点集和低保真度训练样本点集分别为 D_{HF} 和 D_{LF}，即

$$D_{HF} = \{\boldsymbol{x}_{HF,i} \mid \boldsymbol{x}_{HF,i} \in X^m \subset \mathbf{R}^m, i=1,2,\cdots,N_{HF}\} \quad (3.70)$$

$$D_{LF} = \{\boldsymbol{x}_{LF,i} \mid \boldsymbol{x}_{LF,i} \in X^m \subset \mathbf{R}^m, i=1,2,\cdots,N_{LF}\} \quad (3.71)$$

其中，$\boldsymbol{x}_{HF,i}$ 为调用高保真度模型计算的第 i 个样本点，简称高保真度样本点；$\boldsymbol{x}_{LF,i}$ 为调用低保真度模型计算的第 i 个样本点，简称低保真度样本点；N_{HF} 为高保真度样本点的数量；N_{LF} 为低保真度样本点的数量。

调用高保真度模型和低保真度模型计算 D_{HF} 和 D_{LF} 中样本点的响应，可以获得构建多保真度近似模型的训练样本集 S_{HF} 和 S_{LF}，即

$$S_{HF} = \{[\boldsymbol{x}_{HF,i}, y_{HF}(\boldsymbol{x}_{HF,i})] \mid \boldsymbol{x}_{HF,i} \in X^m \subset \mathbf{R}^m, y_{HF,i} \in Y \subset \mathbf{R}, i=1,2,\cdots,N_{HF}\} \quad (3.72)$$

$$S_{LF} = \{[\boldsymbol{x}_{LF,i}, y_{LF}(\boldsymbol{x}_{LF,i})] \mid \boldsymbol{x}_{LF,i} \in X^m \subset \mathbf{R}^m, y_{LF,i} \in Y \subset \mathbf{R}, i=1,2,\cdots,N_{LF}\} \quad (3.73)$$

将高保真度样本点 $[\boldsymbol{x}_{HF,i}, y_{HF,i}]_{i=1}^{N_{HF}}$ 代入式(3.69)，并引入样本关联矩阵，可得[108]

$$\boldsymbol{Y}_{HF} = \rho \boldsymbol{Y}_{LF(HF)} + \boldsymbol{R}_{cor}(\boldsymbol{x}_{HF}, \boldsymbol{x}_{HF})\boldsymbol{\omega}_{HF} \quad (3.74)$$

其中，$\boldsymbol{Y}_{HF}$ 为高保真度模型在高保真度样本点集 D_{HF} 处的响应，即 $\boldsymbol{Y}_{HF} = [y_{HF}(\boldsymbol{x}_{HF,i})]_{i=1}^{N_{HF}}$；$\boldsymbol{Y}_{LF(HF)}$ 为低保真度模型在高保真度样本点集 D_{HF} 处的响应，即 $\boldsymbol{Y}_{LF(HF)} = [y_{LF}(\boldsymbol{x}_{HF,i})]_{i=1}^{N_{HF}}$；$\boldsymbol{\omega}_{HF}$ 为权重系数，即 $\boldsymbol{\omega}_{HF} = [\omega_{HF,i}]_{i=1}^{N_{HF}}$；$\boldsymbol{R}_{cor}(\boldsymbol{x}_{HF}, \boldsymbol{x}_{HF})$ 为高保真度样本点间的关联矩阵，即

$$\boldsymbol{R}_{cor}(\boldsymbol{x}_{HF}, \boldsymbol{x}_{HF}) = \begin{bmatrix} \phi_1(\|\boldsymbol{x}_{HF,1} - \boldsymbol{x}_{HF,1}\|) & \cdots & \phi_{N_{HF}}(\|\boldsymbol{x}_{HF,1} - \boldsymbol{x}_{HF,N_{HF}}\|) \\ \vdots & & \vdots \\ \phi_1(\|\boldsymbol{x}_{HF,N_{HF}} - \boldsymbol{x}_{HF,1}\|) & \cdots & \phi_{N_{HF}}(\|\boldsymbol{x}_{HF,N_{HF}} - \boldsymbol{x}_{HF,N_{HF}}\|) \end{bmatrix}_{N_{HF} \times N_{HF}}$$

$$(3.75)$$

其中，$\phi_i(\|\boldsymbol{x}_{HF,j} - \boldsymbol{x}_{HF,i}\|) = \exp\left(-\|\boldsymbol{x}_{HF,j} - \boldsymbol{x}_{HF,i}\|^2 / c_{HF,i}^2\right)$，$c_{HF,i}$ 为对应高保真度样

本点的第 i 个 Gauss 基函数的形状参数,其取值对多保真度近似模型的泛化性能有显著的影响,后续将详细论述。

进一步整理式(3.74),可得其矩阵表述形式为

$$Y_{HF} = C\beta \tag{3.76}$$

其中,β 为增广权重系数,即 $\beta = (\rho, \omega_{HF,1}, \cdots, \omega_{HF,N_{HF}})^T$;$C$ 为高保真度样本点集 D_{HF} 的增广关联矩阵,即

$$C = \begin{bmatrix} y_{LF}(x_{HF,1}) & \phi_1(\|x_{HF,1} - x_{HF,1}\|) & \cdots & \phi_{N_{HF}}(\|x_{HF,1} - x_{HF,N_{HF}}\|) \\ \vdots & \vdots & & \vdots \\ y_{LF}(x_{HF,N_{HF}}) & \phi_1(\|x_{HF,N_{HF}} - x_{HF,1}\|) & \cdots & \phi_{N_{HF}}(\|x_{HF,N_{HF}} - x_{HF,N_{HF}}\|) \end{bmatrix} \tag{3.77}$$

由于增广关联矩阵 C 为行满秩矩阵,矩阵 CC^T 为满秩矩阵,因此为使多保真度模型在高保真度样本点处实现无偏预测,增广权重系数 β 可求解为[108]

$$\beta = C^T (CC^T)^{-1} Y_{HF} \tag{3.78}$$

至此,多保真度近似模型可建立为

$$\hat{y}_{MF}(x|\{D_{HF}, D_{LF}\}) = \rho \hat{y}_{LF}(x|D_{LF}) + r(x, x_{HF}) \omega_{HF} \tag{3.79}$$

其中,$\hat{y}_{LF}(x|D_{LF})$ 为基于低保真度训练样本集 S_{LF} 建立的低保真度近似模型;$\hat{y}_{MF}(x|\{D_{HF}, D_{LF}\})$ 为综合利用高保真度训练样本集 S_{HF} 和低保真度训练样本集 S_{LF} 建立的多保真度近似模型,其预测值为高保真度模型响应;$r(x, x_{HF})$ 为待观测值 x 与高保真度样本点 x_{HF} 之间的关联向量,即

$$r(x, x_{HF}) = \begin{bmatrix} \phi_1(\|x - x_{HF,1}\|) & \cdots & \phi_{N_{HF}}(\|x - x_{HF,N_{HF}}\|) \end{bmatrix}_{1 \times N_{HF}} \tag{3.80}$$

值得说明的是,由于在多保真度近似建模过程中利用了高保真度样本点的低保真度模型响应 $Y_{LF(HF)}$,为提高多保真度近似建模精度,一般要求 $D_{HF} \subset D_{LF}$。

3.5.2 基于分片 K 折交叉验证的 ARBF 多保真度近似建模方法

Gauss 基函数的形状参数取值将对 ARBF 多保真度近似模型精度产生显著影响,鉴于 SSKCV 算法在提高近似建模精度方面的良好效果,可进一步将分片 K 折交叉验证方法应用于 ARBF 多保真度近似建模(multi-fidelity approximate model based on augmented radial basis function, MFARBF)中。下面对基于分片 K 折交叉验证的 MFARBF 近似建模方法进行详细介绍。

步骤1,对算法进化初始化。设定初始高保真度和低保真度训练样本点数量 N_{HF} 和 N_{LF}、面向低保真度和多保真度近似建模的缩放系数 $\varepsilon_{\mathrm{LF}}$ 和 $\varepsilon_{\mathrm{HF}}$ 的取值范围等。

步骤2,生成空间分布均匀的高保真度和低保真度样本点集 D_{HF} 和 D_{LF}。如前节所述,高保真度样本点集为低保真度样本点集的子集,而且多保真度近似模型 $\hat{y}_{\mathrm{MF}}(\boldsymbol{x})$ 在设计空间 X^m 内的泛化性能在很大程度上依赖低保真度近似模型 $\hat{y}_{\mathrm{LF}}(\boldsymbol{x})$ 的近似精度和高保真度样本点的空间填充和均布性。这进一步要求高保真度样本点和低保真度样本点在设计空间 X^m 内均需具有较高的空间均布性,因此高保真度和低保真度样本点本质上为嵌套设计[144]。在此采用序列填充方式生成高保真度和低保真度样本点,即首先在设计空间 X^m 生成 N_{HF} 个样本点作为高保真度样本点集 D_{HF};然后采用序列填充方式对 D_{HF} 进行样本点扩充,直至满足低保真度样本点数量需求。新填充的样本点和高保真度样本点一起构成低保真度样本点集 D_{LF}。

步骤3,计算高保真度和低保真度样本点响应。计算高保真度模型和低保真度模型在高保真度样本点处的响应 $\boldsymbol{Y}_{\mathrm{HF}}$ 和 $\boldsymbol{Y}_{\mathrm{LF(HF)}}$,以及低保真度模型在低保真度样本点处的响应 $\boldsymbol{Y}_{\mathrm{LF}}$,进而构成训练样本集 S_{HF} 和 S_{LF}。

步骤4,建立低保真度模型 y_{LF} 的近似模型 $\hat{y}_{\mathrm{LF}}(\boldsymbol{x}|D_{\mathrm{LF}})$。基于低保真度训练样本集 S_{LF},采用 3.3 节所述的分片 K 折交叉验证方法建立 ARBF 近似模型 $\hat{y}_{\mathrm{LF}}(\boldsymbol{x}|D_{\mathrm{LF}})$。

步骤5,建立多保真度近似模型 $\hat{y}_{\mathrm{MF}}(\boldsymbol{x}|\{D_{\mathrm{HF}}, D_{\mathrm{LF}}\})$。首先,基于 SS 算法将高保真度样本点集 D_{HF} 分成大小近似相同的 K_{HF} 个互斥子集 $\{D_{\mathrm{HF},i}\}_{i=1}^{K_{\mathrm{HF}}}$。然后,结合 ARBF 近似建模过程,对于给定的缩放系数 $\varepsilon_{\mathrm{HF}}$,根据 3.5.1 节所述过程建立多保真度辅助模型 $\{\hat{y}_{\mathrm{MF},k}(\boldsymbol{x}, \varepsilon_{\mathrm{HF}}|\{D_{\mathrm{HF}} \setminus D_{\mathrm{HF},k}, D_{\mathrm{LF}}\})\}_{k=1}^{K_{\mathrm{HF}}}$ 和多保真度最终模型 $\hat{y}_{\mathrm{MF}}(\boldsymbol{x}, \varepsilon_{\mathrm{HF}}|\{D_{\mathrm{HF}}, D_{\mathrm{LF}}\})$。最后,基于式(3.37)~式(3.40)给出的偏差-方差分解技术,将多保真度模型 $\hat{y}_{\mathrm{MF}}(\boldsymbol{x}, \varepsilon_{\mathrm{HF}}|\{D_{\mathrm{HF}}, D_{\mathrm{LF}}\})$ 在设计空间内的累积泛化误差描述为

$$\begin{aligned}e_{\mathrm{MFAEPE}} &= \frac{1}{N_{\mathrm{HF}}} \sum_{i=1, \boldsymbol{x}_i \in D}^{N_{\mathrm{HF}}} \left(y_{\mathrm{HF}}(\boldsymbol{x}_i) - \frac{1}{K_{\mathrm{HF}}} \sum_{k=1}^{K_{\mathrm{HF}}} \hat{y}_{\mathrm{MF},k}(\boldsymbol{x}_i, \varepsilon_{\mathrm{HF}}|\{D_{\mathrm{HF}} \setminus D_{\mathrm{HF},k}, D_{\mathrm{LF}}\}) \right)^2 \\ &+ \frac{1}{N_{\mathrm{MC}}} \sum_{j=1, \boldsymbol{x}_j \in D_{\mathrm{MC}}}^{N_{\mathrm{MC}}} \left[\frac{1}{K_{\mathrm{HF}}} \sum_{k=1}^{K_{\mathrm{HF}}} (\hat{y}_{\mathrm{MF}}(\boldsymbol{x}_j, \varepsilon_{\mathrm{HF}}|\{D_{\mathrm{HF}}, D_{\mathrm{LF}}\}) - \hat{y}_{\mathrm{MF},k}(\boldsymbol{x}_j, \varepsilon_{\mathrm{HF}}|\{D_{\mathrm{HF}} \setminus D_{\mathrm{HF},k}, D_{\mathrm{LF}}\}))^2 \right]\end{aligned}$$

(3.81)

缩放系数 $\varepsilon_{\text{HFopt}}$ 可通过求解下式获得，即

$$\varepsilon_{\text{HFopt}} = \underset{\varepsilon_{\text{HF}} \in [\varepsilon_{\text{HFlb}}, \varepsilon_{\text{HFub}}]}{\arg\min} e_{\text{MFAEPE}}(\varepsilon_{\text{HF}}) \tag{3.82}$$

其中，$\varepsilon_{\text{HFlb}}$ 和 $\varepsilon_{\text{HFub}}$ 为缩放系数 ε_{HF} 的最小取值和最大取值。

至此，即可获得多保真度模型 $\hat{y}_{\text{MF}}(\boldsymbol{x}, \varepsilon_{\text{HFopt}} | \{D_{\text{HF}}, D_{\text{LF}}\})$，并记为 $\hat{y}_{\text{MF}}(\boldsymbol{x})$。

3.5.3 算例验证

1. 算法演示

为验证 SSKCV 算法在建立 MFARBF 近似模型方面的适用性，先用式(3.83)给出的一维数值函数[118]进行测试，并与典型的多保真度模型 CoKriging[116] 和 MFSRBF[108]进行对比。在[0,1]均匀选取 21 个点作为低保真度样本点集 D_{LF} = {0:0.05:1}，以此建立具有较高逼近程度的低保真度近似模型，同时从低保真度样本点集 D_{LF} 中选取 4 个样本点作为高保真度样本点集 D_{HF} = {0.1, 0.3, 0.7, 0.9}，即

$$\begin{cases} f_{\text{HF}}(x) = 6(x-2)^2 \sin(12x-4) \\ f_{\text{LF}}(x) = Af_{\text{HF}}(x) + B(x-0.5) + C \end{cases} \quad x \in [0,1], A = 0.5, B = 10, C = -10 \tag{3.83}$$

其中，$f_{\text{HF}}(x)$ 和 $f_{\text{LF}}(x)$ 分别为高保真度模型和低保真度模型对应的解析式。

一维函数不同近似模型比较如图 3.26 所示。基于不同近似建模方法可以获得该一维问题的近似模型，并随机生成 10000 个高保真度测试点来评估高保真度模型的精度。图中，y_{HF} 和 y_{LF} 分别表示高保真度解析模型和低保真度解析模型，$\hat{y}_{\text{LF\_ARBF}}$ 表示基于低保真度样本点建立的 ARBF 近似模型，$\hat{y}_{\text{HF\_ARBF}}$ 表示基于高保

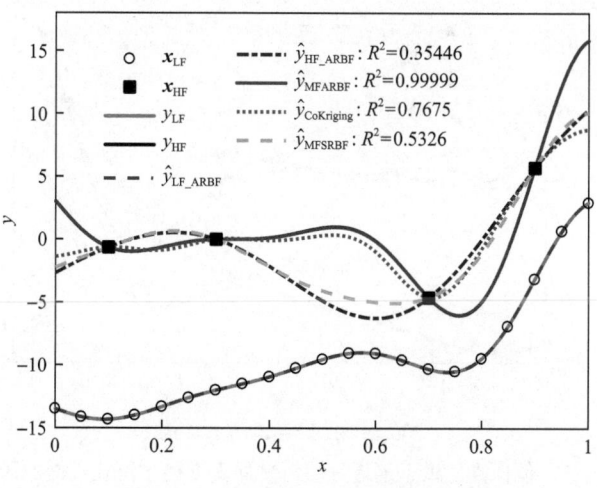

图 3.26 一维函数不同近似模型比较

度样本点建立的 ARBF 近似模型，$\hat{y}_{\text{MFARBF}}$ 表示 MFARBF 方法融合高保真度和低保真度样本点建立的多保真度近似模型，$\hat{y}_{\text{CoKriging}}$ 表示 CoKriging 方法建立的多保真度近似模型，$\hat{y}_{\text{MFSRBF}}$ 表示 MFSRBF 方法建立的多保真度近似模型。由此可知，融合高保真度和低保真度样本点建立的多保真度模型的近似精度显著高于基于高保真度样本点建立的模型的近似精度。与 CoKriging 和 MFSRBF 多保真度模型对比可知，MFARBF 多保真度建模方法具有更高的精度，R^2 值高达 0.99999。

低保真度模型逼近程度对多保真度模型泛化性能的影响如图 3.27 所示。由图 3.27(a) 可知，在 $[0,0.1] \cup [0.4,1]$，近似模型 $\hat{y}_{\text{LF\_ARBF}}$ 与 y_{LF} 具有较大偏差，而在

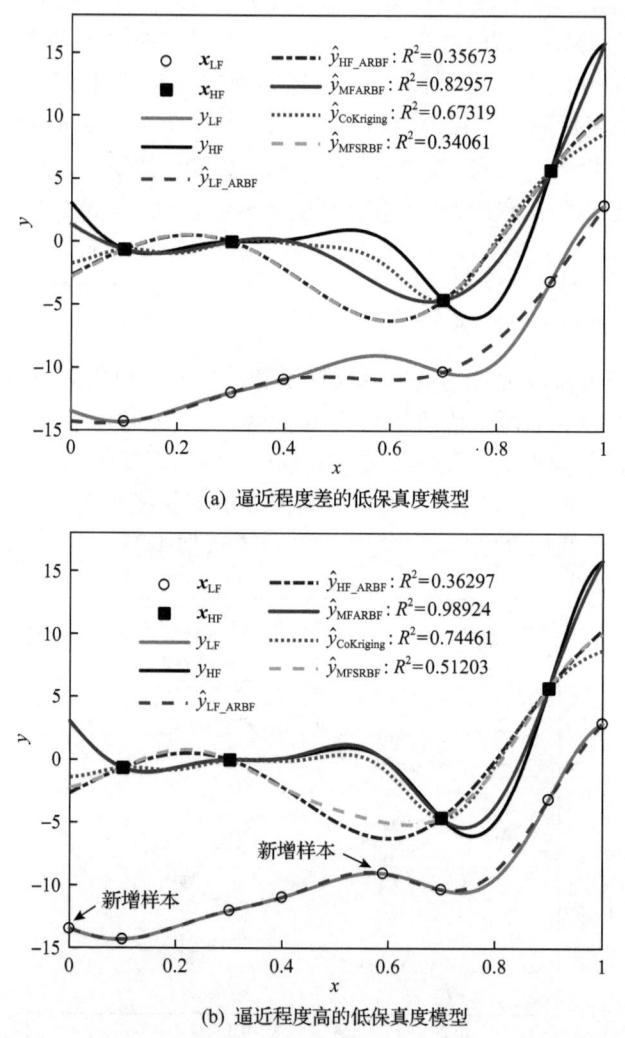

(a) 逼近程度差的低保真度模型

(b) 逼近程度高的低保真度模型

图 3.27 低保真度模型逼近程度对多保真度模型泛化性能的影响

[0.1,0.4]近似模型 $\hat{y}_{\text{LF\_ARBF}}$ 与 y_{LF} 更为接近。对应地，各多保真度近似模型在[0,0.1]∪[0.4,1]的精度亦相对偏低；在[0.1,0.4]的近似精度相对较高。当加入图 3.27(b)中所示的两个低保真度样本点后，近似模型 $\hat{y}_{\text{LF\_ARBF}}$ 的精度得到显著提升。相应地，各建模方法获得的多保真度模型的泛化性能均得到不同程度的提高。这是由于在多保真度近似建模过程中利用了低保真度模型的变化趋势，具有较高泛化性能的低保真度近似模型更能反映 $f_{\text{LF}}(x)$ 的变化趋势，进而有利于提升多保真度模型的泛化性能。特别地，本节方法建立的多保真度模型的泛化性能提升更为明显。

2. 典型数值算例

选取文献[137]中典型的 4 个算例进一步测试，并与 CoKriging 和 MFSRBF 方法进行对比验证。算例描述如下。

(1) Booth(记为 BT)函数，即

$$\begin{cases} f(x_1,x_2) = (x_1 + 2x_2 - 7)^2 + (2x_1 + x_2 - 5)^2, & x_{1,2} \in [-10,10] \\ f_{\text{HF}}(x_1,x_2) = f(x_1,x_2) \\ f_{\text{LF}}(x_1,x_2) = f(0.8x_1 + x_2) + 1.7x_1x_2 - x_1 + 2x_2 \end{cases} \quad (3.84)$$

(2) Six-hump Camel-back(记为 SC)函数，即

$$\begin{cases} f(x_1,x_2) = 4x_1^2 - 2.1x_1^4 + x_1^6/3 + x_1x_2 - 4x_2^2 + 4x_2^4, & x_{1,2} \in [-2,2] \\ f_{\text{HF}}(x_1,x_2) = f(x_1,x_2) \\ f_{\text{LF}}(x_1,x_2) = f(0.7x_1, 0.7x_2) + x_1x_2 + \sin(x_1) + 2x_2 + \sin(x_2) + x_1 \end{cases} \quad (3.85)$$

(3) Himmelblau(记为 HM)函数，即

$$\begin{cases} f(x_1,x_2) = (x_1^2 + x_2 - 11)^2 + (x_2^2 + x_1 - 7)^2, & x_{1,2} \in [-3,3] \\ f_{\text{HF}}(x_1,x_2) = f(x_1,x_2) \\ f_{\text{LF}}(x_1,x_2) = f(0.5x_1, 0.8x_2) + x_2^3 - (x_1 + 1)^2 \end{cases} \quad (3.86)$$

(4) Hartman(记为 Hart6)函数，即

$$\begin{cases} f(x_1, x_2, \cdots, x_6) = -\sum_{i=1}^{4} c_i \exp\left[-\sum_{j=1}^{6} a_{ij}(x_j - p_{ij})^2\right], \quad x_j \in [0,1] \\ [c_i] = \begin{bmatrix} 1 & 1.2 & 3 & 3.2 \end{bmatrix}^T, \quad [a_{ij}] = \begin{bmatrix} 10 & 3 & 17 & 3.05 & 1.7 & 8 \\ 0.05 & 10 & 17 & 0.1 & 8 & 4 \\ 3 & 3.5 & 1.7 & 10 & 17 & 8 \\ 17 & 8 & 0.05 & 10 & 0.1 & 14 \end{bmatrix} \\ [p_{ij}] = \begin{bmatrix} 0.1312 & 0.1696 & 0.5569 & 0.0124 & 0.8283 & 0.5886 \\ 0.2329 & 0.4139 & 0.8307 & 0.3736 & 0.1004 & 0.9991 \\ 0.2348 & 0.1451 & 0.3522 & 0.2883 & 0.3047 & 0.6650 \\ 0.4947 & 0.8828 & 0.8732 & 0.5743 & 0.1091 & 0.0381 \end{bmatrix} \\ f_{\text{HF}}(x_1, x_2) = f(x_1, x_2), \quad f_{\text{LF}}(x_1, x_2) = -\sum_{i=1}^{4} c_i^{\text{LF}} \exp\left[-\sum_{j=1}^{6} a_{ij}(l_j x_j - p_{ij})^2\right] \\ [c_i^{\text{LF}}] = \begin{bmatrix} 1.1 & 0.8 & 2.5 & 3 \end{bmatrix}^T, \quad [l_j] = \begin{bmatrix} 0.75 & 1 & 0.8 & 1.3 & 0.7 & 1.1 \end{bmatrix}^T \end{cases} \quad (3.87)$$

针对上述 4 个数值函数，在设计空间中生成 $5m$ 个高保真度样本点和 $50m$ 个低保真度样本点，并基于 MFARBF、CoKriging、MFSRBF、ARBF 建立相应近似模型。在设计空间中随机生成 10000 个高保真度样本点，以测试不同近似模型的全局和局部近似性能。

如表 3.9 所示，由于高保真度样本点数量匮乏，仅利用高保真度样本点建立的 ARBF 近似模型泛化性能相对较差。特别地，对于 BT 函数和 Hart6 函数，在当前高保真度样本点数量下，ARBF 近似模型精度很差。具体对比其余三种多保真度建模方法，对于 BT 函数、HM 函数和 Hart6 函数，MFARBF 多保真度模型获得的精度 (R^2) 均高于其余两种多保真度近似建模方法。对于 SC 函数，MFARBF 模型的精度 (R^2) 与 CoKriging 模型相当，并且显著高于 MFSRBF 模型。

表 3.9 针对典型数值函数的不同近似模型全局和局部近似精度

函数名	样本点数量	精度指标	MFARBF	CoKriging	MFSRBF	ARBF
BT	10HF+100LF	R^2	0.9849	0.8527	0.9228	0.0939
		E_{RMSE}	55.5382	173.6072	125.697	430.5303
		E_{RMAE}	0.5972	1.8456	1.2495	4.7512
SC	10HF+100LF	R^2	0.9727	0.9849	0.2762	0.7124
		E_{RMSE}	2.6511	1.9641	13.5933	8.5679
		E_{RMAE}	0.7574	0.6834	4.521	2.4925

续表

函数名	样本点数量	精度指标	MFARBF	CoKriging	MFSRBF	ARBF
HM	10HF+100LF	R^2	0.9875	0.9567	0.9868	0.7141
		E_{RMSE}	8.1584	15.1684	9.7808	39.0151
		E_{RMAE}	1.0063	1.5963	0.8341	2.6844
Hart6	30HF+300LF	R^2	0.4642	0.3978	0.4621	−0.0189
		E_{RMSE}	0.2809	0.2978	0.2814	0.3873
		E_{RMAE}	5.3925	5.0971	5.7824	8.2663

综上可知，相比仅利用高保真度样本点信息建立的单保真度模型，融合高保真度和低保真度样本点信息的多保真度模型可在利用少量高保真度样本点情况下实现模型的高精度泛化，具有提高计算效率和预测精度显著优势。同时，相比 CoKriging 和 MFSRBF 两种典型方法，在相同数量高/低保真度样本点情况下，数值算例对比结果验证了本节方法在提高多保真度模型泛化性能方面的有效性和优势。

应用分片 K 折交叉验证方法建立 ARBF 多保真度模型的优势在于，本节给出的 IVDO、MIVDO 自适应采样算法可直接应用于面向全局近似(或优化)的多保真度序列建模。

3.6 本章小结

本章针对复杂结构响应的高效预测问题，开展如何高效确定形状参数最优取值、如何根据当前信息实现对未知区域按需序列采样、如何综合利用高保真度和低保真度模型等研究，主要工作和结论总结如下。

(1)给出基于矩估计的 ARBF 近似建模方法。该方法综合考虑样本点空间分布及真实模型响应特性对形状参数的影响，引入样本点局部密度和形状参数缩放系数，并基于 MMES，成功将确定形状参数的优化问题转化为确定缩放系数的优化问题，可以显著降低形状参数优化问题的复杂度。

(2)建立基于分片 K 折交叉验证的 ARBF 近似建模方法。该方法针对传统 K 折交叉验证在训练样本点划分策略和泛化误差评估函数选取这两方面存在的不足，给出训练样本点 SS 算法和基于偏差-方差分解的误差评估准则，可以有效解决训练样本聚集导致的过拟合问题。

(3)提出面向全局近似的 ARBF 序列近似建模方法。结合 K 折交叉验证近似建模中辅助模型与最终模型差异性的偏差-方差分解技术，可以有效解决近似模型在不同区域对训练样本点需求度的量化问题。同时，基于非精确 Voronoi 图解算法，可以有效降低新增样本点间的冗余信息，并进一步发展基于并行采样的 ARBF 序列近似建模方法，数值算例对比结果验证了该方法实现按需采样的可信性和有效性。

(4) 发展基于分片 K 折交叉验证的 ARBF 多保真度建模方法，可以有效解决如何对比结果，综合利用高保真度和低保真度样本信息以提升近似建模效率和精度问题，数值算例验证了该方法在提高多保真度模型泛化性能方面的有效性。

第4章 基于传统优化算法的加筋圆柱壳舱段优化设计

网格加筋圆柱壳和集中力扩散舱段是运载火箭中两类典型的关键加筋圆柱壳结构，其轻量化设计不但能显著提升运载能力，而且还可以大幅节约发射成本。然而，大直径、大载荷的结构特点将给这两类结构轻量化设计带来挑战。

一方面，服役载荷下的薄壁加筋圆柱壳结构的主要破坏模式往往表现为整体压溃失稳，轴压极限承载能力是其主要设计目标，而稳健获取该类结构的后屈曲行为和极限承载能力耗时长，这将导致薄壁加筋圆柱壳结构轻量化效率低下，延长设计周期。另一方面，集中力扩散舱段设计需综合考虑承载能力和集中力扩散性能，这将对其轻量化、精细化设计提出更高要求。同时，集中力扩散舱段结构形式复杂，涉及变量众多，其面临的高复杂度、高维度、高耗时的优化问题会进一步加剧集中力扩散舱段的设计难度。

针对上述两类薄壁加筋圆柱壳结构，本章采用传统优化算法进行轻量化设计。基于 Kriging 模型建立网格加筋圆柱壳设计变量与极限承载能力间的非线性映射关系，避免迭代优化过程中反复调用显式动力学进行后屈曲计算，提高结构分析和优化效率；为综合提高集中力扩散舱段的承载能力和集中力扩散性能，给出变截面-等比布局多区域联合设计方法，建立基于静力分析和工程估算方法的优化模型；针对集中力扩散舱段优化设计中面临的高维、多约束优化难题，结合集中力扩散舱段结构特点，将高维优化问题分解为多个低维优化问题，提出基于迭代解和最优解合作的协同 SA 优化算法，并开展集中力扩散舱段优化设计研究。

4.1 基于近似建模的网格加筋圆柱壳优化设计

4.1.1 网格加筋圆柱壳有限元建模

本节基于 Python 语言对网格加筋圆柱壳结构进行参数化建模。网格加筋圆柱壳模型如图 4.1 所示。加筋壳高度为 1200mm，直径为 2000mm，有 9 根环向筋条，50 根纵向筋条，筋条高度为 10.0mm，筋条宽度为 4.0mm，蒙皮厚度为 2.0mm。整个结构均为铝合金材料，材料弹性模量为 70GPa，泊松比为 0.3，屈服强度为 350MPa，极限强度为 450MPa，延伸率为 10%，材料密度为 $2.7×10^{-6}$kg/mm^3。采用 4 节点全积分壳单元剖分网格，相邻两根筋条之间的蒙皮单元尺寸为其间距的

1/5，为保证计算精度，筋条沿高度方向剖分为两层单元。

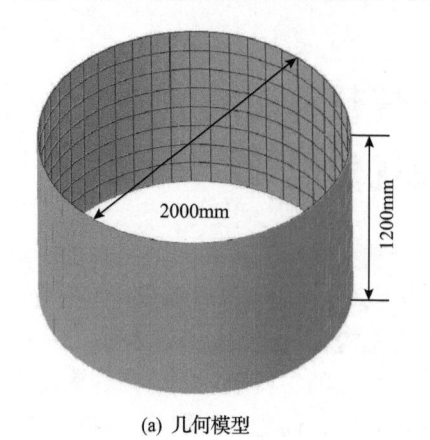

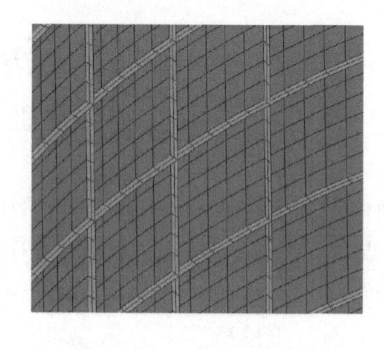

(a) 几何模型

(b) 有限元模型

图 4.1　网格加筋圆柱壳模型

4.1.2　网格加筋圆柱壳稳定性分析

对于显式动力学分析，运动方程为

$$Ma_t = F_t^{\text{external}} - F_t^{\text{internal}} - CV_t - KU_t \tag{4.1}$$

其中，M 为质量矩阵；C 为阻尼矩阵；K 为刚度矩阵；a_t 为节点加速度矢量；V_t 为节点速度矢量；U_t 为节点位移矢量，t 为时间；F_t^{external} 为外力矢量；F_t^{internal} 为内力矢量。

采用中心差分法对控制方程进行显式的时间积分，应用一个增量步的动力学条件来计算下一个增量步的动力学条件，即

$$\begin{cases} a_t = (U_{t-\Delta t} - 2U_t + U_{t+\Delta t})/\Delta t^2 \\ V_t = (U_{t+\Delta t} - U_{t-\Delta t})/(2\Delta t) \end{cases} \tag{4.2}$$

其中，Δt 为时间增量。

将式(4.2)代入式(4.1)，则原运动方程可改写为

$$\left(\frac{M}{\Delta t^2} + \frac{C}{2\Delta t}\right)U_{t+\Delta t} = F_t^{\text{external}} - F_t^{\text{internal}} + \left(\frac{2M}{\Delta t^2} + K\right)U_t - \left(\frac{M}{\Delta t^2} - \frac{C}{2\Delta t}\right)U_{t-\Delta t} \tag{4.3}$$

可以看出，增量步结束时的状态仅取决于该增量步开始时的位移、速度和加速度，在时间上显式地向前计算位移、速度和加速度。

相比特征值线性屈曲分析方法和非线性隐式动力学方法，显式动力学方法可以较为稳健地跟踪轴压下薄壁加筋圆柱壳结构的后屈曲及后压溃路径和行为，并且算法收敛性较好，因此采用显式动力学方法开展加筋圆柱壳非线性稳定性分析。

为准确获得结构后屈曲失稳模式和极限承载能力,合适的加载速度尤为关键。分别于 10ms、20ms、30ms、40ms、50ms 内匀速施加 6mm 位移,直至结构压溃破坏,得到的位移-载荷曲线如图 4.2 所示。可以看出,加载速度较快时,位移-载荷曲线振荡明显,得到的结构极限承载能力也偏高。10ms 加载时间下结构轴压承载能力为 3.958×10^6N,与工程算法相差很大,随着加载时间的增长,计算得到的结构轴压承载能力逐渐减小,50ms 加载时间下为 2.819×10^6N,与工程算法结果吻合较好。同时,对比不同加载时间下的结果也可以看出,加载时间超过 30ms 后,位移-载荷曲线随加载时间的变化逐渐减小,50ms 加载下的结果可认为是一个收敛的结果。另外,由于显式有限元分析的计算耗时与加载时间成正比,因此采用 50ms 加载时间进行后屈曲分析计算。

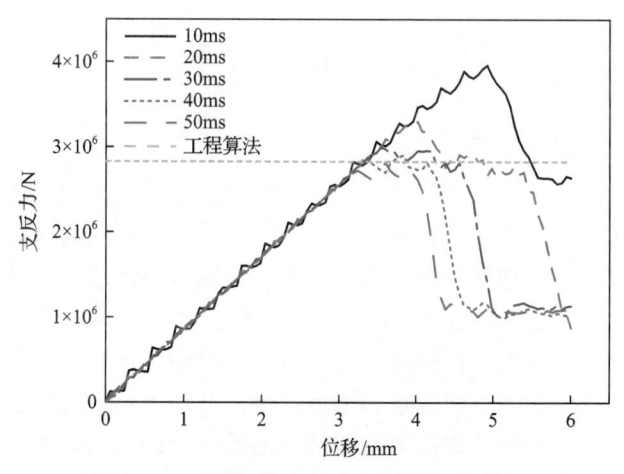

图 4.2 不同加载速度下的位移-载荷曲线

如图 4.3 和图 4.4 所示,可以看出明显的先蒙皮局部失稳、后整体失稳的结构逐步失效过程,在失稳前结构内最大应力为 230MPa 左右,低于材料屈服极限,在该结构中,由于稳定性原因,材料性能并没有得到充分的利用。

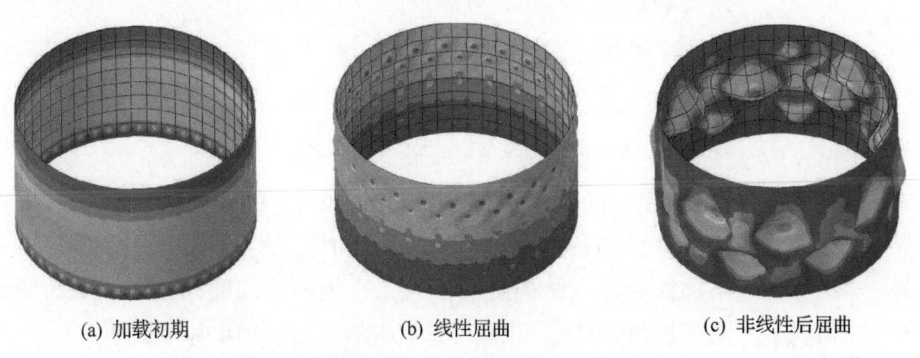

(a) 加载初期　　　　　(b) 线性屈曲　　　　　(c) 非线性后屈曲

图 4.3 轴压载荷下网格加筋圆柱壳失稳过程

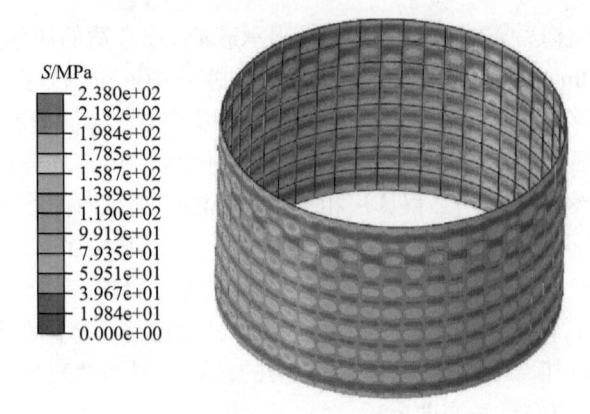

图 4.4　极限轴压载荷下网格加筋圆柱壳应力云图

4.1.3　基于近似模型的网格加筋圆柱壳优化设计

1. 优化问题描述

通常,结构设计优化包含拓扑、形状和尺寸优化。网格加筋圆柱壳优化设计同时涉及拓扑优化和尺寸优化,其中拓扑优化与纵向、环向筋条数量相关,不同筋条的数量决定了网格加筋圆柱壳的拓扑形式,属于离散结构拓扑优化;在结构拓扑形式确定后,蒙皮厚度及筋条截面参数的优化属于结构尺寸优化。

考虑网格加筋圆柱壳结构中筋条沿环向和轴向均匀分布,可以将拓扑优化变量和尺寸优化变量转化为整数变量和连续变量,从而使离散拓扑优化和连续尺寸优化问题转化为混合整数非线性规划问题。为此,分别构造最小化结构质量和最大化结构承载性能的结构优化列式,即

$$\begin{aligned}&\text{find } \boldsymbol{x} = \left[\boldsymbol{x}_\text{c}, \boldsymbol{x}_\text{d}\right] \\ &\min M(\boldsymbol{x}) \\ &\text{s.t. } F_\text{cr}(\boldsymbol{X}) \geqslant F_\text{cr0}, \quad \boldsymbol{x}_\text{lb} \leqslant \boldsymbol{x} \leqslant \boldsymbol{x}_\text{ub}\end{aligned} \quad (4.4)$$

$$\begin{aligned}&\text{find } \boldsymbol{x} = \left[\boldsymbol{x}_\text{c}, \boldsymbol{x}_\text{d}\right] \\ &\max F_\text{cr}(\boldsymbol{x}) \\ &\text{s.t. } M(\boldsymbol{x}) \leqslant M_0, \quad \boldsymbol{x}_\text{lb} \leqslant \boldsymbol{x} \leqslant \boldsymbol{x}_\text{ub}\end{aligned} \quad (4.5)$$

其中,$\boldsymbol{x}_\text{c}$ 为连续变量,包括筋条高度和厚度 h_stiffen 和 t_stiffen、蒙皮厚度 t_mp;$\boldsymbol{x}_\text{d}$ 为离散变量,包括纵向和环向筋条数量 n_v 和 n_c;$\boldsymbol{x}_\text{lb}$ 和 $\boldsymbol{x}_\text{ub}$ 为设计变量取值的下界和上界;$M(\boldsymbol{x})$ 为网格加筋圆柱壳结构质量;$F_\text{cr}(\boldsymbol{x})$ 为网格加筋圆柱壳极限承载能力;M_0 和 F_cr0 为网格加筋圆柱壳初始设计结构的质量和极限承载能力。

2. 基于近似模型和组合优化算法的近似优化算法

将近似模型用于求解高耗时结构优化设计问题，最初采用的方法是建立具有合理精度的近似模型，替代高耗时的有限元仿真分析，以实现高效优化设计。在该优化过程中，仅构建一次近似模型，因此初始样本点的空间高均布性和高填充性，以及近似模型的全局非线性泛化能力是提高优化精度的关键。本节采用 OLHD 设计方法生成 100 个初始样本点，并利用有限元计算获得初始样本点输出值，以此建立满足精度需求的 Kriging 近似模型。针对构建的 Kriging 近似模型，依次采用 MIGA 和序列二次规划(sequential quadratic programming, SQP)算法来提高全局寻优性能。若近似模型最优解满足工程需求，则优化结束，并将优化结果作为最优设计方案；否则，增大初始采样点数量，重新构建近似模型并再次进行优化，直至获得满意解。

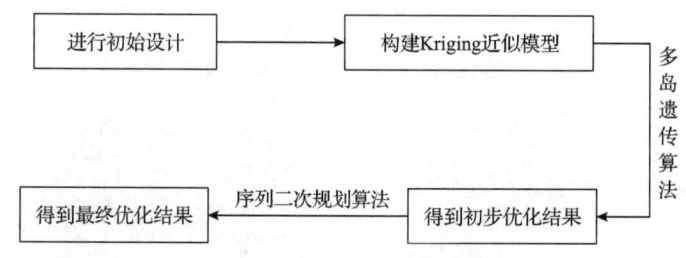

图 4.5 基于近似模型和组合优化算法的近似优化算法

3. 优化结果

采用上述基于近似模型和组合优化算法的近似优化算法对网格加筋圆柱壳进行优化设计。如表 4.1 所示，在承载能力相当的情况下，结构质量降低 14.2%；在结构质量相当的情况下，结构极限承载性能提升 19.3%，验证了上述优化算法的有效性。

表 4.1 两种优化方案下网格加筋圆柱壳结构参数优化值

参数	初始设计	最小化结构质量	最大化极限载荷
t_{mp} /mm	2.00	1.52	1.79
n_c	50	46	41
n_v	8	10	9
$h_{stiffen}$ /mm	10.00	12.50	11.25
$t_{stiffen}$ /mm	4.00	3.53	4.93
M/kg	53.22	45.67	53.12
F_{cr} /(10^7N)	281.93	282.5	336.26

网格加筋圆柱壳优化结构的位移-载荷曲线如图 4.6 所示。图 4.7 和图 4.8 所示为上述两种优化结构的整体失稳模式及其极限载荷时的应力云图。与初始结构

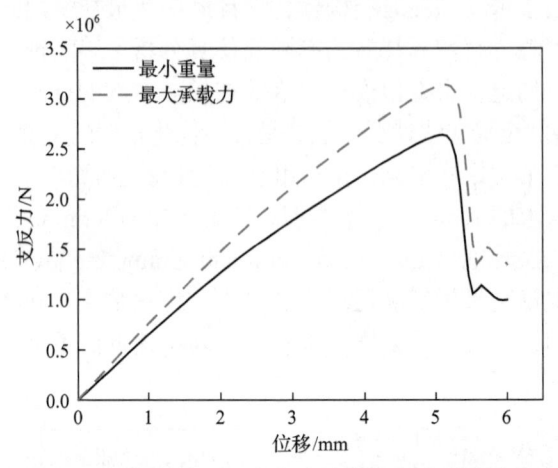

图 4.6 网格加筋圆柱壳优化结构的位移-载荷曲线

(a) 最小化结构质量　　　　　　(b) 最大化极限载荷

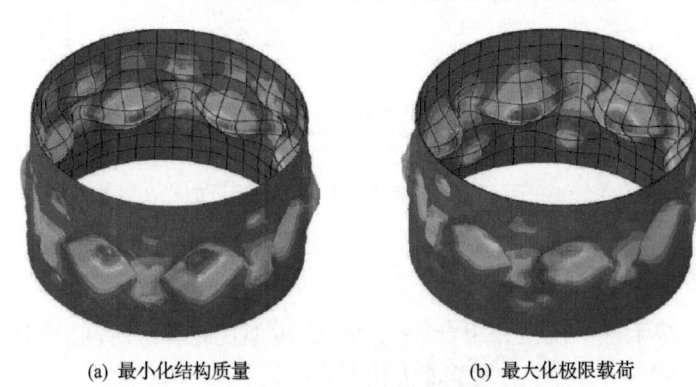

图 4.7 优化结构整体失稳模式

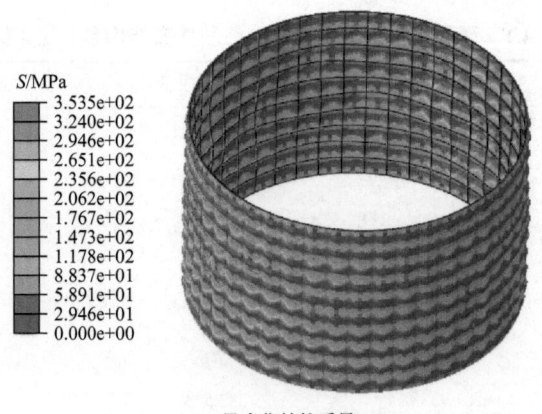

(a) 最小化结构质量

(b) 最大化极限载荷

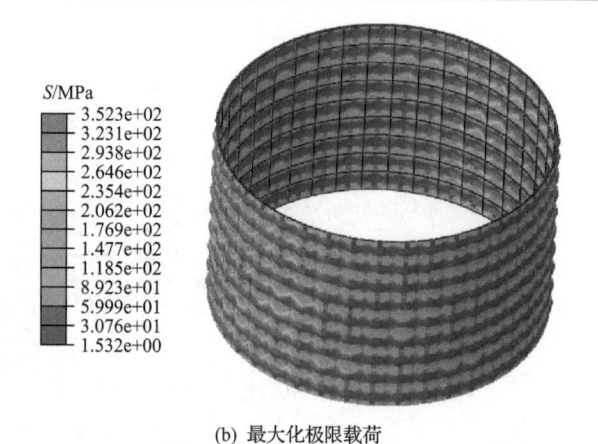

图 4.8 优化结构极限载荷时应力云图

相比，优化后的结构在失稳时应力达到材料屈服极限，材料性能得到较充分地利用。同时，正因为结构整体失稳时材料已达到屈服极限，位移-载荷曲线比较稳定，所以没有在结构整体失稳时发生抖动。

4.2 基于模拟退火算法的集中力扩散舱段优化设计

集中力扩散舱段作为主捆绑装置的主要联接舱段，起到传递并扩散助推器推力至芯级的作用。轴压承载能力和集中力扩散性能是设计该结构的两个主要性能指标。为满足重型运载火箭两点主传力超静定捆绑需求，提高集中力扩散舱段的承载能力和集中力扩散性能，本书设计了基于多层级加筋的集中力扩散舱段新构型。为实现集中力扩散舱段高效化、精细化的设计需求，进一步给出变截面-等比布局多区域联合设计方法，建立基于静力分析和工程估算方法的优化模型，并据此开展集中力扩散舱段优化设计。

4.2.1 基于多层级加筋的集中力扩散舱段多区域联合设计

传统单点静定捆绑方案下集中力扩散舱段结构形式如图 4.9(a) 所示。其主要由捆绑接头、主梁、副梁、桁条、中间框、端框和蒙皮组成。捆绑接头作为运载火箭芯级和助推器的直接联接装置，主要传递助推器发动机推力至芯级，同时承受一定程度的径向力、附加弯矩等捆绑载荷。

大集中力作用下，集中力扩散舱段捆绑接头局部极易发生稳定性失效，甚至强度破坏。为承受并扩散来自助推器发动机的巨大推力，避免承载区域发生强度破坏或稳定性失效，依据集中力扩散舱段结构承载特点及集中力扩散需求，将其划分为如图 4.10(a) 所示的主扩散区和非主扩散区，进而针对这两个区域分别进行

(a) 单点静定捆绑的集中力扩散舱段结构形式

(b) 两点捆绑的集中力扩散舱段结构形式

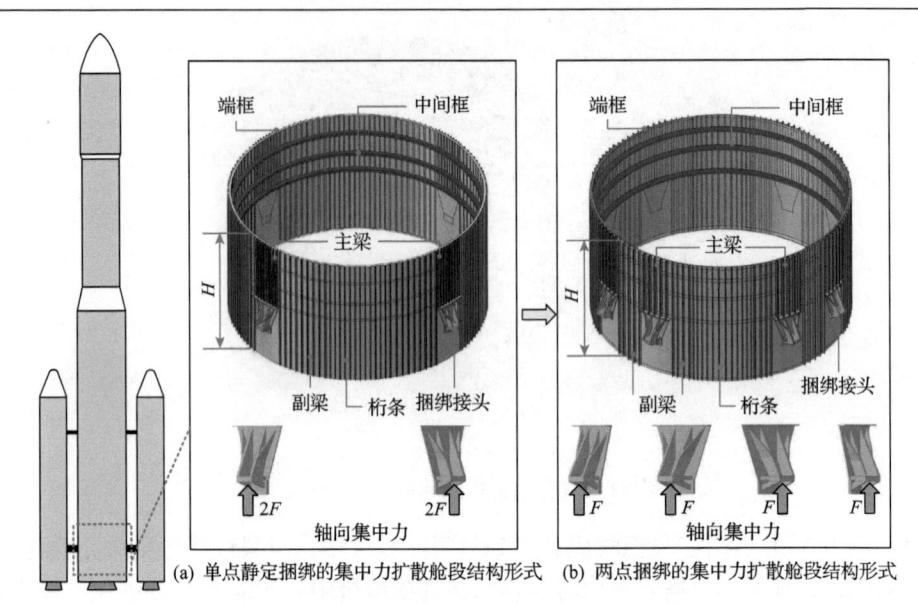

图 4.9　重型运载火箭集中力扩散舱段结构形式示意图

(a) 传统单点捆绑集中力扩散舱段

(b) 两点捆绑集中力扩散舱段

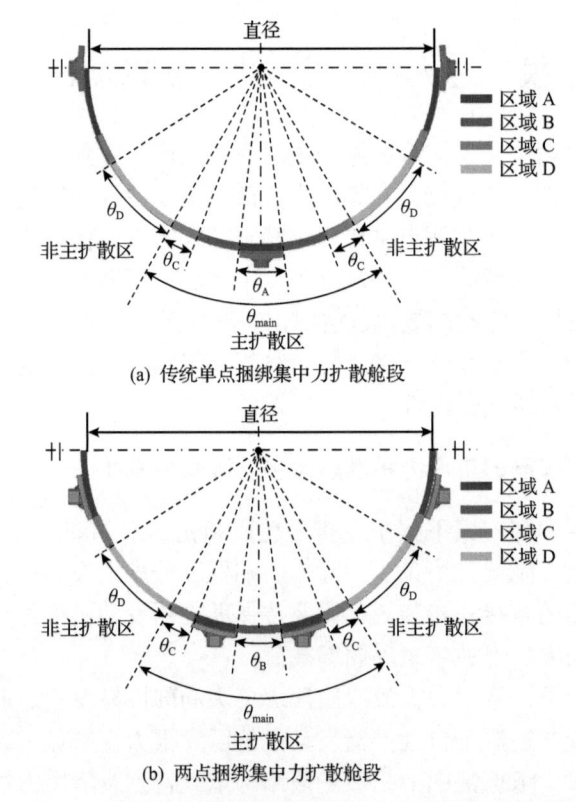

图 4.10　集中力扩散舱段主扩散区和非主扩散区示意图

θ_A、θ_B、θ_C、θ_D 表示相应区域的圆心角

多层级加筋设计。对于主扩散区域，其不但承担来自捆绑接头的大部分载荷，而且是实现集中力载荷均匀扩散的主要区域，需分别在捆绑接头上方布置主梁、两侧布置副梁及桁条，并依承载特点分别进行变刚度设计。对于非主扩散区，由于承载相对较小，一般布置弱桁以保持结构几何形状。布置于蒙皮内侧的环向中间框通过抵抗主梁、副梁，以及桁条的径向弯曲变形，加强结构的径向刚度，从而提高结构主扩散区域的承载能力和集中力扩散性能。

然而，传统单点捆绑的集中力扩散舱段结构形式难以满足重型运载火箭两点主传力捆绑方案设计的需求，同时大直径、大集中力的结构和承载特点要求对捆绑接头区域进行高刚度、高强度设计，极大制约了单点捆绑集中力扩散舱段的承载能力和集中扩散性能。为此，本书设计了如图 4.9(b) 所示的适用于两点主传力捆绑方案需求的两点捆绑集中力扩散舱段结构形式。双捆绑接头的布局形式不但可以将承担的集中力载荷降至单点捆绑方案的一半，缓解捆绑接头区域的结构设计压力，而且有利于提升集中力扩散性能。与单点捆绑集中扩散舱段划分区域相同，两点捆绑集中力扩散舱段的主扩散区域和非主扩散区域如图 4.10(b) 所示。不同构件截面形式及设计参数示意图如图 4.11 所示，各设计参数的物理含义如表 4.2 所示。

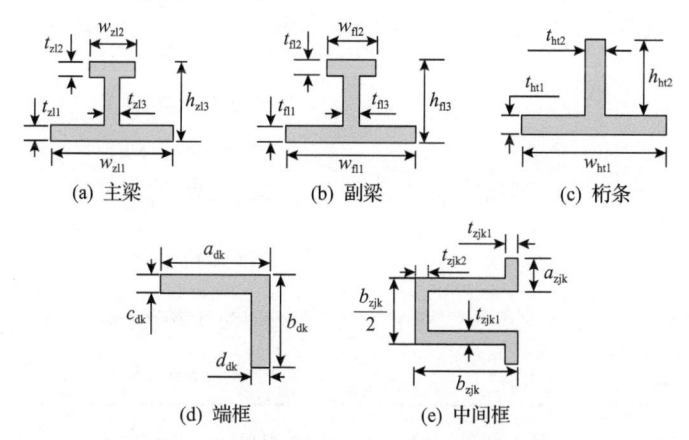

图 4.11 不同构件截面形式及设计参数示意图

表 4.2 图 4.11 中各设计参数的物理含义

设计参数	物理含义
w_{zl1}	主梁下缘板宽度
t_{zl1}	主梁下缘板厚度
w_{zl2}	主梁上缘板宽度
t_{zl2}	主梁上缘板厚度

续表

设计参数	物理含义
h_{zl3}	主梁腹板高度
t_{zl3}	主梁腹板厚度
w_{fl1}	副梁下缘板宽度
t_{fl1}	副梁下缘板厚度
w_{fl2}	副梁上缘板宽度
h_{fl3}	副梁腹板高度
t_{fl3}	副梁腹板厚度
w_{ht1}	桁条下缘板宽度
t_{ht1}	桁条下缘板厚度
h_{ht2}	桁条腹板高度
t_{ht2}	桁条腹板厚度
a_{dk}	端框径向壁板宽度
b_{dk}	端框侧向壁板高度
c_{dk}	端框径向壁板厚度
d_{dk}	端框侧向壁板厚度
a_{zjk}	中间框外缘宽度
b_{zjk}	中间框径向高度
t_{zjk1}	中间框径向壁板厚度
t_{zjk2}	中间框内缘壁板厚度

值得说明的是，在集中力扩散舱段结构设计中，由于径向捆绑载荷、轴向偏心捆绑载荷产生的附加弯矩，以及芯级发动机推力等多种载荷的作用，需协同设计发动机机架结构。考虑径向捆绑载荷仅涉及捆绑联接区域和发动机机架的径向刚度设计，并且芯级发动机推力可等效叠加至舱段轴向捆绑载荷中，因此研究仅考虑轴向捆绑载荷作用，不涉及发动机机架的优化设计。为抵抗轴向捆绑载荷偏心加载产生的附加弯矩作用，采用刚度等效法设计当量厚度为 6mm 的"井字架"结构来提高捆绑接头区域的径向刚度。下面重点对两点捆绑集中力扩散舱段多区域联合设计方法进行详细介绍。

1. 蒙皮多区域变厚度设计

基于工程设计经验，主扩散区和非主扩散区蒙皮的受载不同，为达到轻质高强的目的，依据受载特点设计变厚度蒙皮，以期实现集中力扩散舱段蒙皮精细化设计，从而减轻结构质量。

初始设计的蒙皮应力分布云图如图 4.12(a) 所示。高应力区域以两个捆绑接头为中心近似呈放射状分布，中间框将主梁布置区域分割成 3 个不同的应力区域。进而，根据蒙皮承载及结构形式特点，设计如图 4.12(b) 所示的蒙皮多区域划分方案，分区形式依结构特点呈对称分布，颜色相同区域表示蒙皮厚度相同。其中，分区 3、4、5 之间的分界依中间框的布局位置确定。根据工程经验和大量仿真分析可知，分区 2、9、11 和 12 承载效率相对较低，并且允许该区域蒙皮发生局部失稳，因此该区域蒙皮厚度可相对较薄。其余区域承载相对较高，其蒙皮相应较厚。蒙皮不同区域厚度初始设计及取值范围如表 4.3 所示。

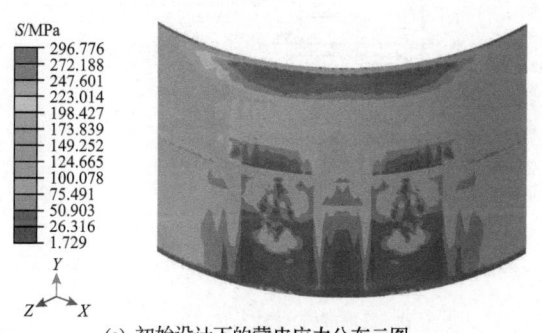

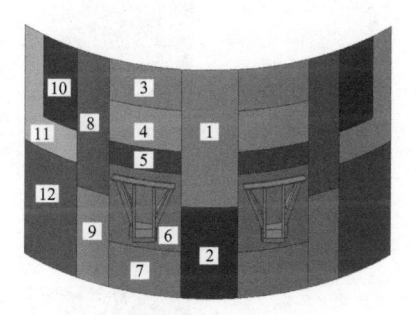

(a) 初始设计下的蒙皮应力分布云图　　(b) 蒙皮多区域划分方式

图 4.12　基于承载特点的蒙皮多区域变厚度设计

表 4.3　蒙皮不同区域厚度初始设计及取值范围

区域	变量	初始设计	取值范围	区域	变量	初始设计	取值范围
区域 1	$t_{\text{patch}1}$ /mm	6	[6,10]	区域 7	$t_{\text{patch}7}$ /mm	15	[10,20]
区域 2	$t_{\text{patch}2}$ /mm	3	[1.5,3]	区域 8	$t_{\text{patch}8}$ /mm	6	[6,10]
区域 3	$t_{\text{patch}3}$ /mm	6	[5,10]	区域 9	$t_{\text{patch}9}$ /mm	3	[1.5,3]
区域 4	$t_{\text{patch}4}$ /mm	6	[5,10]	区域 10	$t_{\text{patch}10}$ /mm	3	[2,4]
区域 5	$t_{\text{patch}5}$ /mm	6	[5,10]	区域 11	$t_{\text{patch}11}$ /mm	3	[1.5,3]
区域 6	$t_{\text{patch}6}$ /mm	15	[10,20]	区域 12	$t_{\text{patch}12}$ /mm	2	[1.5,3]

注：$t_{\text{patch}i}(i=1,2,\cdots,12)$ 表示图 4.12(b) 中第 i 个区域蒙皮的厚度。

2. 主梁变截面设计

作为集中力扩散舱段的主要承载部件，在远离捆绑接头区域，主梁载荷沿轴向呈减小趋势，采用变截面设计可在降低结构质量的同时进一步提高集中力扩散性能[175]。考虑加工制造工艺，采用如图 4.13 所示的线性渐变方案设计变截面主梁，w_{zl1} 表示主梁下缘板宽度，w_{zl2} 表示主梁上缘板宽度，h_{zl3} 表示主梁腹板高度，t_{zl3} 表示主梁腹板厚度，顶端截面下缘板厚度 t_{zl1} 和上缘板厚度 t_{zl2} 与底端截面相同，其余参数通过引入截面缩放系数 η_{upw}、η_{yyw}、η_{fbh} 和 η_{fbt} 实现主梁顶端截面设计。变截面主梁相关参数初始设计及取值范围如表 4.4 所示，表中 n_{zl} 为单个捆绑接头上方变截面主梁根数。

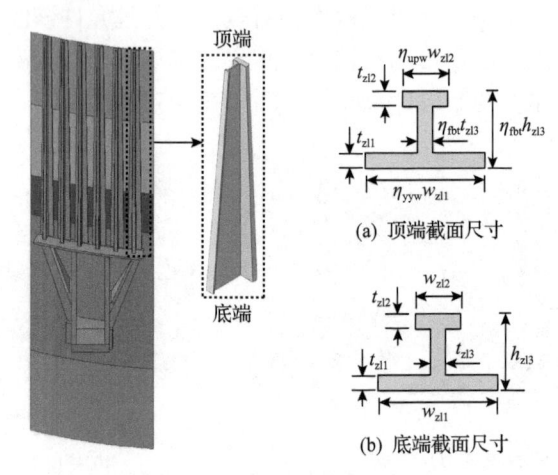

(a) 顶端截面尺寸

(b) 底端截面尺寸

图 4.13 变截面主梁示意图

表 4.4 变截面主梁相关参数初始设计及取值范围

变量	初始设计	取值范围	变量	初始设计	取值范围
w_{zl1} /mm	100	[40,100]	n_{zl}	6	[4,8]
t_{zl1} /mm	15	[3,15]	η_{yyw}	0.7	[0.4,1]
w_{zl2} /mm	40	[20,60]	η_{upw}	0.75	[0.4,1]
t_{zl2} /mm	7	[3,15]	η_{fbh}	0.86	[0.4,1]
h_{zl3} /mm	70	[50,120]	η_{fbt}	0.66	[0.4,1]
t_{zl3} /mm	15	[3,15]	—	—	—

3. 副梁、桁条等比布局设计

考虑集中力扩散舱段不同区域的非均匀承载特性，副梁、桁条等间距均匀布置将不能做到按需布局,难以最大限度地提高结构的承载能力和集中力扩散性能。为更有效地实现副梁和桁条的非均匀布局设计,减少设计变量数目,提高设计效率,设置副梁、桁条间距按等比数列分布,并引入3个等比系数 λ_1^{fl}、λ_2^{fl} 和 λ^{ht} 表征副梁和桁条的空间位置,其中桁条关于非主扩散区中心线对称分布。由于变厚度蒙皮在厚度突变处易产生应力集中,分别在副梁布置区域与主梁、桁条布置区连接处(即蒙皮厚度突变处)"骑缝"布置一根副梁(图4.14)。副梁、桁条的等比非均匀布局数学描述如下,即

$$\begin{cases} \theta_{i+1}^{ht} = \lambda^{ht} \theta_i^{ht}, & i = 1, 2, \cdots, \lceil (n_{ht}+1)/2 \rceil \\ \theta_{i+1}^{fl} = \lambda_1^{fl} \theta_i^{fl1}, & i = 1, 2, \cdots, \lfloor n_{fl1}/2 \rfloor \\ \theta_{i+1}^{fl} = \lambda_2^{fl} \theta_i^{fl2}, & i = 1, 2, \cdots, n_{fl2} - 1 \end{cases} \quad (4.6)$$

其中,$\theta_i^{(\bullet)}$ 为相邻筋条(副梁或桁条)对应位置的圆心角;n_{fl1} 为布置于主扩散B区的副梁数量;n_{fl2} 为布置于主扩散C区的副梁数量;n_{ht} 为布置于非主扩散D区的桁条数量;$\lceil * \rceil$ 表示向上取整;$\lfloor * \rfloor$ 表示向下取整。

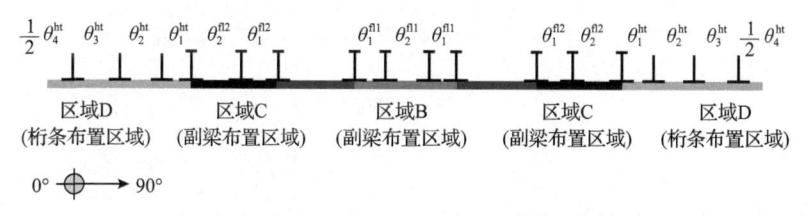

图 4.14 副梁/桁条非均匀布局示意图

观察式(4.6)和图4.14可知,当 $\lambda^{ht} = \lambda_1^{fl} = \lambda_2^{fl2} = 1$ 时,桁条、副梁等间距布局;当 $\lambda^{ht} > 1$ 时,桁条靠近捆绑接头分布密集、远离捆绑接头分布稀疏,当 $\lambda^{ht} < 1$ 时,与上述相反;当 $\lambda_1^{fl} > 1$ 时,主扩散 B 区的副梁靠近捆绑接头分布密集、远离捆绑接头分布稀疏,当 $\lambda_1^{fl} < 1$ 时,与上述相反;当 $\lambda_2^{fl2} > 1$ 时,主扩散 C 区的副梁靠近捆绑接头分布密集、远离捆绑接头分布稀疏,当 $\lambda_2^{fl2} < 1$ 时,与上述相反。为探索副梁、桁条的最优布局形式,将上述3个等比系数取值范围设置相同,即 $\lambda^{ht}, \lambda_1^{fl}, \lambda_2^{fl2} \in [0.8, 1.2]$。副梁及桁条相关参数初始设计及取值范围如表4.5所示。

4. 中间框及端框布局设计

对于集中力扩散舱段环向构件,端框在提高结构端部径向刚度的同时,主要起到与相邻舱段的连接作用。考虑捆绑接头至舱段前端面结构承载沿轴向的不均匀特性,中间框的截面参数及布局位置将对结构承载性能和集中力扩散性能产生

重要影响。中间框和端框的布局形式如图 4.15 所示。中间框及端框相关参数的初始设计及取值范围如表 4.6 所示。中间框参数 $a_{zjk} = 25$。

表 4.5 副梁及桁条相关参数初始设计及取值范围

变量	初始设计	取值范围	变量	初始设计	取值范围
w_{fl1} /mm	80	[40,100]	λ_1^{fl}	1	[0.8,1.2]
t_{fl1} /mm	4.24	[3,15]	λ_2^{fl}	1	[0.8,1.2]
w_{fl2} /mm	30	[20,60]	w_{ht1} /mm	50	[40,60]
t_{fl2} /mm	6	[3,15]	t_{ht1} /mm	5	[3,10]
h_{fl3} /mm	60	[50,120]	h_{ht2} /mm	55	[40,60]
t_{fl3} /mm	10	[3,15]	t_{ht2} /mm	4	[3,10]
n_{fl1}	6	[4,10]	n_{ht}	12	[10,18]
n_{fl2}	3	[3,5]	λ^{ht}	1	[0.8,1.2]

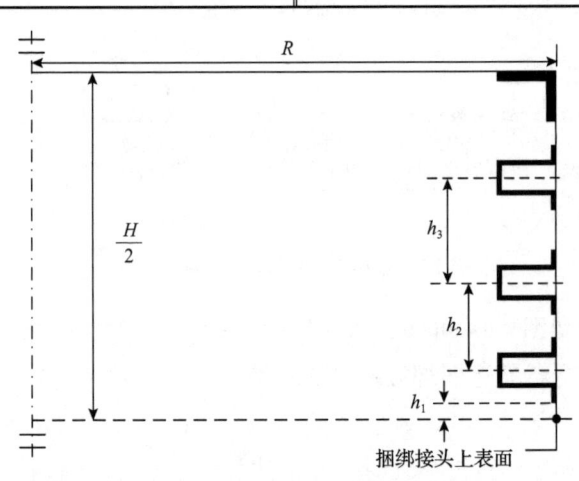

图 4.15 中间框及端框布局形式

表 4.6 中间框及端框相关参数初始设计及取值范围

变量	初始设计	取值范围	变量	初始设计	取值范围
a_{dk} /mm	80	[40,100]	t_{zjk1} /mm	4	[3,10]
b_{dk} /mm	120	[100,150]	t_{zjk2} /mm	6	[3,10]
c_{dk} /mm	8	[3,15]	h_1 /mm	70	[0,100]
d_{dk} /mm	8	[3,15]	h_2 /mm	700	[600,1100]
b_{zjk} /mm	180	[100,200]	h_3 /mm	890	[600,1100]

4.2.2 基于静力分析和工程算法的集中力扩散舱段优化模型

1. 集中力扩散舱段参数化建模及性能分析

首先对直径 9.5m、高 5m 的集中力扩散舱段进行参数化建模，主梁和捆绑接头采用实体单元模拟，其余构件采用壳单元模拟。为避免刚性边界约束对计算结果的干扰，在集中力扩散舱段上下端面建立一定高度的弹性边界，模拟工程实际中上下对接舱段的弹性刚度。上弹性边界上端面设置为固支约束，下弹性边界下端面约束除轴向位移外的其余 5 个自由度。每个捆绑接头支座施加轴向捆绑载荷为 750×10^4N。捆绑接头采用 TC4 钛合金材料，弹性模量为 110GPa，泊松比为 0.3，密度为 4.45×10^{-6} kg/mm^3，屈服极限为 900MPa，强度极限为 1050MPa，延伸率为 0.1；蒙皮采用 2A12_T4 铝合金材料，弹性模量为 70GPa，泊松比为 0.3，密度为 2.78×10^{-6} kg/mm^3，屈服极限为 290MPa，强度极限为 400MPa，延伸率为 0.06；其余构件都采用 7A09_T6 铝合金材料，弹性模量为 70GPa，泊松比为 0.3，密度为 2.78×10^{-6} kg/mm^3，屈服极限为 440MPa，强度极限为 500MPa，延伸率为 0.06。

考虑集中力扩散舱段结构的对称性，建立图 4.16 所示的 1/4 对称有限元模型，并在模型剖分边界处施加对称边界条件。根据文献[235]的结论，蒙皮网格最大尺寸应不大于 $0.5\sqrt{Rt_{skin}}$，其中 R 和 t_{skin} 分别为蒙皮半径和厚度。因此，集中力扩散舱段中蒙皮网格尺寸选取为 50mm×50mm。最终，该模型中壳单元网格数量为 77430，体单元网格数量为 9192，节点数量为 104232。

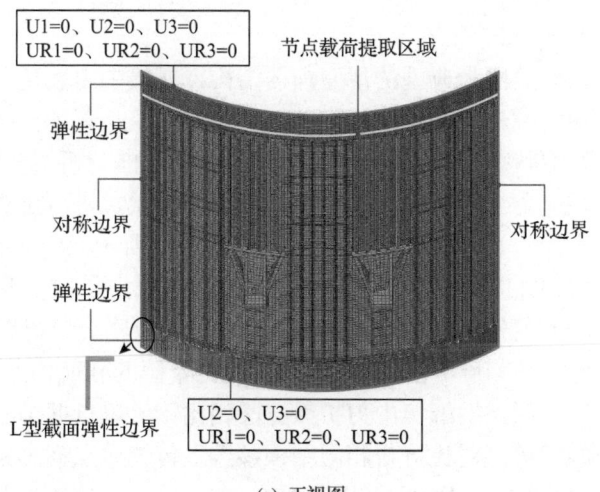

(a) 正视图

（b）俯视图

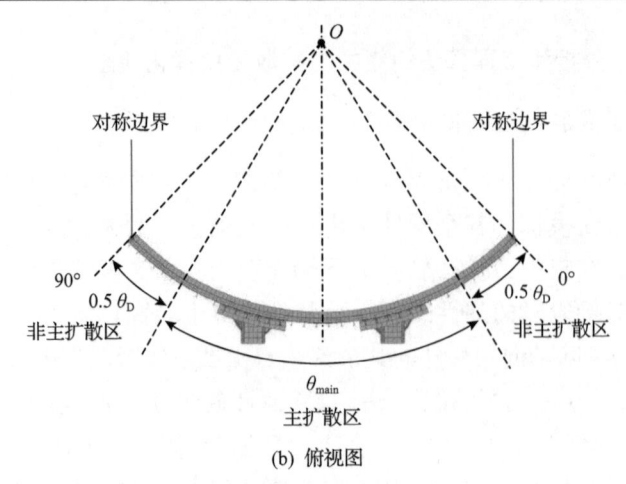

图 4.16 集中力扩散舱段结构 1/4 对称有限元模型

为衡量集中力扩散舱段的载荷扩散性能，以图 4.16(a) 所示的距离上端框 10mm 的上弹性边界节点作为载荷扩散考察区域 Γ，定义集中力扩散不均匀度评价指标为

$$\zeta = \max(f_{\text{mean}} - f_{\min}, f_{\max} - f_{\text{mean}})/f_{\text{mean}} \times 100\%, \quad f_{\text{mean}} = \sum_{\Gamma_{\text{diff}}} f/N_{\Gamma_{\text{diff}}} \quad (4.7)$$

其中，Γ_{diff} 为对应主扩散区的考察节点区域；$N_{\Gamma_{\text{diff}}}$ 为区域 Γ_{diff} 内节点的数量；f 为区域 Γ_{diff} 内各节点的轴向节点力；$f_{\min}$、$f_{\max}$ 为最小、最大轴向节点力；f_{mean} 为平均轴向节点力；ζ 越接近 0，表明载荷扩散效果越好。

根据相关工程经验，本章研究中，集中力扩散舱段设计要求为集中力扩散不均匀度指标 ζ 不大于 0.2。

由于集中力扩散舱段为典型的薄壁加筋结构，在集中力载荷及附加弯矩综合作用下极易发生稳定性失效和局部强度破坏。为准确模拟集中力载荷作用下集中力扩散舱段结构受力状态，对集中力扩散舱段进行后屈曲分析。如图 4.17(a) 所示，捆绑接头上方区域应力水平明显大于捆绑接头下方区域。进一步观察，高应力区域以两个捆绑接头为中心呈放射状分布。如图 4.17(b) 所示，对应主梁布置区域处的轴向节点力较大，并向两侧呈减小趋势变化，对应非主扩散 D 区处的轴向节点力相对较小，这与上述分析的集中力扩散舱段承载特点吻合。根据式(4.7)，初始设计的集中力扩散不均匀度 ζ=42.04%，远未达到希望的载荷扩散要求。

为验证所设计的两点捆绑集中力扩散舱段相比传统单点捆绑在集中力扩散及轻量化设计方面的优势，对比分析相同结构参数下传统单点捆绑集中力扩散舱段的承载性能。如图 4.18(a) 所示，与图 4.17(a) 对比可知，传统的单点捆绑集中力扩散舱段载荷扩散范围更小，并且局部应力更大，捆绑接头区域最大应力达

900MPa，这加剧了捆绑接头的设计难度。进一步观察图 4.18(b)，捆绑接头上方节点轴向力相对较大，并且向两侧呈快速下降趋势，集中力扩散不均匀度高达

(a) 应力云图

(b) Γ区域内轴向节点力曲线

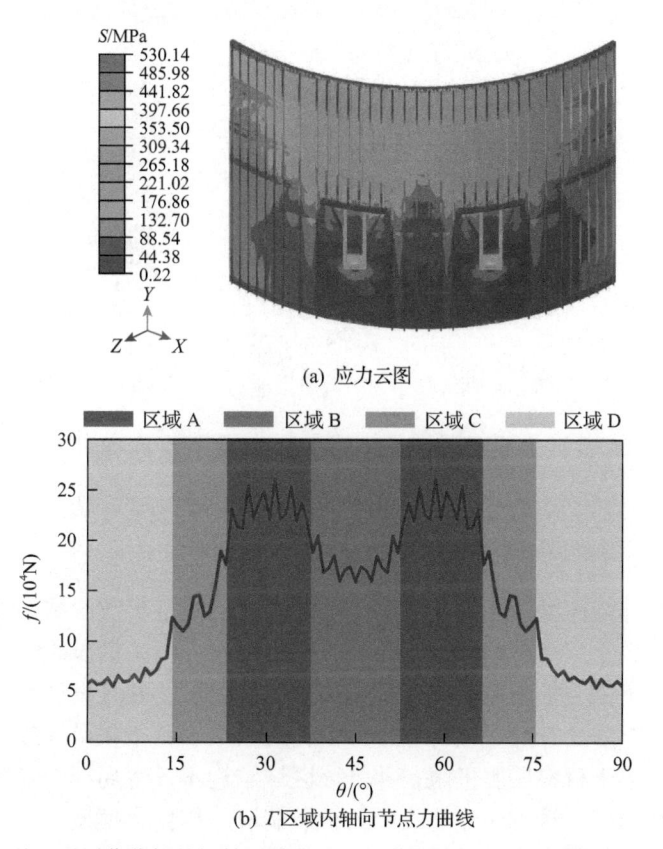

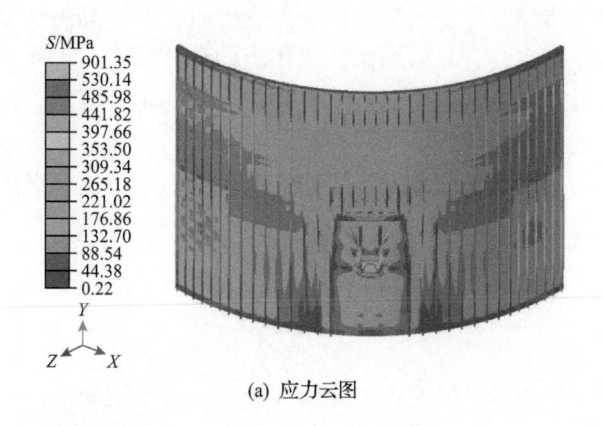

图 4.17　基于后屈曲分析的初始设计集中力扩散舱段应力云图及轴向节点力曲线

(a) 应力云图

■ 区域A　■ 区域B　■ 区域C　■ 区域D

(b) Γ区域内轴向节点力曲线

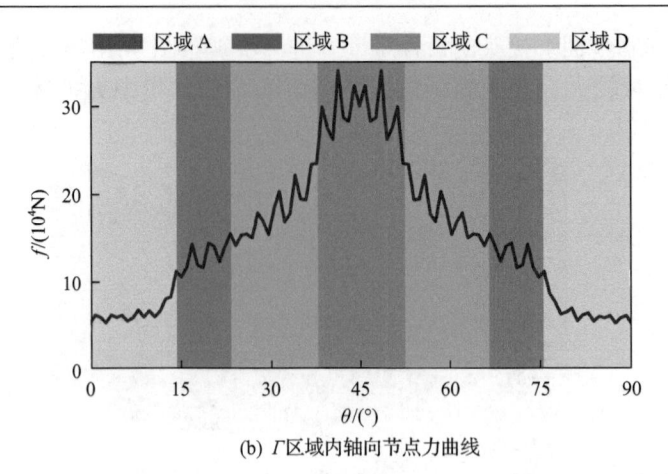

图 4.18　传统单点捆绑集中力扩散舱段应力云图及轴向节点力曲线

77.8%，对比结果表明了两点捆绑集中力扩散舱段在改善集中力扩散效果方面的有效性。

2. 集中力扩散舱段优化模型

为综合提升结构承载能力和集中力扩散性能，使主扩散区域集中力扩散不均匀度降至20%以下，达到轻质高强目的，需针对集中力扩散舱段开展进一步优化设计。然而，集中力扩散舱段单次后屈曲分析耗时长，并且设计变量众多，直接采用后屈曲分析方法开展优化将导致分析耗时激增。鉴于在设计载荷下要求主扩散区工作应力小于材料屈服极限，并且该区域结构不发生局部失稳变形，因此基于静力分析和工程估算方法建立集中力扩散舱段结构优化模型，以期减少单次分析耗时，并据此开展轻量化设计。

具体来说，在结构未发生局部失稳等大变形时，对于静态受载的集中力扩散舱段结构，静力分析应具有与后屈曲分析相当的计算精度，进而以静力分析替代耗时的后屈曲分析。为评估静力分析下主扩散区的稳定性状态，通过工程估算方法计算主扩散区主梁和副梁的临界失稳欧拉应力，以此作为该区域的应力约束，进而保证设计载荷下主扩散区不发生局部失稳破坏。考虑比例极限范围内，压杆的欧拉临界失稳应力 σ_{cr} 为

$$\sigma_{cr} = \frac{c\pi^2 EJ}{L^2 A} \quad (4.8)$$

其中，E 为压杆材料的弹性模量；L 为压杆长度，对于集中力扩散舱段，压杆长度为相邻环框的框间距；J 为压杆断面惯性矩；A 为压杆断面截面积；c 为支持系数，取决于压杆两端的支持情况。

在工程应用中,对于两端铰支杆,$c=1.0$;对于两端固支杆,$c=4.0$。考虑中间框对主梁、副梁提供一定的径向支撑刚度,取支持系数$c=1.5$。

进而,综合利用静力分析获得结构应力和工程估算方法分析结构稳定性的高效性,以区域$\varGamma_{\text{diff}}$的载荷不均匀度小于20%、主扩散区不发生局部失稳,以及各构件工作应力小于材料屈服极限为约束条件,以最小化结构质量为优化目标,开展集中力扩散舱段结构轻量化设计。该优化问题的数学描述为

$$\begin{aligned}
&\text{find } \boldsymbol{x} \\
&\min\ M(\boldsymbol{x}) \\
&\text{s.t.}\quad \zeta \leqslant 0.2,\quad \boldsymbol{x} \in [\boldsymbol{x}_{\min},\boldsymbol{x}_{\max}] \\
&\qquad \max(\sigma_{\text{skin}}) < \sigma_{\text{s,skin}},\quad \max(\sigma_{\text{zl}}) < \sigma_{\text{s}} \\
&\qquad \max(\sigma_{\text{fl}}) < \sigma_{\text{s}},\quad \max(\sigma_{\text{zjk}}) < \sigma_{\text{s}} \\
&\qquad \max(\sigma_{\text{zl},i}) \leqslant \sigma_{\text{cr},i}^{\text{zl}},\quad \max(\sigma_{\text{fl},i}) \leqslant \sigma_{\text{cr},i}^{\text{fl}},\quad i=1,2,3
\end{aligned} \quad (4.9)$$

其中,$\boldsymbol{x}$为设计变量,包括表4.2所示的蒙皮不同分区厚度、表4.3所示的变截面主梁设计参数、表4.4所示的副梁及桁条相关设计参数、表4.5所示的中间框及端框设计参数,共49个设计变量;σ_{skin}、σ_{zl}、σ_{fl}和σ_{zjk}为设计载荷下蒙皮、主梁、副梁和中间框的工作应力;$\sigma_{\text{s,skin}}$和σ_{s}为蒙皮和其余构件材料的屈服极限;以相邻两个中间框、端框与相邻中间框的中间截面作为特征截面,分别记为$i=1,2,3$,$\sigma_{\text{zl},i}$和$\sigma_{\text{fl},i}$分别表示主梁和副梁在特征截面i处的工作应力;$\sigma_{\text{cr},i}^{\text{zl}}$和$\sigma_{\text{cr},i}^{\text{fl}}$为对应位置处主梁和副梁的欧拉临界失稳应力。

优化模型中应力约束旨在避免集中力扩散舱段在主扩散区发生局部失稳,可以在一定程度上弥补静力分析无法反映结构稳定性失效的不足。

为验证基于静力分析和工程估算方法建立的优化模型可以在一定误差内替代后屈曲分析,采用静力分析方法计算了初始设计集中力扩散舱段的应力状态,结果如图4.19(a)所示。与图4.17(a)对比可知,在结构主扩散区未发生失稳破坏下,静力分析能以较高精度反映结构的应力分布状态。进一步,图4.19(b)对比了$\varGamma$区域内节点轴向力随位置的变化曲线,两种分析方法获得的轴向节点力近似相同,并且基于静力分析的集中力扩散不均匀度为42.73%,与后屈曲分析的误差仅为1.6%。

此外,相同算力条件下(Intel(R) Core(TM) i7-8750H CPU @2.2GHz 2.21GHz,16GB内存),单次后屈曲分析耗时达30min,单次静力分析仅需40s左右。这表明,静力分析替代后屈曲分析具有显著的效率优势。值得说明的是,当结构主扩散区发生失稳破坏时,静力分析将不足以反映结构真实的受力状态。此时,主扩散区构件的真实应力已逼近或超过临界失稳应力,这也是工程估算方法辅助静

力分析建立综合考虑集中力扩散舱段承载能力和集中力扩散性能优化模型的必要性所在。

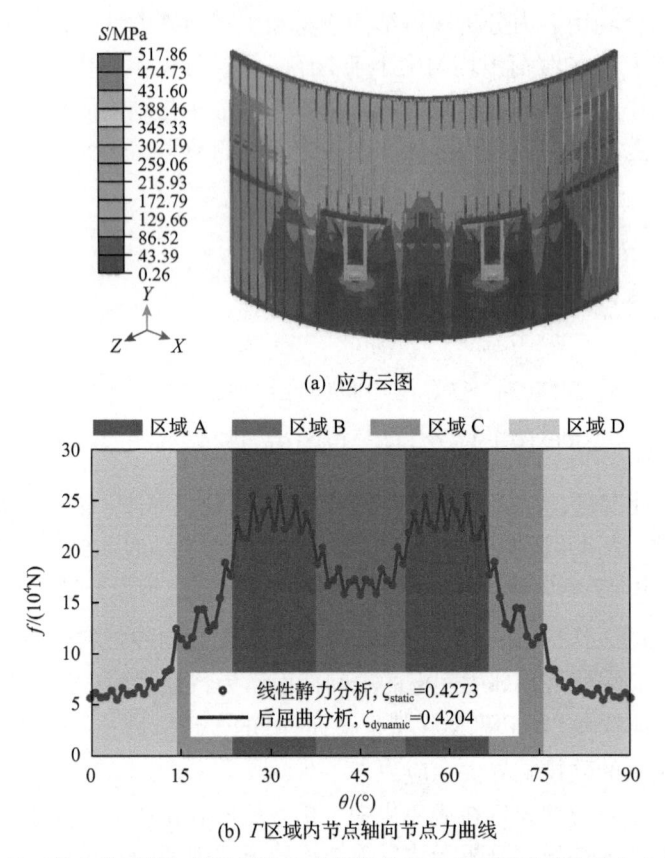

(a) 应力云图

(b) Γ区域内节点轴向节点力曲线

图 4.19　基于静力分析的初始设计集中力扩散舱段应力云图及轴向节点力曲线对比

4.2.3　集中力扩散舱段多区域联合优化设计

采用变截面-等比布局多区域联合设计方法，以蒙皮、中间框、主梁、副梁和桁条相关参数及布局形式为设计变量，开展综合提高集中力扩散舱段承载能力和集中力扩散性能的轻量化设计。同时，以等截面-等布局和变截面-等布局[175]的结构优化作为对比算例，其中等截面-等布局设计表示主梁采用等截面形式（$\eta_{upw} = \eta_{yyw} = \eta_{fbh} = \eta_{fbt} = 1$），副梁及桁条等间距分布（$\lambda_1^{fl} = \lambda_2^{fl} = \lambda_{ht} = 1$），其余设计参数与多区域联合设计方法相同；变截面-等布局设计表示主梁采用变截面形式，副梁及桁条等间距布局，其余设计参数与多区域联合设计方法相同。两种对比算例旨在验证主梁变截面设计，以及副梁/桁条等比布局形式对提升集中力扩散舱段承载效率和载荷扩散性能的有效性。为方便表述，分别记变截面-等比布局多区域联合设计、等截面-等布局设计和变截面-等布局设计为优化 1、优化 2 和优化 3。

基于工程设计经验及大量仿真分析，表 4.7 所示的部分非主扩散区结构参数对集中扩散舱段轴压承载能力和集中力扩散性能影响较小。为突出对比上述三种优化方案的优劣，缓解优化算法陷入维数灾难困境，在上述三种优化算例中，非主扩散区相关参数不参与优化，并取表 4.7 所示的定值。最终三种优化算例中的设计变量数分别为 36、29 和 33。

表 4.7 不参与优化的部分非主扩散区设计参数

变量	取值	变量	取值	变量	取值
t_{patch2} /mm	2	w_{ht1} /mm	50	a_{dk} /mm	80
t_{patch9} /mm	2	t_{ht1} /mm	5	b_{dk} /mm	120
t_{patch11} /mm	3	t_{ht2} /mm	55	c_{dk} /mm	8
t_{patch12} /mm	1.5	t_{ht2} /mm	4	d_{dk} /mm	8

针对上述三种设计方法，分别构建式(4.9)所示的优化模型，并采用 SA 进行求解。图 4.20 所示为三种设计方案下集中力扩散舱段结构优化迭代历程，经过 5000 次静力分析后，三种优化过程均趋于收敛。

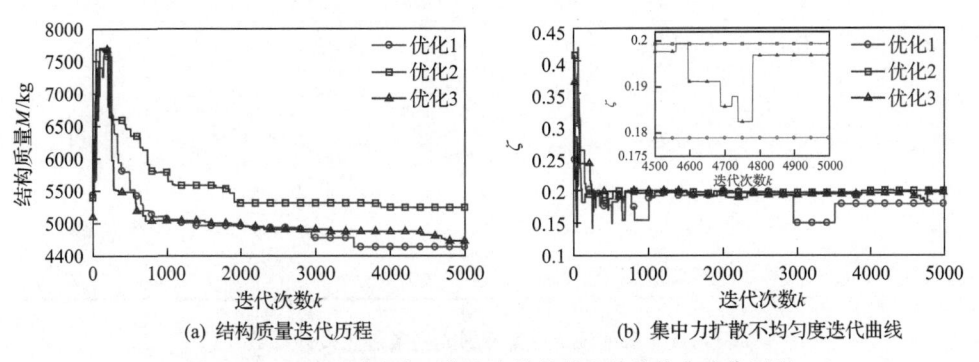

(a) 结构质量迭代历程　　(b) 集中力扩散不均匀度迭代曲线

图 4.20 三种设计方案下集中力扩散舱段结构优化迭代历程

由优化迭代曲线可知，在每个捆绑接头施加 750×10^4N 集中载荷，变截面-等比布局多区域联合设计获得的优化结构质量最小(4538.08kg)，并且集中力扩散效果更为均匀；变截面-等布局获得的优化结构质量较大(4687.25kg)，并且集中力扩散不均匀度亦相对较大；等截面-等布局设计获得的优化结构质量最大(5200.16kg)，并且集中力扩散均匀性最差。多区域联合设计优化结构质量相对初始设计(5255.37kg)减少 717.29kg，相对等截面-等布局设计减少 662.08kg，相对变截面-等布局设计减少 149.17kg，验证了变截面-等比布局多区域联合设计方法的有效性。表 4.8～表 4.11 给出三种设计方案下的最优结构设计参数。表 4.12 给出集中力扩散舱段结构质量及集中力扩散不均匀度。

表 4.8　三种设计方案下高承载区蒙皮厚度最优取值

蒙皮厚度	优化 1	优化 2	优化 3	蒙皮厚度	优化 1	优化 2	优化 3
$t_{\text{patch}1}$ /mm	9.45	8.43	8.46	$t_{\text{patch}6}$ /mm	12.81	12.55	12.69
$t_{\text{patch}3}$ /mm	8.73	7.80	8.25	$t_{\text{patch}7}$ /mm	16.05	16.04	14.23
$t_{\text{patch}4}$ /mm	7.93	7.82	7.32	$t_{\text{patch}8}$ /mm	9.92	9.46	9.86
$t_{\text{patch}5}$ /mm	9.82	9.70	9.08	$t_{\text{patch}10}$ /mm	3.50	2.57	2.89

表 4.9　三种设计方案下中间框最优设计参数

设计变量	优化 1	优化 2	优化 3	设计变量	优化 1	优化 2	优化 3
b_{zjk} /mm	165.89	161.98	172.87	h_1 /mm	66.47	65.49	68.22
$t_{\text{zjk}1}$ /mm	3.02	3.10	3.44	h_2 /mm	807.73	975.85	933.27
$t_{\text{zjk}2}$ /mm	3.61	7.27	3.14	h_3 /mm	988.35	985.42	963.81

表 4.10　三种设计方案下变截面主梁最优设计参数

设计变量	优化 1	优化 2	优化 3	设计变量	优化 1	优化 2	优化 3
$w_{\text{zl}1}$ /mm	73.26	82.35	95.53	n_{zl}	8	8	8
$t_{\text{zl}1}$ /mm	11.40	12.44	13.23	η_{upw}	0.55	1	0.46
$w_{\text{zl}2}$ /mm	20.84	22.20	22.55	η_{yyw}	0.50	1	0.41
$t_{\text{zl}2}$ /mm	3.21	3.55	3.74	η_{fbh}	0.41	1	0.48
$h_{\text{zl}3}$ /mm	80.83	81.50	82.56	η_{fbt}	0.42	1	0.41
$t_{\text{zl}3}$ /mm	6.50	5.39	5.61	—	—	—	—

表 4.11　三种设计方案下副梁桁条最优设计参数

设计变量	优化 1	优化 2	优化 3	设计变量	优化 1	优化 2	优化 3
$w_{\text{fl}1}$ /mm	51.68	80.82	49.13	$n_{\text{fl}1}$	4	6	4
$t_{\text{fl}1}$ /mm	3.08	7.50	6.05	$n_{\text{fl}2}$	4	5	4
$w_{\text{fl}2}$ /mm	28.09	20.48	24.52	n_{ht}	12	10	13
$t_{\text{fl}2}$ /mm	5.24	3.99	3.53	λ^{ht}	1.177	1	1
$h_{\text{fl}3}$ /mm	53.85	65.22	56.01	λ_1^{fl}	0.95	1	1
$t_{\text{fl}3}$ /mm	3.12	3.28	4.65	λ_2^{fl}	1.199	1	1

第 4 章　基于传统优化算法的加筋圆柱壳舱段优化设计

表 4.12　集中力扩散舱段结构质量及集中力扩散不均匀度

类型	初始设计	优化 1	优化 2	优化 3
蒙皮/kg	2580.04(49.1%)[①]	2849.36(62.79%)	2737.88(52.65%)	2695.48(57.51%)
主梁/kg	778.84(14.8%)	424.20(9.35%)	685.83(13.19%)	537.27(11.46%)
副梁/kg	780.89(14.9%)	325.31(7.17%)	819.51(15.76%)	444.85(9.49%)
桁条/kg	320.21(6.1%)	320.26(7.06%)	266.88(5.13%)	346.94(7.40%)
中间框/kg	530.74(10.10%)	354.35(7.81%)	425.45(8.18%)	398.10(8.49%)
端框/kg	264.61(5.03%)	264.61(5.83%)	264.61(5.09%)	264.61(5.65%)
总质量/kg	5255.37	4538.10	5200.16	4687.25
ζ_{static}	0.383	0.185	0.199	0.199

① 相应构件占结构总质量比例。

为验证优化结构在捆绑集中力载荷作用下的承载性能,进一步对得到的优化结构进行后屈曲分析。如图 4.21 所示,三种优化结构主扩散区均未发生局部失稳

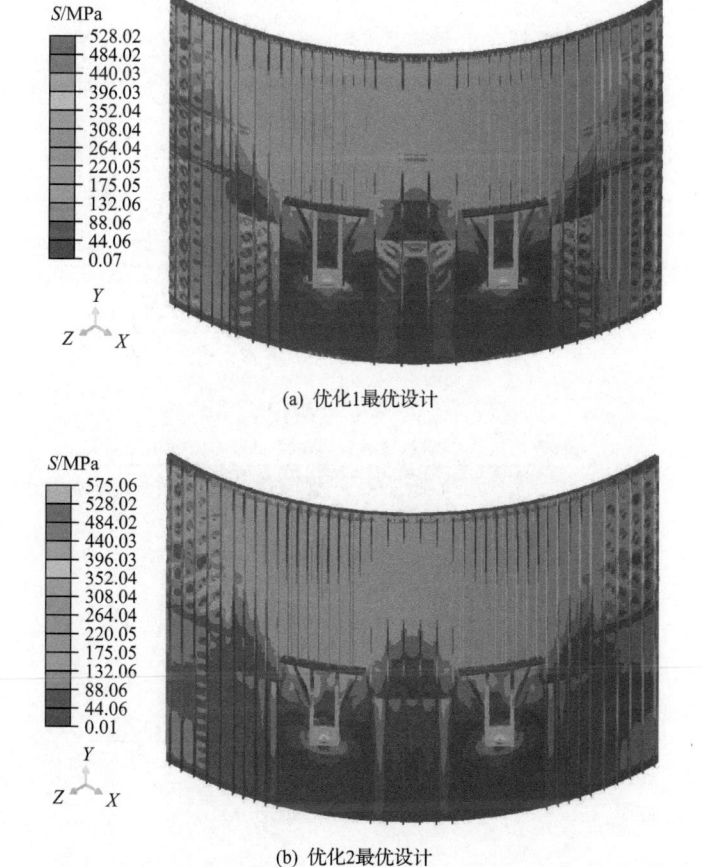

(a) 优化1最优设计

(b) 优化2最优设计

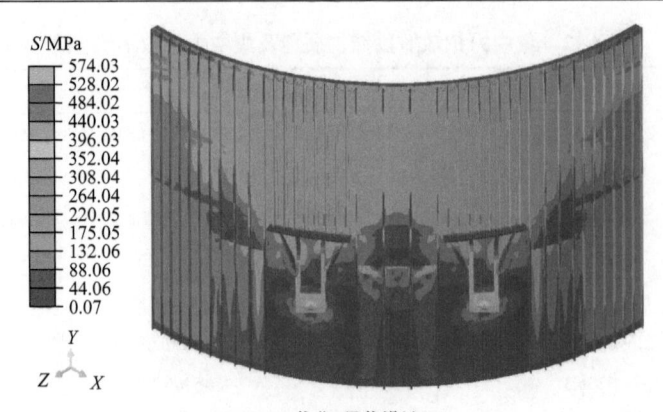

(c) 优化3最优设计

图 4.21 基于后屈曲分析的三种设计方案下集中力扩散舱段优化结构应力云图

变形，并且各构件应力均小于材料屈服极限。

如图 4.22 所示，两种分析方法获得的节点轴向力曲线近似重合，并且多区域联合设计方法获得的结构优化方案的集中力扩散效果更为均匀。

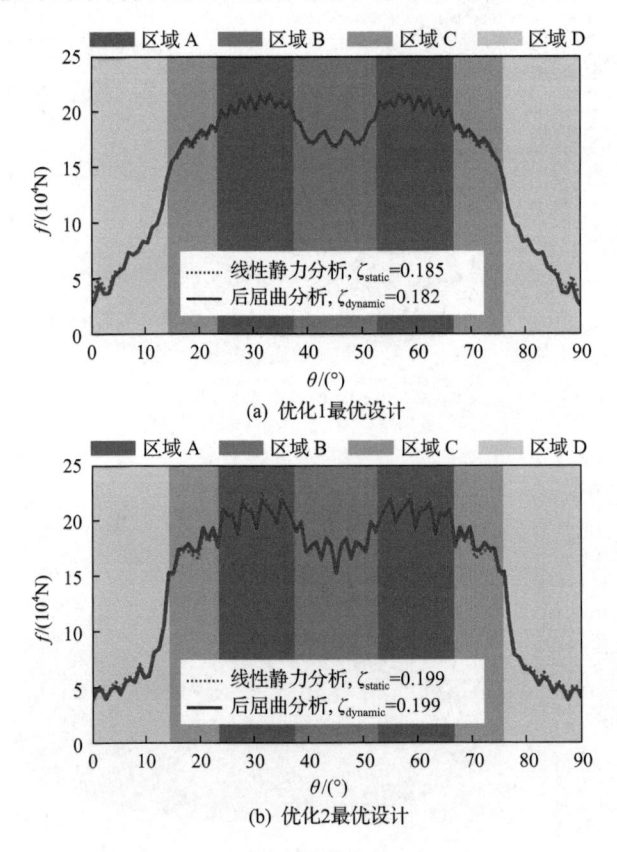

(a) 优化1最优设计

(b) 优化2最优设计

图中文字:
区域A 区域B 区域C 区域D
线性静力分析, $\zeta_{static}=0.199$
后屈曲分析, $\zeta_{dynamic}=0.199$
$f/(10^4\text{N})$
$\theta/(°)$

(c) 优化3最优设计

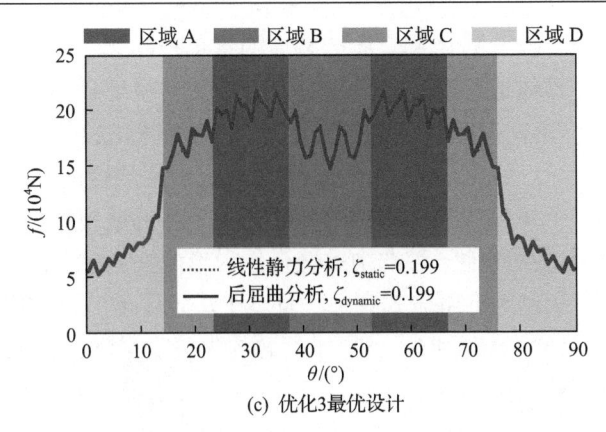

图 4.22　基于后屈曲分析和静力分析的 Γ 区域内节点轴向节点力曲线

综合表 4.8～表 4.12、图 4.21 和图 4.22，在主梁设计方面，三种设计方案下最优结构主梁的数量相同，表明主梁数目的增加有利于集中力扩散，同时优化 1 和优化 3 中变截面主梁顶端截面尺寸与相应副梁截面尺寸相近，这使集中力扩散舱段前端面结构刚度相近，进而有利于该区域均匀传力。在副梁、桁条设计方面，优化 1 和优化 3 确定的最优结构的副梁数量相同，并且少于优化 2，同时优化 1 确定的副梁总质量小于优化 3，这说明了副梁、桁条非均匀布局的必要性。

在蒙皮设计方面，三种优化结构的蒙皮质量相对初始设计均有不同程度的增加，并且优化 1 确定的蒙皮质量最大。这充分表明了蒙皮传递剪力对集中力扩散性能的显著影响。进一步分析图 4.21(a) 和图 4.21(b) 所示的应力云图可知，非主扩散区蒙皮出现局部失稳波形，这表明多区域变厚度设计在发挥蒙皮传剪性能和提高结构设计精细度方面均具有一定的优势。三种优化结构的对比分析结果验证了变截面-等比布局多区域联合设计方法在解决集中力扩散问题上的有效性。

4.3　基于协同模拟退火算法的集中力扩散舱段优化设计

由于集中力扩散舱段结构优化问题设计变量众多，是典型的高维结构优化问题，传统智能优化算法（如 SA、GA、DE 算法、PSO 算法等）在求解该类问题时将不可避免地面临收敛效率低、精度差等挑战，甚至难以获得满足工程需求的解。为此，本节从该类结构的结构形式和特点出发，进一步开展基于协同 SA 的集中力扩散舱段优化，以期在提高优化效率的同时进一步提升优化精度。

基于"分而治之、协同合作"思想，协同进化算法(cooperative co-evolution evolutionary algorithm, CCEA)[236]首先将大规模全局优化问题(large-scale global optimization problem, LSGOP)分解为多个小规模优化问题，随后采用进化算法

(evolutionary algorithm, EA)协同求解分解后的多个子问题，进而实现优化效率和精度的同步提高。具体地，应用 CCEA 求解 LSGOP 主要包括优化问题分解、子问题求解和子问题合作三个主要步骤。CCEA 框架如图 4.23 所示。特别地，传统 EA 中的个体代表一个完整的解，个体的适应度表示解的性能。在 CCEA 中，子种群中的任何一个个体仅代表完整解的一部分，个体的适应度表现为与其他子种群的合作能力，通过从其他子种群中挑选合作者形成一个完整的解以进行适应度评价。因此，设计变量的分解方式在很大程度上决定了 CCEA 的优化效率和优化精度。一般来说，变量分解后归入不同子问题的决策变量间的相关性越低，CCEA 的优化效率相对越高。

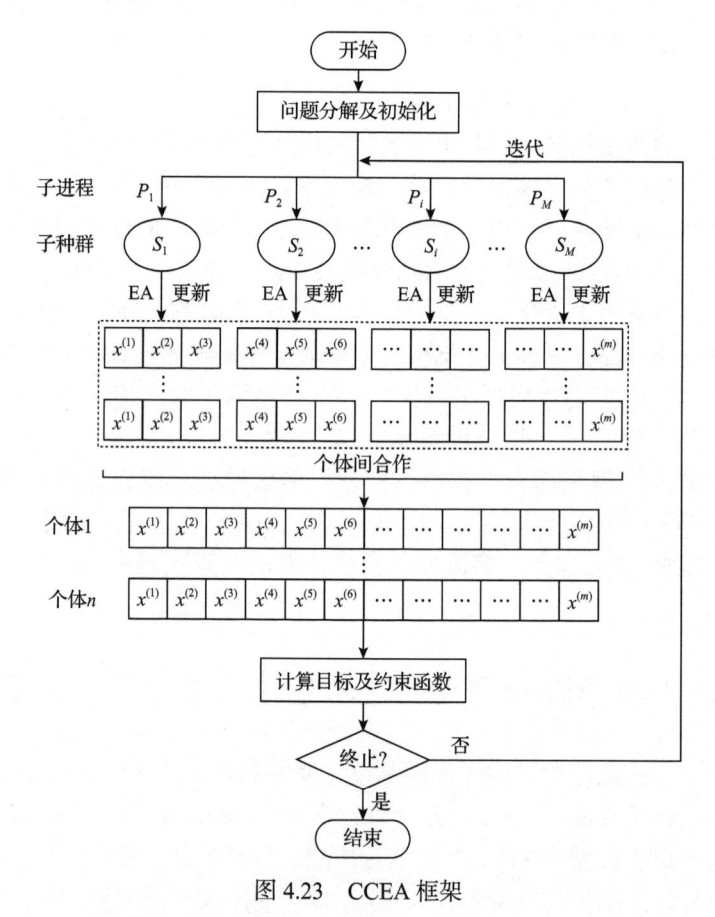

图 4.23 CCEA 框架

4.3.1 集中力扩散舱段结构分解策略

对于集中力扩散舱段轻量化设计问题，变量分解合理与否成为制约 CCEA 求解效率和精度的关键。直观地，集中力扩散舱段中相邻构件或相同构件设计变量之间的耦合性应较强，非相邻或不同构件设计变量之间的耦合性应相对较弱。基于此，本节给出如下两种分解策略，即基于承载构件的结构分解策略和基于承载区域的结构分解策略。

一方面，基于承载构件的结构分解策略直接按组成构件将集中力扩散舱段分解为主梁、副梁、桁条、蒙皮、环框（中间框和端框）。该分解策略如图 4.24 所示。进而，依据各构件的相关设计参数，将集中力扩散舱段的设计变量分解为 5 个向量组，即

$$\begin{cases} x = x_{\text{Mb-p}} \cup x_{\text{Ab-p}} \cup x_{\text{Str-p}} \cup x_{\text{Skin-p}} \cup x_{\text{Fra-p}} \\ x_{\text{Mb-p}} = (w_{zl1}, t_{zl1}, w_{zl2}, t_{zl2}, h_{zl3}, t_{zl3}, n_{zl}, \eta_{\text{yyw}}, \eta_{\text{upw}}, \eta_{\text{fbh}}, \eta_{\text{fbt}}) \\ x_{\text{Ab-p}} = (w_{\text{fl}1}, t_{\text{fl}1}, w_{\text{fl}2}, t_{\text{fl}2}, h_{\text{fl}3}, t_{\text{fl}3}, n_{\text{fl}1}, n_{\text{fl}2}, \lambda_1^{\text{fl}}, \lambda_2^{\text{fl}}) \\ x_{\text{Str-p}} = (w_{\text{ht}1}, t_{\text{ht}1}, h_{\text{fl}2}, t_{\text{fl}2}, n_{\text{ht}}, \lambda^{\text{ht}}) \\ x_{\text{Skin-p}} = [t_{\text{patch}\,i}], \quad i = 1, 2, \cdots, 12 \\ x_{\text{Fra-p}} = (a_{\text{dk}}, b_{\text{dk}}, c_{\text{dk}}, d_{\text{dk}}, a_{\text{zjk}}, b_{\text{zjk}}, t_{\text{zjk}1}, t_{\text{zjk}2}, p_1, p_2, p_3) \end{cases} \quad (4.10)$$

其中，$x_{\text{Mb-p}}$、$x_{\text{Ab-p}}$、$x_{\text{Str-p}}$、$x_{\text{Skin-p}}$ 和 $x_{\text{Fra-p}}$ 分别为主梁、副梁、桁条、蒙皮和环框涉及的设计变量。

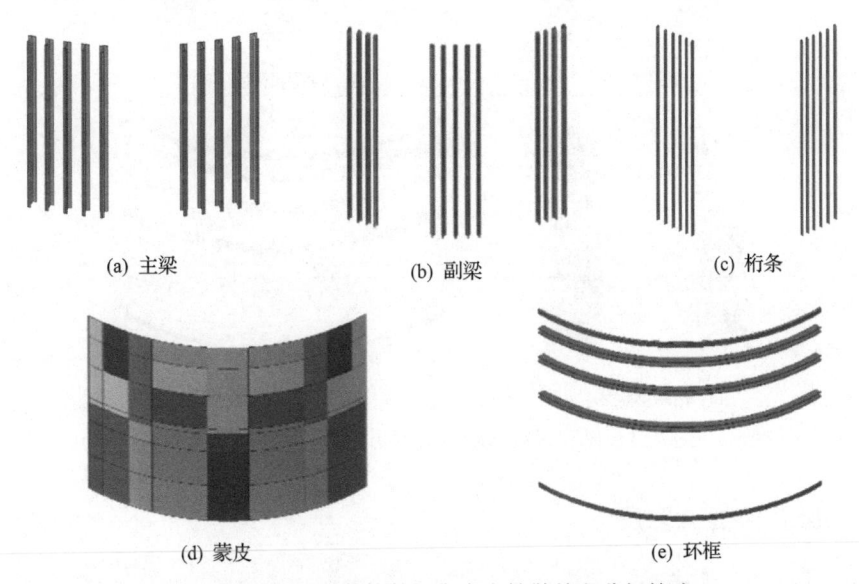

(a) 主梁　　　　(b) 副梁　　　　(c) 桁条

(d) 蒙皮　　　　(e) 环框

图 4.24　基于承载构件的集中力扩散舱段分解策略

另一方面，考虑集中力扩散舱段的承载特点及结构形式，不同区域的主梁、副梁及桁条与对应区域的蒙皮协同完成载荷扩散，因此可将处于相同承载区域的不同构件归入同一变量组。进而，基于承载区域的分解策略将集中力扩散舱段分解

为主梁承载区、副梁承载区、桁条承载区，以及环框承载区。该分解策略如图 4.25 所示。随即，依据各承载区域的相关设计变量，可将集中力扩散舱段的设计变量分解为如下 4 个向量组，即

$$\begin{cases} \boldsymbol{x} = \boldsymbol{x}_{\text{Mb-R}} \cup \boldsymbol{x}_{\text{Ab-R}} \cup \boldsymbol{x}_{\text{Str-R}} \cup \boldsymbol{x}_{\text{Fra-R}} \\ \boldsymbol{x}_{\text{Mb-R}} = (w_{zl1}, t_{zl1}, w_{zl2}, t_{zl2}, h_{zl3}, t_{zl3}, n_{zl}, \eta_{yyw}, \eta_{upw}, \eta_{fbh}, \eta_{fbt}, t_{\text{patch}3}, t_{\text{patch}4}, t_{\text{patch}5}, t_{\text{patch}6}, t_{\text{patch}7}) \\ \boldsymbol{x}_{\text{Ab-R}} = (w_{fl1}, t_{fl1}, w_{fl2}, t_{fl2}, h_{fl3}, t_{fl3}, n_{fl1}, n_{fl2}, \lambda_1^{\text{fl}}, \lambda_2^{\text{fl}}, t_{\text{patch}1}, t_{\text{patch}2}, t_{\text{patch}8}, t_{\text{patch}9}) \\ \boldsymbol{x}_{\text{Str-R}} = (w_{ht1}, t_{ht1}, h_{fl2}, t_{fl2}, n_{ht}, \lambda^{\text{ht}}, t_{\text{patch}10}, t_{\text{patch}11}, t_{\text{patch}12}) \\ \boldsymbol{x}_{\text{Fra-R}} = (a_{dk}, b_{dk}, c_{dk}, d_{dk}, a_{zjk}, b_{zjk}, t_{zjk1}, t_{zjk2}, p_1, p_2, p_3) \end{cases}$$

(4.11)

其中，$\boldsymbol{x}_{\text{Mb-R}}$、$\boldsymbol{x}_{\text{Ab-R}}$、$\boldsymbol{x}_{\text{Str-R}}$ 和 $\boldsymbol{x}_{\text{Fra-R}}$ 分别为主梁承载区、副梁承载区、桁条承载区和环框承载区涉及的设计变量。

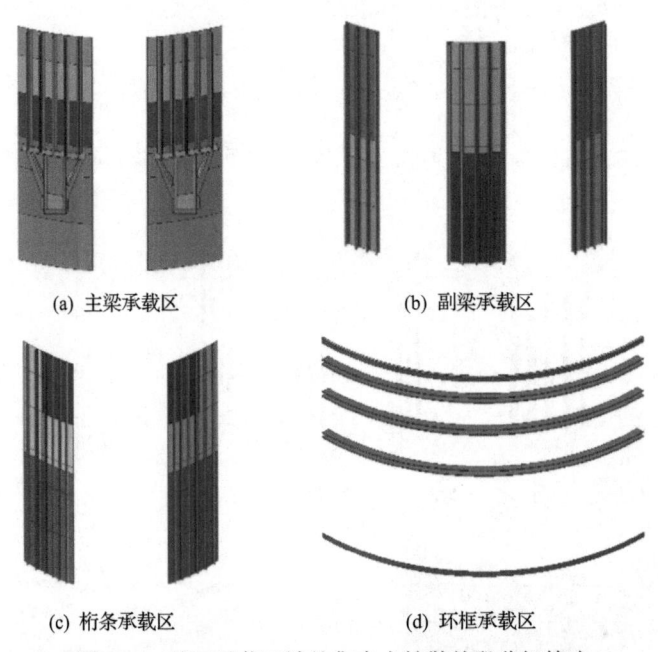

(a) 主梁承载区　　　　　　(b) 副梁承载区

(c) 桁条承载区　　　　　　(d) 环框承载区

图 4.25　基于承载区域的集中力扩散舱段分解策略

4.3.2　协同模拟退火算法

1. 模拟退火算法

SA 算法来源于固体退火原理，本质上是基于 MC 迭代求解的一种随机寻优算法。由于其能以一定概率跳出局部最优解并最终趋于全局最优，因此在工程优化中得到广泛应用。一般地，SA 算法主要包括三个函数（邻域搜索函数、状态接受

函数和温度更新函数),以及两个准则(Metropolis 抽样稳定准则和算法终止准则)[237],进而构成图 4.26 所示的内外循环搜索机制,其中 Metropolis 抽样稳定准则是内循环终止判据,而算法终止准则是外循环终止判据。

借鉴 EA 中的变异策略,SA 算法通过如下邻域函数生成新的实验向量,即

$$x_k = x_{k-1} + \text{rand}(-1,1) \cdot s \cdot (x_{\max} - x_{\min}) \tag{4.12}$$

其中,s 为邻域因子,可以反映邻域函数对设计空间的探索性能。

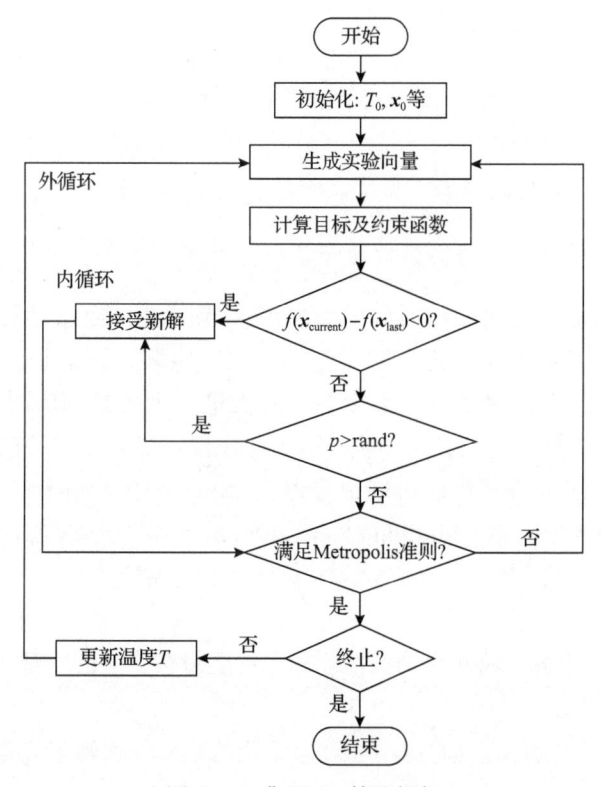

图 4.26 典型 SA 算法框架

从随机初始化开始,通过随机扰动使得当前状态进化至新状态,构建问题的一个新解。通常,采用 Metropolis 准则作为接受新解的机制,即

$$p = \min(1, e^{(f(x_{\text{last}}) - f(x_{\text{current}}))/T}) \tag{4.13}$$

其中,x_{last} 为上一迭代步的解;x_{current} 为当前迭代步基于邻域函数式(4.12)生成的新解;p 为接受新解的概率;T 为当前迭代步的温度。

温度 T 是 Metropolis 准则的一个重要控制参数,算法初期,温度 T 取值较大,

能以较大概率接受性能较差的非最优解,具有一定的探索性能;随着算法的迭代,温度T逐渐减小,接受非最优解的概率降低,逐步趋于局部搜索。常用的温度更新函数为

$$T_k = \alpha T_{k-1} \tag{4.14}$$

其中,α为退温速率;T_k为第k次迭代的温度;T_{k-1}为第$k-1$次迭代的温度。

考虑较大的退温速率可以较好地兼顾优化速率和优化精度两方面要求,本节将退温速率设置为0.99。

Metropolis抽样稳定准则决定了当前温度T下何时终止内循环搜索。某温度下已生成的实验向量数达到L个或已接受的实验向量数达到L_{acpt}后,进行如式(4.14)所示的退温操作。对于外循环,通常采用如下终止准则:一是外循环达到最大循环次数;二是连续多次降温后,目标函数最优值不再更新。

2. 基于迭代解合作的协同模拟退火算法

由于各子优化问题仅针对所属变量生成实验向量,若要完成有效的目标函数计算,则需将各子优化中生成的实验向量进行组装,形成一个完整解,因此各子优化问题间的协同合作方式会影响解的质量,进而影响协同EA的搜索效率。与种群进化类算法不同,SA算法每次迭代仅生成一个实验向量,基于此本节介绍一种基于迭代解合作的协同模拟退火(cooperative co-evolution simulated annealing based on tentative solution cooperation mechanism, CCSA-TS)算法,从而简化实验向量间的合作机制。CCSA-TS算法可以总结为以下5个步骤。流程如图4.27所示。

步骤1,分解变量。将集中力扩散舱段设计变量按合适的分解策略分解为多个变量组$\{x^{(P_1)}, x^{(P_2)}, \cdots, x^{(P_M)}\}$。

步骤2,初始化算法。CCSA-TS算法采用SA算法求解子优化问题,随机生成初始解x_0,并记外层迭代次数$k=1$。

步骤3,建立与触发子进程。CCSA-TS算法采用内外两层进程(主进程和子进程)实现各子问题的分布式优化,其中子进程并行完成各子优化的内层循环,主进程完成各子优化的外层循环。具体地,假设原始优化问题需要确定m个变量,子进程数与变量组数相同,分配至第i个子进程的变量为$x^{(P_i)}$,分配至其他子进程的变量分别为$\{x^{(P_j)}\}_{j=1, j\neq i}^{M}$,记变量$x^{(P_i)}$为第$i$个子进程的主变量,剩余变量$\{x^{(P_j)}\}_{j=1, j\neq i}^{M}$为该进程的辅助变量,在第$i$个子进程执行的子优化中,辅助变量不变,并通过与其他子进程通信实现辅助变量更新。针对各个子优化问题,各子进

程分别采用 SA 算法搜索机制生成对应主变量的实验向量。第 i 个子进程中执行的子优化问题表述为

$$\begin{aligned}
&\text{given} \quad \{\boldsymbol{x}^{(P_j)}\}_{j=1, j \neq i}^{M} \\
&\text{find} \quad \boldsymbol{x}^{(P_i)} \\
&\text{min} \quad f(\boldsymbol{x}^{(P_i)}, \{\boldsymbol{x}^{(P_j)}\}_{j=1, j \neq i}^{M}) \\
&\text{s.t.} \quad g(\boldsymbol{x}^{(P_i)}, \{\boldsymbol{x}^{(P_j)}\}_{j=1, j \neq i}^{M}) \leqslant 0
\end{aligned} \quad (4.15)$$

步骤 4，组装新解。对于第 k 次外层循环，主进程将各子进程生成的实验向量组装成式(4.16)所示的完整解，并完成适应度评估。随后，主进程触发各子进程，完成各子问题的下一轮迭代，更新外层循环次数 $k \leftarrow k+1$，即

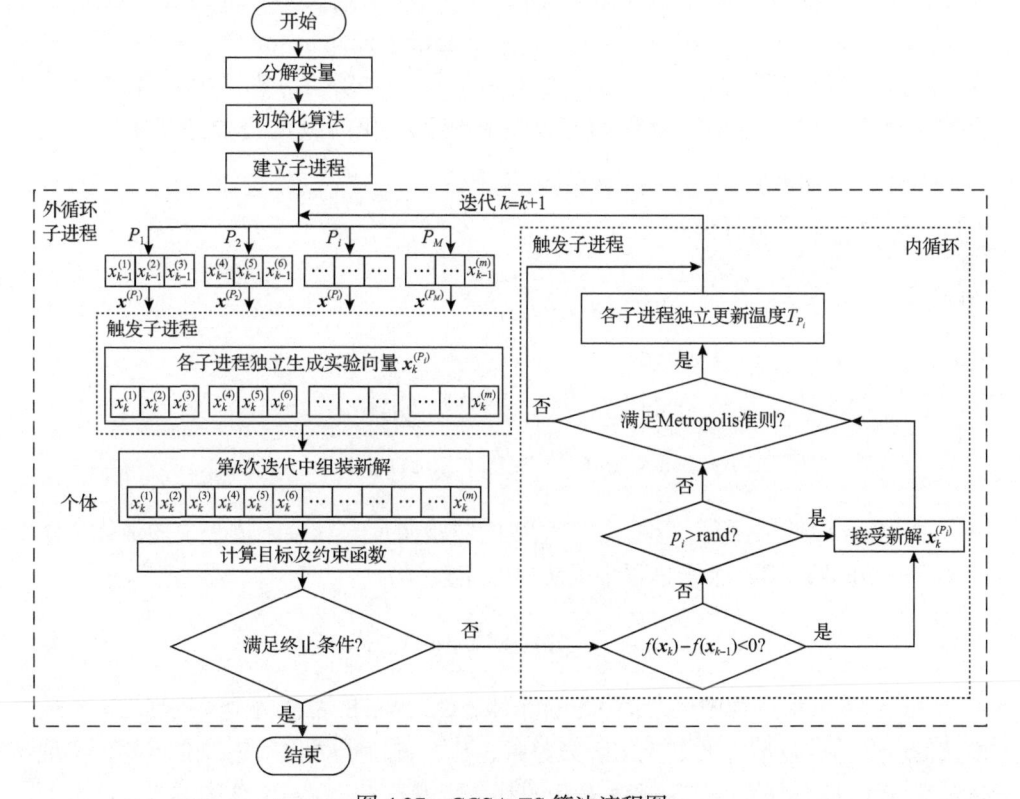

$$\boldsymbol{x}_k = (\boldsymbol{x}_k^{(P_1)}, \cdots, \boldsymbol{x}_k^{(P_i)}, \cdots, \boldsymbol{x}_k^{(P_M)}) \quad (4.16)$$

图 4.27　CCSA-TS 算法流程图

步骤 5，判断终止条件。当外层迭代次数达到最大迭代次数 $k_{\max}$ 时，终止

CCSA-TS 算法；当外层迭代次数小于最大迭代次数 $k_{\max}$ 时，转步骤 3，主进程触发各子进程，继续完成各子问题下一轮迭代。

值得说明的是，CCSA-TS 算法与 SA 算法的主要区别在于 Metropolis 抽样稳定准则，以及各子问题中实验向量的独立、并行生成机制。由于各子进程的独立性，Metropolis 抽样中接受新解的概率判据不尽相同，进而使各子进程执行退温过程的时机并不同步。另外，针对某一部分设计变量的子优化问题本质上是局部搜索过程，因此 CCSA-TS 算法能够同时对不同设计子空间进行局部搜索。这在一定程度上有利于算法收敛并获得更优解。

3. 基于最优解合作的并行协同模拟退火算法

由于 CCSA-TS 算法不同进程并非独立进行，完整解的组装依赖所有进程中生成的实验向量，因此这不但无法实现高效并行求解，而且各进程中引入的实验向量在一定程度上也延缓了算法的快速收敛。为满足高效并行计算需求，实现算法加速收敛，本节提出基于最优解合作的并行协同模拟退火(cooperative co-evolution simulated annealing based on best solution cooperation mechanism, CCSA-BS)算法。算法流程如图 4.28 所示。与 CCSA-TS 算法不同，CCSA-BS 算法中与第 i 个子进程的主变量 $x_k^{(P_i)}$ 进行协同合作的不再是其余子优化问题的当前迭代实验向量 $\{x_k^{(P_j)}\}_{j=1,j\neq i}^{M}$，而是其余子优化问题的最优个体 $\{x_{\text{best}}^{(P_j)}\}_{j=1,j\neq i}^{M}$。进而，第 i 个子进程中执行的子优化问题可表述为

$$\begin{aligned}
&\text{given } \{x_{\text{best}}^{(P_j)}\}_{j=1,j\neq i}^{M} \\
&\text{find } \quad x^{(P_i)} \\
&\text{min} \quad f(x^{(P_i)}, \{x_{\text{best}}^{(P_j)}\}_{j=1,j\neq i}^{M}) \\
&\text{s.t.} \quad g(x^{(P_i)}, \{x_{\text{best}}^{(P_j)}\}_{j=1,j\neq i}^{M}) \leqslant 0
\end{aligned} \quad (4.17)$$

对于第 k 次外层循环，各子进程生成的实验向量与其余子进程中的最优个体组装成完整的解。第 i 个子进程中组装成的完整解为

$$x_{k,i} = (x_{\text{best}}^{(P_1)}, \cdots, x_k^{(P_i)}, \cdots, x_{\text{best}}^{(P_M)}) \quad (4.18)$$

通过读取其他进程中已产生的最优个体，CCSA-BS 算法每个子进程均可不依赖其他进程的运行情况而独立组装完整解，从而进行子优化问题独立求解，实现高效并行计算的目的。CCSA-BS 算法的其余步骤与 CCSA-TS 算法类似，这里不再赘述。

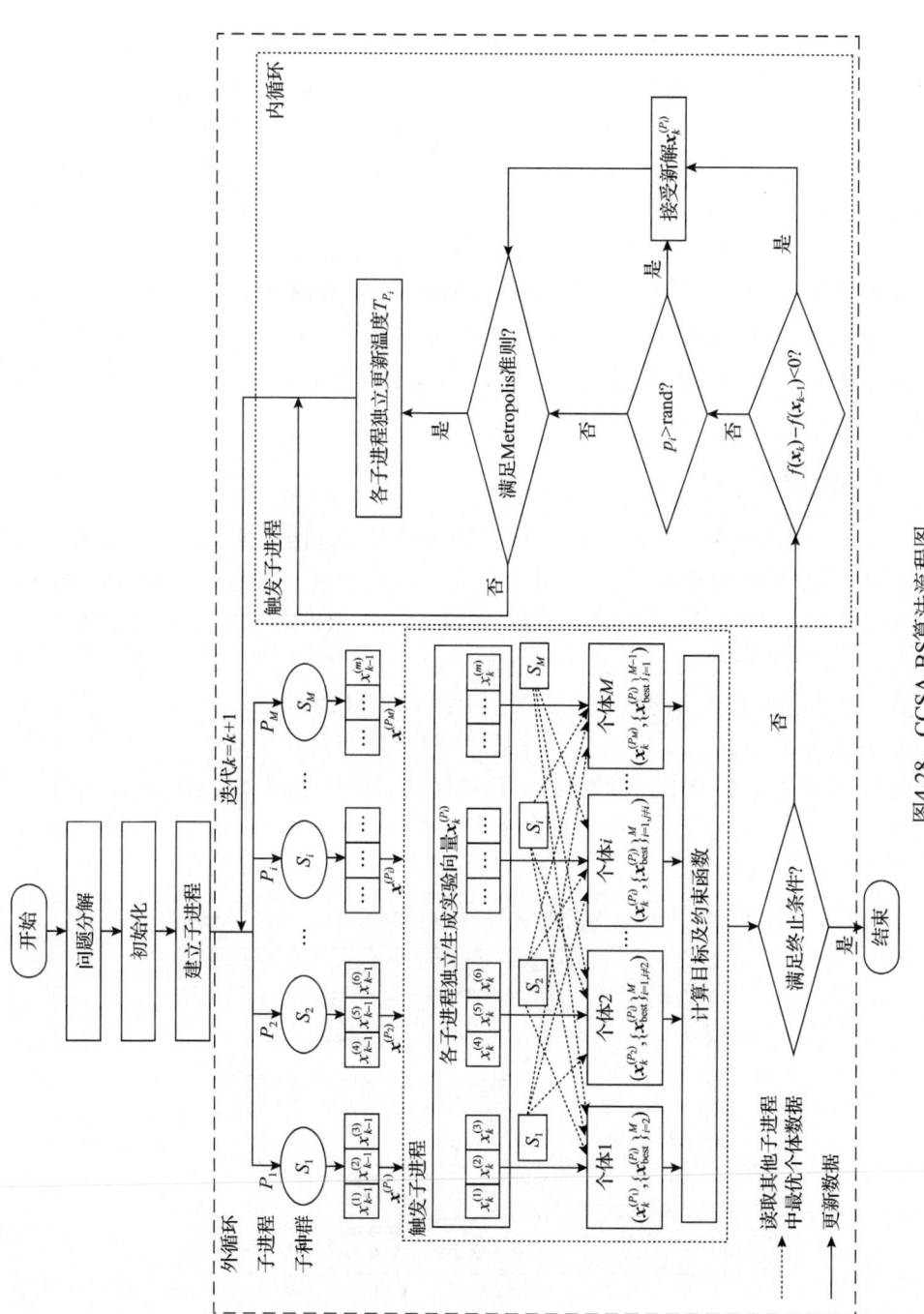

第 4 章 基于传统优化算法的加筋圆柱壳舱段优化设计

图 4.28 CCSA-BS 算法流程图

4.3.3 集中力扩散舱段多子域协同优化设计

分别采用CCSA-TS算法和CCSA-BS算法开展集中力扩散舱段优化设计，并与4.2节基于SA算法的优化结果(优化1)进行对比验证。为分析集中力扩散舱段结构分解策略在协同SA算法中的适用性，分别将基于承载构件的结构分解策略和基于承载区域的结构分解策略应用于CCSA-TS算法，开展集中力扩散舱段优化设计，并分别记为CCSA-TS-P和CCSA-TS-R；将基于承载构件的结构分解策略应用于CCSA-BS中开展集中力扩散舱段优化设计，记为CCSS-BS-P。上述算法的相关参数设置如下：邻域因子$s=1$，Metropolis抽样中$L=200$、$L_{acpt}=50$，CCSA-TS算法最大迭代次数为5000次，CCSA-BS算法中每个子进程最大迭代次数为2000次。需要说明的是，优化中将集中力扩散舱段除a_{zjk}外的所有结构参数都作为优化变量，共49个。

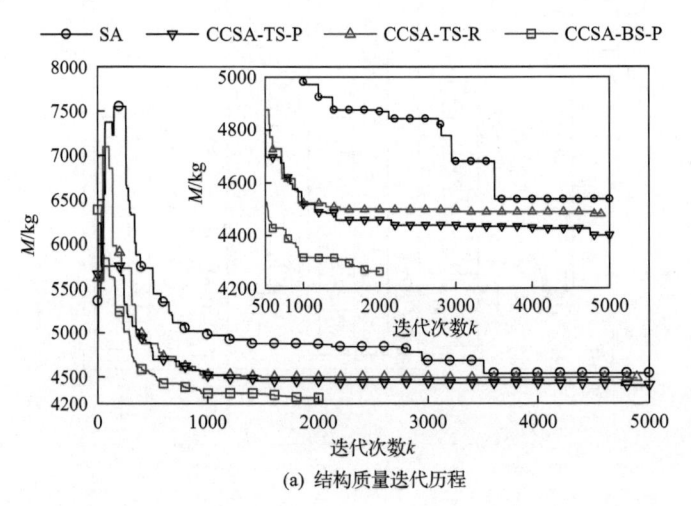

1. 优化结果分析

基于CCSA的集中力扩散舱段结构优化迭代历程如图4.29所示。由此可知，在设定的最大迭代次数内，三种优化算法的计算结果均趋于收敛。协同SA算法相对SA算法具有更快的收敛速度和更高的收敛精度。CCSA-TS算法迭代1000次左右即可获得与普通SA算法迭代近5000次相当的优化结果，效率优势明显。优化后，CCSA-TS-P获得的集中力扩散舱段结构质量和集中力扩散不均匀度分别为4393.77kg和0.162；CCSA-TS-R获得的集中力扩散舱段结构质量和集中力扩散不均匀度分别为4481.94kg和0.197。相对初始设计和普通SA算法优化结果，CCSA-TS-P优化结构分别减重861.6kg和144.33kg；CCSA-TS-R优化结构分别减重773.43kg和56kg。

(a) 结构质量迭代历程

第 4 章　基于传统优化算法的加筋圆柱壳舱段优化设计

(b) 集中力扩散不均匀度迭代曲线

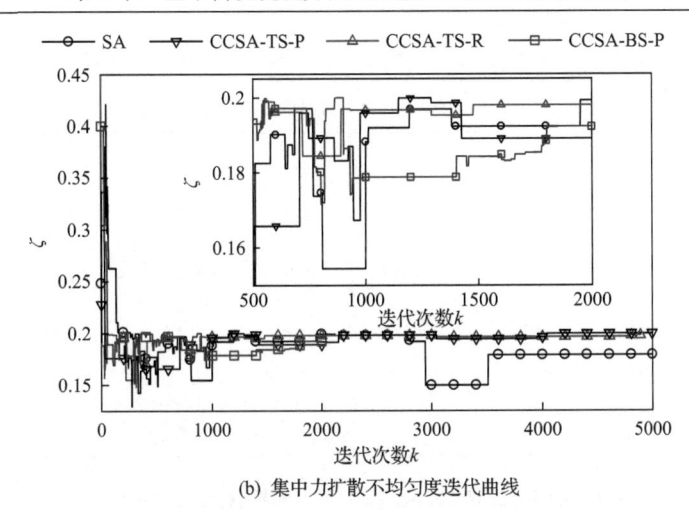

图 4.29　基于 CCSA 的集中力扩散舱段结构优化迭代历程

进一步对比 CCSA-TS-P 和 CCSA-TS-R 迭代曲线可知，当迭代至 1000 次之后，基于承载构件的结构分解策略优势逐渐显现，使 CCSA-TS-P 优化结构相对 CCSA-TS-R 优化结构进一步减重 88.17kg，表明其更适用于集中力扩散舱段各设计变量间的解耦分组，进而有利于 CCSA 算法搜索至更优解。另外，相对 CCSA-TS 算法，CCSA-BS 算法具有更为显著的效率和精度优势，在满足集中力扩散性能要求下，迭代 2000 次即可获得质量更轻的优化结构，其结构质量和集中力扩散不均匀度分别为 4356.39kg 和 0.194。相对 CCSA-TS-P 优化结果，CCSA-BS-P 进一步获得减重近 38kg 的优化效果。

2. 优化结构有限元分析

表 4.13～表 4.16 给出了三种 CCSA 算法获得的最优结构设计参数。表 4.17 对比了三种优化结构中各构件结构质量及其相应占比。观察可知，三种优化结构的

表 4.13　三种 CCSA 算法下蒙皮厚度优化设计对比

设计变量	CCSA-TS-P	CCSA-TS-R	CCSA-BS-P	设计变量	CCSA-TS-P	CCSA-TS-R	CCSA-BS-P
t_{patch1} /mm	7.49	6.54	7.19	t_{patch7} /mm	14.56	14.44	14.10
t_{patch2} /mm	1.76	1.7	5.03	t_{patch8} /mm	10.26	8.85	9.69
t_{patch3} /mm	7.75	8.49	7.83	t_{patch9} /mm	2.11	1.71	6.95
t_{patch4} /mm	7.25	5.71	8.08	$t_{patch10}$ /mm	3.57	2.21	3.68
t_{patch5} /mm	11.67	9.92	11.02	$t_{patch11}$ /mm	1.95	2.07	2.50
t_{patch6} /mm	15.46	14.57	17.75	$t_{patch12}$ /mm	1.65	1.65	1.67

表 4.14　三种 CCSA 算法下变截面主梁优化设计对比

设计变量	CCSA-TS-P	CCSA-TS-R	CCSA-BS-P	设计变量	CCSA-TS-P	CCSA-TS-R	CCSA-BS-P
w_{zl1} /mm	81.4531	94.75	92.30	n_{zl}	7	7	8
t_{zl1} /mm	5.147	11.06	7.93	η_{yyw}	0.61	0.53	0.40
w_{zl2} /mm	45.6063	27.88	39.04	η_{upw}	0.44	0.51	0.44
t_{zl2} /mm	5.0564	6.66	6.10	η_{fbh}	0.79	0.43	0.94
h_{zl3} /mm	67.2082	56.01	54.83	η_{fbt}	0.74	0.75	0.58
t_{zl3} /mm	7.4581	6.75	4.22	—	—	—	—

表 4.15　三种 CCSA 算法下中间框优化设计对比

设计变量	CCSA-TS-P	CCSA-TS-R	CCSA-BS-P	设计变量	CCSA-TS-P	CCSA-TS-R	CCSA-BS-P
a_{dk} /mm	64.73	62.97	61.30	t_{zjk1} /mm	3.16	3.59	3.01
b_{dk} /mm	112.7	120.62	114.67	t_{zjk2} /mm	6.97	8.99	3.01
c_{dk} /mm	5.36	5.67	5.13	h_1 /mm	69.54	99.11	38.43
d_{dk} /mm	10.25	5.10	5.43	h_2 /mm	624.62	890.79	626.98
a_{zjk} /mm	25	25	25	h_3 /mm	859.98	902.78	902.45
b_{zjk} /mm	118.89	102.06	151.06	—	—	—	—

表 4.16　三种 CCSA 算法下副梁桁条优化设计对比

设计变量	CCSA-TS-P	CCSA-TS-R	CCSA-BS-P	设计变量	CCSA-TS-P	CCSA-TS-R	CCSA-BS-P
w_{fl1} /mm	50.14	71.6918	51.59	λ_1^{fl}	1.14	1.121	0.998
t_{fl1} /mm	4.82	3.2724	3.16	λ_2^{fl}	1.05	0.97796	1.081
w_{fl2} /mm	30.99	38.6255	20.36	w_{ht1} /mm	50.01	49.85	50
t_{fl2} /mm	9.15	3.7959	3.67	t_{ht1} /mm	3.51	3.3795	5
h_{fl3} /mm	46.25	64.9716	62.24	h_{ht2} /mm	54.97	55.18	53.8
t_{fl3} /mm	3.05	8.8456	3.14	t_{ht2} /mm	3.01	3.11	4.09
n_{fl1}	5	5	5	n_{ht}	10	15	10
n_{fl2}	3	3	3	λ^{ht}	0.99	1.08	1.133

表 4.17 三种 CCSA 算法下集中力扩散舱段各构件质量及集中力扩散不均匀度对比

类型	CCSA-TS-P	CCSA-TS-R	CCSA-BS-P
蒙皮/kg	2859.72 (65.1%)	2632.35 (58.7%)	2964.16 (68.04%)
主梁/kg	348.29 (7.9%)	459.38 (10.2%)	383.80 (8.8%)
副梁/kg	420.25 (9.6%)	603.77 (13.4%)	271.46 (6.23%)
桁条/kg	192.96 (4.4%)	288.24 (6.4%)	266.88 (6.13%)
中间框/kg	324.59 (7.39%)	337.28 (7.53%)	314.86 (7.23%)
端框/kg	248.96 (5.67%)	160.91 (3.59%)	155.23 (3.56%)
总质量/kg	4393.77	4481.94	4356.39
ζ_{static}	0.157	0.197	0.194

蒙皮质量占比均相对较高，仍进一步说明蒙皮传递剪力对提高集中力扩散舱段载荷扩散性能有显著影响。

基于静力分析的集中力扩散舱段优化结构的应力云图如图 4.30 所示。集中力扩散舱段优化结构的轴向变形云图如图 4.31 所示。由图 4.30 可知，三种优化结构高应力区域均以两个捆绑接头为中心近似呈放射状分布，同时，三种优化结构的最大应力近似相同，说明了 CCSA 算法在集中力扩散舱段优化设计中的有效性。由图 4.31 可知，三种优化结构沿环向不同位置的轴向变形具有较高的一致性，表明三种优化结构不同子区域能较大程度地实现结构刚度与承载的匹配性设计。

如图 4.32 所示，三种优化结构在主扩散区域的应力分布与静力分析结果类似，均以两个捆绑接头为中心呈放射状分布，并且都未发生稳定性失效。观察非主扩散区，三种优化结构在这些区域的桁条和蒙皮均发生不同程度的屈曲变形，进一步验证了 CCSA 算法具有精细化设计集中力扩散舱段的能力。

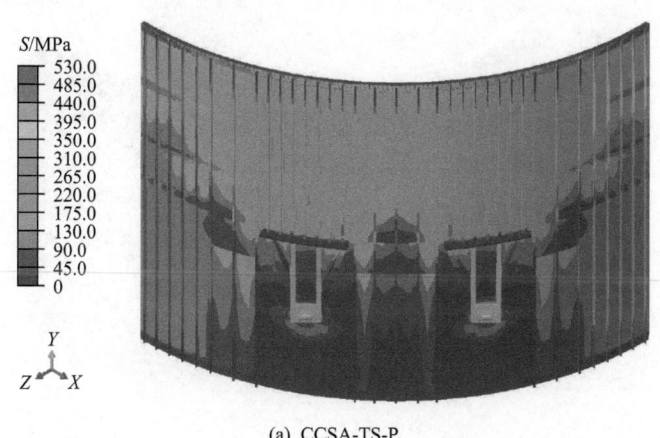

(a) CCSA-TS-P

(b) CCSA-TS-R

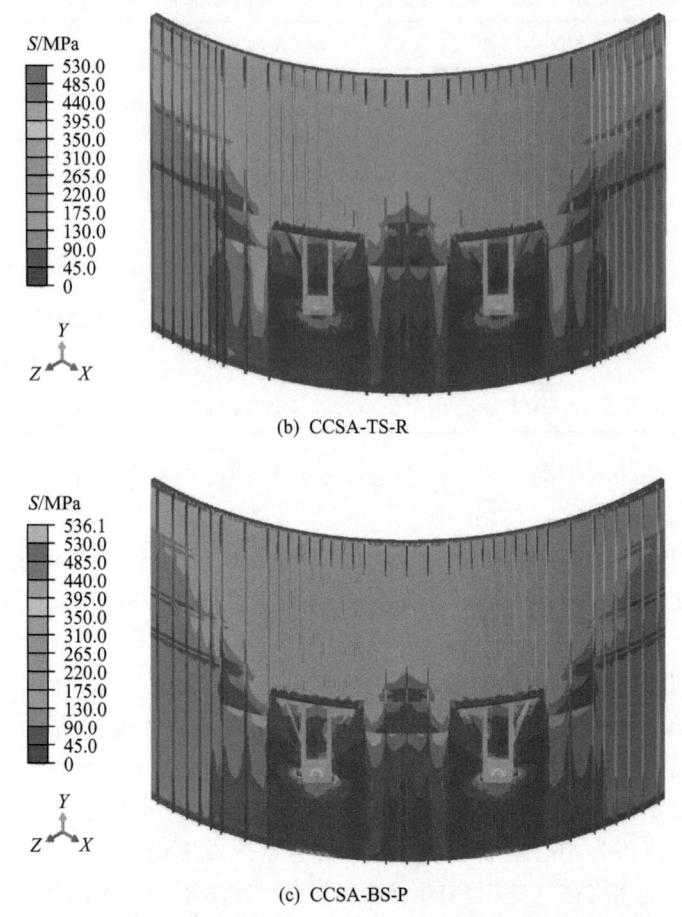

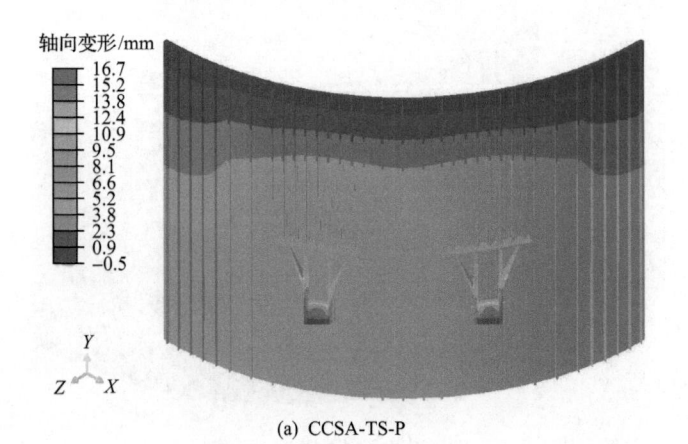

(c) CCSA-BS-P

图 4.30 基于静力分析的集中力扩散舱段优化结构的应力云图

(a) CCSA-TS-P

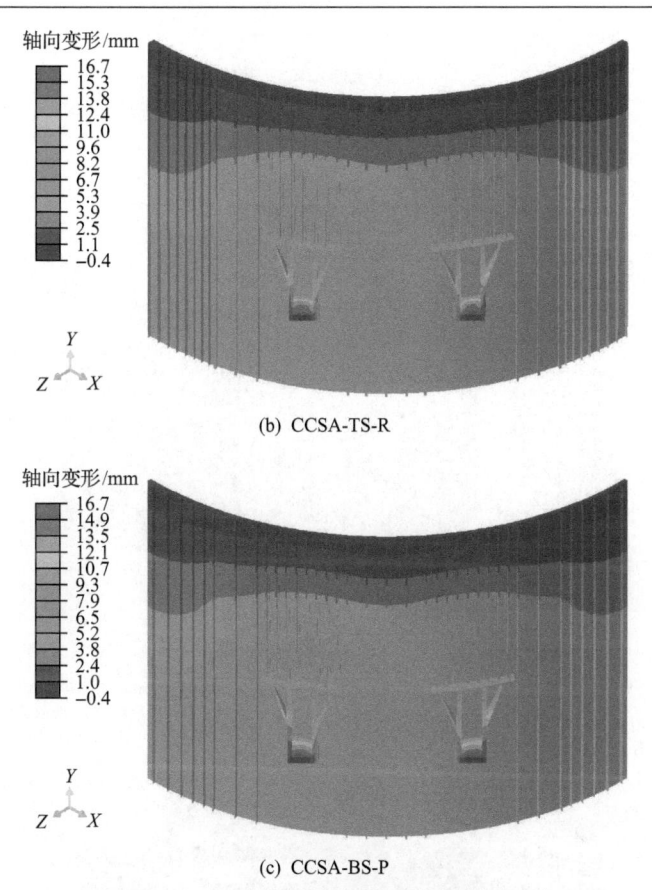

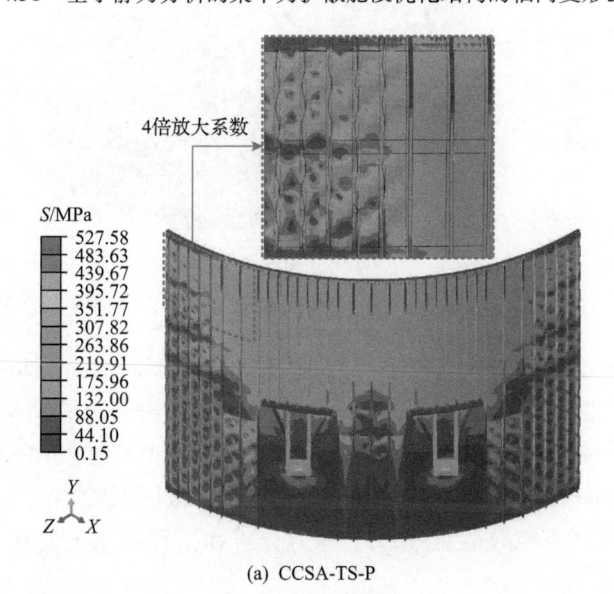

第 4 章　基于传统优化算法的加筋圆柱壳舱段优化设计 ·153·

(b) CCSA-TS-R

(c) CCSA-BS-P

图 4.31　基于静力分析的集中力扩散舱段优化结构的轴向变形云图

(a) CCSA-TS-P

(b) CCSA-TS-R

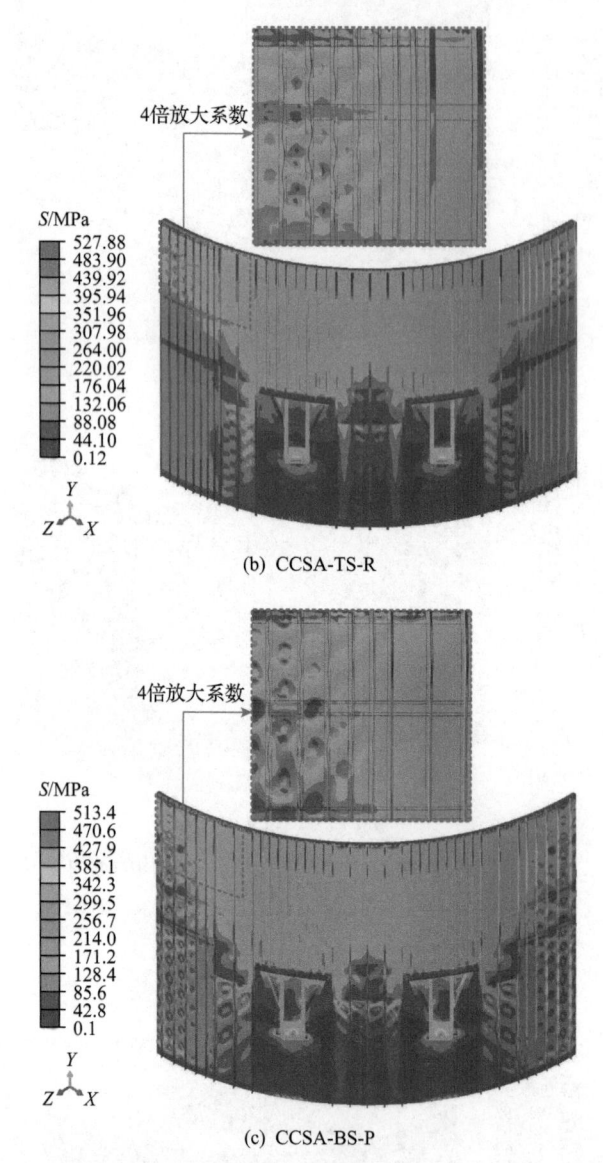

(c) CCSA-BS-P

图 4.32　基于后屈曲分析的集中力扩散舱段优化结构应力云图

基于后屈曲分析的集中力扩散舱段优化结构轴向变形云图如图 4.33 所示。与图 4.31 所示的静力分析结果对比可知，两种分析方法获得的结构轴向变形结果具有较高的一致性。如图 4.34 所示，非主扩散区的屈曲变形使两种分析方法在对应区域获得的轴向节点力存在一定差异，但是主扩散区域的轴向节点力具有较好的一致性。对比分析结果验证了基于静力分析和工程算法的集中力扩散舱段优

第 4 章 基于传统优化算法的加筋圆柱壳舱段优化设计 ·155·

化模型的有效性,凸显了 CCSA 算法在精细化设计集中力扩散舱段结构方面的优越性。

(a) CCSA-TS-P

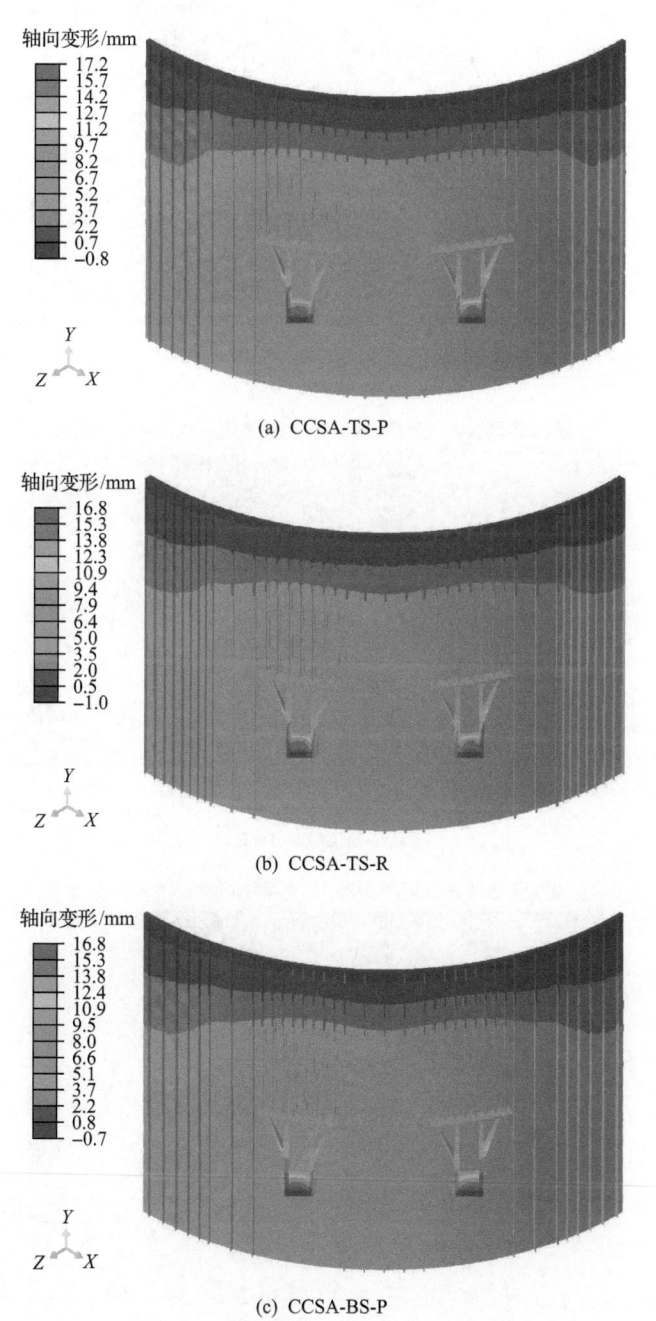

(b) CCSA-TS-R

(c) CCSA-BS-P

图 4.33 基于后屈曲分析的集中力扩散舱段优化结构轴向变形云图

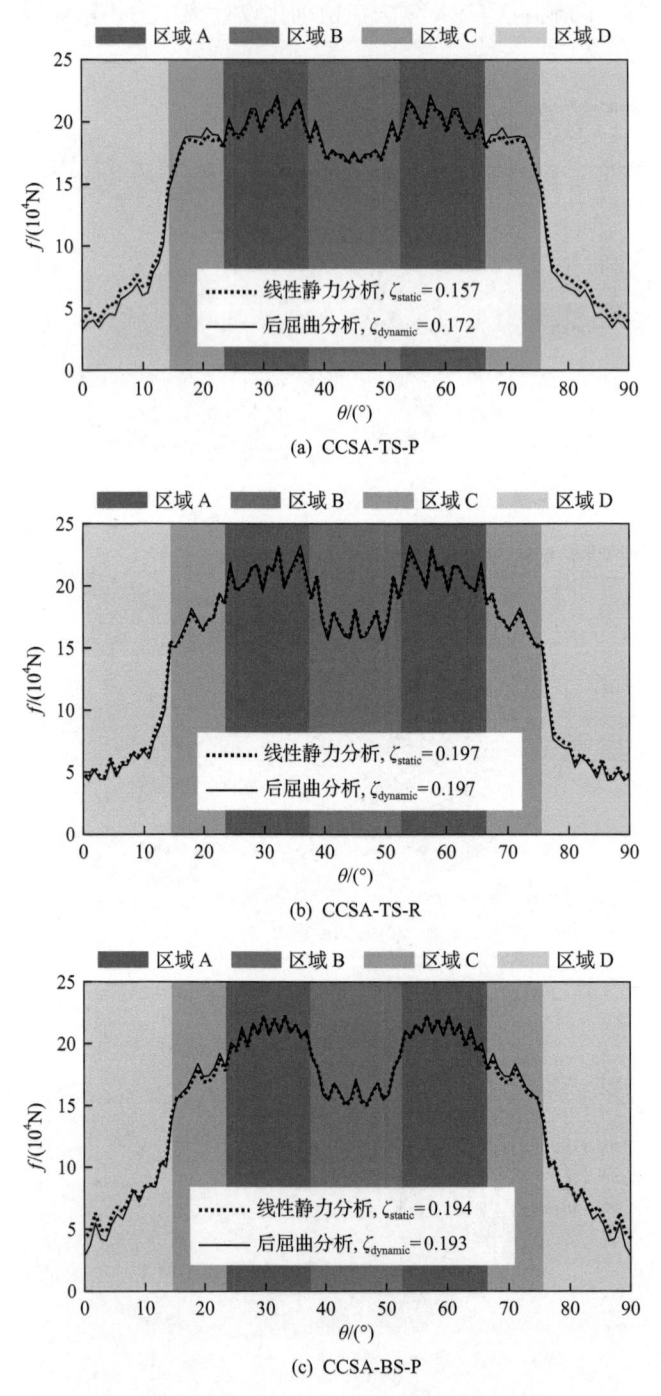

图 4.34 基于后屈曲和静力分析的 $\varGamma$ 区域内轴向节点力曲线

3. 优化结构极限承载能力及压溃变形模式

为进一步探究三种优化结构的极限承载性能，在捆绑接头支座上匀速施加 30mm 轴压位移直至结构发生整体压溃破坏，并提取模型的轴向支反力。不同集中力扩散舱段优化结构位移-载荷曲线及其压溃时刻径向变形云图如图 4.35 所示。作为对照，图 4.35 还给出了初始设计结构和 SA 算法获得的优化结构的位移载荷曲线及其压溃时的径向变形云图。

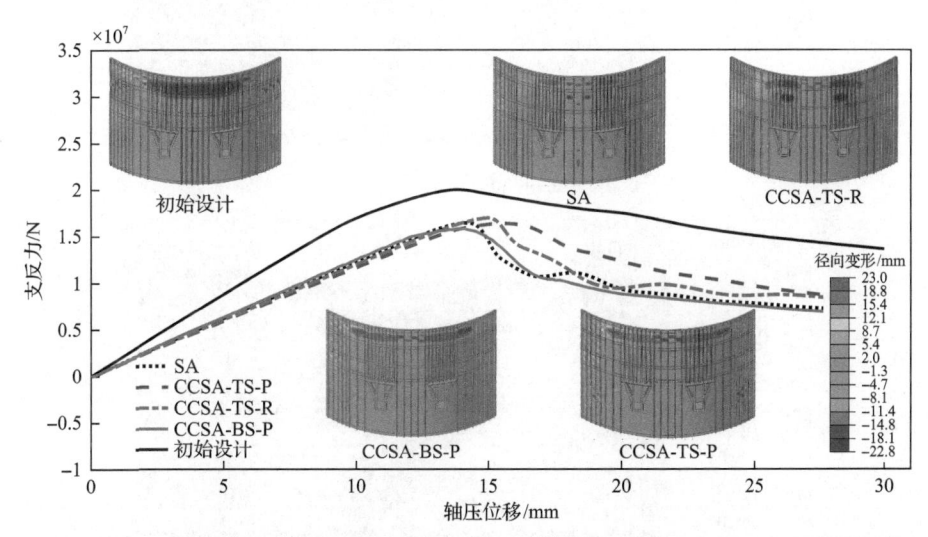

图 4.35　不同集中力扩散舱段优化结构位移-载荷曲线及其压溃时刻径向变形云图

考虑分析模型是集中力扩散舱段 1/4 结构，因此以单个捆绑接头的最大载荷作为其极限载荷。由图 4.35 可知，集中力扩散舱段初始设计的极限承载达 $1×10^7$N，远高于需求承载 $0.75×10^7$N。特别地，初始设计结构对应的位移-载荷曲线相对更为陡峭，表明初始设计的主扩散区刚度相对较大。与初始设计不同，四种优化设计的位移-载荷曲线较为接近，并且曲线相对初始设计结构更为平缓。SA、CCSA-TS-R、CCSA-TS-P 和 CCSA-BS-P 四种优化算法获得的优化结构对应的极限承载能力分别为 $0.8212×10^7$N、$0.8482×10^7$N、$0.8184×10^7$N 和 $0.79×10^7$N，均满足承载需求。同时，CCSA-TS-P 和 CCSA-BS-P 算法获得的优化结构的极限承载性能相对较低。此外，观察压溃时四种优化结构的径向变形云图可知，CCSA-TS-P 和 CCSA-BS-P 算法的优化结构具有相近的变形模式，均为端框与中间框间的主扩散区发生较大的径向失稳变形。

当位移加载至 30mm 时，集中力扩散舱段初始设计及不同优化结构的径向变形云图如图 4.36 所示。由此可知，CCSA-TS-P 和 CCSA-BS-P 算法获得的优化结构在主扩散区域和非主扩散区域发生的失效模式较为一致，表明这两个优化结构

(a) 初始设计

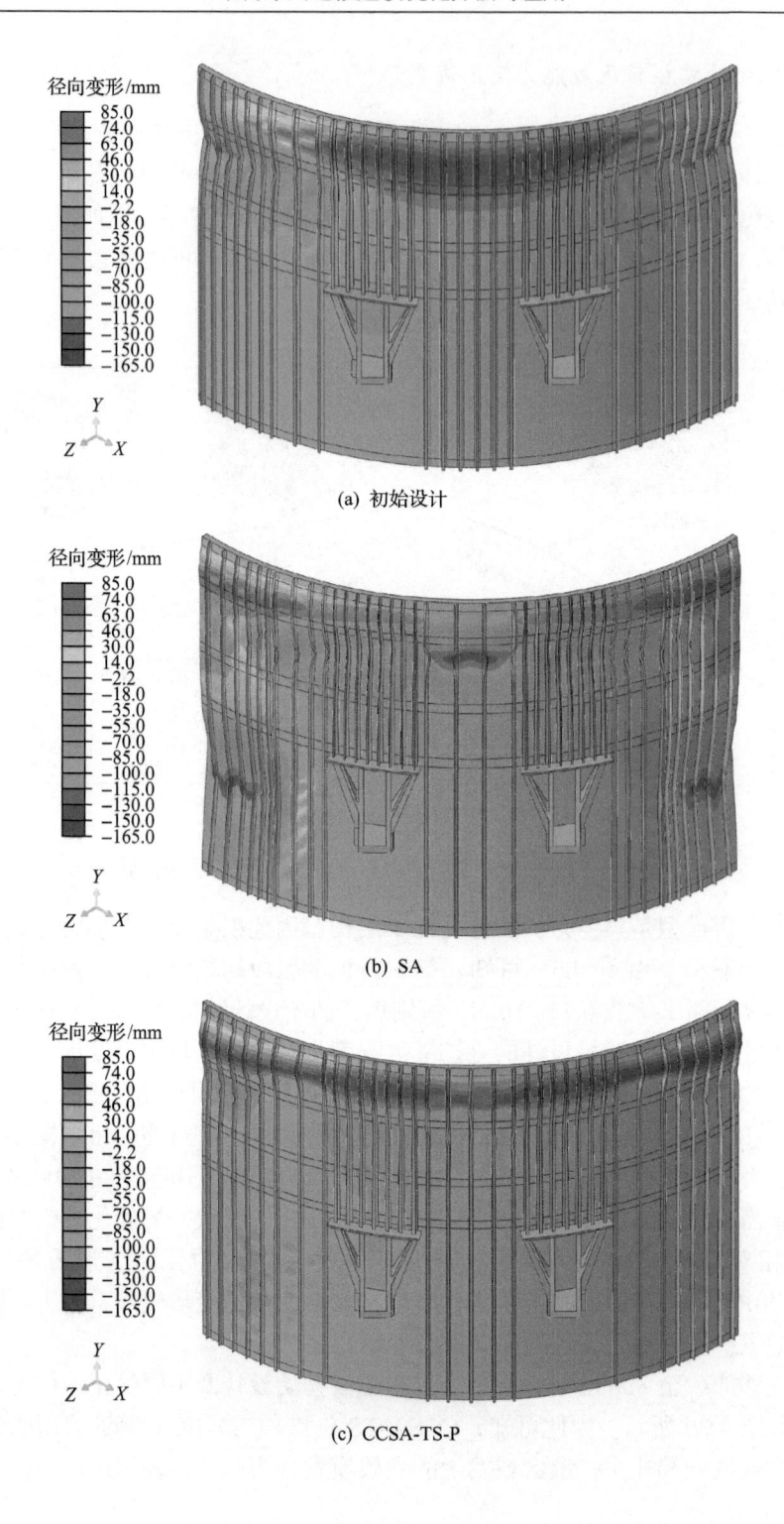

(b) SA

(c) CCSA-TS-P

(d) CCSA-TS-R

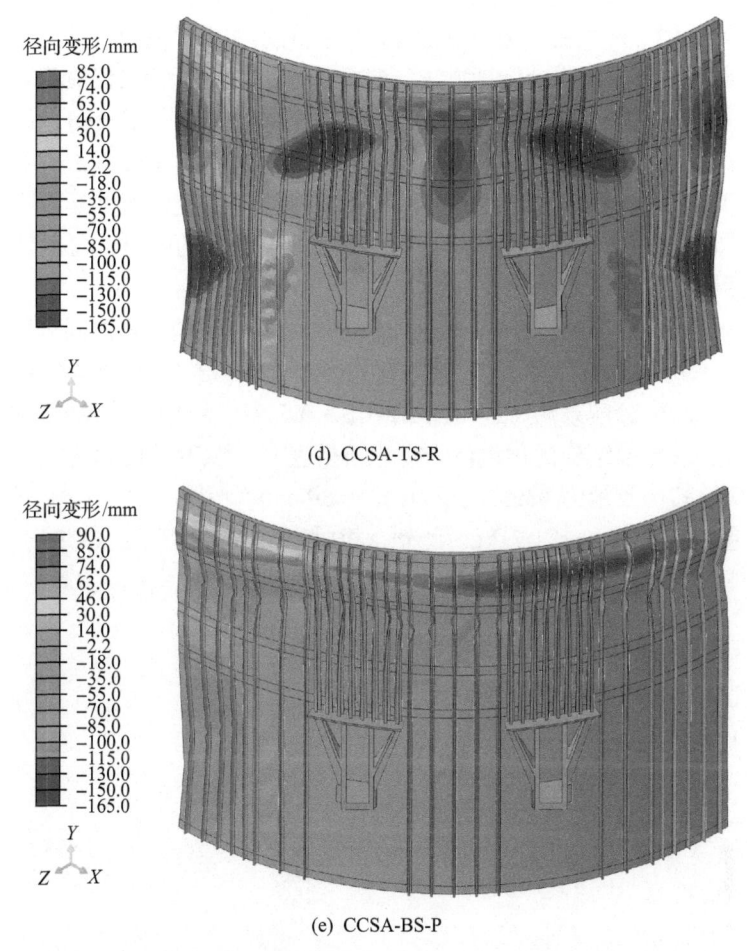

(e) CCSA-BS-P

图 4.36 集中力扩散舱段初始设计及不同优化结构的径向变形云图

实现了不同区域结构刚度的匹配设计。上述分析结果均验证了 CCSA 在优化设计集中力扩散舱段方面的有效性和优越性。

4.4 本 章 小 结

本章围绕运载火箭结构中两类典型薄壁加筋圆柱壳结构,即网格加筋圆柱壳结构和集中力扩散舱段开展优化设计。

(1)基于 Python 语言建立网格加筋圆柱壳结构参数化模型,采用显式动力学方法对网格加筋圆柱壳结构进行后屈曲分析计算,并结合 Kriging 近似模型和组合优化算法开展网格加筋圆柱壳结构优化设计,优化结果验证了上述方法能够获得满足工程需求的优化结构。

(2) 设计适用于两点主传力超静定捆绑方案的集中力扩散舱段结构形式，给出变截面-等比布局多区域联合设计方法，建立基于静力分析和工程估算方法的优化模型，采用 SA 算法开展集中力扩散舱段优化设计。获取了相较初始设计、等截面-等布局优化设计和变截面-等布局优化设计分别减重 717.27kg、662.08kg 和 149.17kg 的优化结构。研究表明，多区域变厚度蒙皮、变截面主梁、副梁及桁条非等距设计在发挥蒙皮传递剪力对集中力扩散显著效能的同时，可以较大限度地实现结构轻量化和精细化设计。

(3) 针对集中力扩散舱段结构优化面临的高维优化难题，将协同进化思想引入 SA 算法中，依结构形式和承载特点分别给出基于承载构件的结构分解策略和基于承载区域的结构分解策略，进而提出 CCSA-TS 算法和 CCSA-BS 算法，并据此开展集中力扩散舱段结构优化设计。优化结果表明，CCSA-TS 算法和 CCSA-BS 算法分别获得结构质量为 4393.77kg 和 4356.39kg 的优化结构，相对传统 SA 算法进一步减重 144.33kg 和 181.71kg。此外，相对 CCSA-TS 算法，CCSA-BS 算法优化效率和精度更高。

第5章 考虑整体稳定性的大直径加筋圆柱壳优化

大直径加筋圆柱壳结构设计变量众多，涉及离散的拓扑和连续的尺寸优化，其轻量化设计问题是典型的混合整数非线性规划问题，这加剧了大直径大载荷加筋圆柱壳的轻量化和精细化设计难度。针对该问题，本章建立大直径加筋圆柱壳参数化有限元模型，采用显式动力学方法对其进行后屈曲分析，提出基于探索/开发竞争并行采样的 ARBF 序列近似优化算法，并开展大直径加筋圆柱壳轻量化设计。

5.1 大直径薄壁加筋圆柱壳稳定性分析及优化问题建模

5.1.1 加筋圆柱壳有限元建模

如图 5.1 所示，应用于重型运载火箭的大直径薄壁加筋圆柱壳主要由端框、中间框、桁条和蒙皮组成。蒙皮内侧沿高度方向布置"Ω"形截面的中间框，上下端部各布置一个"L"形截面的端框。同时，蒙皮外侧沿环向均匀分布一定数量的竖向桁条。端框、中间框，以及 3 种典型桁条截面形式及参数如图 5.1(a)～图 5.1(e) 所示。中间框布局形式及参数如图 5.2 所示。

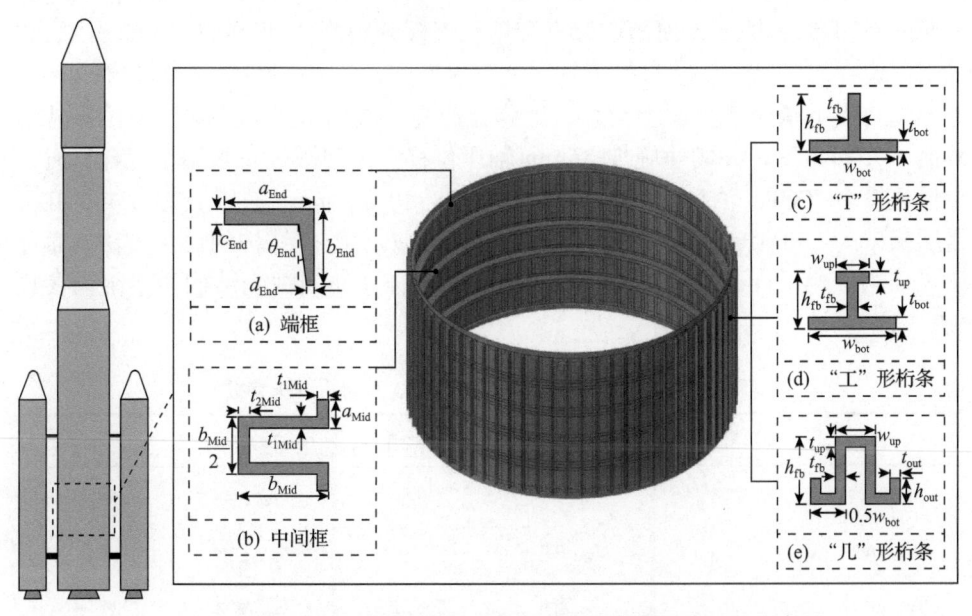

图 5.1 应用于重型运载火箭的大直径薄壁加筋圆柱壳结构示意图

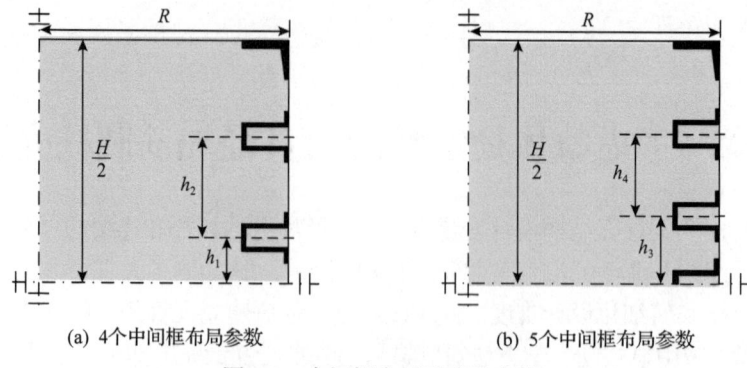

(a) 4个中间框布局参数　　　　　(b) 5个中间框布局参数

图 5.2　中间框布局形式及参数

加筋圆柱壳结构主要受到轴向压缩载荷，其轴压失稳往往先于结构强度破坏发生，因此提高轴压稳定性是设计该结构的主要目标[172]。加筋圆柱壳主要通过桁条来提高结构的轴压承载性能。环向中间框通过抵抗桁条径向弯曲变形进一步提高桁条的承载能力。蒙皮的主要作用则是保持结构几何形状和支撑桁条。在相对较小的载荷下蒙皮即发生局部失稳和局部进入塑性，但是结构仍能继续承载，直至发生整体压溃破坏，因此该结构的极限承载能力由其整体稳定性和后屈曲状态决定。

对直径 9.5m、高 5m 的大型加筋圆柱壳进行有限元建模，采用壳单元划分网格，模拟结构板壳特性[141, 206]。为模拟框桁隔间蒙皮的失稳波形，选取蒙皮网格单元尺寸为 40mm×40mm。桁条腹板沿高度方向划分两层单元，模拟桁条局部截面的平动和转动[142]。模型中节点和单元规模分别达 210000 和 190000。为减小刚性边界约束对分析结果的干扰，上下端框处各建立一个"L"形弹性边界，下弹性边界下端面节点固定约束，上弹性边界上端面节点约束除轴向位移外的其他 5 个自由度，并匀速施加 35mm 轴压位移。加筋圆柱壳采用铝合金材料，弹性模量为 70GPa，泊松比为 0.3，密度为 2.78×10^{-6}kg/mm^3，屈服应力为 440MPa，强度极限为 550MPa，延伸率为 6%。参照以往火箭类似结构的设计方法，通过初步结构优化设计，确定"工"形桁条的大直径加筋圆柱壳结构初始结构参数（表 5.1）。

表 5.1　"工"形桁条大直径加筋圆柱壳初始结构参数

变量	初始值	变量	初始值	变量	初始值
a_{End} /mm	57.38	w_{up} /mm	33.84	a_{Mid} /mm	49.74
b_{End} /mm	76.24	t_{up} /mm	5.84	t_{1Mid} /mm	3.33
c_{End} /mm	2.09	h_{fb} /mm	63.21	b_{Mid} /mm	83.24

续表

变量	初始值	变量	初始值	变量	初始值
d_{End} /mm	2.95	t_{fb} /mm	8.41	t_{2Mid} /mm	4.67
θ_{End} /(°)	4.01	n_s	103	h_1 /mm	500.00
W_{bot} /mm	85.59	t_{skin} /mm	1.37	h_2 /mm	1000.00
t_{bot} /mm	14.24	—	—	—	—

注：n_s 为桁条的数量，其余设计变量名含义如图 5.1 所示。

5.1.2 加筋圆柱壳稳定性分析

采用显式非线性动力学方法求解加筋圆柱壳结构极限承载能力时，整体极限载荷和破坏模式均与加载速度相关。采用不同的加载速度对该模型进行分析，并观察结构内部动能/内能的值，确保加载过程为准静态加载。采用 4 核 2.9GHz 主频 CPU 及 8GB 内存的计算机进行测试。

不同加载速度下的动能/内能的值及位移-载荷曲线如图 5.3 所示。不同加载速度下结构整体压溃情况及计算耗时如表 5.2 所示。

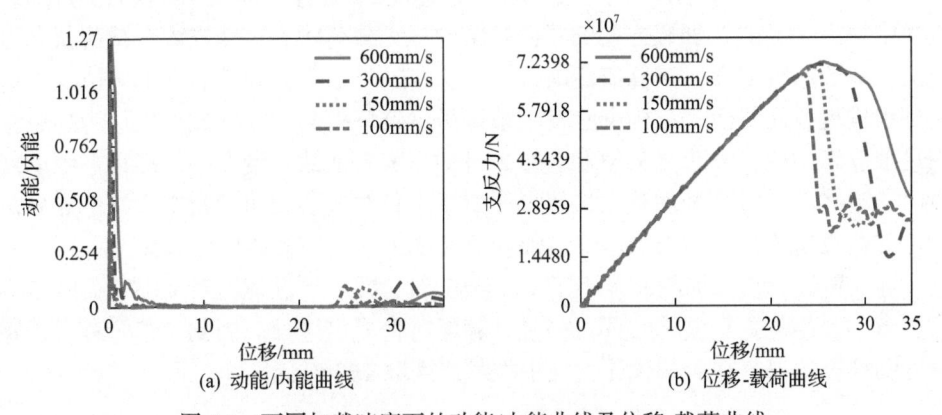

图 5.3 不同加载速度下的动能/内能曲线及位移-载荷曲线

表 5.2 不同加载速度下结构整体压溃情况及计算耗时

加载速度/(mm/s)	位移云图	极限载荷/N	耗时/h
600		7.240×10^7	0.58

续表

加载速度/(mm/s)	位移云图	极限载荷/N	耗时/h
300		7.172×10^7	1.16
150		7.088×10^7	2.23
100		6.867×10^7	3.93

由图 5.3(a)可以看出，对于不同的加载速度，结构内部动能/内能的值在加载过程中均小于 0.05，加载之初的峰值是结构从无载荷状态突然进入有载荷状态引起的，随着加载继续，该峰值逐渐减小，曲线趋于平稳；加载后期的峰值是载荷达到结构承载极限后，结构突然发生整体压溃破坏引起的，因此可以认为加载过程是准静态加载。由图 5.3(b)和表 5.2 可知，随着加载速度变小，结构极限承载能力逐渐减小，对应的加载位移值也逐渐减小，并且加载速度越小，峰值点后载荷位移曲线越陡，表明结构达到极限载荷后便迅速发生整体压溃破坏。

经大量试算，当加载速度小于 150mm/s 时，减小加载速度对极限载荷的影响小于 0.04，结构失稳波形相同，但是计算耗时将成倍增长。因此，综合考虑计算精度和计算效率，在后续优化设计中加载速度取 150mm/s。

5.1.3 大直径加筋圆柱壳轻量化设计问题建模

大直径加筋圆柱壳结构优化同时涉及拓扑优化和尺寸优化，其中拓扑优化与桁条数目相关，不同的桁条数目决定大直径加筋圆柱壳结构的拓扑形式，属于离散结构拓扑优化；端框、中间框、桁条截面尺寸，以及蒙皮厚度是在结构拓扑形式和形状固定的情形下，搜索最优的截面尺寸，属于结构连续尺寸优化。

考虑大直径加筋圆柱壳结构中桁条沿环向分布的对称性，分别将拓扑优化变量和尺寸优化变量转化成离散的整数变量和连续的实数变量，从而将离散拓扑优化和尺寸优化问题转化成混合整数非线性规划问题。因此，大直径加筋圆柱壳结

构轻量化设计问题可描述为

$$\begin{aligned}&\text{find } X=[X_c, X_d]\\&\min\ M(X)\\&\text{s.t.}\ \ F_{cr}(X)\geqslant F_{cr}^*,\ \ X_{LB}\leqslant X\leqslant X_{UB}\end{aligned} \quad (5.1)$$

其中，X_c 为连续变量；X_d 为离散整数变量；X_{LB} 和 X_{UB} 为设计变量 X 的最小取值和最大取值；$M(X)$ 为结构质量；$F_{cr}(X)$ 为结构极限载荷。

不失一般性，将 m 维设计变量 X 映射至 m 维单位立方体中，可得

$$x=\frac{X-X^{LB}}{X^{UB}-X^{LB}} \quad (5.2)$$

5.2 基于探索/开发竞争并行采样的 ARBF 序列近似优化算法

针对式(5.1)所述的大直径加筋圆柱壳的结构优化问题，建立基于探索/开发竞争并行采样策略的序列近似优化算法(sequential approximate optimization method based on exploitation/exploration competing parallel sampling strategy, SAOCPS)。由于大直径加筋圆柱壳结构参数与极限载荷之间复杂的映射关系，基于初始样本点建立的近似模型旨在提高其全局近似能力，难以实现对模型最优解的精确预测，因此需要在近似优化过程中加入新的采样点，以便不断提高近似模型对潜在最优区域的预测精度。

5.2.1 序列并行采样策略

面向全局优化的序列并行采样策略的基本思想为，根据当前训练样本点及近似模型的相关信息，获取下一组采样点，以期勘探更多潜在最优区域并提高近似模型在该区域的局部近似精度，进而引导优化算法高效快速地搜索到最优解。基于该思想，给出基于双精英种群进化的开发采样策略和基于混合整数序列填充的探索采样策略。同时，为自适应确定迭代优化过程中开发采样点和探索采样点的数目，进一步给出模型响应驱动的探索/开发竞争采样机制，旨在实现迭代优化过程中开发力度和探索力度的自适应平衡[237]。

1. 基于双精英种群进化的开发采样策略

在近似优化过程中，开发策略不必精确搜索到当前近似模型的最优解，只需要通过适当的进化迭代搜索到距离当前样本点足够远且性能有适当提升的非劣解[91]。非精确搜索不但能够保证搜索解的多样性，而且适应并行采样的需求，可实现对设

计空间中多个潜在最优区域的并行开发。

在应用 DE 算法进行非精确搜索时,初始种群的优劣会影响算法获得最优解的效率。为加快算法收敛并获得较好的解,根据结构轻量化问题特点,选取两类精英样本点作为 DE 算法的初始种群分别进行开发采样。

图 5.4(a)所示为采用 OLHD 生成的 2400 个已观测样本点在响应空间的分布[142],以当前样本库中最优解 x_{best} 为基准,将响应空间分为图 5.4(b)所示的四个区域。直观地,区域 I 内样本点以降低结构质量为进化方向、区域 III 内样本点以提升承载性能为进化方向,有助于新增样本点趋近于区域 IV,进而获取更优解。

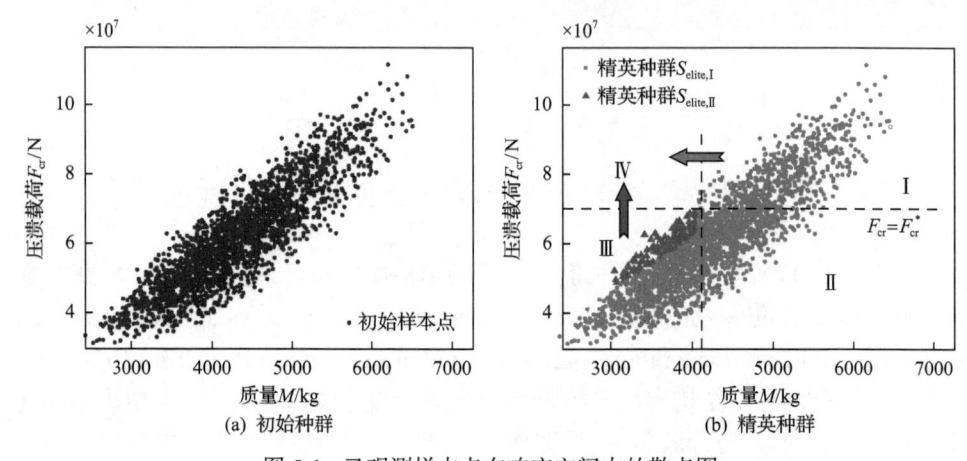

图 5.4 已观测样本点在响应空间中的散点图

选取一定数量满足约束的精英样本点作为 EA 的初始种群有助于 EA 搜索至更优的可行解。根据式(5.3)对已观测样本点进行优劣排序,$x_i \succ x_j$ 表示 x_i 优于 x_j,即

$$x_i \succ x_j, \begin{cases} M(x_i) < M(x_j), & \min(F_{\text{cr}}(x_i), F_{\text{cr}}(x_j)) > F_{\text{cr}}^* \\ F_{\text{cr}}^* > F_{\text{cr}}(x_i) > F_{\text{cr}}(x_j) \end{cases} \tag{5.3}$$

记性能较优的前 $N_{\text{elite, I}}$ 个样本点组成第一类精英种群 $S_{\text{elite, I}}$,该种群在质量、极限载荷、承载效率三维空间中的散点图如图 5.5 所示。承载效率 L_e 为

$$L_e = F_{\text{cr}}(x)/M(x) \tag{5.4}$$

基于第一类精英种群 $S_{\text{elite, I}}$ 的开发采样准则可描述为

$$x_{\text{exploit, I}} = \arg\min_{x \in X^m} M(x), \quad \hat{F}_{\text{cr}}(x) \geqslant F_{\text{cr}}^* \tag{5.5}$$

其中，$x_{\text{exploit, I}}$ 为第一类开发样本点；$\hat{F}_{\text{cr}}$ 为加筋圆柱壳极限承载能力的近似模型。

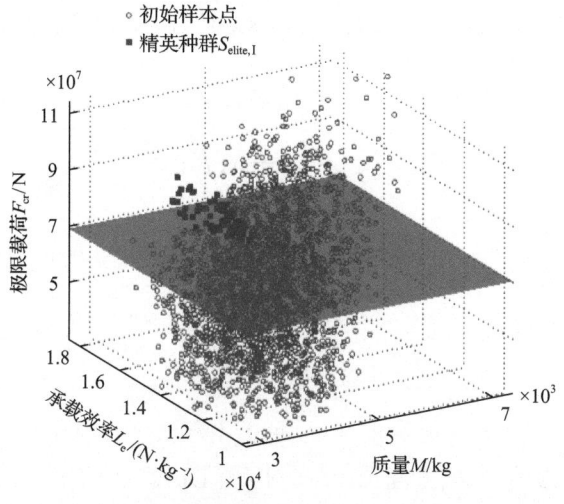

图 5.5　第一类精英种群在响应空间散点图

进一步，对于约束优化问题，驱动非可行解向可行域进化将有利于搜索到潜在最优区域[238]。满足承载性能约束的最优结构应具有较高的承载效率，训练样本库 S 中高承载效率样本点数量的增加有利于提高近似模型对该区域的近似精度，进而加速优化过程的收敛。因此，根据式(5.6)对训练样本库 S 中非可行样本点按承载效率由高至低进行排序，挑选具有高承载效率的前 $N_{\text{elite, II}}$ 个样本点组成第二类精英种群 $S_{\text{elite, II}}$。该种群在质量、极限载荷、承载效率三维空间中的散点图如图 5.6 所示。

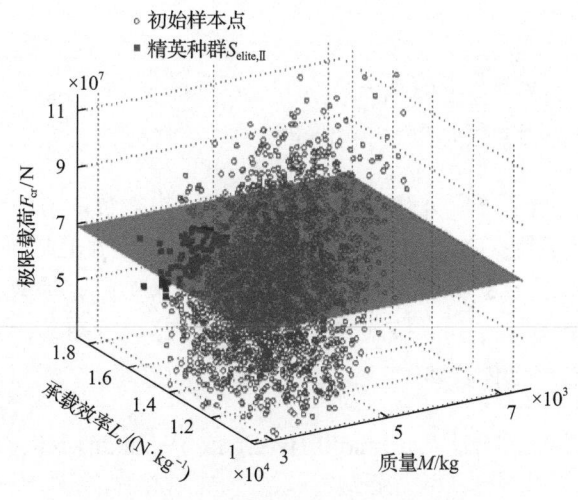

图 5.6　第二类精英种群在响应空间散点图

由

$$x_i \succ x_j, \quad L_e(x_i) > L_e(x_j), \quad x_i, x_j \in \left\{ x \middle| x \in D, F_{cr}(x) < F_{cr}^* \right\} \tag{5.6}$$

基于第二类精英种群的开发采样准则可描述为

$$x_{\text{exploit, II}} = \arg\max_{x \in X^m} \hat{L}_e(x) \tag{5.7}$$

其中，$x_{\text{exploit, II}}$ 为第二类开发采样点；$\hat{L}_e(x)$ 为承载效率的近似模型，可直接表示为

$$\hat{L}_e(x) = \hat{F}_{cr}(x)/M(x) \tag{5.8}$$

在应用非精确 DE 算法求解式(5.5)和式(5.7)时，与传统 DE 算法的主要区别在于初始化和算法终止判据方面。此外，传统 DE 算法的交叉策略仅生成一个子代，这将不可避免地导致生成的子代个体丢失父代中的优异遗传信息，既不利于扩大种群的搜索空间，也不利于加速算法收敛。因此，进一步给出基于双子代竞争的非精确 DE 算法。该算法的搜索过程可总结为如下步骤。

步骤 1，算法参数初始化。确定需要采样的开发点个数 n_{exploit}，初始精英种群中个体数量 N_{elite}（即 $N_{\text{elite, I}}$ 或 $N_{\text{elite, II}}$），采样算法最大迭代次数 $G_{\max}$。

步骤 2，种群初始化。以精英种群 $S_{\text{elite, I}}$ 和 $S_{\text{elite, II}}$ 为初始种群，分别根据式(5.3)和式(5.6)对初始种群进行优劣排序，确定种群中第 n_{exploit} 个最劣个体 $x_{\text{worst}, n_{\text{exploit}}}$。

步骤 3，差分变异。利用下式进行差分变异，生成第 G 代的 N_{elite} 个变异个体 $\{v_i\}_{i=1}^{N_{\text{elite}}}$，即

$$\begin{cases} v_i = x_i + F(x_{r_1} - x_{r_2}), & 1 \leqslant i \neq r_1 \neq r_2 \leqslant N_{\text{elite}} \\ F = F_0 \cdot 2^{\exp(1 - G_{\max}/(G_{\max} + 1 - G))} \end{cases} \tag{5.9}$$

其中，F_0 为初始变异算子；r_1 和 r_2 为 $[1, N_{\text{elite}}]$ 的随机整数。

步骤 4，交叉运算。传统交叉策略(图 5.7)在一定程度上制约了 DE 算法的寻优能力，因此改用图 5.8 所示的基于双子代竞争交叉策略，提高子代个体的多样性。令 u_i 表示实验样本个体，按式(5.10)~式(5.12)进行交叉，生成双子代竞争的 $2N_{\text{elite}}$ 个实验样本个体，即

$$u_{i1}^{(j)} = \begin{cases} v_i^{(j)}, & \text{rand}[0,1] < C_R \text{ 或 } j = \text{randi}[1, m] \\ x_i^{(j)}, & \text{其他} \end{cases} \tag{5.10}$$

第 5 章　考虑整体稳定性的大直径加筋圆柱壳优化 · 169 ·

$$u_{i2}^{(j)} = \begin{cases} x_i^{(j)}, & \text{rand}[0,1] < C_R \text{ 或 } j = \text{randi}[1,m] \\ v_i^{(j)}, & \text{其他} \end{cases} \quad (5.11)$$

$$\boldsymbol{u}_i = [\boldsymbol{u}_{i1}; \boldsymbol{u}_{i2}] \quad (5.12)$$

其中，rand[0, 1]表示在[0,1]生成随机实数；randi[1, m]表示在[1, m]生成随机整数；C_R为交叉算子，取值范围为[0,1]。

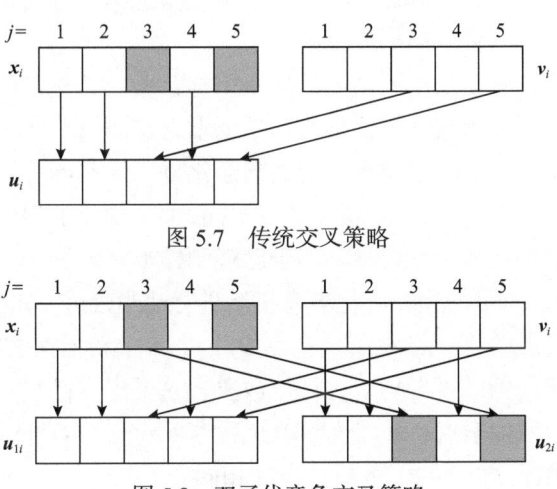

图 5.7　传统交叉策略

图 5.8　双子代竞争交叉策略

步骤 5，适应度计算。计算实验样本个体的近似模型预测值，并通过式(5.3)和式(5.6)进行优劣排序。

步骤 6，非精确搜索终止判定。若实验样本个体 $\boldsymbol{u}$ 使下式成立，则表明该实验样本个体距离已有样本点适当远，优于精英种群中第 n_{exploit} 个最劣个体，具有成为精英个体的潜力。从优至劣遍历所有实验样本个体，选取所有使下式成立的个体，并转步骤 7；若不存在实验样本个体使下式成立，则转步骤 8，即

$$\boldsymbol{u} \succ \boldsymbol{x}_{\text{worst},n_{\text{exploit}}}, \quad d_{\min}(\boldsymbol{u}, D_{\text{potential}}) > d_{\min}(D) \quad (5.13)$$

其中，$D_{\text{potential}} = \{D, \{\boldsymbol{x}_{i,\text{exploit}}\}_{i=1}^{n_{\text{sampled}}}\}$，$n_{\text{sampled}}$表示当前已生成的开发样本点数量；$d_{\min}(D)$表示设计域内已观测样本点间的最小距离；$d_{\min}(\boldsymbol{u}, D_{\text{potential}})$表示实验样本个体 $\boldsymbol{u}$ 到样本集 $D_{\text{potential}}$ 样本点的最小距离。

步骤 7，新增开发采样点 $\{\boldsymbol{x}_{i,\text{exploit}}\}_{i=1}^{n_{\text{exploit}}}$ 确定。以满足式(5.13)的实验样本个体作为新的开发采样点，若已生成 n_{exploit} 个开发样本点，则算法终止；否则，转步骤8。

步骤 8，种群更新。基于式(5.3)和式(5.6)所示的优劣排序方式更新当前种群，

并转步骤 3。

2. 基于混合整数序列填充的探索采样策略

基于双精英种群进化的开发策略侧重在潜在最优区域采样，然而潜在最优区域的准确识别取决于近似模型的全局近似能力。另外，仅在潜在最优区域采样极易使优化算法陷入局部最优。因此，还需新增探索样本点来提高训练样本点在空间中的填充性和均布性，提高近似模型的全局近似能力，进而发现更多的潜在最优区域，协助优化算法跳出局部最优解。

本节给出基于混合整数序列填充的探索采样策略。首先，开发采样后训练样本点低维投影通常不再满足低维投影均匀性要求，在图 2.5 所示的两个已观测样本点间"插空"填充一个新增样本点的递归演化方式将不再适用。其次，与向 N 个已观测样本点中填充 $N-1$ 个新增样本点不同，面向优化的混合整数序列填充策略每次生成的新增探索样本点数量远小于已观测样本点数量 N。

为此，对图 2.5 所示的递归演化填充机制进行适当改进。如图 5.9 所示，对于低维投影均匀性较差的 N 个已观测样本点 $\boldsymbol{D}_{N \times m}$，$n$ 个新增探索样本点 $\boldsymbol{D}_{n \times m}$ 的加入应使整体样本点的低维投影均匀性得以改善。这要求在已观测样本点低维投影稀疏处均匀布置新增探索点，进而改善填充后 $N+n$ 个样本点的低维投影均匀性。对于整数因子，填充方式与 2.1 节所述方法相同。

图 5.9　面向优化的改进递归演化填充机制示意图

在确保已观测样本点位置不变的情况下，对新增样本点的空间布局进行优化，进而提高填充后的样本点 $\boldsymbol{D}_{(N+n) \times m}$ 的空间均布性。探索采样点的空间布局确定问题可描述为

$$
\begin{aligned}
& \text{find } \{\kappa_{\text{real},i}(\boldsymbol{D}_{n \times m})\}_{i=1}^{m_l}, \{\kappa_{\text{int},j}(\boldsymbol{D}_{n \times m})\}_{j=1}^{m_k} \\
& \min \phi_{\text{mMaxPro}}(\boldsymbol{D}_{(N+n) \times m}) \\
& \text{s.t. } \boldsymbol{D}_{N \times m} \subset \boldsymbol{D}_{(N+n) \times m}
\end{aligned}
\tag{5.14}
$$

其中，$\kappa_{\text{real},i}(\boldsymbol{D}_{n \times m})$ 为新增探索采样点 $\boldsymbol{D}_{n \times m}$ 中第 i 个实数因子的排列；$\kappa_{\text{int},j}(\boldsymbol{D}_{n \times m})$ 为新增探索采样点 $\boldsymbol{D}_{n \times m}$ 中第 j 个整数因子的排列。

在已观测样本点 $\boldsymbol{D}_{N \times m}$ 的基础上，填充 n 个样本点的探索采样算法可总结为如下 4 个步骤。算法流程如图 5.10 所示。

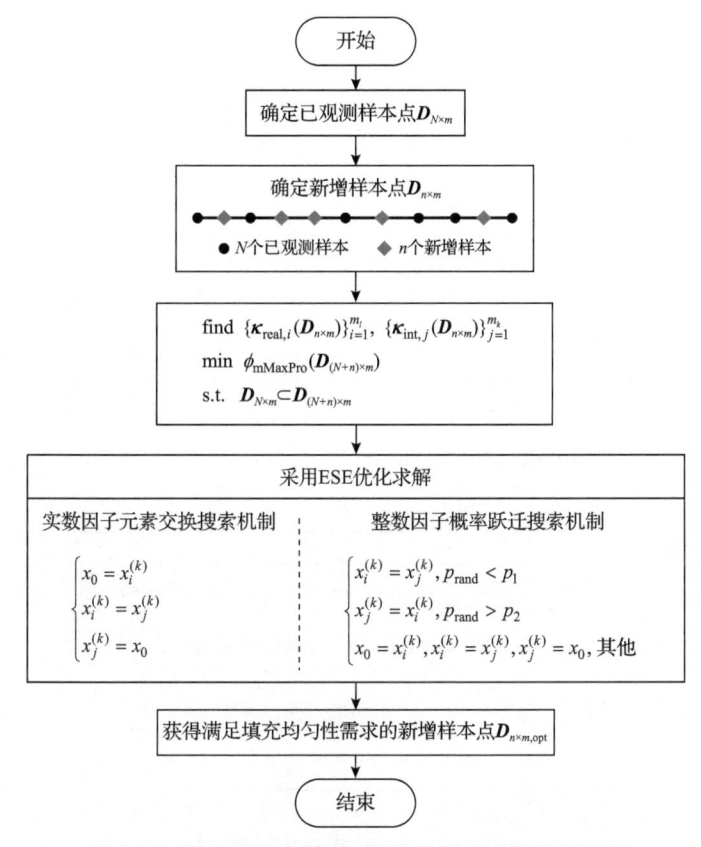

第 5 章 考虑整体稳定性的大直径加筋圆柱壳优化

图 5.10 基于混合整数序列填充的探索采样算法流程

步骤 1，对算法相关参数进行初始化，确定已观测样本点 $\boldsymbol{D}_{N\times m}$，以及需填充的探索采样点个数 n_{explore}。

步骤 2，确定新增样本点 $\boldsymbol{D}_{n\times m}$。采用图 5.9 所示的改进递归演化填充机制直接生成新增样本点 $\boldsymbol{D}_{n\times m}$。

步骤 3，改善新增样本点 $\boldsymbol{D}_{n\times m}$ 的均布性。采用 2.1 节所述的方法求解式 (5.14)。

步骤 4，获得满足填充均匀性需求的新增样本点 $\boldsymbol{D}_{n\times m,\text{opt}}$。

二维设计空间探索采样策略示意图如图 5.11 所示。图 5.11(a) 为已观测的 20 个训练样本点。由图可知，该样本点在空间中的填充性和均布性相对较差。每次向设计空间填充 5 个样本点，填充 6 次后样本点在设计空间中的分布如图 5.11(b) 所示。直观地，填充后样本点的空间填充性和均布性得到较大改善。图 5.11(c) 和图 5.11(d) 所示为样本点分别在 x_1 轴、x_2 轴的投影。由此可知，填充后的样本点具有较高的投影均匀性。该二维空间探索采样算例验证了探索采样策略具有改善已观测样本点空间填充性和均布性的能力。

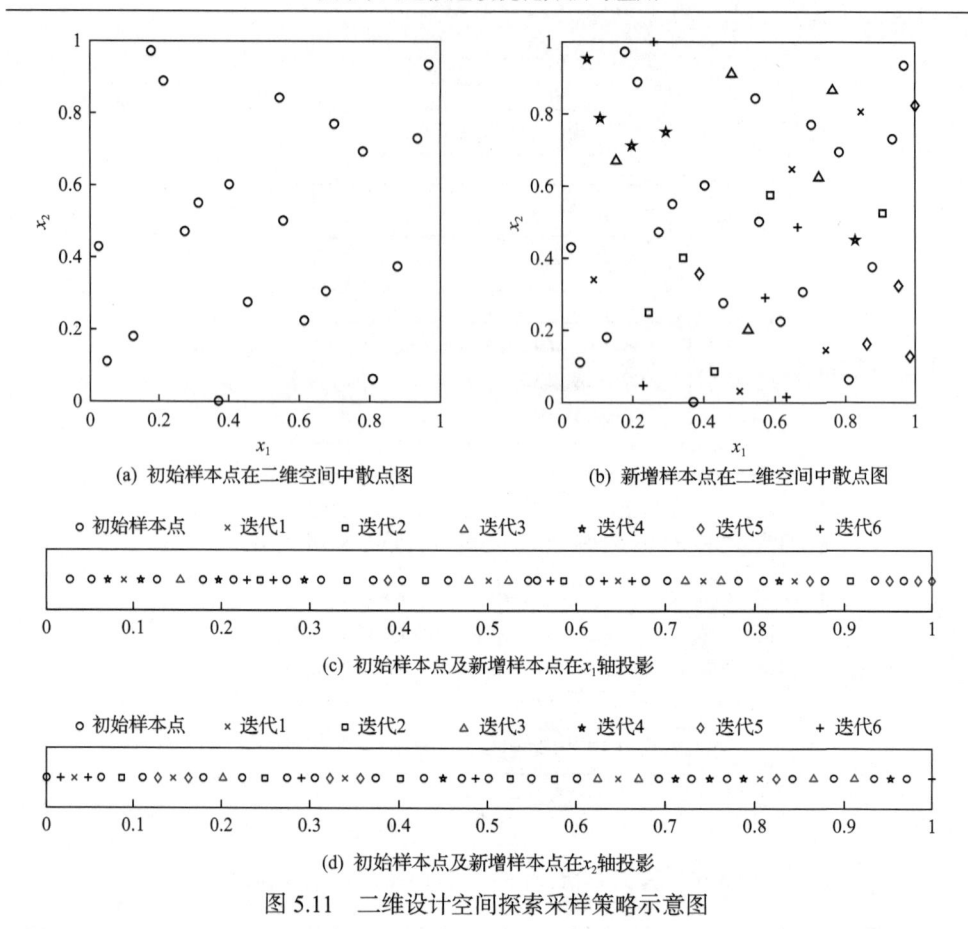

(a) 初始样本点在二维空间中散点图

(b) 新增样本点在二维空间中散点图

(c) 初始样本点及新增样本点在x_1轴投影

(d) 初始样本点及新增样本点在x_2轴投影

图 5.11 二维设计空间探索采样策略示意图

5.2.2 探索/开发竞争采样机制

基于双精英种群进化的开发策略侧重于潜在最优区域采样，以提高近似模型局部近似精度。基于混合整数序列填充的探索策略侧重于当前样本点稀疏区域进行采样，以提高近似模型全局近似精度。两种采样策略并行实施，以期实现近似模型全局/局部近似精度的同步提升。在每轮采样中，开发样本点和探索样本点的数量决定优化算法对设计空间的开发和探索力度，合理协调优化过程中开发和探索的力度，有助于避免对设计空间的过度开发或过度探索，减少无效的模型计算次数。

由于近似模型与真实模型间存在一定的误差，开发样本点实际成为精英个体的数目在一定程度上反映了当前近似模型对潜在最优区域的预测精度，进而可根据开发样本点的实际开发性能决定下一轮优化采样中开发样本点和探索样本点数量。具体来说，将已观测的开发样本点 $\{\boldsymbol{x}_{i,\text{exploit}}\}_{i=1}^{n_{\text{exploit}}}$ 与精英库中第 n_{exploit} 个最劣

解 $x_{\text{worst},n_{\text{exploit}}}$ 逐一进行比较，确定开发样本点 $\{x_{i,\,\text{exploit}}\}_{i=1}^{n_{\text{exploit}}}$ 中实际优于 $x_{\text{worst},n_{\text{exploit}}}$ 的样本点个数 n_{imp}，从而确定下一轮采样中开发样本点和探索样本点数量，即

$$\begin{cases} n_{\text{exploit},\,k+1} = n_{\text{imp}} + 1 \\ n_{\text{explore},\,k+1} = n_{\text{resample}} - n_{\text{exploit},\,k+1} \end{cases} \tag{5.15}$$

其中，k 表示当前迭代次数，$k+1$ 表示下一轮迭代次数；n_{resample} 表示每轮采样中新增样本点的总个数。

若当前近似模型有利于开发样本点更新精英库，则在下一轮迭代中增加开发力度；若当前开发样本点中仅有少量，甚至没有样本点更新精英库，则表明当前近似模型不足以预测更优解，需要在下一轮迭代中增加探索样本点的数量。

类似地，基于双精英种群进化的开发力度和基于混合整数序列填充的探索力度更新策略可表示为

$$\begin{cases} n_{\text{exploit, I},\,k+1} = \max\left(\lfloor (n_{\text{resample}} - 1)/2 \rfloor, n_{\text{imp, I}} + 1\right) \\ n_{\text{exploit, II},\,k+1} = \max\left(\lfloor (n_{\text{resample}} - 1)/2 \rfloor, n_{\text{imp, II}} + 1\right) \\ n_{\text{explore},\,k+1} = n_{\text{resample}} - n_{\text{exploit, I},\,k+1} - n_{\text{exploit, II},\,k+1} \end{cases} \tag{5.16}$$

其中，$n_{\text{imp, I}}$ 为开发样本点 $\{x_{i,\,\text{exploit, I}}\}_{i=1}^{n_{\text{exploit, I}}}$ 中实际优于第一类精英库中第 $n_{\text{exploit, I}}$ 个最劣解 $x_{\text{worst},n_{\text{exploit, I}}}$ 的样本点个数；$n_{\text{imp, II}}$ 为开发样本点 $\{x_{i,\,\text{exploit, II}}\}_{i=1}^{n_{\text{exploit, II}}}$ 中实际优于第二类精英库中第 $n_{\text{exploit, II}}$ 个最劣解 $x_{\text{worst},n_{\text{exploit, II}}}$ 的样本点个数。

在每轮迭代中，第一类开发样本点和第二类开发样本点的最大数量均为 $\lfloor (n_{\text{resample}} - 1)/2 \rfloor$，这可以保证每轮迭代采样中至少有一个探索样本点。

5.2.3 算法整体框架

SAOCPS 整体框架如图 5.12 所示。总体而言，SAOCPS 以 ARBF 近似模型为基础，在每轮迭代后通过探索/开发竞争采样机制确定多个新的探索采样点和开发采样点，自适应地提高近似模型的全局和近似精度，并辅以高性能并行计算资源，进而实现加快算法搜索效率和缩短计算时长的目的。

在 ARBF 近似建模过程中，训练样本点间距离过小将导致近似模型的系数矩阵病态，影响近似建模精度。因此，设定距离阈值 $d_{\min}$，避免新采样点过于靠近已观测样本点。当算法满足如下任一条件时，算法终止：采样点有限元计算值和近似模型预测值误差小于 1%；序列采样达到最大迭代次数 $k_{\max}$。特别地，为提高优化算法的收敛速度，设置开发采样策略中精英样本数量随迭代次数的增加而

逐步减小，从而使开发样本点在优化初期具有一定程度的全局探索特性，并随着优化迭代逐步侧重局部开发特性。为此，设置第 k 次迭代中精英样本数量 N_{elite} 为

$$N_{\text{elite}} = \text{round}[\max(4m-k,1.5m)] \tag{5.17}$$

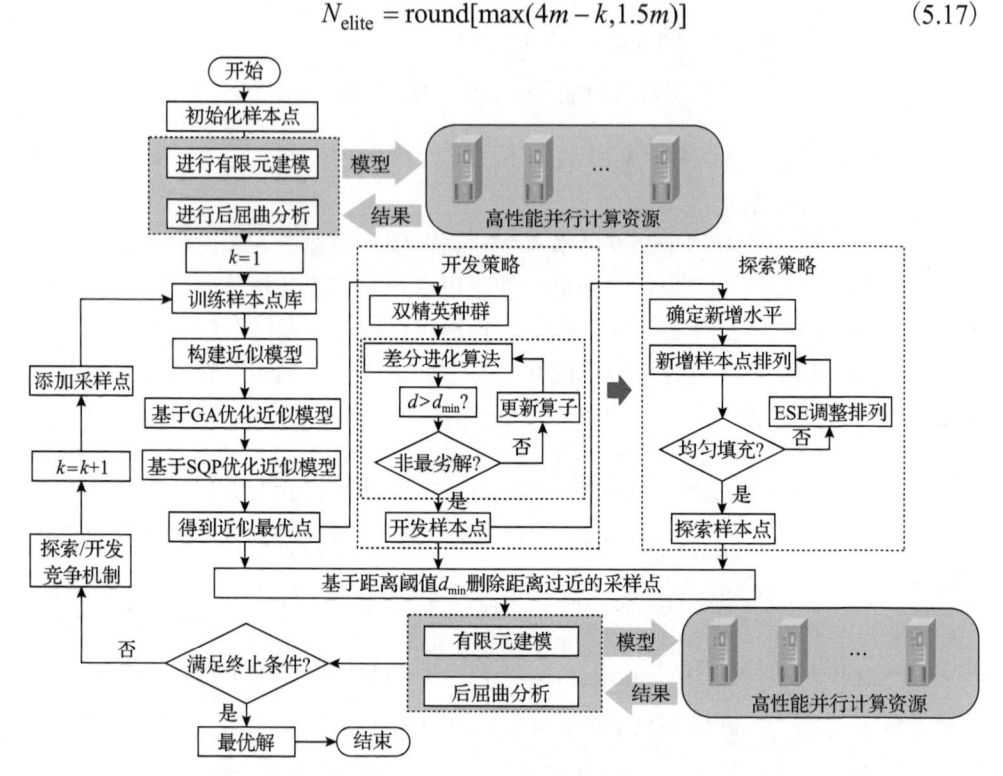

图 5.12 SAOCPS 整体框架

5.3 考虑整体承载性能的重型运载火箭加筋圆柱壳轻量化设计

5.3.1 优化问题建模

对于大直径加筋圆柱壳结构，采用 SAOCPS 开展满足整体承载性能要求的轻量化设计。大直径加筋圆柱壳优化设计变量包括桁条的截面类型（"工"形和"几"形）、桁条的截面参数、桁条的数量、端框的截面参数、中间框的截面及其布局参数和蒙皮厚度。重型运载火箭加筋圆柱壳结构参数设计范围如表 5.3 所示，其中"工"形桁条和"几"形桁条加筋圆柱壳结构的设计变量总数分别为 19 和 21。考虑中间框轴压承载效率较低[239]，本节仅对含 4 个中间框的加筋圆柱壳开展优化

设计。应用 SAOCPS 优化算法的加筋圆柱壳轻量化设计数学模型可描述为

$$\begin{aligned} &\text{find } \boldsymbol{x} \\ &\min M(\boldsymbol{x}) \\ &\text{s.t. } \hat{F}_{\text{cr}}(\boldsymbol{x}) \geqslant F_{\text{cr}}^*, \quad \boldsymbol{x} \in X^m \end{aligned} \quad (5.18)$$

其中，$\boldsymbol{x}$ 为加筋圆柱壳归一化后的设计变量。

表 5.3 重型运载火箭加筋圆柱壳结构参数设计范围

变量	设计范围	变量	设计范围	变量	设计范围
a_{End} /mm	45～80	w_{up} /mm	20～50	t_{skin} /mm	1.2～1.5
b_{End} /mm	75～120	t_{up} /mm	2～15	a_{Mid} /mm	22～50
c_{End} /mm	2～10	h_{fb} /mm	50～150	$t_{1\text{Mid}}$ /mm	2～10
d_{End} /mm	2～10	t_{fb} /mm	2～15	b_{Mid} /mm	80～150
θ_{End} /(°)	4～5	h_{out} /mm	10～30	$t_{2\text{Mid}}$ /mm	2～10
w_{bot} /mm	50～100	t_{out} /mm	2～15	h_1 /mm	400～600
t_{bot} /mm	2～15	n_s	85～105	h_2 /mm	800～1200

注：仅"几"形桁条涉及变量 h_{out} 和 t_{out}。

5.3.2 加筋圆柱壳轻量化设计

根据结构特点与优化设计规模需要，首先采用 MIOLHD 混合整数采样方法在设计空间 X^m 内生成 200 个初始样本点，并建立加筋圆柱壳极限承载性能的 ARBF 近似模型。在每轮迭代采样中，基于开发/探索采样策略共生成 10 个采样点，将其连同 ARBF 近似模型的最优点一起加入训练样本库，参与下一轮近似建模及迭代优化，直至算法收敛。优化过程最大迭代 200 次。由于加筋圆柱壳优化问题是典型的高耗时约束优化问题，约束函数相对目标函数计算更为复杂和耗时。鉴于可行概率(probability of feasibility, PoF)算法[240, 241]处理该类约束方面表现出较为突出的性能，本章采用该算法对"工"形桁条的加筋圆柱壳进行优化设计，对比验证 SAOCPS 的优化性能。

1. 优化历程结果分析

1)"工"形桁条加筋圆柱壳优化历程结果分析

在"工"形桁条加筋圆柱壳迭代优化过程中，SAOCPS 生成的采样点在响应空间的散点图如图 5.13 所示。如图 5.14 所示，在优化初期，采样点间的最小距离

相对较大，表明此时采样点在空间的分布较为稀疏，侧重全局探索；随着迭代优化不断进行，采样点间的最小距离呈减小趋势，并向满足承载能力且质量更小的区域聚集，表明此时采样点侧重局部开发，可以提高模型的局部近似精度并获取更优解。

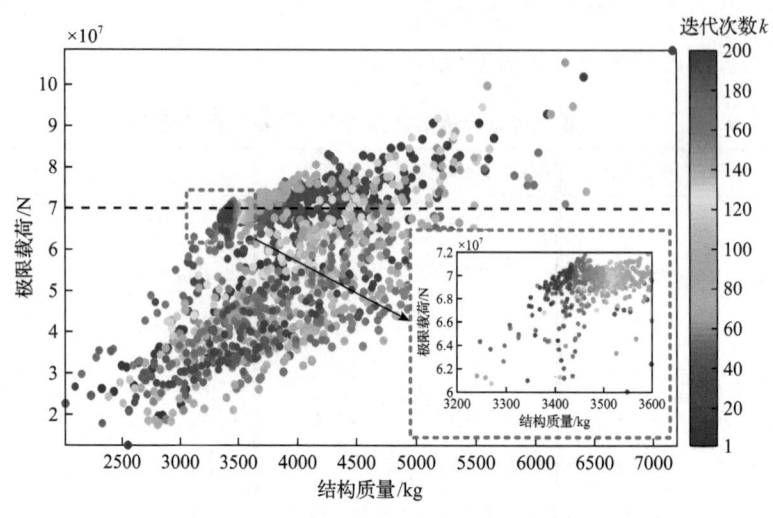

图 5.13　SAOCPS 生成的采样点在响应空间的散点图

进一步观察可知，图 5.14 所示的采样点间最小距离曲线随着迭代次数的增加并非呈单调递减，而是出现不同程度的跳跃尖峰。这表明，当开发采样难以获取更优解时，采样过程转而侧重全局探索以发现更多潜在最优区域。特别地，当优化过程逐渐趋于收敛时，侧重开发采样已难以获取更优性能的解。当迭代至 150 次时，采样点间的最小距离转而增大，表明采样过程重新侧重全局探索。

在迭代优化过程中，加筋圆柱壳极限载荷的 ARBF 近似模型预测精度如图 5.15 所示。由此可知，ARBF 近似模型具有较高的预测精度，进一步表明 SAOCPS 在大直径加筋圆柱壳优化设计中表现出较高的适用性。同时，优化后期采样过程侧重在近似模型预测误差较大处采样，这也验证了上面的表述。

迭代优化中 PoF 算法采样点如图 5.16 所示。PoF 算法采样点间最小距离变化曲线如图 5.17 所示。Kriging 近似模型预测精度如图 5.18 所示。由此可知，在采样初期，Kriging 近似模型预测精度相对 ARBF 模型较差，随着迭代过程的继续，Kriging 近似模型的预测精度逐渐提高。然而，由图 5.16 和图 5.18 均可发现，PoF 算法生成的采样点虽然在采样后期出现少许样本点满足加筋圆柱壳承载需求，但是采样过程中生成的大量采样点均不能有效地向可行域聚集，并且图 5.17 所示的采样点最小距离未出现较为明显的减小趋势，表明 PoF 算法的开发性能不强。

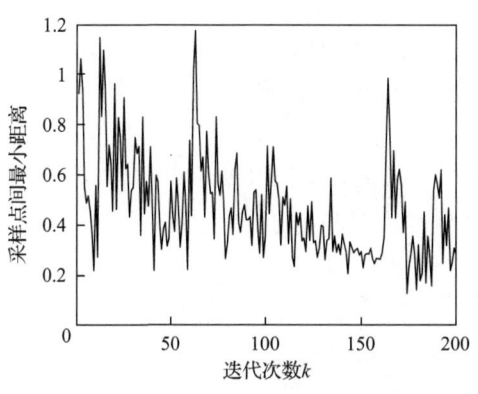

第 5 章 考虑整体稳定性的大直径加筋圆柱壳优化

图 5.14 SAOCPS 采样点间最小距离变化曲线

图 5.15 ARBF 近似模型预测精度

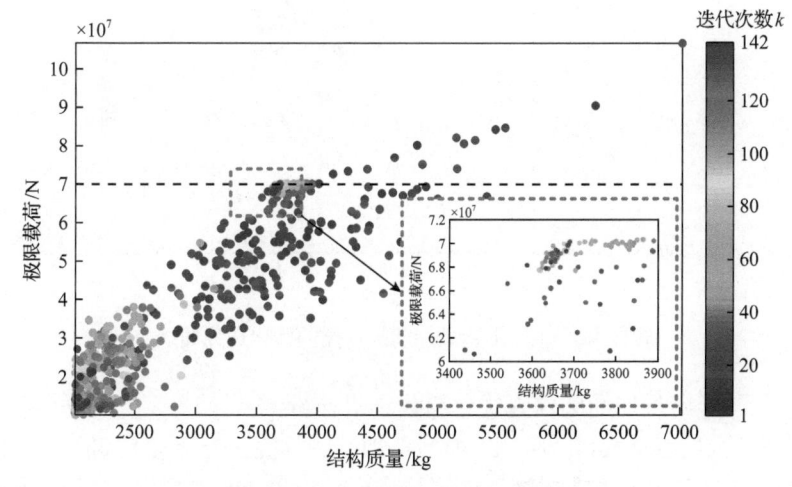

图 5.16 迭代优化中 PoF 算法采样点

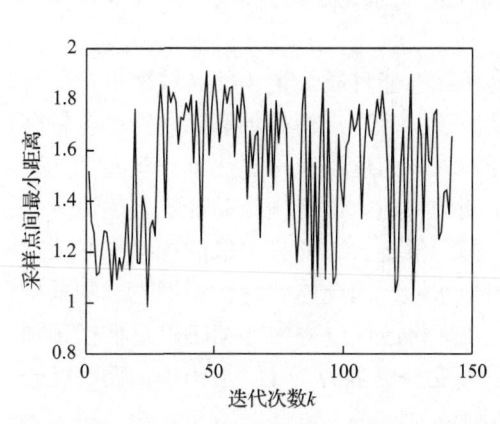

图 5.17 PoF 算法采样点间最小距离变化曲线

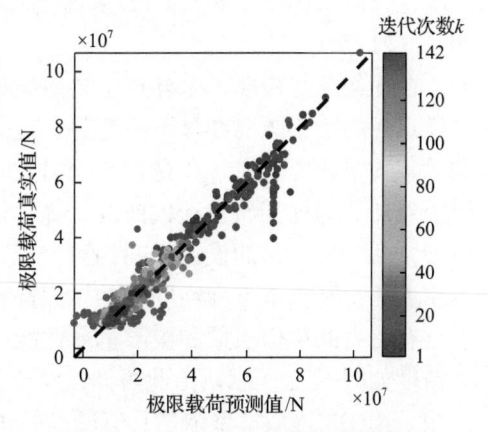

图 5.18 Kriging 近似模型预测精度

如图 5.19 所示，充分迭代后，两种方法获得的加筋圆柱壳均满足承载需求。由迭代曲线来看，相对 PoF 算法（迭代 143 次），SAOCPS（迭代 200 次）具有更快的收敛速度和更高的优化精度。PoF 算法获得的加筋圆柱壳结构质量为 3689.76kg，极限载荷为 7.02×10^7N；SAOCPS 获得的加筋圆柱壳结构质量为 3410kg，极限载荷为 7.02×10^7N。相比 PoF 算法优化结构和初始设计，SAOCPS 在满足结构承载性能要求下，分别减重 279.8kg 和 393.1kg。

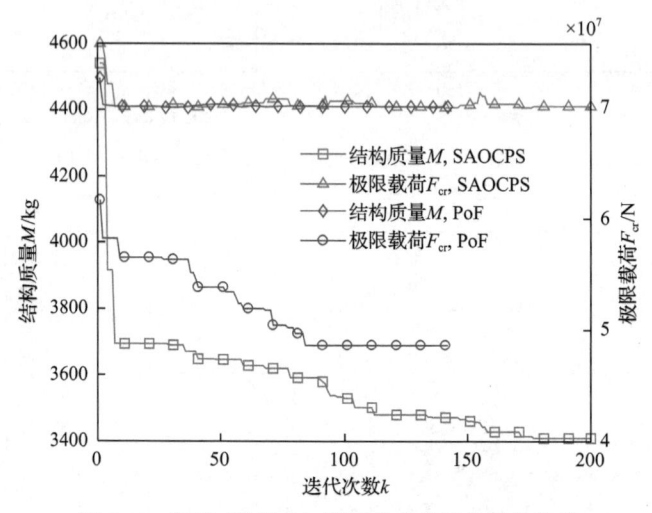

图 5.19 "工"形桁条加筋圆柱壳的优化迭代曲线

2)"几"形桁条加筋圆柱壳优化历程结果分析

进一步，采用 SAOCPS 对"几"形桁条加筋圆柱壳进行轻量化设计，研究"几"形桁条相比"工"形桁条在提高加筋圆柱壳承载性能方面的优势。"几"形桁条加筋圆柱壳迭代优化中 SAOCPS 采样点如图 5.20 所示。采样点间最小距离变化曲线如图 5.21 所示。

在优化迭代初期，采样点主要向满足承载性能且质量更小的区域聚集，同时采样点间的最小距离亦呈下降趋势。这是由于"几"形桁条加筋圆柱壳具有较高的承载效率，因此在优化迭代初期增大开发采样力度可获得更优解。观察"几"形桁条加筋圆柱壳质量迭代曲线，优化初期的快速收敛特性亦验证了上述论述。由于"几"形桁条的设计空间相对"工"形桁条更大，并且采取的探索采样策略本质上是提高样本点在空间中的填充性和均布性，因此迭代优化后期生成的采样点具有更高的结构质量和极限承载性能。在优化迭代过程中，ARBF 近似模型预测精度如图 5.22 所示。由此可知，对于设计变量更多的"几"形桁条加筋圆柱壳结构，ARBF 近似模型依然具有较高的预测精度。

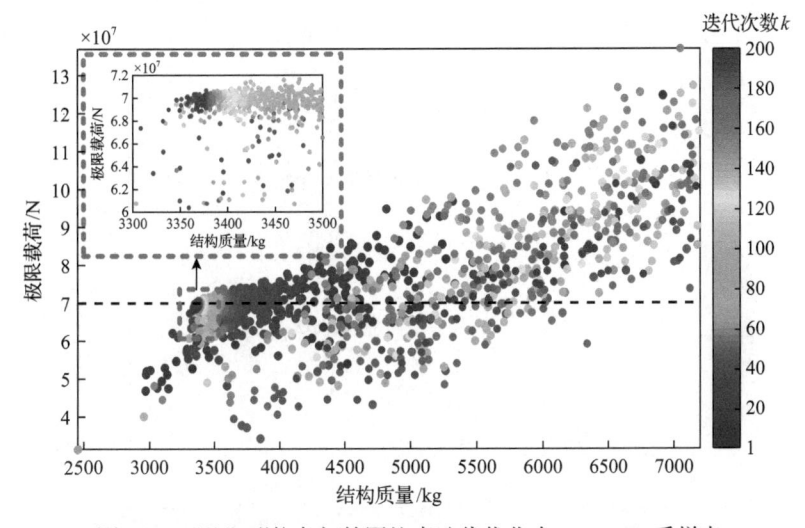

图 5.20 "几"形桁条加筋圆柱壳迭代优化中 SAOCPS 采样点

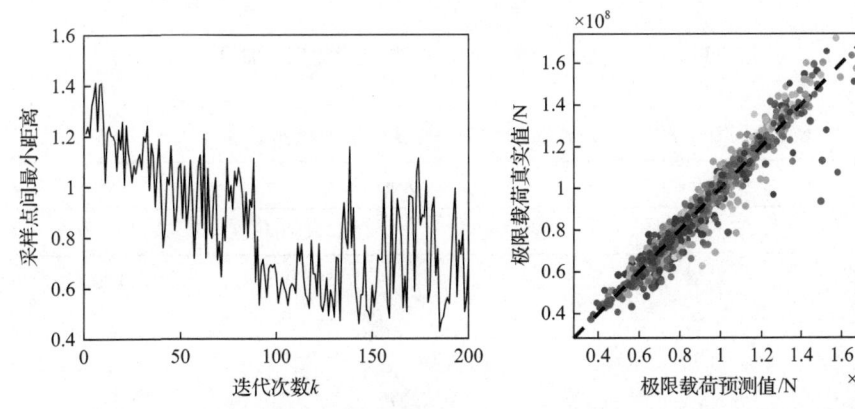

图 5.21 "几"形桁条加筋圆柱壳迭代优化中 SAOCPS 采样点间最小距离变化曲线

图 5.22 "几"形桁条加筋圆柱壳迭代优化中 ARBF 近似模型预测精度

如图 5.23 所示，相比"工"形桁条，"几"形桁条加筋圆柱壳结构的迭代收敛速度更快，表明"几"形桁条使加筋圆柱壳具有更高的承载效率。优化迭代至 200 次，在承载性能满足设计要求下，"几"形桁条加筋圆柱壳结构质量趋于收敛。优化结构的极限承载能力为 7.01×10^7 N，结构质量为 3357.1kg，相较初始设计和"工"形桁条加筋圆柱壳的优化结构分别减重 445.9kg 和 52.9kg。

2. 优化结构有限元分析

如表 5.4 所示，"几"形桁条加筋圆柱壳的桁条腹板高度 h_{fb} 和数量 n_s 优化值与"工"形桁条加筋圆柱壳的优化值差别相对较大。这表明，单根"几"形桁条的承载能力更高，采用"几"形桁条可进一步使加筋圆柱壳结构达到减重的目的。

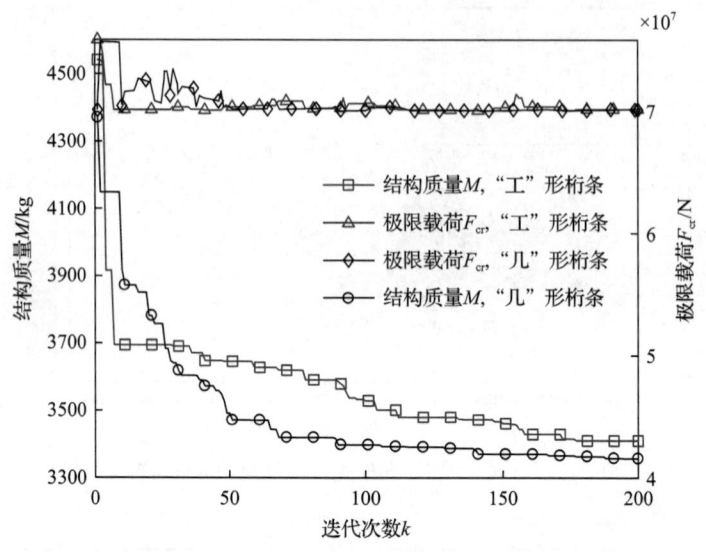

图 5.23 "工"/"几"形桁条加筋圆柱壳优化迭代曲线

表 5.4 "工"/"几"形桁条加筋圆柱壳优化设计结构参数对比

变量	初始设计 "工"形桁条	SAOCPS "工"形桁条	SAOCPS "几"形桁条	PoF "工"形桁条
a_{End} /mm	57.38	48.83	55.63	63.59
b_{End} /mm	76.24	75.15	77.41	92.09
c_{End} /mm	2.09	2.082	2.165	2.72
d_{End} /mm	2.95	5.122	2.319	5.87
θ_{End} /(°)	4.01	4.85	4.035	4.01
w_{bot} /mm	85.59	94.95	100	98.63
t_{bot} /mm	14.24	14.73	13.90	14.91
w_{up} /mm	33.84	49.90	32.77	36.21
t_{up} /mm	5.84	2.29	3.63	4.06
h_{fb} /mm	63.21	92.02	148.11	94.58
t_{fb} /mm	8.41	2.72	2	6.13
h_{out} /mm	—	—	21.11	—
t_{out} /mm	—	—	2.03	—

续表

变量	初始设计	SAOCPS		PoF
	"工"形桁条	"工"形桁条	"几"形桁条	"工"形桁条
n_s	103	100	85	85
t_{skin} /mm	1.37	1.41	1.20	1.41
a_{Mid} /mm	49.74	38.24	24.47	33.02
t_{1Mid} /mm	3.33	2.01	2.01	2
b_{Mid} /mm	83.24	100.10	93.27	129.61
t_{2Mid} /mm	4.67	4.24	2.20	6.04
h_1 /mm	500	403.55	595.67	486.5
h_2 /mm	1000	1187.10	1197.90	1199.60
M /kg	3803	3410	3357.10	3689.70
F_{cr} /(10^7N)	7.09	7.02	7.01	7.02

"工"形桁条加筋圆柱壳优化结构轴压位移-载荷曲线及径向变形云图如图 5.24 所示。由此可知，当结构加载至极限承载状态时，"工"形桁条腹板发生跨框局部扭转失稳，如图 5.24 中的 B 图所示，从而导致加筋圆柱壳结构丧失承载性能，进而发生结构整体压溃破坏；当继续加载至 32mm 时，该加筋圆柱壳承载性能大幅下降，结构压溃变形模式如图 5.24 中的 C 图所示。

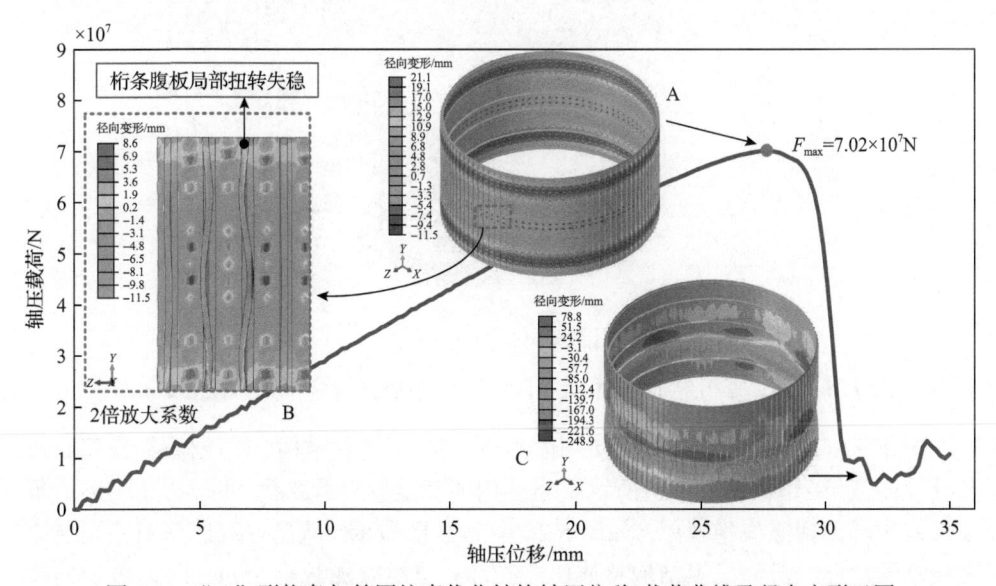

图 5.24 "工"形桁条加筋圆柱壳优化结构轴压位移-载荷曲线及径向变形云图

在极限承载状态下，"工"形桁条加筋圆柱壳极限承载时刻结构应力及等效塑性应变云图如图 5.25 所示。由此可知，靠近端部的中间框，加筋圆柱壳中部的中间框应力水平相对较低。从结构等效塑性应变云图可知，中间框结构在整体结构极限承载下的塑性应变较小，仍处于弹性变形阶段，靠近端框的蒙皮大幅区域进入塑性，并且桁条上缘板部分材料进入塑性，结构最大塑性应变为 1.52%。

(a) 应力云图

(b) 等效塑性应变云图

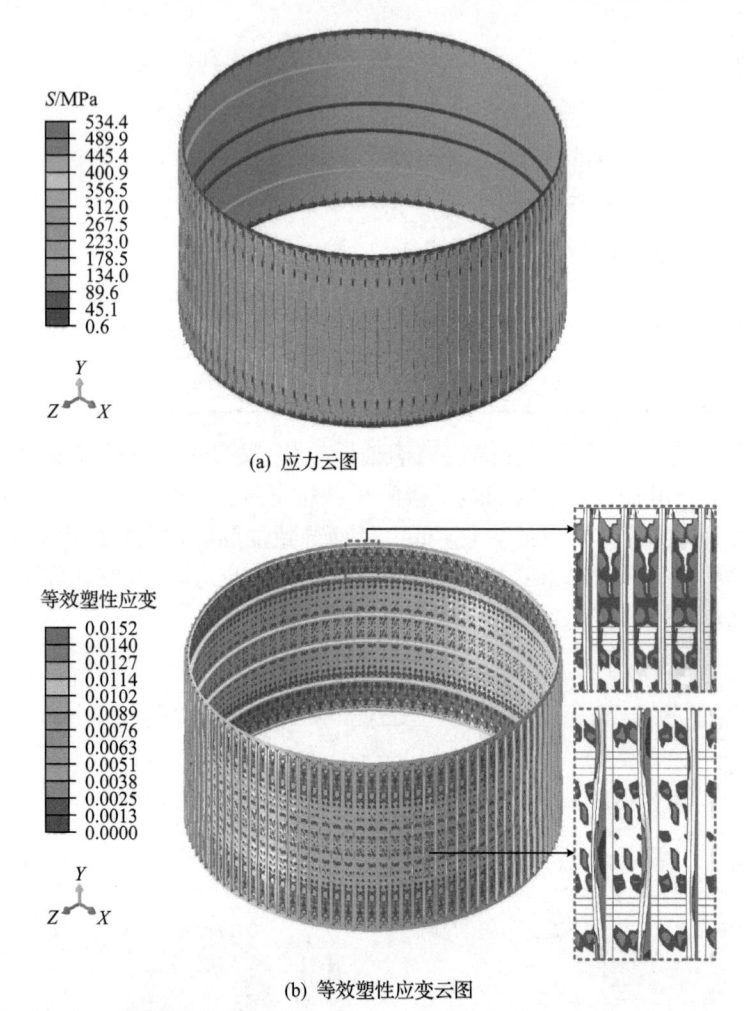

图 5.25 "工"形桁条加筋圆柱壳极限承载时刻结构应力及等效塑性应变云图

对于 SAOCPS 获得的"几"形桁条加筋圆柱壳优化结构，轴压位移-载荷曲线及其径向变形云图如图 5.26 所示。当结构加载至极限承载状态时，"几"形桁条腹板发生局部褶皱失稳变形，如图 5.26 中的 B 图所示，从而导致加筋圆柱壳结构丧失承载性能，进而发生结构整体压溃破坏；当继续加载至 35mm 时，该加筋圆

第 5 章 考虑整体稳定性的大直径加筋圆柱壳优化 · 183 ·

柱壳中部结构发生大幅压溃变形，结构压溃变形模式如图 5.26 中的 C 图所示。

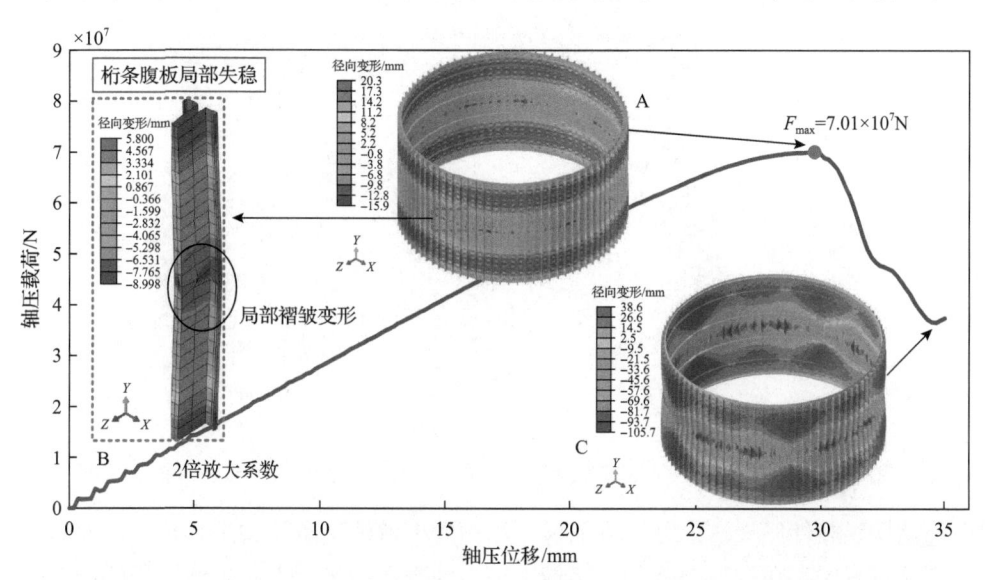

图 5.26 "几"形桁条加筋圆柱壳优化设计结构轴压位移-载荷曲线及变形云图

在极限载荷状态下，"几"形桁条加筋圆柱壳优化结构轴压位移-载荷曲线及变形云图如图 5.27 所示。与"工"形桁条类似，图 5.27(a) 表明加筋圆柱壳中部的两根中间框应力水平相对较低，而靠近两端的中间框应力水平相对较高。进一步观察图 5.27(b) 可知，桁条上缘板处部分材料进入塑性，最大塑性应变为 4.5%。

综上可知，"工"/"几"形桁条加筋圆柱壳优化结构在极限承载状态下，作为主要承载构件桁条均不同程度地发生了局部失稳破坏。特别地，桁条的局部失稳变形极大地制约了加筋圆柱壳的工程应用性能。首先，桁条局部失稳的发生将

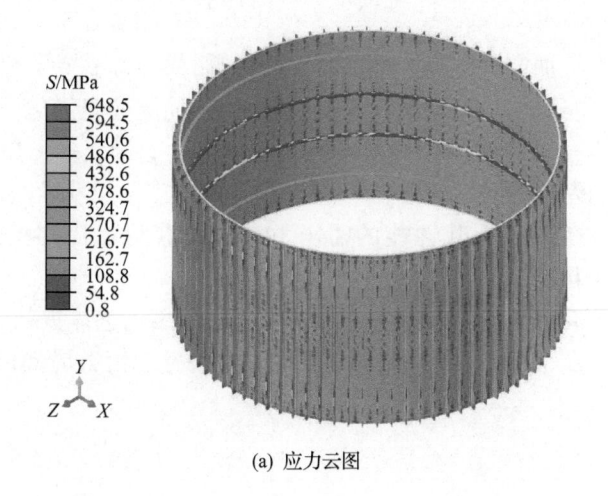

(a) 应力云图

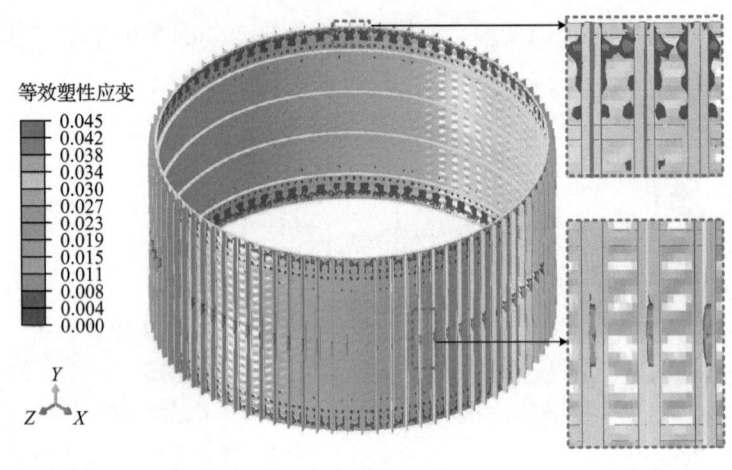

(b) 等效塑性应变云图

图5.27 "几"形桁条加筋圆柱壳极限承载时刻结构应力及等效塑性应变云图

引起结构承载性能大幅下降，进而导致结构发生整体压溃；其次，桁条在实际加工制造过程中存在材料缺陷和加工精度等不确定性因素，进一步使桁条的局部失稳提前发生，进而影响结构承载性能的有效发挥，甚至导致结构提前失效和破坏等恶劣情况发生。因此，为改善加筋圆柱壳优化结构的失稳变形模式，提高其工程适用性，第6章着重关注桁条的局部失稳模式对加筋圆柱壳整体承载性能的影响，并进一步开展大直径加筋圆柱壳优化设计。

5.4 本章小结

本章主要围绕重型运载火箭大直径加筋圆柱壳优化设计开展研究，主要工作和结论如下。

(1)建立大直径加筋圆柱壳参数化有限元模型，采用显式动力学有限元分析方法对其进行后屈曲分析，确定相关分析参数，为加筋圆柱壳优化设计奠定基础。

(2)针对大直径加筋圆柱壳优化设计面临的优化变量众多、单次有限元分析耗时长等挑战，提出SAOCPS算法，并分别开展"工"/"几"形桁条加筋圆柱壳轻量化设计，在满足承载性能的需求下，分别获得相比初始设计结构减重393kg(10.3%)和445.9kg(11.7%)的优化结构。

(3)阐述桁条局部失稳会导致大直径加筋圆柱壳结构整体失效，为提高加筋圆柱壳承载的可靠性，需进一步针对加筋圆柱壳开展考虑桁条局部稳定性的优化设计研究。

第6章 考虑桁条局部稳定性的大直径加筋圆柱壳优化

由第 5 章分析可知,桁条局部失稳引发的大直径加筋圆柱壳整体压溃破坏会极大地制约其工程应用性能。本章重点关注桁条局部失稳对大直径加筋圆柱壳承载性能的影响,开展考虑桁条局部稳定性的大直径加筋圆柱壳轻量化设计。通过探究大直径加筋圆柱壳失稳机理,分析典型截面桁条失稳模式及关键参数对加筋圆柱壳承载性能的影响规律。同时,基于 ARBF 近似模型分析不同结构参数及其相互间耦合关系对结构承载能力的全局灵敏度指标。为避免桁条局部失稳引发的结构整体压溃,提出基于搜索空间重构的 ARBF 序列近似优化算法,并完成考虑桁条局部稳定性的大直径加筋圆柱壳轻量化设计。

6.1 桁条稳定性对大直径加筋圆柱壳承载性能影响分析

6.1.1 大直径加筋圆柱壳失稳机理

大直径加筋圆柱壳轴压位移-载荷曲线及径向变形云图(5 倍放大系数)如图 6.1 所示。在加载伊始(图 6.1 中 A 点,轴向加载位移为 0.17mm),框桁格间蒙皮会出现一个径向位移为正的局部半失稳波形。随着加载继续,框桁格间蒙皮失稳波形逐渐发展为 7 个对称分布的半失稳波形(图 6.1 中 B 点,轴向加载位移为 7.17mm),结构进入非线性后屈曲状态;当轴压位移加载至 20.81mm 时(图 6.1 中 C 点),桁条两侧的框桁格间蒙皮出现方向相反、形状近似相同的半失稳波形,带动该区域桁条的缘板和腹板出现侧向弯/扭耦合翘曲变形的趋势,但是此时桁条仍能继续承载。随着加载继续,桁条侧向弯/扭耦合翘曲变形逐渐变大,促使该区域框桁格间蒙皮失稳波形的径向位移加大并向两侧扩展。这进一步引起桁条发生弯扭耦合翘曲失稳,并丧失轴压承载能力,结构随即发生整体压溃破坏(图 6.1 中 D 点)。

分析大量仿真结果可知,桁条两侧框桁格间蒙皮出现方向相反、幅值近似相同的失稳波形,诱发桁条腹板和翼缘板出现侧向弯/扭耦合翘曲变形,并进一步导致桁条发生弯/扭耦合翘曲失稳,丧失轴压承载能力,进而使结构发生整体压溃破坏。这是轴压下框桁加强的大直径加筋圆柱壳发生整体压溃破坏的主要机理。因此,桁条的抗弯/扭耦合失稳能力成为制约大直径、大载荷框桁加强的加筋圆柱

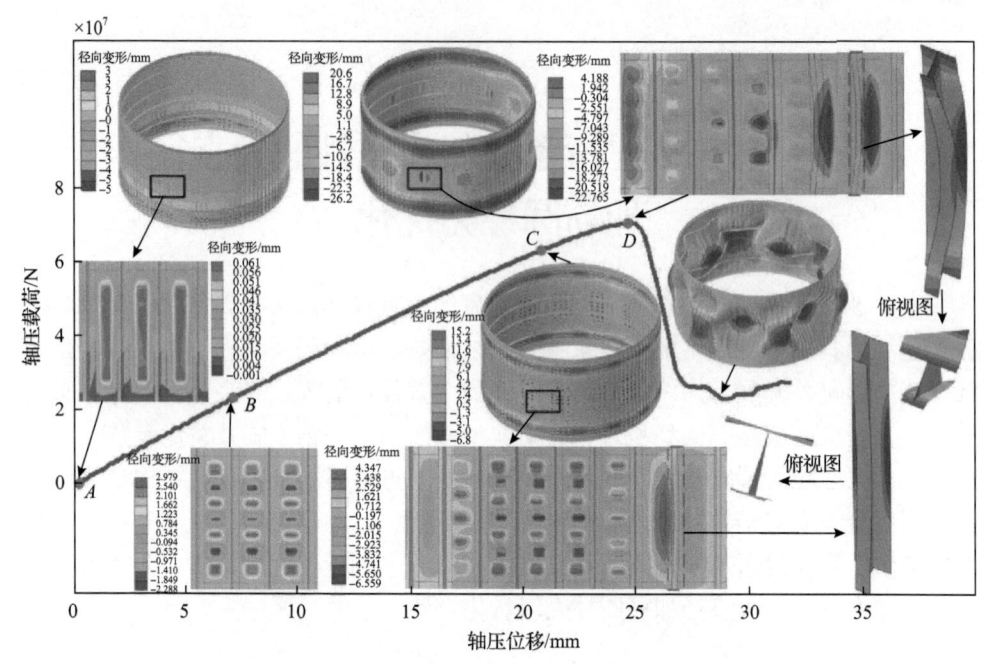

图 6.1 大直径加筋圆柱壳轴压位移-载荷曲线及径向变形云图(5 倍放大系数)

壳承载性能的主要因素。这颠覆了传统以提高桁条横向弯曲刚度来提升小直径框桁加强的加筋圆柱壳承载性能的设计理念。

6.1.2 桁条失稳模式对大直径加筋圆柱壳承载性能影响分析

桁条作为主要承力部件，其轴压稳定性及失稳模式直接影响大直径加筋圆柱壳的极限承载性能和压溃破坏模式。下面以"工"形截面桁条为例，对桁条整体/局部稳定性进行说明。"工"形桁条局部和整体失稳模态如图 6.2 和图 6.3 所示。

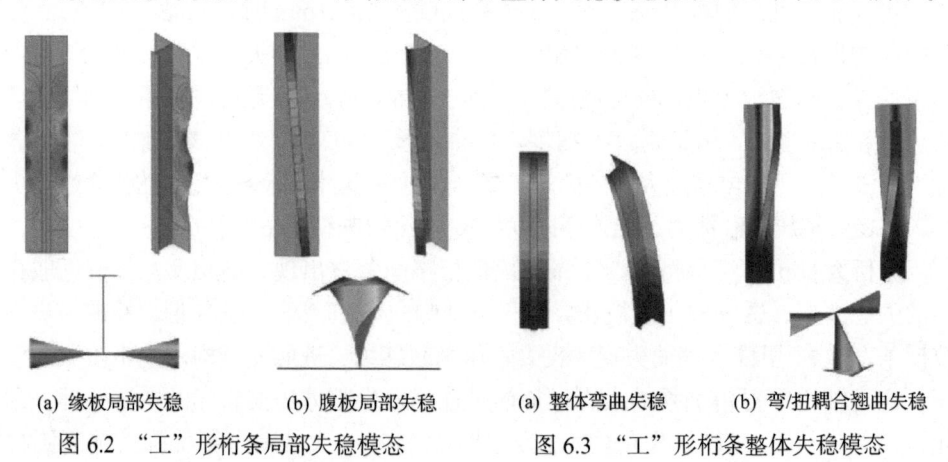

(a) 缘板局部失稳　　(b) 腹板局部失稳　　　(a) 整体弯曲失稳　　(b) 弯/扭耦合翘曲失稳

图 6.2 "工"形桁条局部失稳模态　　图 6.3 "工"形桁条整体失稳模态

第6章 考虑桁条局部稳定性的大直径加筋圆柱壳优化

为进一步探究"T"、"工",以及"几"形桁条整体/局部失稳模式及关键参数对框桁加强的大直径加筋圆柱壳极限承载性能的影响规律,以表 5.1 所示的初始结构尺寸为基准,在不改变桁条翼缘板、腹板横截面面积的情况下,分别研究翼缘板宽厚比、腹板高厚比对桁条失稳模式,以及大直径加筋圆柱壳极限承载性能的影响规律。桁条翼缘板及腹板高厚比定义为

$$\begin{cases} \alpha_{\text{bot}} = w_{\text{bot}}/t_{\text{bot}} \\ \alpha_{\text{fb}} = h_{\text{fb}}/at_{\text{fb}} \end{cases} \tag{6.1}$$

其中,对于"T"、"工"形桁条,$a=1$;对于"几"形桁条,$a=2$。

不同宽厚比、高厚比下桁条翼缘板和腹板参数如图 6.4 所示。

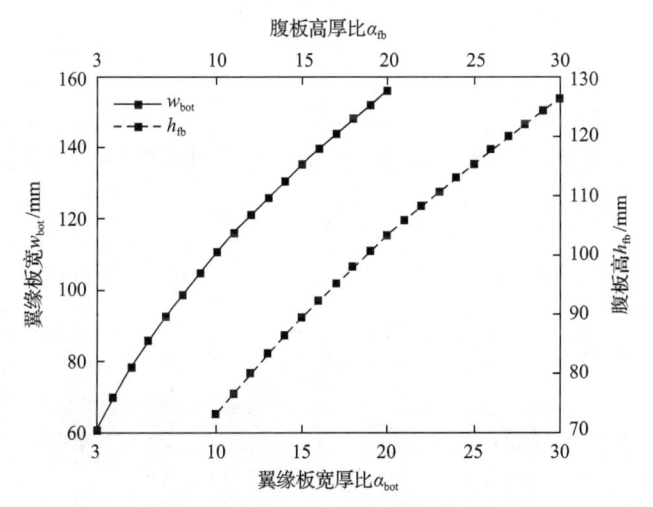

图 6.4 不同宽厚比、高厚比下桁条翼缘板和腹板参数

如图 6.5 所示,随着翼缘板宽厚比的增加,"T"、"工"和"几"形桁条的加筋圆柱壳承载性能总体上呈下降趋势。这主要是因为,宽厚比的增加使得翼缘板的宽度增加而厚度减薄,翼缘板绕其与腹板交线的扭转刚度降低,结构极限承载下桁条失效形式由整体弯曲失稳变成翼缘板局部失稳导致的桁条弯/扭耦合翘曲失稳,桁条轴压承载性能降低。同时,"几"形桁条轴压稳定性高于"T"、"工"形桁条,相同翼缘板宽厚比下其承载能力更高。

如图 6.6 所示,随着腹板高厚比的增加,结构承载能力均呈先增大后减小的趋势。这主要是因为,在桁条腹板高厚比相对较小时,增加腹板高度提高桁条横向弯曲刚度,进而提高桁条临界失稳应力,桁条呈现整体失稳模式,但是随着腹板高厚比的进一步增加,轴压下桁条腹板抵抗面外变形的刚度降低,出现跨框褶皱变形,进而桁条腹板先于整体发生局部失稳,这使桁条轴压承载能力急剧减弱,

最终导致加筋圆柱壳发生压溃破坏。

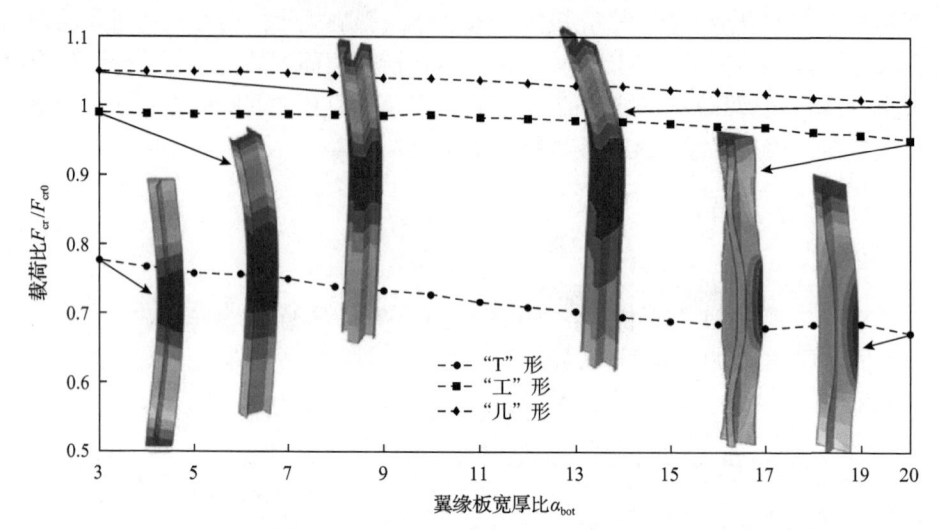

图 6.5　加筋圆柱壳承载性能随翼缘板宽厚比变化曲线及对应桁条失稳模式

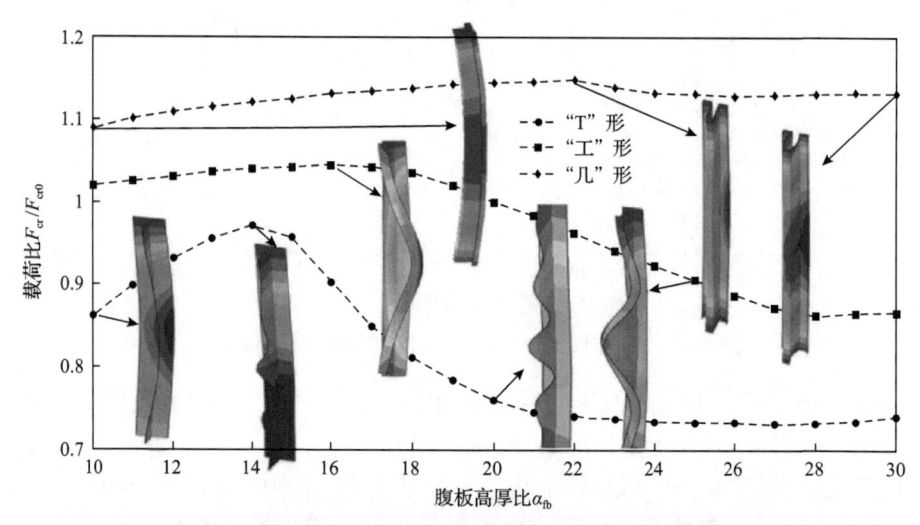

图 6.6　加筋圆柱壳承载性能随腹板高厚比变化曲线及对应桁条失稳模式

同时，以我国运载火箭中类似结构设计为对照[150, 242, 243]，其最大直径为 5m，极限承载能力达千吨级，结构优化时桁条腹板高厚比仅为 10 左右，桁条失稳模式以整体横向弯曲失稳为主，因此该框桁加强的加筋圆柱壳以提高桁条横向弯曲刚度为设计准则。由图 6.6 中曲线峰值对应的腹板高厚比可知，"几"形桁条加筋结构轴压稳定性较高，"工"形桁条次之，"T"形桁条轴压稳定性相对最弱。

综上可知，降低桁条翼缘板宽厚比，并在保证腹板不首先发生局部失稳下提高腹板高厚比，有利于提高桁条轴压稳定性，进而提高加筋圆柱壳轴压极限承载能力。

6.2 基于近似模型的大直径加筋圆柱壳参数灵敏度分析

由于大直径加筋圆柱壳涉及众多结构参数，不同结构参数及其相互间的耦合关系对结构承载性能的影响尚不明确。为了探究大直径加筋圆柱壳各结构参数对其承载性能的影响程度，首先建立基于 ARBF 近似模型正交分解的全局灵敏度分析方法，然后基于该方法开展大直径加筋圆柱壳全局灵敏度分析，进而揭示各个参数及其相互间耦合关系对加筋圆柱壳极限承载性能的贡献程度。

6.2.1 基于 ARBF 近似模型正交分解的全局灵敏度分析方法

Sobol'等[244-246]提出的方差灵敏度分析方法是应用广泛的灵敏度分析方法，主要采用方差描述模型输入变量及其相互间的交叉耦合效应对输出响应的贡献程度[247]。根据第 3 章对 ARBF 近似建模的介绍，可基于训练样本集 S 建立 $f(\boldsymbol{x})$ 的近似模型 $\hat{f}(\boldsymbol{x})$。基于高维模型展开，近似模型 $\hat{f}(\boldsymbol{x})$ 可表示为

$$\hat{f}(\boldsymbol{x}) = \hat{f}_0 + \sum_{s=1}^{m} \sum_{i_1 < \cdots < i_s}^{m} \hat{f}_{i_1, \cdots, i_s}(x^{(i_1)}, \cdots, x^{(i_s)}) \\ = \hat{f}_0 + \sum_i \hat{f}_i(x^{(i)}) + \sum_{i<j} \hat{f}_{ij}(x^{(i)}, x^{(j)}) + \cdots + \hat{f}_{1,2,\cdots,m}(x^{(1)}, \cdots, x^{(m)}) \tag{6.2}$$

其中，等号右端共有 $\sum_{i=0}^{m} C_m^i = 2^m$ 项多项式，并且 $\{\hat{f}_i(x^{(i)})\}_{i=1}^{m}$ 表示设计变量 $\{x^{(i)}\}_{i=1}^{m}$ 对近似模型 $\hat{f}(\boldsymbol{x})$ 输出响应的独立贡献；$\{\hat{f}_{i_1,\cdots,i_s}(x^{(i_1)}, \cdots, x^{(i_s)})\}_{0 < i_1 < \cdots < i_s \leqslant m}$ 表示设计变量 $\{x^{(i_1)}, \cdots, x^{(i_s)}\}_{0 < i_1 < \cdots < i_s \leqslant m}$ 之间的交叉耦合效应对近似模型 $\hat{f}(\boldsymbol{x})$ 输出响应的贡献。

进一步，Sobol'指出[244]，若下式成立，即

$$\int_0^1 \hat{f}_{i_1,\cdots,i_s}(x^{(i_1)}, \cdots, x^{(i_s)}) \mathrm{d} x^{(i_1, \cdots, i_s)} = 0 \tag{6.3}$$

则

$$\begin{cases} \int \hat{f}(\boldsymbol{x}) \mathrm{d}\boldsymbol{x} = \hat{f}_0 \\ \int \hat{f}(\boldsymbol{x}) \prod_{k \neq i} \mathrm{d} x^{(k)} = \hat{f}_i(x^{(i)}) + \hat{f}_0 \\ \int \hat{f}(\boldsymbol{x}) \prod_{k \neq i,j} \mathrm{d} x^{(k)} = \hat{f}_{ij}(x^{(i)}, x^{(j)}) + \hat{f}_i(x^{(i)}) + \hat{f}_j(x^{(j)}) + \hat{f}_0 \\ \cdots \end{cases} \tag{6.4}$$

同时，基于式(6.3)进一步有下式成立，即

$$\int_{X^m} \hat{f}_{i_1,\cdots,i_s}(x^{(i_1)},\cdots,x^{(i_s)}) \hat{f}_{j_1,\cdots,j_t}(x^{(j_1)},\cdots,x^{(j_t)}) \mathrm{d}\boldsymbol{x} = 0, \quad \{i_1,\cdots,i_s\} \neq \{j_1,\cdots,j_t\} \quad (6.5)$$

这表明，式(6.2)中任意两个多项式两两正交，因而式(6.2)为近似模型 $\hat{f}(\boldsymbol{x})$ 的正交分解。

显然，近似模型 $\hat{f}(\boldsymbol{x})$ 在设计空间 X^m 平方可积，因此式(6.2)右端各项在设计空间 X^m 亦平方可积。同时，右端各项满足式(6.5)所示的正交条件，进而有下式成立，即

$$\int_{X^m} \hat{f}^2(\boldsymbol{x}) \mathrm{d}\boldsymbol{x} = \hat{f}_0^{\,2} + \sum_{s=1}^{m} \sum_{i_1<\cdots<i_s}^{m} \int_{X^m} \hat{f}_{i_1,\cdots,i_s}(x^{(i_1)},\cdots,x^{(i_s)}) \mathrm{d}x^{(i_1)} \cdots \mathrm{d}x^{(i_s)} \quad (6.6)$$

值得注意的是，式(6.6)中 $\hat{f}_0$ 和 $\int_{X^m} \hat{f}^2(\boldsymbol{x}) \mathrm{d}\boldsymbol{x}$ 分别为第 3 章所述的近似模型 $\hat{f}(\boldsymbol{x})$ 及 $\hat{f}^2(\boldsymbol{x})$ 在设计空间 X^m 的期望 $E(\hat{f}(\boldsymbol{x}))$ 和 $E(\hat{f}^2(\boldsymbol{x}))$。

定义

$$\begin{cases} D_{\mathrm{var}} = \int_{X^m} \hat{f}^2(\boldsymbol{x}) \mathrm{d}\boldsymbol{x} - \hat{f}_0^{\,2} = E(\hat{f}^2(\boldsymbol{x})) - E(\hat{f}(\boldsymbol{x})) \\ D_{\mathrm{var},(i_1,\cdots,i_s)} = \int_{X^m} \hat{f}_{i_1,\cdots,i_s}^2(x^{(i_1)},\cdots,x^{(i_s)}) \mathrm{d}x^{(i_1,\cdots,i_s)} \end{cases} \quad (6.7)$$

其中，D_{var} 为近似模型 $\hat{f}(\boldsymbol{x})$ 在设计空间 X^m 的总方差；$D_{\mathrm{var},(i_1,\cdots,i_s)}$ 为多项式 $\hat{f}_{i_1,\cdots,i_s}(x^{(i_1,\cdots,i_s)})$ 在设计空间 X^m 的偏方差，用于表征设计变量 $\{x^{(i_1)},\cdots,x^{(i_s)}\}_{0<i_1<\cdots<i_s\leq m}$ 之间交叉耦合效应对近似模型 $\hat{f}(\boldsymbol{x})$ 总方差 D_{var} 的贡献。

根据式(6.7)，可得

$$D_{\mathrm{var}} = \sum_{s=1}^{m} \sum_{i_1<\cdots<i_s}^{m} D_{\mathrm{var},(i_1,\cdots,i_s)} \quad (6.8)$$

对式(6.8)作归一化处理，可得

$$\begin{cases} \sum_{s=1}^{m} \sum_{i_1<\cdots<i_s}^{m} D_{\mathrm{var},(i_1,\cdots,i_s)}/D_{\mathrm{var}} = 1 \\ S_{\mathrm{var},(i_1,\cdots,i_s)} = D_{\mathrm{var},(i_1,\cdots,i_s)}/D_{\mathrm{var}} \end{cases} \quad (6.9)$$

其中，$S_{\mathrm{var},(i_1,\cdots,i_s)}$ 用于衡量设计变量 $\{x^{(i_1)},\cdots,x^{(i_s)}\}_{0<i_1<\cdots<i_s\leq m}$ 之间的交叉耦合效应对近似模型 $\hat{f}(\boldsymbol{x})$ 输出响应的影响，称为灵敏度指标。

定理 1　记 z 为任意 q 个设计变量的变量组，即 $z = [x^{(i_j)}]_{j=1}^q$，$\tilde{z}$ 为剩余 $m-q$ 个变量的变量组，即 $\tilde{z} = x \setminus [x^{(i_j)}]_{j=1}^q$，则变量组 z 内任意设计变量 $\{x^{(i_1)}, \cdots, x^{(i_s)}\} \subset z$ 对总方差 D_{var} 的贡献总和为

$$D_{\mathrm{var}, z} = \int_{X^q} \hat{f}_z^2(x) \mathrm{d}z - f_0^2 \tag{6.10}$$

同理，变量组 $\tilde{z}$ 内任意设计变量 $\{x^{(j_1)}, \cdots, x^{(j_{s'})}\} \subset \tilde{z}$ 对总方差 D_{var} 的贡献总和为

$$D_{\mathrm{var}, \tilde{z}} = \int_{X^{m-q}} \hat{f}_{\tilde{z}}^2(x) \mathrm{d}\tilde{z} - f_0^2 \tag{6.11}$$

其中，$f_z(x) = \int_{X^m} f(x) \prod_{x^{(i)} \in \tilde{z}} \mathrm{d}x^{(i)} = \int_{X^m} f(z, \tilde{z}) \mathrm{d}\tilde{z}$。

证明　对于包含任意 q 个变量的变量组 z，易知

$$D_{\mathrm{var}, z} = \sum_{x^{(i_1, i_2, \cdots, i_s)} \subset z} D_{\mathrm{var}, (i_1, i_2, \cdots, i_s)} = \sum_{x^{(i_1, i_2, \cdots, i_s)} \subset z} \int_{X^m} \hat{f}_{i_1, \cdots, i_s}^2 (x^{(i_1)}, \cdots, x^{(i_s)}) \mathrm{d}x^{(i_1, \cdots, i_s)} \tag{6.12}$$

构造积分 $\int_{X^m} f^2(x) \mathrm{d}x \mathrm{d}\tilde{z}$，化简可得

$$\begin{aligned}
\int_{X^m} f^2(x) \mathrm{d}x \mathrm{d}\tilde{z} &= \int_{X^m} f(z, \tilde{z}) f(z, \tilde{z}) \mathrm{d}z \mathrm{d}\tilde{z} \mathrm{d}\tilde{z} \\
&= \int_{X^m} \mathrm{d}z \left(\int_{X^m} f(z, \tilde{z}) \mathrm{d}\tilde{z} \right)^2 \\
&= \left(\int_{X^m} f(z, \tilde{z}) \mathrm{d}\tilde{z} \right)^2
\end{aligned} \tag{6.13}$$

根据式(6.4)，有

$$\int_{X^m} \hat{f}(z, \tilde{z}) \mathrm{d}\tilde{z} = \sum_{s=1}^q \sum_{x^{(i_1 < \cdots < i_s)} \subset z} \hat{f}_{i_1, \cdots, i_s}(x^{(i_1)}, \cdots, x^{(i_s)}) + \hat{f}_0 \tag{6.14}$$

对等式两端取平方，在设计空间 X^m 上对 z 求积分，可得

$$\int_{X^m} \left(\int_{X^m} \hat{f}(z, \tilde{z}) \mathrm{d}\tilde{z} \right)^2 \mathrm{d}z = \int_{X^m} \hat{f}^2(x) \mathrm{d}\tilde{z} \mathrm{d}\tilde{z} \mathrm{d}z = \int_{X^m} \hat{f}^2(x) \mathrm{d}x \mathrm{d}\tilde{z} \tag{6.15}$$

$$\int_{X^m}\left(\sum_{s=1}^{q}\sum_{(i_1<\cdots<i_s)\in z}\hat{f}_{i_1,\cdots,i_s}(x^{(i_1)},\cdots,x^{(i_s)})+\hat{f}_0\right)^2 \mathrm{d}z$$

$$= \sum_{s=1}^{q}\sum_{(i_1<\cdots<i_s)\in z}\int_{X^m}f_{i_1,\cdots,i_s}^{2}(x^{(i_1)},\cdots,x^{(i_s)})\mathrm{d}x^{(i_1)}\cdots\mathrm{d}x^{(i_s)}+f_0^{2} \tag{6.16}$$

由于

$$\int_{X^m}f^2(\boldsymbol{x})\mathrm{d}\boldsymbol{x}\mathrm{d}\tilde{\boldsymbol{z}} = \int_{X^m}f(\boldsymbol{x})\mathrm{d}\tilde{\boldsymbol{z}}\mathrm{d}\boldsymbol{x}\int_{X^m}f(\boldsymbol{x})\mathrm{d}\tilde{\boldsymbol{z}}\mathrm{d}\boldsymbol{x} = \int_{X^m}f_z^2(\boldsymbol{x})\mathrm{d}\boldsymbol{x} \tag{6.17}$$

因此，由式(6.12)~式(6.17)，可得

$$D_{\mathrm{var},z} = \int_{X^q}f_z^2(\boldsymbol{x})\mathrm{d}z - f_0^2 \tag{6.18}$$

同理

$$D_{\mathrm{var},\tilde{z}} = \int_{X^{m-q}}\hat{f}_{\tilde{z}}^{2}(\boldsymbol{x})\mathrm{d}\tilde{z} - f_0^2 \tag{6.19}$$

证毕。

结合式(6.9)~式(6.11)，可得任意变量组 z 及其补集 $\tilde{z}$ 对近似模型 $\hat{f}(\boldsymbol{x})$ 输出响应的灵敏度指标为

$$\begin{cases} S_{\mathrm{var},z} = D_{\mathrm{var},z}/D_{\mathrm{var}} \\ S_{\mathrm{var},\tilde{z}} = D_{\mathrm{var},\tilde{z}}/D_{\mathrm{var}} \end{cases} \tag{6.20}$$

且

$$\begin{cases} S_{\mathrm{var},z} + S_{\mathrm{var},\tilde{z}} + S_{\mathrm{var},(z,\tilde{z})} = 1 \\ S_{\mathrm{var},z}^{\mathrm{tot}} = S_{\mathrm{var},z} + S_{\mathrm{var},(z,\tilde{z})} = 1 - S_{\mathrm{var},\tilde{z}} \end{cases} \tag{6.21}$$

其中，$S_{\mathrm{var},(z,\tilde{z})}$ 为变量组 z 及其补集 $\tilde{z}$ 之间的交叉效应对近似模型 $\hat{f}(\boldsymbol{x})$ 输出响应的灵敏度指标；$S_{\mathrm{var},z}^{\mathrm{tot}}$ 为变量组 z 对近似模型 $\hat{f}(\boldsymbol{x})$ 输出响应的总灵敏度指标。

特别地，若 $S_{\mathrm{var},(z,\tilde{z})}=0$，表示变量组 z 及其补集 $\tilde{z}$ 之间没有交叉耦合效应，即相互独立。对于任意两个互斥的变量集 z_1 和 z_2，其相互间交叉效应对近似模型 $\hat{f}(\boldsymbol{x})$ 输出响应的灵敏度指标为

$$S_{\mathrm{var},(z_1,z_2)} = S_{\mathrm{var},[z_1,z_2]} - S_{\mathrm{var},z_1} - S_{\mathrm{var},z_2} \tag{6.22}$$

通过对近似模型 $\hat{f}(x)$ 的正交分解，可以获得任意变量组 z 对近似模型 $\hat{f}(x)$ 输出响应的灵敏度指标 $S_{\text{var},z}$。由于近似模型 $\hat{f}(x)$ 是模型 $f(x)$ 的替代，当近似模型 $\hat{f}(x)$ 以足够高的精度逼近模型 $f(x)$ 时，即可认为 $S_{\text{var},z}$ 是变量组 z 对模型 $f(x)$ 的灵敏度指标。由第 3 章的推导过程及 $E(\hat{f}^2(x))$ 和 $E(\hat{f}(x))$ 的计算表达式可知，求解 $\int_{X^q} \hat{f}_z^2(x)\mathrm{d}z$ 成为获得灵敏度指标 $S_{\text{var},z}$ 的关键。

根据近似模型 $\hat{f}(x)$ 的定义及式(3.18)和式(3.19)，有

$$\begin{aligned}
\hat{f}_z(x) &= \int_{X^m} \hat{f}(x)\mathrm{d}\tilde{z} \\
&= \sum_{i=1}^{N} \omega_i \int_{X^{m-q}} \phi_i(x)\mathrm{d}\tilde{z} + \int_{X^{m-q}} \sum_{j=1}^{m+1} \lambda_j g_j(x)\mathrm{d}\tilde{z} \\
&= \sum_{i=1}^{N} \left(\omega_i \phi_i^{(z)}(z) \prod_{x^{(j_{\tilde{z}})} \in \tilde{z}} \psi_i^{j_{\tilde{z}}}(x) \right) + \int_{X^{m-q}} \sum_{j=1}^{m+1} \lambda_j g_j(x)\mathrm{d}\tilde{z}
\end{aligned} \tag{6.23}$$

其中

$$\phi_i^{(z)}(z) = \prod_{x^{(j_z)} \in z} \exp\left(-(x^{(j_z)} - x_i^{(j_z)})^2 / c_i^2\right) \tag{6.24}$$

$$\psi_i^{j_{\tilde{z}}}(x) = \sqrt{\pi} c_i \left(\Phi\left(1, x_i^{(j_{\tilde{z}})}, \frac{c_i}{\sqrt{2}}\right) - \Phi\left(0, x_i^{(j_{\tilde{z}})}, \frac{c_i}{\sqrt{2}}\right) \right) \tag{6.25}$$

进而，$\int_{X^q} \hat{f}_z^2(x)\mathrm{d}z$ 可分解为三项，即

$$\begin{cases}
E_1^{(z)} = \int_{X^q} \left(\sum_{i=1}^{N} \tilde{\omega}_i \phi_i^{(z)}(z) \right)^2 \mathrm{d}z \\
E_2^{(z)} = \int_{X^q} \left(\int_{X^{m-q}} \sum_{j=1}^{m+1} \lambda_j g_j(x)\mathrm{d}\tilde{z} \right)^2 \mathrm{d}z \\
E_3^{(z)} = \int_{X^q} 2 \left(\sum_{i=1}^{N} \tilde{\omega}_i \phi_i^{(z)}(z) \right) \left(\int_{X^{m-q}} \sum_{j=1}^{m+1} \lambda_j g_j(x)\mathrm{d}\tilde{z} \right) \mathrm{d}z
\end{cases} \tag{6.26}$$

$$\int_{X^q} \hat{f}_z^2(x)\mathrm{d}z = E_1^{(z)} + E_2^{(z)} + E_3^{(z)} \tag{6.27}$$

其中，$\tilde{\omega}_i = \omega_i \prod_{x^{(j_{\tilde{z}})} \in \tilde{z}} \psi_i^{j_{\tilde{z}}}(x)$。

1) $E_1^{(z)}$

对于式(6.26)中第一项，$E_1^{(z)}$可进一步化简为

$$E_1^{(z)} = \int_{X^q} \sum_{i=1}^{N} \sum_{k=1}^{N} \tilde{\omega}_i \tilde{\omega}_k \prod_{x^{(j_z)} \in z} \int_0^1 \phi_i^{(z)}(z) \phi_k^{(z)}(z) \mathrm{d}z \tag{6.28}$$

基于式(3.25)，式(6.28)可直接整理为

$$E_1^{(z)} = \sum_{i=1}^{N} \sum_{k=1}^{N} \tilde{\omega}_i \tilde{\omega}_k \prod_{x^{(j_z)} \in z} \left(\sqrt{2\pi} \sigma_{j_z} \Psi(\mu_{j_z}, \sigma_{j_z}) \exp(-(x_i^{(j_z)} - x_k^{(j_z)})^2 / (c_k^2 + c_i^2)) \right) \tag{6.29}$$

其中，$\mu_{j_z} = (c_k^2 x_i^{(j_z)} + c_i^2 x_k^{(j_z)}) / (c_k^2 + c_i^2)$；$\sigma_{j_z} = \sqrt{c_i^2 c_k^2 / 2(c_k^2 + c_i^2)}$。

2) $E_2^{(z)}$

对于式(6.26)中的第二项，$\int_{X^{m-q}} \sum_{j=1}^{m+1} \lambda_j g_j(\boldsymbol{x}) \mathrm{d}\tilde{z}$可进一步化简为

$$\int_{X^{m-q}} \sum_{j=1}^{m+1} \lambda_j g_j(\boldsymbol{x}) \mathrm{d}\tilde{z} = \int_{X^{m-q}} \left(\sum_{x^{(j_z)} \in z} \lambda_{j_z+1} g_{j_z+1}(z) + \sum_{x^{(j_{\tilde{z}})} \in \tilde{z}} \lambda_{j_{\tilde{z}}+1} g_{j_{\tilde{z}}+1}(\tilde{z}) + \lambda_1 \right) \mathrm{d}\tilde{z}$$

$$= \sum_{x^{(j_z)} \in z} \lambda_{j_z+1} g_{j_z+1}(z) + \frac{1}{2} \sum_{x^{(j_{\tilde{z}})} \in \tilde{z}} \lambda_{j_{\tilde{z}}+1} + \lambda_1 \tag{6.30}$$

进而，$E_2^{(z)}$可化简整理为

$$E_2^{(z)} = \int_{X^q} \left(\sum_{x^{(j_z)} \in z} \lambda_{j_z+1} g_{j_z+1}(z) + \frac{1}{2} \sum_{x^{(j_{\tilde{z}})} \in \tilde{z}} \lambda_{j_{\tilde{z}}+1} + \lambda_1 \right)^2 \mathrm{d}z$$

$$= \int_{X^q} \left(\sum_{x^{(j_z)} \in z} \lambda_{j_z+1} g_{j_z+1}(z) \right)^2 \mathrm{d}z + \left(\frac{1}{2} \sum_{x^{(j_{\tilde{z}})} \in \tilde{z}} \lambda_{j_{\tilde{z}}+1} + \lambda_1 \right)^2 \tag{6.31}$$

$$+ \int_{X^q} \left(\sum_{x^{(j_z)} \in z} \lambda_{j_z+1} g_{j_z+1}(z) \right) \left(\sum_{x^{(j_{\tilde{z}})} \in \tilde{z}} \lambda_{j_{\tilde{z}}+1} + 2\lambda_1 \right) \mathrm{d}z$$

基于式(3.31)，可得

$$\int_{X^q} \left(\sum_{x^{(j_z)} \in z} \lambda_{j_z+1} g_{j_z+1}(z) \right)^2 \mathrm{d}z = \frac{1}{4} \sum_{x^{(j_z)} \in z} \sum_{x^{(k_z)} \in z, k \neq j} \lambda_{j_z+1} \lambda_{k_z+1} + \frac{1}{3} \sum_{x^{(j_z)} \in z} \lambda_{j_z+1}^2 \tag{6.32}$$

$$\int_{X^q} \sum_{x^{(j_z)} \in z} \lambda_{j_z+1} g_{j_z+1}(z) \mathrm{d}z = \frac{1}{2} \sum_{x^{(j_z)} \in z} \lambda_{j_z+1} \tag{6.33}$$

将式(6.32)和式(6.33)代入式(6.31)，可得

$$E_2^{(z)} = \frac{1}{4}\sum_{x^{(j_z)}\in z}\sum_{x^{(k_z)}\in z, k_z\neq j_z}\lambda_{j_z+1}\lambda_{k_z+1} + \frac{1}{3}\sum_{x^{(j_z)}\in z}\sum_{x^{(k_z)}\in z, k_z=j_z}\lambda_{j_z+1}\lambda_{k_z+1}$$
$$+ \frac{1}{2}\bigg(\sum_{x^{(j_z)}\in z}\lambda_{j_z+1}\bigg)\bigg(\sum_{x^{(j_{\bar z})}\in \bar z}\lambda_{j_z+1} + 2\lambda_1\bigg) + \bigg(\frac{1}{2}\sum_{x^{(j_{\bar z})}\in \bar z}\lambda_{j_z+1} + \lambda_1\bigg)^2 \quad (6.34)$$

3) $E_3^{(z)}$

结合式(3.24)、式(3.25)和式(6.30)，$E_3^{(z)}$ 可进一步整理为

$$E_3^{(z)} = \int_{X^q} 2\bigg(\sum_{i=1}^N \tilde\omega_i \phi_i^{(z)}(z)\bigg)\bigg(\sum_{x^{(j_z)}\in z}\lambda_{j_z+1}g_{j_z+1}(z)\bigg)\mathrm{d}z$$
$$+ \bigg(\sum_{x^{(j_{\bar z})}\in \bar z}\lambda_{j_z+1} + 2\lambda_1\bigg)\cdot\int_{X^q}\bigg(\sum_{i=1}^N \tilde\omega_i\phi_i^{(z)}(z)\bigg)\mathrm{d}z$$
$$= 2\sum_{i=1}^N\sum_{x^{(j_z)}\in z}\lambda_{j_z+1}\tilde\omega_i\int_{X^q}\phi_i^{(z)}(z)x^{(j_z)}\mathrm{d}z \quad (6.35)$$
$$+ \bigg(\sum_{x^{(j_{\bar z})}\in \bar z}\lambda_{j_z+1} + 2\lambda_1\bigg)\sum_{i=1}^N\tilde\omega_i\prod_{x^{(j_z)}\in z}\psi_i^{j_z}(x)$$

基于式(3.33)，可得

$$\int_{X^q}\phi_i^{(z)}(z)x^{(j_z)}\mathrm{d}z = \bigg(\prod_{x^{(j_z)},x^{(k_z)}\in z,\, j_z\neq k_z}\int_0^1 \exp\big(-(x^{(k_z)}-x_i^{(k_z)})^2/c_i^2\big)\mathrm{d}x^{(k_z)}\bigg)$$
$$\cdot \int_0^1 \exp\big(-(x^{(j_z)}-x_i^{(j_z)})^2/c_i^2\big)x^{(j_z)}\mathrm{d}x^{(j_z)} \quad (6.36)$$

将式(6.36)代入式(6.35)，可得

$$E_3^{(z)} = \bigg(\sum_{x^{(j_{\bar z})}\in \bar z}\lambda_{j+1} + 2\lambda_1\bigg)\sum_{i=1}^N \tilde\omega_i\prod_{x^{(j_z)}\in z}\sqrt\pi c_i\Psi(x_i^{(j_z)}, c_i/\sqrt 2)$$
$$+ 2\sum_{i=1}^N\sum_{x^{(j_z)}\in z}\bigg(\lambda_{j_z+1}\tilde\omega_i\bigg(\prod_{x^{(k_z)}\in z,\, k_z\neq j_z}\sqrt\pi c_i\Psi(x_i^{(k_z)}, c_i/\sqrt 2)\bigg) \quad (6.37)$$
$$\cdot\bigg(-0.5c_i^2\exp(-t^2/c_i^2)x_i^{(j_z)}\bigg|_{t=-x_i^{(j_z)}}^{t=1-x_i^{(j_z)}} + \sqrt\pi c_i\Psi(x_i^{(j_z)}, c_i/\sqrt 2)\bigg)\bigg)$$

将式(6.29)、式(6.34)和式(6.37)代入式(6.27)，最终可得 $\int_{X^q} \hat{f}_z^2(\boldsymbol{x}) \mathrm{d}z$ 的计算表达式，即

$$\int_{X^q} \hat{f}_z^2(\boldsymbol{x}) \mathrm{d}z = \sum_{i=1}^{N} \sum_{k=1}^{N} \tilde{\omega}_i \tilde{\omega}_k \prod_{x^{(j_z)} \in z} \left(\sqrt{2\pi} \sigma_{j_z} \Psi(\mu_{j_z}, \sigma_{j_z}) \exp(-(x_i^{(j_z)} - x_k^{(j_z)})^2 / c_k^2 + c_i^2) \right)$$
$$+ \left(\sum_{x^{(j_{\bar{z}})} \in \tilde{z}} \lambda_{j+1} + 2\lambda_1 \right) \sum_{i=1}^{N} \tilde{\omega}_i \prod_{x^{(j_z)} \in z} \sqrt{\pi} c_i \Psi(x_i^{(j_z)}, c_i / \sqrt{2}) + 2 \sum_{i=1}^{N} \sum_{x^{(j_z)} \in z} \left[\tilde{\omega}_i \right.$$
$$\left. \cdot \lambda_{j_z+1} \prod_{x^{(k_z)} \in z, k_z \neq j_z} \sqrt{\pi} c_i \Psi(x_i^{(k_z)}, c_i / \sqrt{2}) \left(-0.5 c_i^2 \exp(-t^2 / c_i^2) \Big|_{t=-x_i^{(j_z)}}^{t=1-x_i^{(j_z)}} \right. \right.$$
$$\left. + x_i^{(j_z)} c_i \right)$$
$$\left. \cdot \sqrt{\pi} \Psi(x_i^{(j_z)}, c_i / \sqrt{2}) \right] + \frac{1}{4} \sum_{x^{(j_z)} \in z} \sum_{x^{(k_z)} \in z, k_z \neq j_z} \lambda_{j_z+1} \lambda_{k_z+1} + \frac{1}{3} \sum_{x^{(j_z)} \in z} \lambda_{j_z+1}^2$$
$$+ \left(\frac{1}{2} \sum_{x^{(j_{\bar{z}})} \in \tilde{z}} \lambda_{j_{\bar{z}}+1} + \lambda_1 \right)^2 + 1/2 \left(\sum_{x^{(j_z)} \in z} \lambda_{j_z+1} \right) \left(\sum_{x^{(j_{\bar{z}})} \in \tilde{z}} \lambda_{j_{\bar{z}}+1} + 2\lambda_1 \right)$$

$$\tag{6.38}$$

至此，已通过对 ARBF 近似模型 $\hat{f}(\boldsymbol{x})$ 的正交分解求得任意变量组 z 对近似模型输出响应的灵敏度指标 $S_{\mathrm{var}, z}$，分别将式(3.20)、式(3.33)、式(6.38)代入式(6.7)、式(6.9)、式(6.10)，即可获得灵敏度指标 $S_{\mathrm{var}, z}$ 的计算表达式。

为进一步明确基于 ARBF 近似模型正交分解的全局灵敏度指标计算方法，可将其概括总结为如下步骤。

步骤 1，生成样本点集 D。通过第 2 章所述的方法获得样本点集 D。

步骤 2，生成训练样本点集 S。计算样本点的真实模型响应，并与样本点集 D 组成训练样本点集 S。

步骤 3，构建近似模型 $\hat{f}(\boldsymbol{x})$。通过基于矩估计或分片 K 折交叉验证建立 ARBF 近似模型 $\hat{f}(\boldsymbol{x})$，以此替代真实模型 $f(\boldsymbol{x})$。

步骤 4，确定任意设计变量的集合 z。在设计变量 $\boldsymbol{x}$ 中选取需分析其对近似模型 $\hat{f}(\boldsymbol{x})$ 输出响应灵敏度指标的集合 z。

步骤 5，计算 $\hat{f}(\boldsymbol{x})$、$\hat{f}^2(\boldsymbol{x})$ 和 $\hat{f}_z(\boldsymbol{x})$ 在设计空间 X^m 上的积分。

步骤 6，计算总方差 D_{var} 和偏方差 $D_{\mathrm{var}, z}$，进而获得变量组 z 对近似模型 $\hat{f}(\boldsymbol{x})$ 输出响应的灵敏度指标 $S_{\mathrm{var}, z}$。

6.2.2 数值算例分析

考虑如下多项式模型[248]，即

$$f(\mathbf{x}) = \beta_0 + \sum_{i=1}^{m}\beta_i x_i + \sum_{i<j}\beta_{i,j}x_i x_j + \cdots + \beta_{1,2,\cdots,m}\prod_{i=1}^{m}x_i \qquad (6.39)$$

其中，$x_i \in [-0.5, 0.5]$，设计变量数目 $m = 4$。

以表 6.1 给定的两种参数下的模型对上述方法进行测试。其中，对于算例 1 中的系数，多项式表现为变量耦合不显著；对于算例 2 中的系数，多项式中各变量交叉耦合效应显著[249]。

表 6.1 多项式系数取值

系数	β_1	β_2	β_3	β_4	$\beta_{1,2}$	$\beta_{1,3}$	$\beta_{2,3}$	$\beta_{1,2,3}$	β_{otbers}
算例 1	4	0.3	−5	2	0.2	1.5	0.2	4	0
算例 2	1.8	1.5	−2	2.5	7.5	8.5	7	1.5	0

算例 1 的灵敏度分析结果对比如表 6.2 所示，其中 N 表示所需样本点的数量。本节及 GSA-RBF[91] 的样本点都由低相关性序列填充方法获得。由此可知，相对 MC 方法，基于近似模型的分析方法均表现出显著的效率优势。同时，在训练样本点数量相同的情况下，本节方法与 GSA-RBF 方法计算精度相当。

表 6.2 算例 1 的灵敏度分析结果对比

方法	$S_{\text{var},3}$	$S_{\text{var},1}$	$S_{\text{var},4}$	$S_{\text{var},(1,3)}$	$S_{\text{var},2}$	N
真值	0.5521	0.3533	0.0883	0.0041	0.0019	—
MC 方法[91]	0.5530	0.3550	0.0882	0.0041	0.0019	2048
GSA-RBF 方法[91]	0.5474	0.3559	0.0795	0.0051	0.0008	33
	0.5519	0.3534	0.0881	0.0040	0.0020	65
	0.5521	0.3533	0.0883	0.0041	0.0019	129
本节方法	0.5478	0.3528	0.0922	0.0041	0.0019	33
	0.5511	0.3523	0.0881	0.0041	0.0019	65
	0.5510	0.3525	0.0882	0.0041	0.0019	129

如表 6.3 所示，随着训练样本点数量的增加，本节方法计算获得的灵敏度指标逐渐逼近真值，当样本点增加至 129 个时，获得的计算结果与真值的误差均小于 10^{-4}；同时，与 GSA-RBF 方法采用 129 个样本点获得的计算结果相比，本节方法仅采用 33 个样本点即可获得与其计算精度相当，甚至更高的计算结果，可有效减少调用复杂高耗时模型计算的次数，表现出较为显著的精度和效率优势。这

说明，相对 MC 和 GSA-RBF 方法，本节方法需要的训练样本点数量更少。

表 6.3 算例 2 的灵敏度分析结果对比

方法	$S_{\text{var},4}$	$S_{\text{var},(1,3)}$	$S_{\text{var},(1,2)}$	$S_{\text{var},(2,3)}$	$S_{\text{var},3}$	$S_{\text{var},1}$	$S_{\text{var},2}$	N
真值	0.2046	0.1971	0.1535	0.1337	0.1309	0.1060	0.0736	—
MC 方法[91]	0.2019	0.1970	0.1536	0.1351	0.1246	0.1038	0.0731	2048
GSA-RBF 方法[91]	0.2085	0.1890	0.1473	0.1375	0.1284	0.1112	0.0756	65
	0.2073	0.1928	0.1529	0.1350	0.1294	0.1090	0.0725	129
	0.2046	0.1971	0.1535	0.1338	0.1308	0.1059	0.0736	257
本节方法	0.2079	0.1947	0.1527	0.1341	0.1305	0.1063	0.0736	33
	0.2048	0.1967	0.1531	0.1339	0.1311	0.1061	0.0736	65
	0.2046	0.1971	0.1534	0.1337	0.1309	0.1060	0.0736	129

6.2.3 大直径加筋圆柱壳参数灵敏度分析

为分析不同结构设计参数对加筋圆柱壳承载性能的灵敏度指标，首先在设计空间中基于 OLHD 生成 2400 个样本点，然后分别选取在空间中均匀分布的 300 个、400 个、600 个、800 个、1000 个和 1200 个样本点作为训练样本点，剩余样本点作为验证样本点测试 ARBF 近似模型的精度。对于"T"形桁条、"工"形桁条和"几"形桁条加筋圆柱壳结构的极限承载性能，图 6.7 分别给出不同数量训练样本点下近似模型的误差，计算结果表明近似模型具有较高精度，因此可以基于这些近似模型进行加筋圆柱壳承载性能参数灵敏度分析。

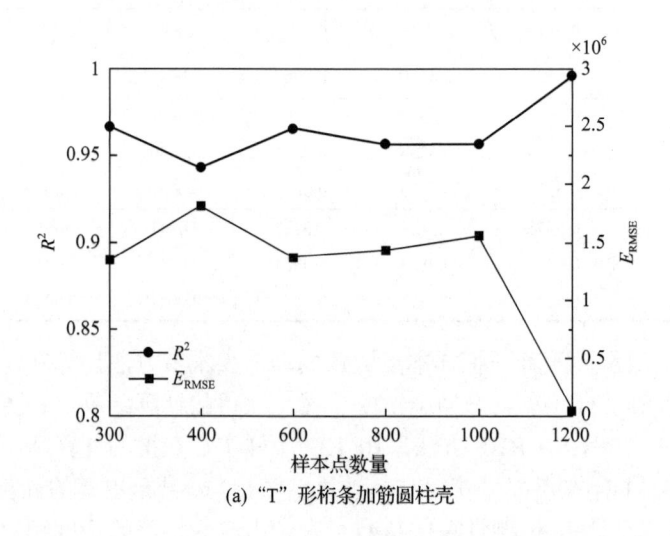

(a) "T"形桁条加筋圆柱壳

(b) "工"形桁条加筋圆柱壳

(c) "几"形桁条加筋圆柱壳

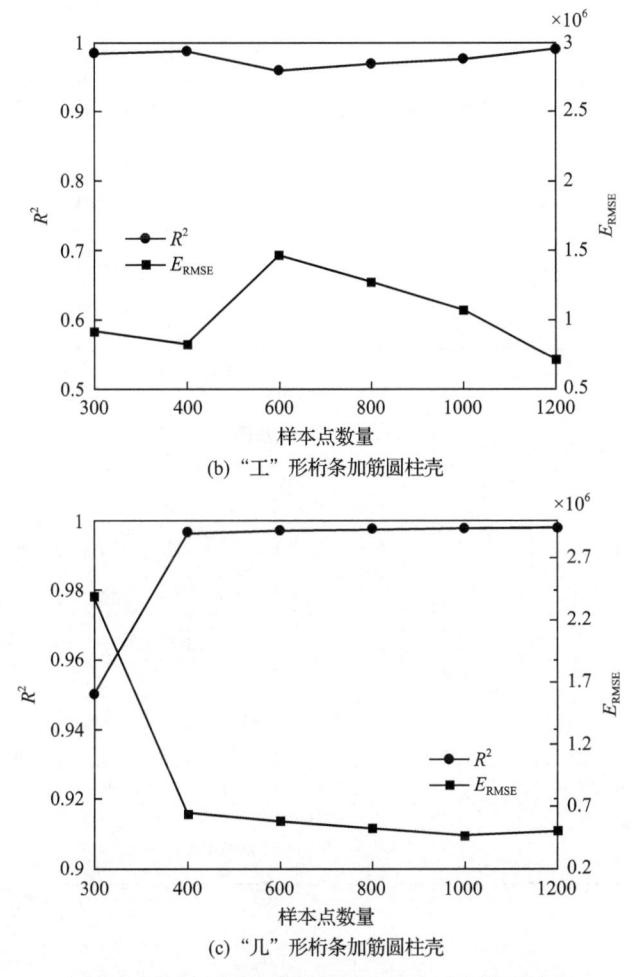

图 6.7 采用不同数量训练样本点的近似模型精度

如图 6.8 所示，随着训练样本点数量的增加，计算结果趋于收敛。不同截面桁条加筋圆柱壳的计算结果表明，桁条腹板厚度（t_{fb}）、翼缘板厚度（t_{bot}）、腹板高度（h_{fb}），以及翼缘板宽度（w_{bot}）对加筋圆柱壳极限承载性能的影响较大，其余参数影响相对较小。

如图 6.8(a)所示，对于"T"形桁条和"工"形桁条加筋圆柱壳，桁条腹板厚度的灵敏度指标最大，其次为桁条翼缘板的厚度。这是由于"T"形桁条腹板存在自由边界，轴压下极易发生腹板局部失稳，增加腹板和翼缘板厚度有利于避免发生腹板局部失稳，进而提高加筋圆柱壳的整体承载性能。

如图 6.8(b)所示，对于"工"形桁条加筋圆柱壳，桁条翼缘板厚度的灵敏度指标最大，其次为桁条腹板厚度，相对"T"形桁条，"工"形桁条腹板的支撑刚

(a) "T"形桁条加筋圆柱壳

(b) "工"形桁条加筋圆柱壳

(c) "几"形桁条加筋圆柱壳

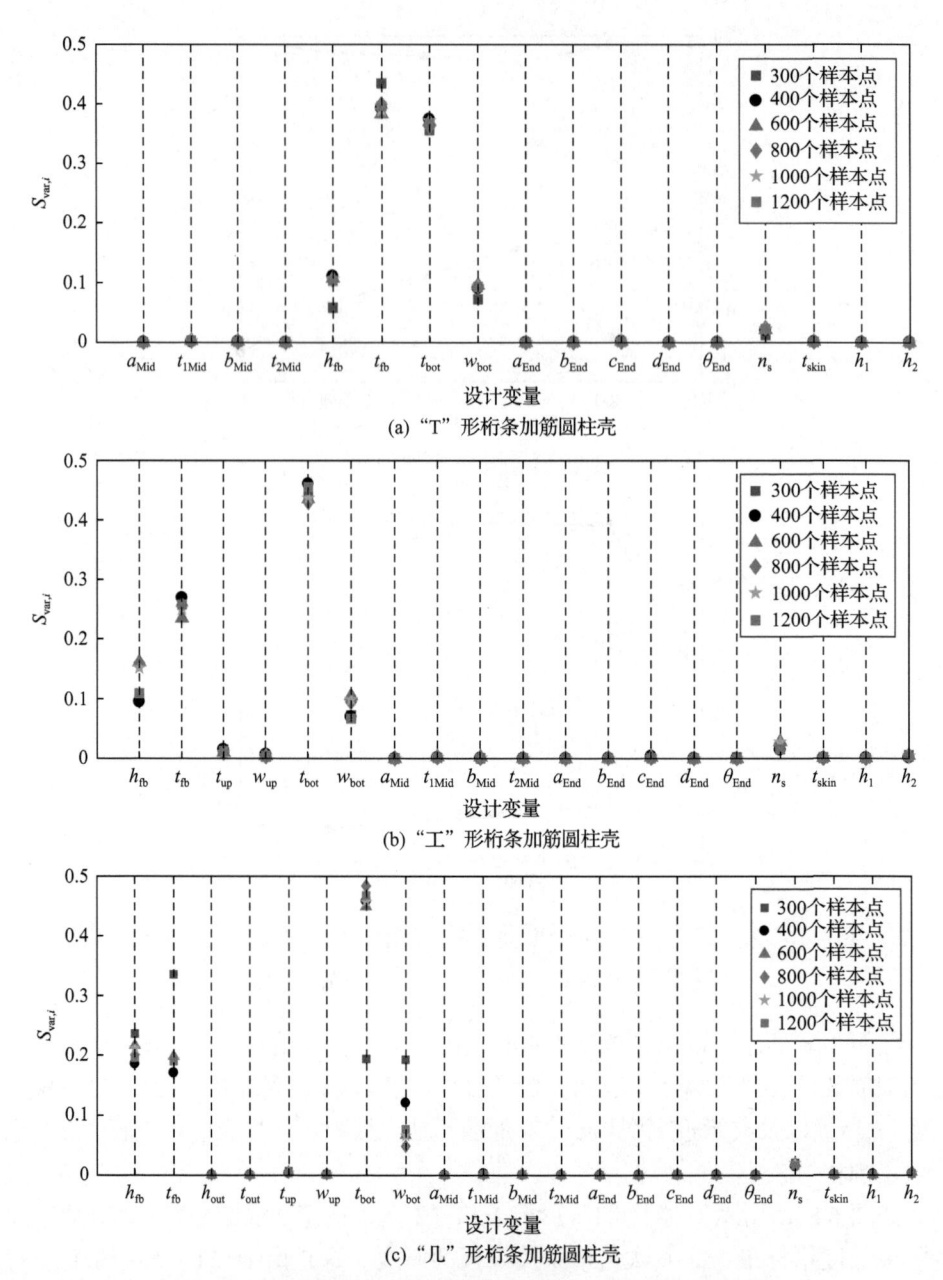

图 6.8 加筋圆柱壳不同结构参数对承载性能的灵敏度指标

度得到加强，因此增加翼缘板和腹板厚度有利于提升"工"形桁条的抗弯扭失稳刚度，进而提升加筋圆柱壳整体承载性能。

如图 6.8(c) 所示，对于"几"形桁条加筋圆柱壳，桁条翼缘板厚度的灵敏度指标最大，其次为桁条腹板高度，同时桁条腹板厚度和腹板高度的灵敏度指标大小相当。这是由于"几"形桁条的整体稳定性相对较高，不易发生桁条局部失稳，因此增大桁条翼缘板厚度和腹板高度有利于提升"几"形桁条的抗弯扭失稳刚度，进而提升加筋圆柱壳的整体承载性能。

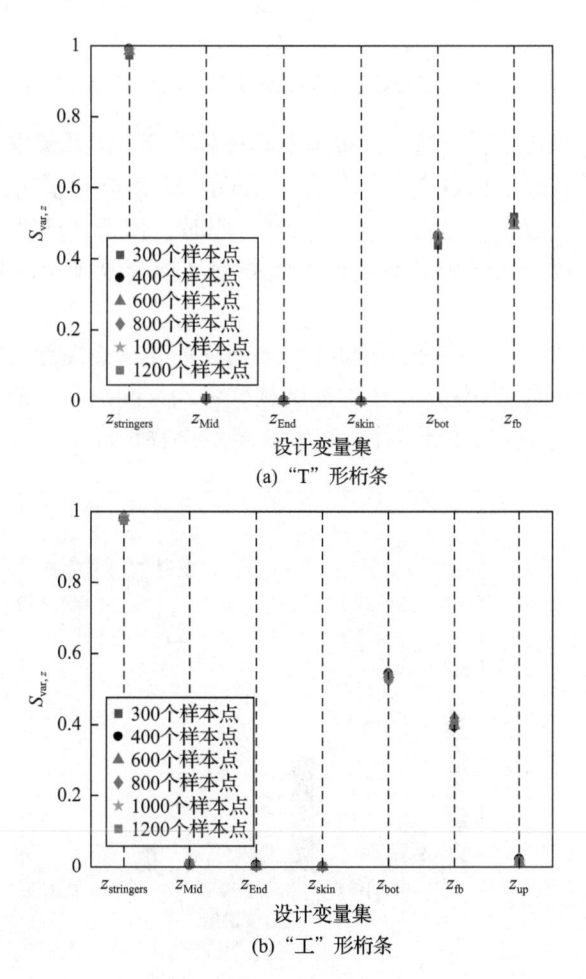

进一步，不同桁条截面加筋圆柱壳不同构件灵敏度指标如图 6.9 所示。其中，设计变量集 $z_{stringers}$、z_{Mid}、z_{End} 和 z_{skin} 分别表示与桁条、中间框、端框和蒙皮相关的设计变量，z_{bot}、z_{fb}、z_{up} 和 z_{out} 分别表示与桁条翼缘板、腹板、上缘板和侧板相关的设计变量。由此可知，桁条对加筋圆柱壳承载性能的灵敏度指标达 0.95 以上，并且主要由桁条翼缘板和腹板参数贡献。计算结果验证了桁条翼缘板及腹板对提高加筋圆柱壳承载性能的重要性。

(a) "T"形桁条

(b) "工"形桁条

(c) "几"形桁条

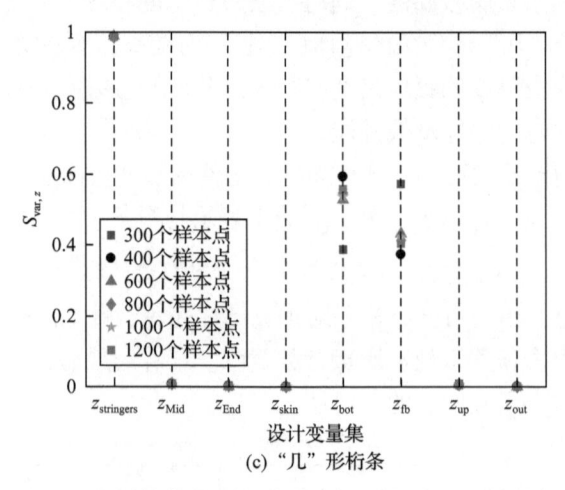

图 6.9 不同桁条截面加筋圆柱壳不同构件灵敏度指标

特别地，图 6.10 分别计算了桁条与中间框、端框，以及蒙皮的交叉耦合效应对加筋圆柱壳承载性能的影响。计算结果表明，桁条与其余构件之间的交叉效应影响均较小，灵敏度指标均远小于 0.01。同时，桁条与环框（中间框及端框）之间的交叉耦合效应大于桁条与蒙皮之间的交叉耦合效应对加筋圆柱壳承载性能的影响。

综合分析可知，桁条翼缘板和腹板对加筋圆柱壳承载性能的影响较大，需在加筋圆柱壳设计中重点关注。由于加筋圆柱壳各构件间的交叉耦合效应对承载性能影响相对较小，为提高设计效率，可对其进行解耦设计。

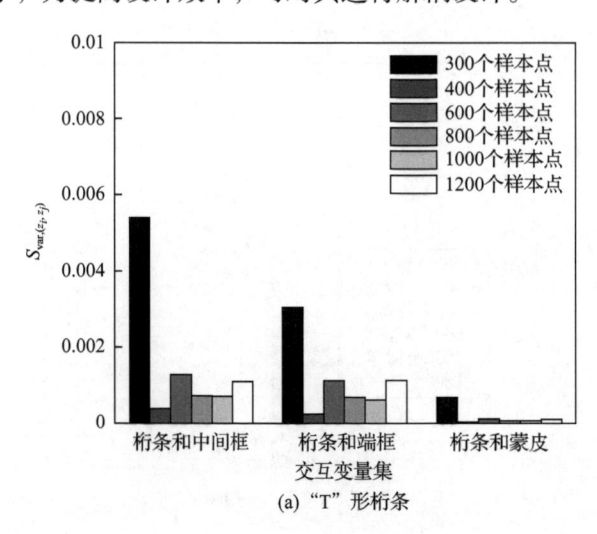

(a) "T"形桁条

(b) "工" 形桁条

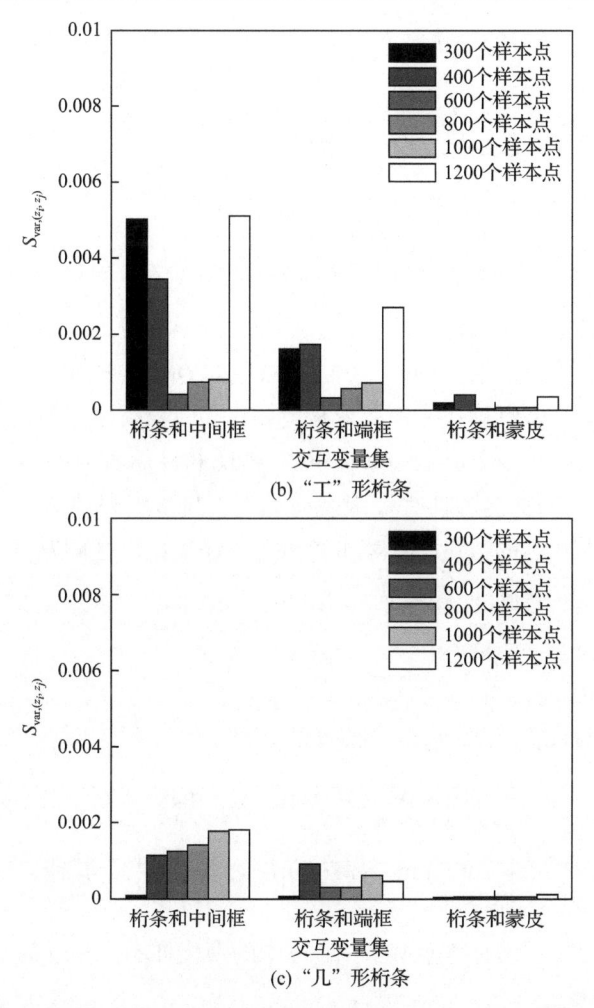

(c) "几" 形桁条

图 6.10 桁条与其他构件的交叉耦合效应对加筋圆柱壳承载性能的灵敏度指标

6.3 基于搜索空间重构的 ARBF 序列近似优化算法

若在优化过程中合理考虑桁条的局部稳定性,避免对桁条提前发生局部失稳的结构进行有限元计算,则有利于提高大直径加筋圆柱壳的优化效率。为此,综合前两节结果,将桁条翼缘板宽厚比、腹板高厚比作为约束引入优化模型,可以避免计算桁条提前发生失稳的结构。为高效求解该优化模型,本书提出基于搜索空间重构策略的 ARBF 序列近似优化算法(sequential approximate optimization method based on search space reconstruction strategy,记为 SAOSR)。该方法仅在约束空间内进行初始采样、近似建模和序列采样。同时,随着迭代优化过程的不断进行，通过当前已获得的最优解对设计空间进行收缩，进而实现优化算法搜索空间重构，提高搜索效率。

6.3.1 初始采样空间描述及优化问题重构

考虑桁条局部稳定性的初始约束空间可描述为

$$\Omega_{\text{cons}} = \left\{ x \in X^m \middle| \alpha_{\text{bot, min}} \leqslant \alpha_{\text{bot}} \leqslant \alpha_{\text{bot, max}}, \alpha_{\text{fb, min}} \leqslant \alpha_{\text{fb}} \leqslant \alpha_{\text{fb, max}}, M(x) \leqslant M_0 \right\} \tag{6.40}$$

其中，$\alpha_{\text{bot, min}} = 3$；$\alpha_{\text{bot, max}} = 15$；$\alpha_{\text{fb, min}} = 15$；$\alpha_{\text{fb, max}} = 30$。

为便于描述，以 $g(x)$ 描述桁条翼缘板宽厚比和腹板高厚比约束，采用 CSFSSMI 在约束空间 Ω_{cons} 内生成 200 个初始样本点。如图 6.11 所示，在初始采样空间 Ω_{cons} 生成的样本点对应的加筋圆柱壳极限载荷均小于目标极限载荷，因此为增加约束空间 Ω_{cons} 可行样本点的数量，需对加筋圆柱壳轻量化设计问题进行重构。重构后的加筋圆柱壳轻量化设计问题可描述为

$$\begin{aligned}
&\text{find } x \\
&\max \hat{F}_{\text{cr}}(x) \\
&\text{s.t. } M(x) \leqslant M(x_{\text{best}}), \quad x \in \Omega_{\text{cons}} \\
&x_{\text{best}} = \begin{cases} \underset{x_i \in D, i=1,2,\cdots,N}{\arg\max}(M(x_i)), & \underset{x_i \in D, i=1,2,\cdots,N}{\max}(F_{\text{cr}}(x_i)) < F_{\text{cr}}^* \\ \underset{x_i \in D, i=1,2,\cdots,N}{\arg\min}\left\{M(x_i) \middle| F_{\text{cr}}(x_i) \geqslant F_{\text{cr}}^*\right\}, & \text{其他} \end{cases}
\end{aligned} \tag{6.41}$$

其中，x_{best} 为当前已观测样本点集 D_{observed} 中的最优样本点；N 为当前训练样本点库中样本点的数量。

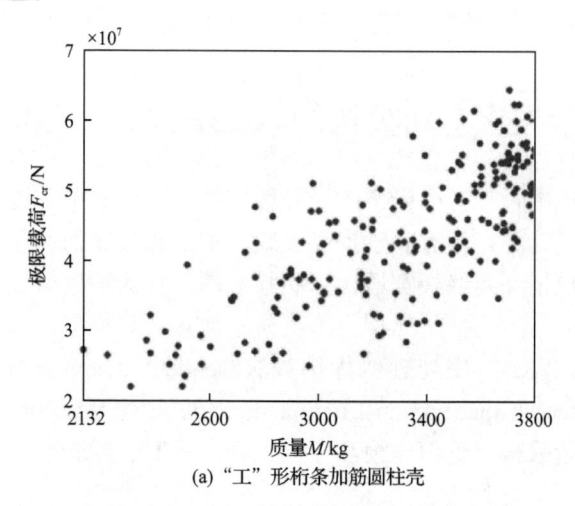

(a) "工"形桁条加筋圆柱壳

(b) "几"形桁条加筋圆柱壳

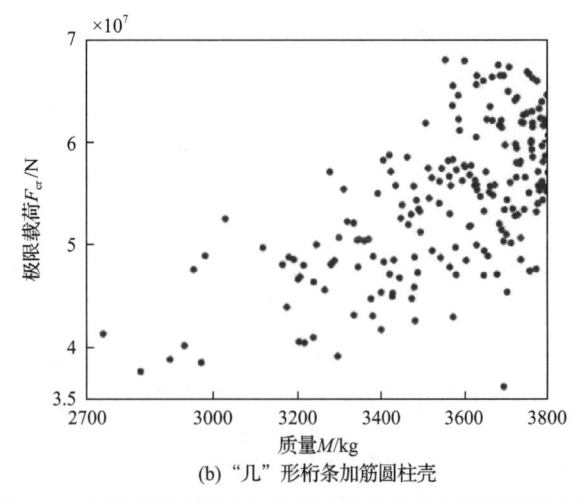

图 6.11 初始采样空间内初始样本点在响应空间中的散点图

针对上述优化问题，采用 SAOCPS 直接求解存在如下两方面困难：其一，由于初始训练样本库 D 缺少满足承载要求的样本点(图 6.11)，在前期优化中难以直接构成 SAOCPS 开发采样所需的两类精英库；其二，由于优化问题式(6.41)不断地重构搜索空间，SAOCPS 中的探索策略侧重在全设计空间进行探索采样，难以实现仅在约束空间采样。

针对上述问题，首先改进双精英种群进化的开发采样策略，即在序列采样初期，开发采样侧重获取更多的满足承载需求的样本点；然后采用 MIVDO 算法进行探索采样，以期在优化过程中不断提升近似模型在重构空间内的精度。

6.3.2 基于改进双精英种群进化的约束空间开发采样策略

根据极限载荷由高至低对已观测样本点进行排序，遴选承载能力大的前 N_{elite} 个样本点作为精英种群 S_{elite}。该精英个体在响应空间中散点图如图 6.12 所示。基于该种群进行最大化极限承载能力的开发采样准则为

$$x_{\text{exploit}} = \arg\min_{x \in \Omega_{\text{cons}}} \hat{F}_{\text{cr}}(x) \tag{6.42}$$

进而，采用非精确 DE 算法求解优化问题，具体可总结为如下步骤。

步骤 1，算法初始化。确定每轮迭代中需要采样的开发样本点数量 n_{exploit}、初始精英个体数量 N_{elite}，以及最大迭代次数 $G_{\max}$。

步骤 2，种群初始化。以图 6.12 所示的精英种群作为初始种群，并基于承载能力高低对初始种群中个体进行排序，确定初始种群中第 n_{exploit} 个最劣个体 $x_{\text{worst}, n_{\text{exploit}}}$。

步骤 3，差分变异。以式(5.9)进行差分变异，生成第 G 代 N_{elite} 个变异个体。

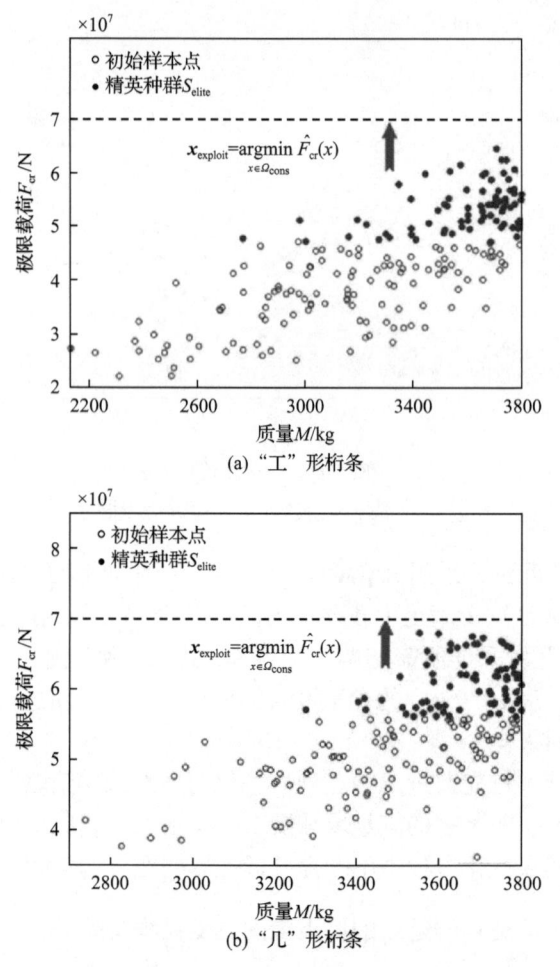

图 6.12 初始精英种群在响应空间中的散点图

步骤 4，交叉运算。以式(5.10)~式(5.12)为准则进行交叉运算，生成双子代竞争的 $2N_{\text{elite}}$ 个实验样本个体 $\{u_i\}_{i=1}^{2N_{\text{elite}}}$。

步骤 5，适应度计算及实验样本个体优劣排序。基于加筋圆柱壳承载能力近似模型，计算各实验样本个体的极限承载能力预测值。实验样本个体的优劣排序不再仅以承载能力预测值高低为基准。最优实验样本个体需满足式(6.40)所示的约束关系，进而对实验样本个体进行优劣排序，即

$$u_i \succ u_j, \begin{cases} \sum_k |g_k(u_i)| < \sum_k |g_k(u_j)|, & u_{i,j} \notin \Omega_{\text{cons}} \\ u_i, & u_i \in \Omega_{\text{cons}}, u_j \notin \Omega_{\text{cons}} \\ \hat{F}_{\text{cr}}(x_i) > \hat{F}_{\text{cr}}(x_j), & u_{i,j} \in \Omega_{\text{cons}} \end{cases} \tag{6.43}$$

其中，$g_k(\boldsymbol{u})$ 为实验样本个体 $\boldsymbol{u}$ 违反第 k 个约束函数的违反值。

步骤 6，非精确搜索终止判定。从优至劣遍历实验样本个体，选取所有使式(4.16)成立的实验样本个体，并转步骤 7；若不存在实验样本个体使式(5.13)成立，转步骤 8。

步骤 7，新增开发样本点 $\{\boldsymbol{x}_{i,\text{exploit}}\}_{i=1}^{n_{\text{exploit}}}$ 确定。若已生成 n_{exploit} 个开发样本点，则算法终止；否则，转步骤 8。

步骤 8，种群更新。根据式(6.43)所示的优劣排序方式更新当前种群，并转步骤 3。

随着优化迭代的不断进行，在约束空间 Ω_{cons} 内，通过最大化极限载荷获得的两类精英种群的散点图如图 6.13 所示。当两类精英种群中样本点数量满足设定需求时，基于双精英种群进化的开发采样准则可分别描述为

$$\boldsymbol{x}_{\text{exploit, I}} = \arg\min_{\boldsymbol{x}\in\Omega_{\text{cons}}} M(\boldsymbol{x}), \quad \hat{F}_{\text{cr}}(\boldsymbol{x}) \geqslant F_{\text{cr}}(\boldsymbol{x}) \tag{6.44}$$

$$\boldsymbol{x}_{\text{exploit, II}} = \arg\max_{\boldsymbol{x}\in\Omega_{\text{cons}}} \hat{L}_{\text{e}}(\boldsymbol{x}) \tag{6.45}$$

需要特别说明的是，第 5 章的开发采样空间为立方体空间 X^m，而本节的开发采样空间为式(6.40)确定的一类约束空间 Ω_{cons}。为使生成的开发采样点均在约束空间 Ω_{cons} 内，采用非精确差分进行算法求解优化问题式(6.44)和式(6.45)时，分别用式(6.46)和式(6.47)进行优劣排序，并以此选取新增开发采样点，即

$$\boldsymbol{x}_i \succ \boldsymbol{x}_j, \begin{cases} M(\boldsymbol{x}_i) < M(\boldsymbol{x}_j), \ \min(F_{\text{cr}}(\boldsymbol{x}_i), F_{\text{cr}}(\boldsymbol{x}_j)) > F_{\text{cr}}^*, \quad \boldsymbol{x}_{i,j} \in \Omega_{\text{cons}} \\ F_{\text{cr}}^* > F_{\text{cr}}(\boldsymbol{x}_i) > F_{\text{cr}}(\boldsymbol{x}_j), \quad \boldsymbol{x}_{i,j} \in \Omega_{\text{cons}} \\ \sum_k |g_k(\boldsymbol{x}_i)| < \sum_k |g_k(\boldsymbol{x}_j)|, \quad \boldsymbol{x}_{i,j} \notin \Omega_{\text{cons}} \\ \boldsymbol{x}_i, \quad \boldsymbol{x}_i \in \Omega_{\text{cons}}, \boldsymbol{x}_j \notin \Omega_{\text{cons}} \end{cases} \tag{6.46}$$

$$\boldsymbol{x}_i \succ \boldsymbol{x}_j, \begin{cases} L_{\text{e}}(\boldsymbol{x}_i) > L_{\text{e}}(\boldsymbol{x}_j), \quad \boldsymbol{x}_{i,j} \in \Omega_{\text{cons}} \\ \sum_k |g_k(\boldsymbol{x}_i)| < \sum_k |g_k(\boldsymbol{x}_j)|, \quad \boldsymbol{x}_{i,j} \notin \Omega_{\text{cons}} \\ \boldsymbol{x}_i, \quad \boldsymbol{x}_i \in \Omega_{\text{cons}}, \boldsymbol{x}_j \notin \Omega_{\text{cons}} \end{cases} \tag{6.47}$$

其他过程与基于双精英种群进化的开发采样策略生成新增开发样本点类似，不再赘述。

(a) "工" 形桁条

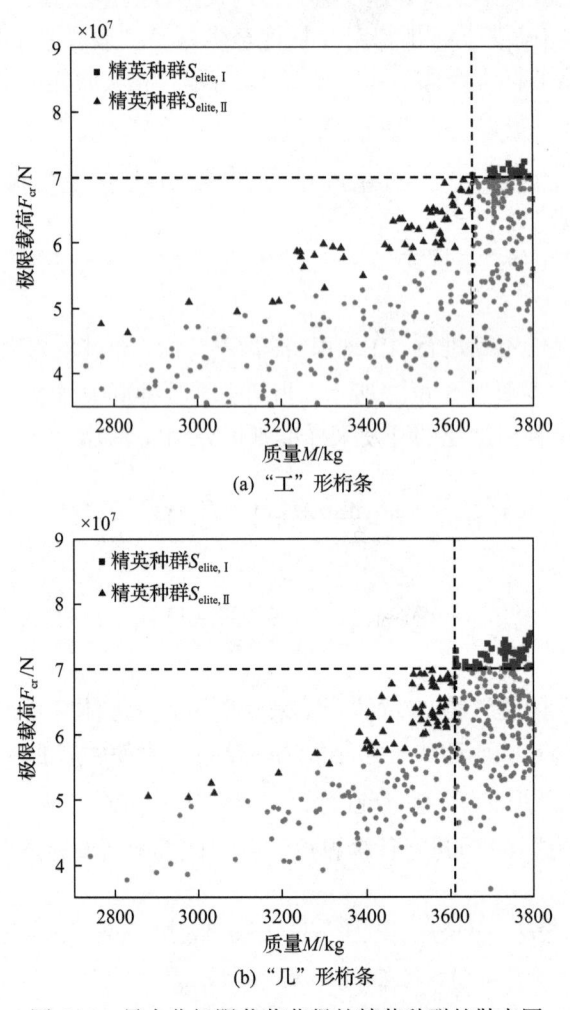

(b) "几" 形桁条

图 6.13 最大化极限载荷获得的精英种群的散点图

6.3.3 基于 MIVDO 算法的约束空间探索采样策略

在结构质量 $M(x)$ 小于当前最轻质量 $M(x_{best})$ 的空间内增加采样点可以提高该区域的空间填充性，进而有利于优化算法搜索更优解。因此，为提升近似模型 $\hat{F}_{cr}(x)$ 在满足更轻结构质量区域的泛化性能，需首先对探索采样空间进行明确，即

$$\Omega_{cons, explore} = \left\{ x \in X^m \middle| x \in \Omega_{cons}, M(x) \leqslant M(x_{best}) \right\} \tag{6.48}$$

采用 MIVDO 算法在重构后的约束空间 $\Omega_{\text{cons, explore}}$ 内探索采样的优化问题可描述为

$$x_{\text{explore}} = \underset{x \in C_{\text{desired}}}{\arg\max} \left(\|x - x_{\text{desired}}\|_2 \right), \quad x_{\text{desired}} = \underset{x \in D_{\text{observed}}}{\arg\max} \left(\left\| x - \underset{x \in D_{\text{MC}} \subset \Omega_{\text{cons}}}{\arg\max} (\text{RC}_{\text{ODSS}}(x)) \right\| \right) \tag{6.49}$$

其中，D_{MC} 为 MC 方法在约束空间 Ω_{cons} 内生成的随机样本点集；C_{desired} 为当前最需样本点的泰森多边形区域。

为阐述该探索采样策略，将具体流程总结为如下步骤。

步骤 1，算法初始化。确定已观测样本点集 D_{observed}，已生成的开发样本点集 $D_{\text{exploit}} = \{x_{i,\text{exploit}}\}_{i=1}^{n_{\text{exploit}}}$，进而构成新的样本点集 $D_{\text{tot}} = \{D_{\text{observed}}, D_{\text{exploit}}\}$。记 D_{explore} 为探索样本点集，初始为空集。记需要生成的探索样本点数量为 n_{explore}。

步骤 2，设计空间分割。基于样本点集 D_{tot} 将设计空间分割划分为 N_{tot} 个泰森多边形 $\{C_i\}_{i=1}^{N_{\text{tot}}}$。

步骤 3，新采样点 x_{explore} 确定。首先，基于 MC 方法在约束空间 Ω_{cons} 生成满足一定数量需求的随机样本点，进而识别当前加筋圆柱壳承载能力近似模型 $\hat{F}_{\text{cr}}(x)$ 最需样本点的泰森多边形区域 C_{desired} 及其对应的已观测样本点 x_{desired}。然后，采用 MIVDO 算法求解优化问题式(6.49)，获取泰森多边形区域 C_{desired} 内的新采样点 x_{explore}。

步骤 4，算法终止判断。更新探索样本点集 $D_{\text{explore}} = \{D_{\text{explore}}, x_{\text{explore}}\}$。若探索样本点集中样本点数量满足需求，则输出探索样本点集 D_{explore}，算法终止；否则，更新样本点集 $D_{\text{tot}} = \{D_{\text{tot}}, x_{\text{explore}}\}$，并转步骤 2。

6.3.4 优化算法整体框架

SAOSR 流程框架如图 6.14 所示。总体而言，该算法与 SAOCPS 具有类似的流程，主要分为近似建模技术、基于开发策略和探索策略的并行采样方法。

不同的是，为适应仅在重构的约束空间内进行近似建模和序列采样的需求，首先，SAOSR 重构了优化搜索空间，探索采样仅在约束空间 $\Omega_{\text{cons, explore}}$ 内进行；其次，为获取更多满足承载性能约束的样本点，SAOSR 的开发采样初期侧重具有高承载性能的样本点，随后进行双精英种群进化的开发采样。

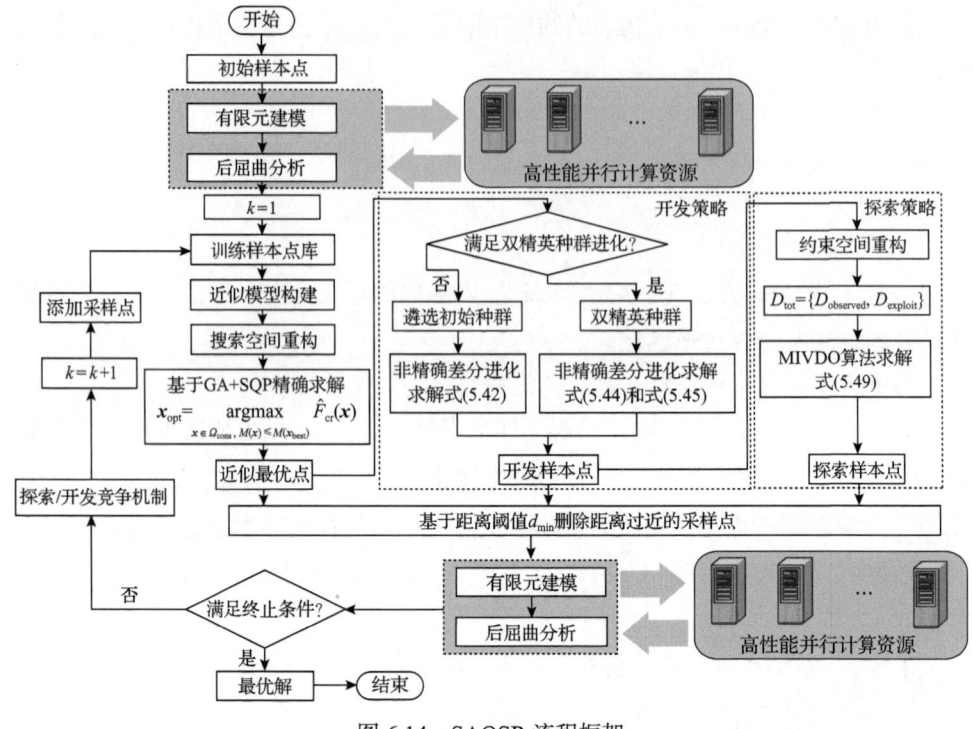

图 6.14 SAOSR 流程框架

6.4 考虑桁条局部稳定性约束的重型运载火箭加筋圆柱壳轻量化设计

本节应用 SAOSR 对重型运载火箭加筋圆柱壳结构开展考虑桁条局部稳定性约束及整体承载性能要求的轻量化设计。考虑的加筋圆柱壳优化设计变量与第 5 章相同。首先,根据结构特点和优化提升需求,采用 CSFSSMI 在初始约束空间 Ω_{cons} 内生成 200 个初始样本点,在每轮迭代采样中,基于开发/探索采样策略生成 10 个采样点,并同 ARBF 近似模型的最优点一起加入训练样本库中参与下一轮近似建模及优化,直至算法收敛。为验证 SAOSR 的优化性能,同时采用 EGO-PEI 算法[250]对"工"形桁条加筋圆柱壳进行优化设计。这两种方法的采样点数量相同,优化过程最大迭代次数统一设定为 200 次。

1. 优化历程结果分析

1)"工"形桁条加筋圆柱壳优化历程结果分析

在"工"形桁条加筋圆柱壳迭代优化过程中,SAOSR 生成的采样点在响应空间的散点图如图 6.15(a)所示,采样点最小距离曲线如图 6.15(b)所示。由图 6.15(a)可知,仅在约束空间内采样可以有效提升样本点在该区域的填充性,进而优化初期即可获得较优解。当优化迭代 100 次后,优化结果趋于收敛。图 6.15(b)表明,此时开发采样已较难搜索至更优解,采样过程随即侧重探索采样以提升近似模型的精度。

(a) 采样点在响应空间中散点图

(b) 采样点最小距离曲线

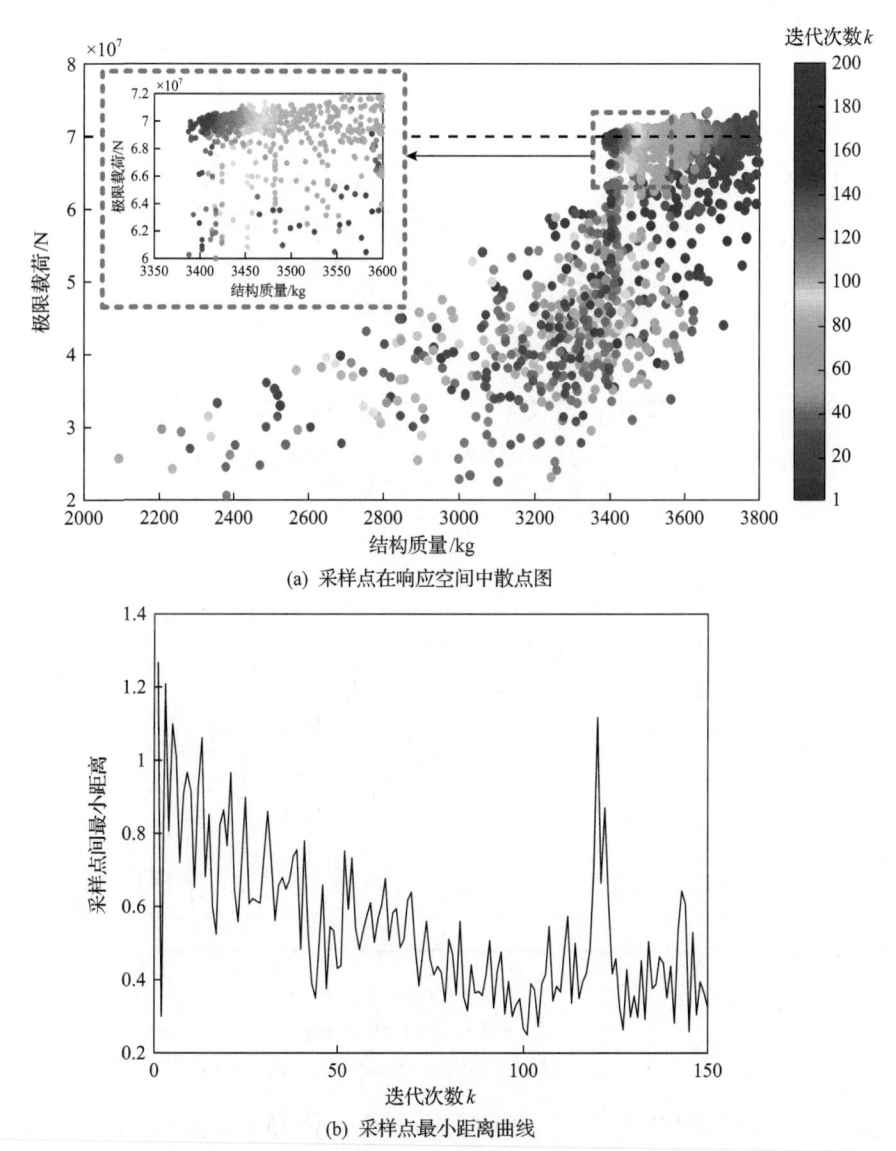

图 6.15 "工"形桁条加筋圆柱壳迭代优化中 SAOSR 采样点

"工"形桁条加筋圆柱壳迭代优化中 EGO-PEI 算法的采样点如图 6.16 所示。采样点在响应空间中散点图如图 6.16(a)所示,采样点间的最小距离变化曲线如图 6.16(b)所示。由此可知,EGO-PEI 算法生成的采样点只有很少数能满足承载需求,并且在响应空间中呈带状分布。同时,图6.16(b)所示的采样点间最小距离未表现出明显的下降趋势,这会制约EGO-PEI算法的优化性能与效率。

(a) 采样点在响应空间中散点图

(b) 采样点之间最小距离曲线

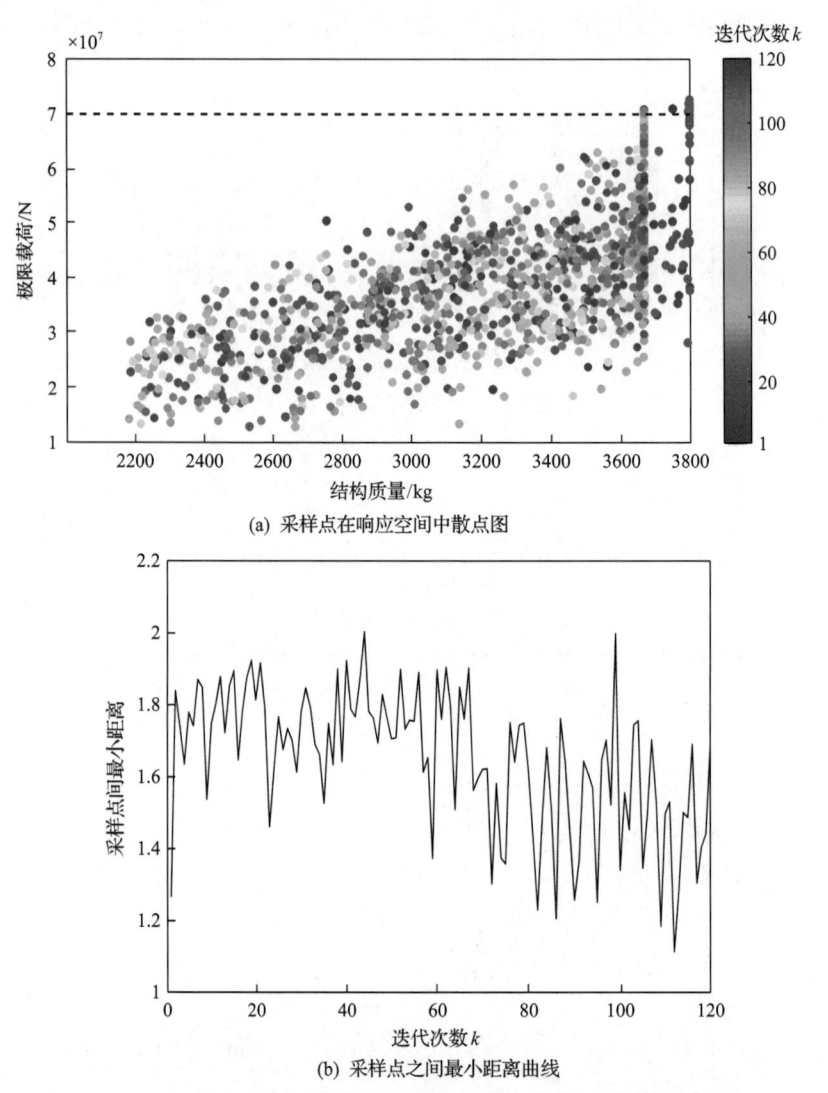

图6.16 "工"形桁条加筋圆柱壳迭代优化中EGO-PEI算法的采样点

如图6.17所示,SAOSR具有更快的收敛速度,迭代150次即可达到与SAOCPS相当的优化效果。EGO-PEI算法(迭代了122次)在加筋圆柱壳轻量化设计中的表现相对较差。SAOSR优化的加筋圆柱壳结构质量为3399kg,极限载荷为$7.01×10^7$N;SAOCPS优化的加筋圆柱壳结构质量为3410kg,极限载荷为$7.02×10^7$N;EGO-PEI算法优化的加筋圆柱壳结构质量为3668.2kg,极限载荷为$7.07×10^7$N。相对SAOCPS和EGO-PEI算法获得的优化结构,SAOSR在满足结构承载性能要求下,可以进一步减重 11kg 和 269kg。这不仅表明 SAOSR 在求解高耗时约束优化问题方面具有一定的优越性,也凸显了考虑桁条稳定性约束对提升"工"形桁条加筋圆柱壳承载效率的有效性。

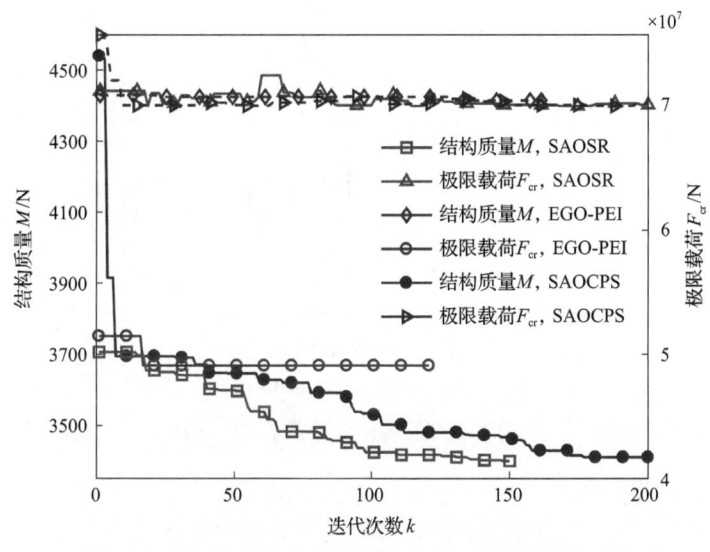

图 6.17 "工"形桁条加筋圆柱壳的优化迭代曲线对比

2)"几"形桁条加筋圆柱壳优化历程结果分析

为探究桁条局部稳定性约束对"几"形桁条加筋圆柱壳优化结构的影响,采用 SAOSR 对"几"形桁条加筋圆柱壳进行轻量化设计。"几"形桁条加筋圆柱壳迭代优化中 SAOSR 采样点如图 6.18 所示。图中反映的规律与"工"形桁条加筋

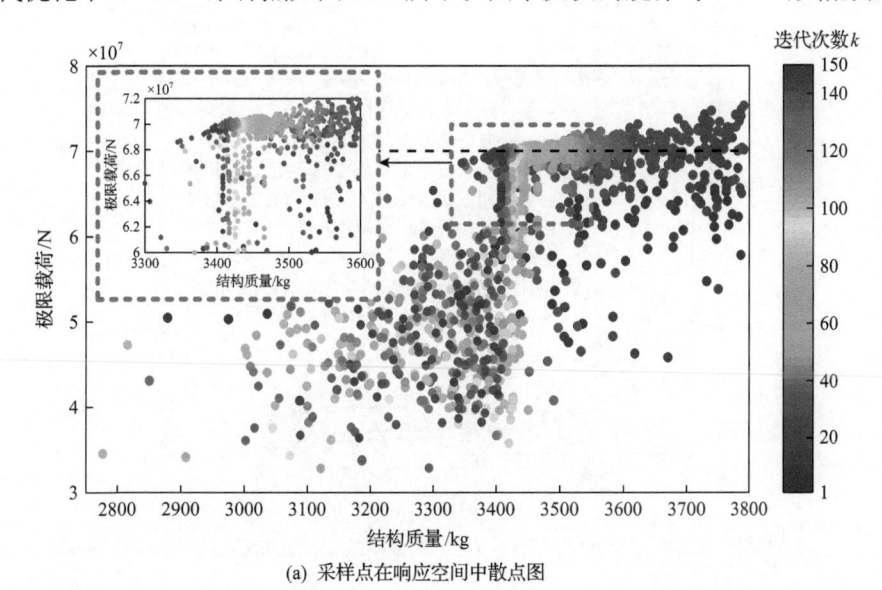

(a) 采样点在响应空间中散点图

(b) 采样点最小距离曲线

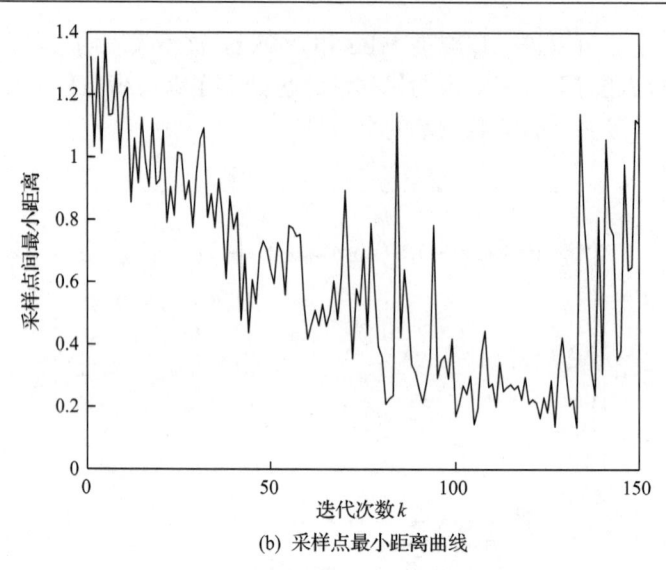

图 6.18 "几"形桁条加筋圆柱壳迭代优化中 SAOSR 采样点

圆柱壳的优化结果相类似。

如图 6.19 所示，SAOSR 和 SAOCPS 获得的优化结果具有较高的一致性，但是相对 SAOCPS，SAOSR 的收敛速度更快些，通过较少次数迭代即可达到与 SAOCPS 相当的收敛精度。这表明，这两种方法在大直径加筋圆柱壳优化设计中具有良好的适用性和一定的全局收敛特性。特别地，对于"几"形桁条加筋圆柱壳，SAOSR 获得的优化加筋圆柱壳结构质量为 3408kg，极限载荷为 7.01×10^7N，

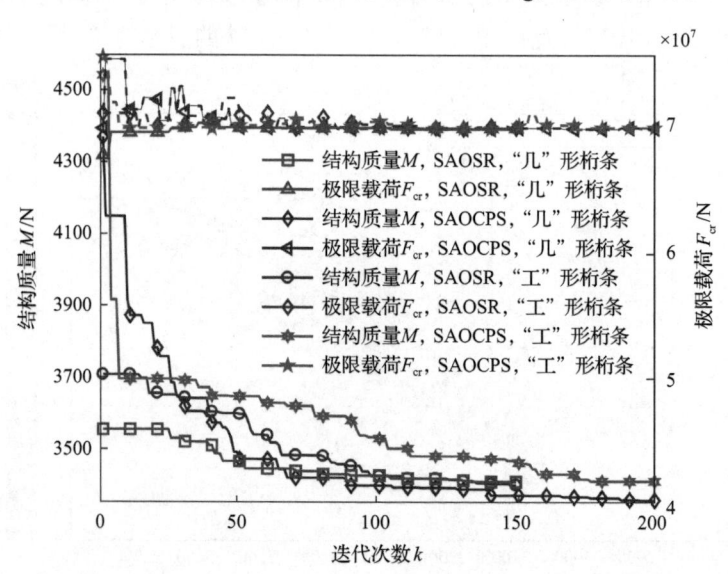

图 6.19 SAOSR 和 SAOCPS 针对"工"/"几"形桁条加筋圆柱壳的优化迭代曲线对比

相对 SAOCPS 获得的优化加筋圆柱壳结构质量(3357.1kg)有所增加。这主要是因为本章考虑桁条的稳定性约束,即约束了"几"形桁条壁板高厚比,可以避免桁条构件先于整体发生局部失稳破坏。

2. 优化结构有限元分析

"工"/"几"形桁条加筋圆柱壳优化设计结构参数对比如表 6.4 所示。

表 6.4 "工"/"几"形桁条加筋圆柱壳优化设计结构参数对比

变量	"工"形桁条 SAOSR	"工"形桁条 SAOCPS	"工"形桁条 EGO-PEI	"几"形桁条 SAOSR	"几"形桁条 SAOCPS
a_{End} /mm	50.32	48.83	67.24	50.48	55.63
b_{End} /mm	76.01	75.15	91.01	75.40	77.41
c_{End} /mm	2.08	2.08	2.01	2.23	2.17
d_{End} /mm	9.58	5.122	9.99	2.10	2.32
θ_{End} /(°)	4.19	4.85	4.00	4.50	4.035
w_{bot} /mm	94.70	94.95	99.99	100.00	100.00
t_{bot} /mm	14.42	14.73	14.99	12.14	13.90
w_{up} /mm	49.27	49.90	49.99	31.13	32.77
t_{up} /mm	2.01	2.29	2.00	4.11	3.63
h_{fb} /mm	85.75	92.02	110.82	119.98	148.11
t_{fb} /mm	3.09	2.72	4.99	2.00	2.00
h_{out} /mm	—	—	—	10.01	21.11
t_{out} /mm	—	—	—	10.24	2.03
n_s	100	100	85	91	85
t_{skin} /mm	1.35	1.41	1.20	1.37	1.20
a_{Mid} /mm	38.98	38.24	22.01	27.03	24.47
t_{1Mid} /mm	2.00	2.01	2.00	2.09	2.01
b_{Mid} /mm	120.69	100.10	149.93	88.27	93.27
t_{2Mid} /mm	2.64	4.24	7.51	2.07	2.20
h_1 /mm	469.23	403.55	410.07	463.03	595.67
h_2 /mm	1194.27	1187.10	1157.44	1174.65	1197.90
M /kg	3399.07	3410.01	3668.20	3408.34	3357.1
F_{cr} /(10^7N)	7.01	7.02	7.07	7.00	7.01

观察表 6.4 可知，对于"工"形桁条加筋圆柱壳优化结构，SAOSR 可以获得具有更小结构质量的优化设计，进一步对比 SAOSR 和 SAOCPS 获得的优化结构设计参数，两者的主要区别在于优化得到的桁条腹板高度 h_{fb} 和厚度 t_{fb} 取值不同，相应的腹板高厚比分别为 27.75 和 33.83。与之类似，对于"几"形桁条加筋圆柱壳，SAOSR 和 SAOCPS 获得的优化结构设计参数区别也在于桁条的腹板高度 h_{fb}、厚度 t_{fb}，以及桁条数量 n_s 取值不同，腹板高厚比分别为 29.99 和 37.03，对比结果一方面表明 SAOSR 和 SAOCPS 均具有较高的全局收敛特性，另一方面也验证了考虑桁条局部稳定性约束优化算法的有效性。

如图 6.20 所示，当结构加载至极限承载状态时，"工"形桁条未发生明显的局部失稳变形（图 6.20 中的 B 图），结构发生承载性能下降主要是"工"形桁条的弯扭耦合失稳所致（图 6.20 中的 C 图）；当继续加载至 32mm 时，结构承载性能发生大幅下降，结构压溃变形模式如图 6.20 中的 D 图所示。

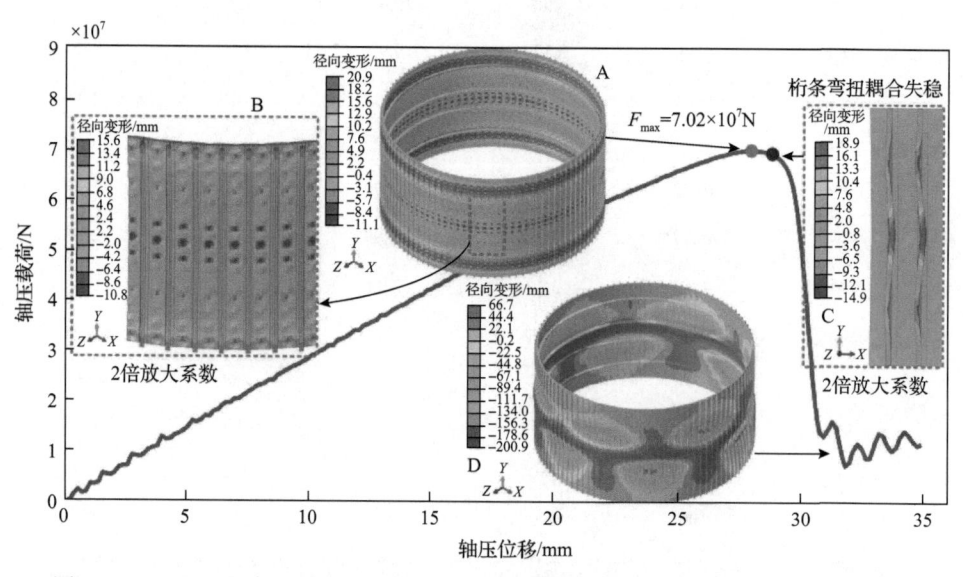

图 6.20 "工"形桁条加筋圆柱壳优化设计结构轴压位移-载荷曲线及其径向变形云图

如图 6.21 所示，相对靠近结构两端的中间框，位于结构中部位置的中间框应力水平相对较低。由等效塑性应变云图可知，框桁格间的蒙皮塑性应变相对最大，最大塑性应变为 0.0117。

如图 6.22 所示，当结构加载至极限承载状态时，"几"形桁条未发生明显的局部失稳变形（图 6.22 中的 B 图），结构发生承载性能下降主要是轴压下"几"形桁条弯扭耦合失稳所致（图 6.22 中的 C 图）；当加载至 35mm 时，结构承载性能大幅下降，并且在结构中部出现大范围周期失稳波形。结构压溃变形模式如图 6.22 中的 D 图所示。

第 6 章 考虑桁条局部稳定性的大直径加筋圆柱壳优化 ·217·

(a) 应力云图

(b) 等效塑性应变云图

图 6.21 "工"形桁条加筋圆柱壳极限承载时刻结构应力及等效塑性应变云图

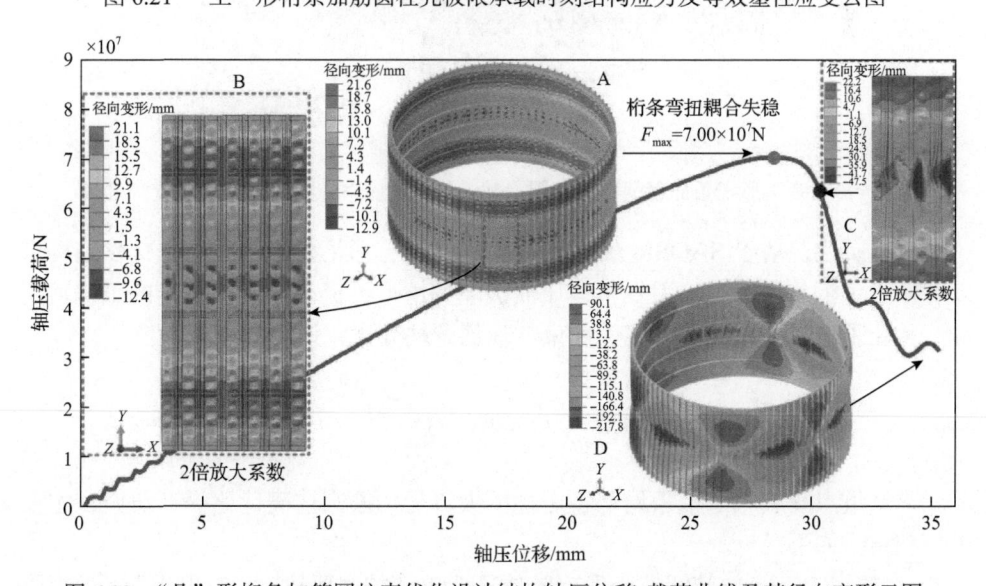

图 6.22 "几"形桁条加筋圆柱壳优化设计结构轴压位移-载荷曲线及其径向变形云图

如图 6.23 所示，位于结构中部位置的两个中间框应力水平仍相对较低，桁条上缘板应力相对较高；由结构等效塑性应变云图可知，与端框相连接的蒙皮，以及桁条上缘板局部区域材料进入塑性，最大等效塑性应变为 0.0217。

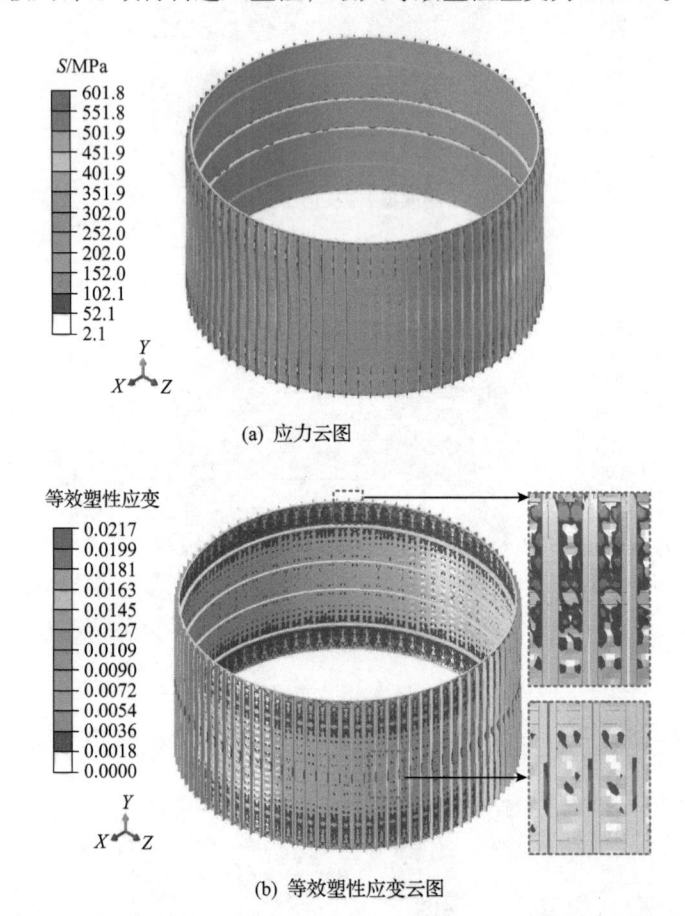

(a) 应力云图

(b) 等效塑性应变云图

图 6.23 "几"形桁条加筋圆柱壳极限承载时刻结构应力云图和等效塑性应变云图

综上所述，基于 SAOSR 获得的"工"/"几"形桁条加筋圆柱壳优化结构可以有效避免桁条局部失稳引发整体压溃破坏的情形，提高该优化结构的工程适用性，验证了考虑桁条局部稳定性约束的加筋圆柱壳优化设计的有效性。

6.5 本章小结

本章重点开展考虑桁条局部稳定性的大直径加筋圆柱壳优化设计研究，主要工作和结论如下。

(1) 探究大直径加筋圆柱壳发生整体压溃破坏的主要机理。结果表明，框桁隔间蒙皮与桁条的耦合变形使桁条的弯扭耦合翘曲失稳成为结构发生整体压溃破坏的主要因素。

(2) 分析典型截面桁条失稳模式及关键参数对结构承载性能的影响规律，并进一步采用基于近似模型正交分解的全局灵敏度分析方法开展大直径加筋圆柱壳结构参数灵敏度分析。结果表明，在考虑的设计范围内，桁条腹板厚度、翼缘板厚度、腹板高度，以及翼缘板宽度对加筋圆柱壳极限承载性能影响较大，并且桁条与其余构件间的交叉耦合效应对极限承载性能影响较小。

(3) 提出 SAOSR，并应用该方法开展考虑桁条局部稳定性的"工"形、"几"形桁条加筋圆柱壳优化设计。与文献方法的对比结果验证了 SAOSR 的有效性和优越性，获得比初始设计结构减重 403.9kg(10.6%)和 394.7kg(10.4%)的结果，并且桁条均未提前发生局部失稳。

第7章 基于多保真度近似模型的集中力扩散舱段优化

基于静力分析和工程算法建立的优化模型，虽然能在一定精度范围内替代以后屈曲分析建立高精度优化模型，但是仍存在如下两方面的不足：其一，在结构大变形、材料非线性范畴内，静力分析难以准确揭示集中力扩散舱段的真实受力状态，据此开展优化设计将难以获得满足实际工程应用需求的优化结构；其二，集中力扩散舱段的稳定性失效涉及型材结构的局部失稳，而工程算法仅选取典型截面的欧拉失稳应力作为结构临界稳定的评判标准，难以准确刻画型材发生局部失稳时的临界应力，进而存在满足工程算法约束的优化结构仍发生因型材局部失稳引起结构整体失效的情况。

本章综合利用静力分析方法耗时短精度低和后屈曲分析耗时长精度高等两方面特点，进一步开展集中力扩散舱段优化设计，建立集中力扩散舱段多保真度优化模型，提出基于搜索空间重构的多保真度序列近似优化算法，并开展集中力扩散舱段轻量化设计。

7.1 集中力扩散舱段多保真度优化问题描述

一般地，融合高/低保真度模型信息的多保真度约束优化问题可描述为

$$\begin{aligned}&\boldsymbol{x}_{\mathrm{MF,opt}} = \mathop{\mathrm{argmin}}\limits_{\boldsymbol{x} \in X^m \subset \mathbf{R}^m} \hat{f}_{\mathrm{MF}}(\boldsymbol{x}) \\ &\mathrm{s.t.} \quad \hat{g}_{i,\mathrm{MF}}(\boldsymbol{x}) \leqslant 0, \quad i=1,2,\cdots,n_{\mathrm{c}} \end{aligned} \quad (7.1)$$

其中，$\boldsymbol{x}_{\mathrm{MF,opt}}$ 为基于多保真度模型获得的全局最优解；$\hat{f}_{\mathrm{MF}}$ 为目标函数的多保真度模型；$\hat{g}_{i,\mathrm{MF}}$ 为第 i 个约束函数的多保真度模型；n_{c} 为约束函数的数量。

对于集中力扩散舱段结构优化问题，以静力分析获得低保真度模型，以后屈曲分析获得高保真度模型，并建立集中力扩散不均匀度 ζ 的多保真度模型 $\hat{\zeta}_{\mathrm{MF}}$ 和不同构件最大应力的多保真度模型 $\hat{\sigma}_{\mathrm{skinMax,MF}}$、$\hat{\sigma}_{\mathrm{zlMax,MF}}$、$\hat{\sigma}_{\mathrm{flMax,MF}}$ 和 $\hat{\sigma}_{\mathrm{zjkMax,MF}}$。进而，集中力扩散扩散舱段多保真度优化问题可描述为

$$\begin{aligned}
&\text{find} \quad \boldsymbol{x}_{\text{MFopt}} \\
&\text{min} \quad M(\boldsymbol{x}) \\
&\text{s.t.} \quad \hat{\zeta}_{\text{MF}} \leqslant 0.2, \hat{\sigma}_{\text{skinMax},\text{MF}} < \sigma_{\text{s},\text{skin}} \\
&\qquad \hat{\sigma}_{\text{flMax},\text{MF}} \leqslant \sigma_{\text{s},\text{fl}}, \hat{\sigma}_{\text{zlMax},\text{MF}} \leqslant \sigma_{\text{s},\text{zl}} \\
&\qquad \hat{\sigma}_{\text{zjkMax},\text{MF}} \leqslant \sigma_{\text{s},\text{zjk}}
\end{aligned} \tag{7.2}$$

由于集中力扩散舱段结构质量有明确的解析表达式,因此不针对结构质量建立近似模型。该优化问题考虑中间框参数 a_{zjk} 作为优化设计变量,设计变量共 50 个。

多保真度近似优化算法虽然已成功应用于航空航天工程领域[99, 101, 103, 104, 251-253],但是在应用于集中力扩散舱段优化设计时,仍面临不少困难。

首先,集中力扩散舱段优化设计涉及变量众多,远高于公开文献中应用多保真度近似模型求解的工程优化问题维数[96, 144]。高维问题往往需要更多的初始训练样本点构建满足精度需求的多保真度近似模型。这将加剧生成具有嵌套特点的高/低保真度样本点的难度。

其次,集中力扩散舱段优化涉及众多性能约束函数,是典型的多约束优化问题。相对目标函数,约束函数与设计变量间的非线性映射关系更加难以捕获。因此,如何处理多个性能约束,同步提高不同性能约束函数的多保真度近似模型预测精度,是高效求解集中力扩散舱段优化设计问题的又一个困难。

最后,如何综合利用高/低保真度模型信息,实现高/低保真度样本点的高效并行采样,是加速多保真度近似优化算法收敛,获得具有更优性能的集中力扩散舱段结构的另一难题。

7.2 面向多响应系统的多保真度序列近似建模方法

不失一般性,定义不同响应系统的高保真度模型为 $\{g_{i,\text{HF}}\}_{i=1}^{n_c}$ 和低保真度模型为 $\{g_{i,\text{LF}}\}_{i=1}^{n_c}$,针对不同响应系统建立的多保真度近似模型和低保真度近似模型为

$$\begin{cases} \hat{g}_{1,\text{MF}}(\boldsymbol{x}) = \hat{g}_1(\{D_{\text{HF}}, D_{\text{LF}}\}, \{\boldsymbol{Y}_{\text{HF}}^{g_1}, \boldsymbol{Y}_{\text{LF}}^{g_1}\}) \\ \hat{g}_{2,\text{MF}}(\boldsymbol{x}) = \hat{g}_2(\{D_{\text{HF}}, D_{\text{LF}}\}, \{\boldsymbol{Y}_{\text{HF}}^{g_2}, \boldsymbol{Y}_{\text{LF}}^{g_2}\}) \\ \vdots \\ \hat{g}_{n_c,\text{MF}}(\boldsymbol{x}) = \hat{g}_{n_c}(\{D_{\text{HF}}, D_{\text{LF}}\}, \{\boldsymbol{Y}_{\text{HF}}^{g_{n_c}}, \boldsymbol{Y}_{\text{LF}}^{g_{n_c}}\}) \end{cases} \tag{7.3}$$

$$\begin{cases} \hat{g}_{1,\text{LF}}(\boldsymbol{x}) = \hat{g}_1(D_{\text{LF}}, Y_{\text{LF}}^{g_1}) \\ \hat{g}_{2,\text{LF}}(\boldsymbol{x}) = \hat{g}_2(D_{\text{LF}}, Y_{\text{LF}}^{g_2}) \\ \vdots \\ \hat{g}_{n_c,\text{LF}}(\boldsymbol{x}) = \hat{g}_{n_c}(D_{\text{LF}}, Y_{\text{LF}}^{g_{n_c}}) \end{cases} \quad (7.4)$$

其中，$\{\hat{g}_{i,\text{MF}}(\boldsymbol{x})\}_{i=1}^{n_c}$ 为针对高保真度模型 $\{g_{i,\text{HF}}\}_{i=1}^{n_c}$ 建立的多保真度近似模型；$\{\hat{g}_{i,\text{LF}}(\boldsymbol{x})\}_{i=1}^{n_c}$ 为针对低保真度模型 $\{g_{i,\text{LF}}\}_{i=1}^{n_c}$ 建立的低保真度近似模型；$Y_{\text{HF}}^{g_i}$ 为第 i 个高保真度模型 $g_{i,\text{HF}}$ 在高保真度样本点 D_{HF} 处的响应；$Y_{\text{LF}}^{g_i}$ 为第 i 个低保真度模型 $g_{i,\text{LF}}$ 在低保真度样本点 D_{LF} 处的响应。

提高低保真度近似模型 $\{\hat{g}_{i,\text{LF}}(\boldsymbol{x})\}_{i=1}^{n_c}$ 的泛化性能和增加高保真度样本点的数量都有利于提升多保真度近似模型 $\{\hat{g}_{i,\text{MF}}(\boldsymbol{x})\}_{i=1}^{n_c}$ 的精度。因此，为综合提升多保真度近似模型 $\{\hat{g}_{i,\text{MF}}(\boldsymbol{x})\}_{i=1}^{n_c}$ 和低保真度近似模型 $\{\hat{g}_{i,\text{LF}}(\boldsymbol{x})\}_{i=1}^{n_c}$ 在设计空间内的精度，分别给出面向多响应系统的 MIVDO 采样算法(记为 mMIVDO)以生成高保真度样本点和面向多响应系统的 LOOCV 自适应采样算法(记为 mLOOCV)以生成低保真度样本点。

7.2.1 mMIVDO 自适应采样算法

不失一般性，首先考虑单个多保真度近似模型 $\hat{g}_{\text{MF}}(\boldsymbol{x})$，相应的最终模型 $\hat{g}_{\text{MF}}(\boldsymbol{x}|\{D_{\text{HF}}, D_{\text{LF}}\})$ 与 K_{HF} 个辅助模型 $\{\hat{g}_{\text{MF},k}(\boldsymbol{x}|\{D_{\text{HF}} \setminus D_{\text{HF},k}, D_{\text{LF}}\})\}_{k=1}^{K_{\text{HF}}}$ 预测值的期望误差可表述为

$$\begin{aligned} e_{\text{MFdeviate}}(\boldsymbol{x}) &= E((\hat{g}_{\text{MF}}(\boldsymbol{x}|\{D_{\text{HF}}, D_{\text{LF}}\}) - \hat{g}_{\text{MF},k}(\boldsymbol{x}|\{D_{\text{HF}} \setminus D_{\text{HF},k}, D_{\text{LF}}\}))^2) \\ &= \underbrace{[E(\hat{g}_{\text{MF}}(\boldsymbol{x}|\{D_{\text{HF}}, D_{\text{LF}}\})) - E(\hat{g}_{\text{MF},k}(\boldsymbol{x}|\{D_{\text{HF}} \setminus D_{\text{HF},k}, D_{\text{LF}}\}))]^2}_{\text{Bias}^2(\hat{g}_{\text{MF}}(\boldsymbol{x}|\{D_{\text{HF}},D_{\text{LF}}\}))} \\ &\quad + \underbrace{E[\hat{g}_{\text{MF},k}(\boldsymbol{x}|\{D_{\text{HF}} \setminus D_{\text{HF},k}, D_{\text{LF}}\}) - E(\hat{g}_{\text{MF},k}(\boldsymbol{x}|\{D_{\text{HF}} \setminus D_{\text{HF},k}, D_{\text{LF}}\}))]^2}_{\text{Var}(\hat{g}_{\text{MF},k}(\boldsymbol{x}|\{D_{\text{HF}}\setminus D_{\text{HF},k},D_{\text{LF}}\}))} \end{aligned}$$
$$(7.5)$$

其中，等号右端第一项为偏差项，表征辅助模型与最终模型预测值的偏差特性；等号右端第二项为方差项，表征 K_{HF} 个辅助模型预测值的离散程度。

K_{HF} 个辅助模型与最终模型之间的差异性(deviation of the auxiliary and ultimate multi-fidelity metamodels, DEVAUMF)可量化表征为

$$e_{\text{DEVAUMF}}(\boldsymbol{x}) = \left[\frac{1}{K_{\text{HF}}}\sum_{k=1}^{K_{\text{HF}}}(\hat{g}_{\text{MF}}(\boldsymbol{x}|\{D_{\text{HF}}, D_{\text{LF}}\}) - \hat{g}_{\text{MF},k}(\boldsymbol{x}|\{D_{\text{HF}} \setminus D_{\text{HF},k}, D_{\text{LF}}\}))\right]^2$$

$$+ \frac{1}{K_{\text{HF}}}\sum_{k=1}^{K_{\text{HF}}}\left[\left(\hat{g}_{\text{MF},k}(\boldsymbol{x}|\{D_{\text{HF}} \setminus D_{\text{HF},k}, D_{\text{LF}}\})\right.\right.$$

$$\left.\left. - \frac{1}{K}\sum_{k=1}^{K}\hat{g}_{\text{MF},k}(\boldsymbol{x}|\{D_{\text{HF}} \setminus D_{\text{HF},k}, D_{\text{LF}}\})\right)\right]^2$$

(7.6)

结合第 3 章分析，具有较大 DEVAUMF 值的区域表示多保真度近似模型 $\hat{g}_{\text{MF}}(\boldsymbol{x})$ 在该区域的预测值具有较大的不确定性，需进一步采样获取该区域更多的高精度响应信息。

当涉及多个多保真度近似模型 $\{\hat{g}_{i,\text{MF}}(\boldsymbol{x})\}_{i=1}^{n_c}$ 时，为同步提高各个近似模型的精度，新增高保真度样本点 $\boldsymbol{x}_{\text{HFsup, DEVAUMF}}$ 的确定问题应为多目标优化问题[229]，即

$$\boldsymbol{x}_{\text{HFsup, DEVAUMF}} = \underset{\boldsymbol{x} \in X^m}{\arg\max}\{e_{\text{DEVAUMF},1}(\boldsymbol{x}),\cdots,e_{\text{DEVAUMF},i}(\boldsymbol{x}),\cdots,e_{\text{DEVAUMF},n_c}(\boldsymbol{x})\}$$

(7.7)

其中，$e_{\text{DEVAUMF},i}(\boldsymbol{x})$ 为对应第 i 个多保真度近似模型 $\hat{g}_{i,\text{MF}}(\boldsymbol{x})$ 的辅助模型与最终模型间的差异性。

求解式(7.7)可获得一组 Pareto 解。对于这一组解，若全部作为新增样本点，将不可避免地使得两个新增样本点距离过近，进而导致近似建模中系数矩阵病态，影响采样效率和建模精度；若仅选取部分或一个解作为新增样本点，将影响后续针对不同多保真度近似模型 $\hat{g}_{i,\text{MF}}(\boldsymbol{x})$ 并行采样的实施，增加问题的复杂度。根据木桶效应，新增样本点 $\boldsymbol{x}_{\text{HFsup, DEVAUMF}}$ 的加入应侧重改善当前精度最差的多保真度近似模型。基于此，为简化问题，对式(7.6)所示的 DEVAUMF 值作归一化处理，进而将多目标优化问题式(7.7)转化为单目标优化问题，即

$$\boldsymbol{x}_{\text{HFsup, DEVAUMF}} = \underset{\boldsymbol{x} \in X^m}{\arg\max}\sum_{i=1}^{n_c}\frac{e_{\text{DEVAUMF},i}(\boldsymbol{x})}{\hat{g}_{i,\text{MF}}(\boldsymbol{x})} \quad (7.8)$$

观察式(7.6)可知，$e_{\text{DEVAUMF},i}(\boldsymbol{x})$ 应与 $\hat{g}_{i,\text{MF}}(\boldsymbol{x})$ 具有相近或更小的量纲，优化式(7.8)侧重在精度最差的多保真度近似模型最需样本区域生成新增样本点。同时，为避免采样点在该区域过于聚集，进而导致采样点间信息冗余，结合已观测的高保真度训练样本点集 D_{HF} 在设计空间中的局部密度函数，给出式(7.9)所示的高

保真度样本点的按需序列采样准则(on-demand sequential sampling criterion for multi-fidelity metamodel, ODSSMF)，即

$$\mathrm{RC}_{\mathrm{ODSSMF}}(\boldsymbol{x}) = \frac{\sum_{i=1}^{n_c} \frac{e_{\mathrm{DEVAUMF},i}(\boldsymbol{x})}{\hat{g}_{i,\mathrm{MF}}(\boldsymbol{x})}}{\rho(\boldsymbol{x})} \tag{7.9}$$

最大化 $\mathrm{RC}_{\mathrm{ODSSMF}}(\boldsymbol{x})$ 即可确定新的高保真度采样点 $\boldsymbol{x}_{\mathrm{HFsup, ODSSMF}}$，即

$$\boldsymbol{x}_{\mathrm{HFsup, ODSSMF}} = \arg\max_{\boldsymbol{x} \in X^m} \mathrm{RC}_{\mathrm{ODSSMF}}(\boldsymbol{x}) \tag{7.10}$$

至此，采用 MIVDO 算法求解式(7.10)即可获得多个高保真度并行采样点，并记该面向多响应系统的并行采样算法为 mMIVDO。具体步骤如下。

步骤 1，记当前高保真度训练样本集为 S_{HF}，低保真度训练样本集为 S_{LF}，记当前迭代次数为 k_{iter}，置此时的循环次数 t_{loop} 为 1，需采样的高保真度样本点数量为 $n_{\mathrm{HFresample}}$。

步骤 2，在第 k_{iter} 次迭代中，基于当前训练样本集 $\{S_{\mathrm{HF}}, S_{\mathrm{LF}}\}$ 建立多保真度近似模型 $\{\hat{g}_{i,\mathrm{MF}}(\boldsymbol{x})\}_{i=1}^{n_c}$。

步骤 3，设计空间划分。为识别出当前近似模型 $\{\hat{g}_{i,\mathrm{MF}}(\boldsymbol{x})\}_{i=1}^{n_c}$ 最需样本点区域，首先基于多保真度样本点集 D_{HF} 及已生成的高保真度采样点 $\{\boldsymbol{x}_{\mathrm{HFsup, mMIVDO},i}\}_{i=1}^{t_{\mathrm{loop}}}$ 对设计空间进行划分，并记划分后获得的泰森多边形为 $\{C_i\}_{i=1}^{N_{\mathrm{HF}}+t_{\mathrm{loop}}}$。

步骤 4，确定新的高保真度采样点。采用 MIVDO 算法求解式(7.10)，进而通过下式确定新的高保真度采样点，即

$$\boldsymbol{x}_{\mathrm{HFsup, mMIVDO}} = \begin{cases} \boldsymbol{x}_{\mathrm{HFsup, ODSSMF}}, & \|\boldsymbol{x}_{\mathrm{HFsup, ODSSMF}} - \boldsymbol{x}_{\mathrm{HFdesired}}\|_2 \geqslant \min_{\boldsymbol{x}_i \in D_{\mathrm{HF}} \setminus \boldsymbol{x}_{\mathrm{desired}}} \left(\|\boldsymbol{x}_i - \boldsymbol{x}_{\mathrm{HFdesired}}\|_2 \right) \\ \arg\max_{\boldsymbol{x} \in C_{\mathrm{HF desired}}} \left(\|\boldsymbol{x} - \boldsymbol{x}_{\mathrm{HFdesired}}\|_2 \right), & \text{其他} \end{cases} \tag{7.11}$$

其中，$\boldsymbol{x}_{\mathrm{HFdesired}}$ 为高保真度样本点集 D_{HF} 中距离 $\boldsymbol{x}_{\mathrm{HFsup, ODSSMF}}$ 最近的样本点；$C_{\mathrm{HFdesired}}$ 为对应高保真度样本点 $\boldsymbol{x}_{\mathrm{HFsup, ODSSMF}}$ 的泰森多边形。

步骤 5，进行采样算法终止判定。当第 k_{iter} 次迭代中已生成的采样点数量为

$n_{\text{HFresample}}$ 时,采样算法结束;否则,置 $t_{\text{loop}} \leftarrow t_{\text{loop}} + 1$,并转步骤 3。

7.2.2 mLOOCV 自适应采样算法

由于低保真度样本点的计算成本相对更小,低保真度样本点的数量往往是高保真度样本点数量的几倍,甚至数十倍,这使得低保真度样本点相对高保真度样本点具有更高的空间填充特性。基于如下两方面考虑,本节进一步探究面向多响应系统的低保真度样本点序列采样的 LOOCV。①新增低保真度采样点数量往往也是新增高保真度采样点数量的数倍,甚至数十倍,若采用 MIVDO 算法进行自适应采样,将涉及数十次求解类似式(7.10)的多峰优化问题,这无疑会增加采样耗时;②随着采样数量的增多,LOOCV 在提升近似模型精度方面也表现出较为优越的性能。

LOOCV 涉及建立 N_{LF} 个低保真度近似模型 $\{\hat{y}_{-i}(\boldsymbol{x}|D_{\text{LF}} \setminus \boldsymbol{x}_i)\}_{i=1}^{N_{\text{LF}}}$,并以此评估近似模型 $\{\hat{y}_{-i}(\boldsymbol{x}|D_{\text{LF}} \setminus \boldsymbol{x}_i)\}_{i=1}^{N_{\text{LF}}}$ 的 LOOCV 误差 $e_{\text{LOOCV}}(\boldsymbol{x}_i)$。随着低保真度样本点数量的不断增加,该近似建模过程的耗时将不容忽略,严重制约 LOOCV 的采样效率。为此,下面推导面向 ARBF 近似模型 LOOCV 误差的高效计算方法。

对于任意给定的形状参数 $\{c_i\}_{i=1}^{N_{\text{LF}}}$、权重系数 $\{\omega_i\}_{i=1}^{N_{\text{LF}}}$ 和回归系数 $\{\lambda_j\}_{j=1}^{m+1}$,可将 ARBF 近似模型表述为

$$\hat{y}(\boldsymbol{x}) - \sum_{j=1}^{m+1} \lambda_j g_j(\boldsymbol{x}) = \sum_{i=1}^{N} \omega_i \phi_i(\|\boldsymbol{x} - \boldsymbol{x}_i\|) \tag{7.12}$$

不失一般性,将第 i 个低保真度样本点移至训练样本集 D_{LF} 最后一行,并代入式(7.12),可得

$$\begin{bmatrix} \omega_1 \\ \omega_2 \\ \vdots \\ \omega_{N_{\text{LF}}} \\ \hline \omega_i \end{bmatrix} = \begin{bmatrix} \phi_1(\boldsymbol{x}_1) & \phi_2(\boldsymbol{x}_1) & \cdots & \phi_{N_{\text{LF}}}(\boldsymbol{x}_1) & \phi_i(\boldsymbol{x}_1) \\ \phi_1(\boldsymbol{x}_2) & \phi_2(\boldsymbol{x}_2) & \cdots & \phi_{N_{\text{LF}}}(\boldsymbol{x}_2) & \phi_i(\boldsymbol{x}_2) \\ \vdots & \vdots & & \vdots & \vdots \\ \phi_1(\boldsymbol{x}_{N_{\text{LF}}}) & \phi_2(\boldsymbol{x}_{N_{\text{LF}}}) & \cdots & \phi_{N_{\text{LF}}}(\boldsymbol{x}_{N_{\text{LF}}}) & \phi_i(\boldsymbol{x}_{N_{\text{LF}}}) \\ \hline \phi_1(\boldsymbol{x}_i) & \phi_2(\boldsymbol{x}_i) & \cdots & \phi_{N_{\text{LF}}}(\boldsymbol{x}_i) & \phi_i(\boldsymbol{x}_i) \end{bmatrix}^{-1} \begin{bmatrix} y_1 - \sum_{j=1}^{m+1} \lambda_j g_j(\boldsymbol{x}_1) \\ y_2 - \sum_{j=1}^{m+1} \lambda_j g_j(\boldsymbol{x}_2) \\ \vdots \\ y_{N_{\text{LF}}} - \sum_{j=1}^{m+1} \lambda_j g_j(\boldsymbol{x}_{N_{\text{LF}}}) \\ \hline y_i - \sum_{j=1}^{m+1} \lambda_j g_j(\boldsymbol{x}_i) \end{bmatrix}$$

$$= \left[\begin{array}{c|c} \boldsymbol{\Phi}_{((1:N_{\mathrm{LF}})\backslash i,\,(1:N_{\mathrm{LF}})\backslash i)} & \boldsymbol{\Phi}_{((1:N_{\mathrm{LF}})\backslash i,\,i)} \\ \hline \boldsymbol{\Phi}_{(i,\,(1:N_{\mathrm{LF}})\backslash i)} & \phi_i(\boldsymbol{x}_i,\boldsymbol{x}_i) \end{array} \right]^{-1} \left[\begin{array}{c} \widehat{\boldsymbol{Y}}_{-i} \\ \widehat{y}_i \end{array} \right]$$

$$= \left[\begin{array}{c|c} \boldsymbol{\Psi}_{((1:N_{\mathrm{LF}})\backslash i,\,(1:N_{\mathrm{LF}})\backslash i)} & \boldsymbol{\Psi}_{((1:N_{\mathrm{LF}})\backslash i,\,i)} \\ \hline \boldsymbol{\Psi}_{(i,\,(1:N_{\mathrm{LF}})\backslash i)} & \boldsymbol{\Psi}_{(i,i)} \end{array} \right] \left[\begin{array}{c} \widehat{\boldsymbol{Y}}_{-i} \\ \widehat{y}_i \end{array} \right]$$

(7.13)

其中，$(1:N_{\mathrm{LF}})\backslash i$ 表示 1 到 N_{LF} 中去除 i 的数列；$\widehat{y}_i = y_i - \sum_{j=1}^{m+1} \lambda_j g_j(\boldsymbol{x}_i)$；$\widehat{\boldsymbol{Y}}_{-i} = [\widehat{y}_k]_{k=1,k\neq i}^{N_{\mathrm{LF}}}$，$\boldsymbol{\Psi} = \boldsymbol{\Phi}^{-1}$。

为表述方便，分别记 $\boldsymbol{\Phi}_{\mathrm{A}} = \boldsymbol{\Phi}_{((1:N_{\mathrm{LF}})\backslash i,\,(1:N_{\mathrm{LF}})\backslash i)}$、$\boldsymbol{\Phi}_{\mathrm{B}} = \boldsymbol{\Phi}_{((1:N_{\mathrm{LF}})\backslash i,\,i)}$、$\boldsymbol{\Phi}_{\mathrm{C}} = \boldsymbol{\Phi}_{(i,\,(1:N_{\mathrm{LF}})\backslash i)}$、$\boldsymbol{\Psi}_{\mathrm{A}} = \boldsymbol{\Psi}_{((1:N_{\mathrm{LF}})\backslash i,\,(1:N_{\mathrm{LF}})\backslash i)}$、$\boldsymbol{\Psi}_{\mathrm{B}} = \boldsymbol{\Psi}_{((1:N_{\mathrm{LF}})\backslash i,\,i)}$、$\boldsymbol{\Psi}_{\mathrm{C}} = \boldsymbol{\Psi}_{(i,\,(1:N_{\mathrm{LF}})\backslash i)}$。

需要明确的是，基于训练样本集 $\{D_{\mathrm{LF}} \backslash \boldsymbol{x}_i\}$ 建立的近似模型 $\{\widehat{y}_{-i}(\boldsymbol{x}|D_{\mathrm{LF}} \backslash \boldsymbol{x}_i)\}_{i=1}^{N_{\mathrm{LF}}}$ 与 $\widehat{y}_{\mathrm{LF}}(\boldsymbol{x}|D_{\mathrm{LF}})$ 的形状参数 $\{c_j\}_{j=1,j\neq i}^{N_{\mathrm{LF}}}$ 和回归系数 $\{\lambda_j\}_{j=1}^{m+1}$ 理应不尽相同。然而，考虑在多保真度近似优化中，低保真度训练样本点数量众多，仅舍去某一样本点建立的近似模型 $\{\widehat{y}_{-i}(\boldsymbol{x}|D_{\mathrm{LF}} \backslash \boldsymbol{x}_i)\}_{i=1}^{N_{\mathrm{LF}}}$ 在样本点 $\{D_{\mathrm{LF}} \backslash \boldsymbol{x}_i\}$ 附近区域理应具有相近的模型响应特性，因此对应样本点 $\{D_{\mathrm{LF}} \backslash \boldsymbol{x}_i\}$ 的形状参数 $\{c_j\}_{j=1,j\neq i}^{N_{\mathrm{LF}}}$ 和回归系数 $\{\lambda_j\}_{j=1}^{m+1}$ 亦将近似相同。基于此认识，并为简化推导过程，假定近似模型 $\{\widehat{y}_{-i}(\boldsymbol{x}|D_{\mathrm{LF}} \backslash \boldsymbol{x}_i)\}_{i=1}^{N_{\mathrm{LF}}}$ 的形状参数 $\{c_j\}_{j=1,j\neq i}^{N_{\mathrm{LF}}}$ 和回归系数 $\{\lambda_j\}_{j=1}^{m+1}$ 与 $\widehat{y}_{\mathrm{LF}}(\boldsymbol{x}|D_{\mathrm{LF}})$ 对应相同。

进而，基于低保真度训练样本集 $S_{\mathrm{LF},-i} = S_{\mathrm{LF}} \backslash [\boldsymbol{x}_i, y_i]$ 建立的近似模型 $\widehat{y}_{-i}(\boldsymbol{x}|D_{\mathrm{LF}} \backslash \boldsymbol{x}_i)$，可将权重系数 $\widetilde{\boldsymbol{\omega}}_{-i}$ 通过下式确定，即

$$\widetilde{\boldsymbol{\omega}}_{-i} = \boldsymbol{\Phi}_{\mathrm{A}}^{-1} \widehat{\boldsymbol{Y}}_{-i} \tag{7.14}$$

注意到

$$\boldsymbol{\Phi}^{-1} = \begin{bmatrix} \boldsymbol{\Phi}_{\mathrm{A}} & \boldsymbol{\Phi}_{\mathrm{B}} \\ \boldsymbol{\Phi}_{\mathrm{C}} & \phi_i(\boldsymbol{x}_i) \end{bmatrix}^{-1} = \begin{bmatrix} \boldsymbol{\Psi}_{\mathrm{A}} & \boldsymbol{\Psi}_{\mathrm{B}} \\ \boldsymbol{\Psi}_{\mathrm{C}} & \boldsymbol{\Psi}_{(i,i)} \end{bmatrix} \tag{7.15}$$

其中

$$\begin{cases} \boldsymbol{\Psi}_{\mathrm{A}} = \boldsymbol{\Phi}_{\mathrm{A}}^{-1} + \boldsymbol{\Phi}_{\mathrm{A}}^{-1} \boldsymbol{\Phi}_{\mathrm{B}} \boldsymbol{\Psi}_{(i,i)} \boldsymbol{\Phi}_{\mathrm{C}} \boldsymbol{\Phi}_{\mathrm{A}}^{-1} \\ \boldsymbol{\Psi}_{\mathrm{B}} = -\boldsymbol{\Phi}_{\mathrm{A}}^{-1} \boldsymbol{\Phi}_{\mathrm{B}} \boldsymbol{\Psi}_{(i,i)} \\ \boldsymbol{\Psi}_{\mathrm{C}} = -\boldsymbol{\Psi}_{(i,i)} \boldsymbol{\Phi}_{\mathrm{C}} \boldsymbol{\Phi}_{\mathrm{A}}^{-1} \\ \boldsymbol{\Psi}_{(i,i)} = (\phi_i(\boldsymbol{x}_i) - \boldsymbol{\Phi}_{\mathrm{C}} \boldsymbol{\Phi}_{\mathrm{A}}^{-1} \boldsymbol{\Phi}_{\mathrm{B}})^{-1} \end{cases} \tag{7.16}$$

进一步观察式(7.16)，可得

$$\boldsymbol{\Phi}_A^{-1} = \boldsymbol{\psi}_A - (\boldsymbol{\Phi}_A^{-1}\boldsymbol{\Phi}_B\boldsymbol{\psi}_{(i,i)})\boldsymbol{\psi}_{(i,i)}^{-1}(\boldsymbol{\psi}_{(i,i)}\boldsymbol{\Phi}_C\boldsymbol{\Phi}_A^{-1}) = \boldsymbol{\psi}_A - \boldsymbol{\psi}_B\boldsymbol{\psi}_{(i,i)}^{-1}\boldsymbol{\psi}_C \quad (7.17)$$

将式(7.17)代入式(7.14)，并结合式(7.13)，即可获得近似模型 $\hat{y}_{-i}(\boldsymbol{x}|D_{LF}\setminus\boldsymbol{x}_i)$ 在样本点 $\boldsymbol{x}_i$ 处的预测值，即

$$\begin{aligned}\hat{y}_{-i}(\boldsymbol{x}_i|D_{LF}\setminus\boldsymbol{x}_i) &= \boldsymbol{\Phi}_C\tilde{\boldsymbol{\omega}}_{-i} + \sum_{j=1}^{m+1}\lambda_j g_j(\boldsymbol{x}) \\ &= \boldsymbol{\Phi}_C(\boldsymbol{\psi}_A - \boldsymbol{\psi}_B\boldsymbol{\psi}_{(i,i)}^{-1}\boldsymbol{\psi}_C)\hat{\boldsymbol{Y}}_{-i} + \sum_{j=1}^{m+1}\lambda_j g_j(\boldsymbol{x})\end{aligned} \quad (7.18)$$

对式(7.18)作进一步变形，可得

$$\begin{aligned}&\hat{y}_{-i}(\boldsymbol{x}_i|D_{LF}\setminus\boldsymbol{x}_i) - \sum_{j=1}^{m+1}\lambda_j g_j(\boldsymbol{x}_i) \\ &= \boldsymbol{\Phi}_C(\boldsymbol{\psi}_A - \boldsymbol{\psi}_B\boldsymbol{\psi}_{(i,i)}^{-1}\boldsymbol{\psi}_C)\hat{\boldsymbol{Y}}_{-i} \\ &= [\boldsymbol{\Phi}_C \quad \phi_i(\boldsymbol{x}_i)]\begin{bmatrix}\boldsymbol{\psi}_A - \boldsymbol{\psi}_B\boldsymbol{\psi}_{(i,i)}^{-1}\boldsymbol{\psi}_C & \boldsymbol{0}\\ \boldsymbol{0} & \boldsymbol{0}\end{bmatrix}\begin{bmatrix}\hat{\boldsymbol{Y}}_{-i}\\ \hat{y}_i\end{bmatrix} \\ &= [\boldsymbol{\Phi}_C \quad \phi_i(\boldsymbol{x}_i)]\left(\begin{bmatrix}\boldsymbol{\psi}_A & \boldsymbol{\psi}_B\\ \boldsymbol{\psi}_C & \boldsymbol{\psi}_{(i,i)}\end{bmatrix} - \begin{bmatrix}\boldsymbol{\psi}_B\boldsymbol{\psi}_{(i,i)}^{-1}\boldsymbol{\psi}_C & \boldsymbol{\psi}_B\\ \boldsymbol{\psi}_C & \boldsymbol{\psi}_{(i,i)}\end{bmatrix}\right)\begin{bmatrix}\hat{\boldsymbol{Y}}_{-i}\\ \hat{y}_i\end{bmatrix} \\ &= [\boldsymbol{\Phi}_C \quad \phi_i(\boldsymbol{x}_i)]\left(\begin{bmatrix}\boldsymbol{\psi}_A & \boldsymbol{\psi}_B\\ \boldsymbol{\psi}_C & \boldsymbol{\psi}_{(i,i)}\end{bmatrix} - \begin{bmatrix}\boldsymbol{\psi}_B\\ \boldsymbol{\psi}_{(i,i)}\end{bmatrix}\boldsymbol{\psi}_{(i,i)}^{-1}[\boldsymbol{\psi}_C \quad \boldsymbol{\psi}_{(i,i)}]\right)\begin{bmatrix}\hat{\boldsymbol{Y}}_{-i}\\ \hat{y}_i\end{bmatrix}\end{aligned} \quad (7.19)$$

观察式(7.19)，注意到

$$[\boldsymbol{\Phi}_C \quad \phi_i(\boldsymbol{x}_i)]\left(\begin{bmatrix}\boldsymbol{\psi}_A & \boldsymbol{\psi}_B\\ \boldsymbol{\psi}_C & \boldsymbol{\psi}_{(i,i)}\end{bmatrix}\begin{bmatrix}\hat{\boldsymbol{Y}}_{-i}\\ \hat{y}_i\end{bmatrix}\right) = [\boldsymbol{\Phi}_C \quad \phi_i(\boldsymbol{x}_i)][\omega_1 \quad \cdots \quad \omega_{N_{LF}} \quad \omega_i] = \hat{y}_i \quad (7.20)$$

$$\left([\boldsymbol{\Phi}_C \quad \phi_i(\boldsymbol{x}_i)]\begin{bmatrix}\boldsymbol{\psi}_B\\ \boldsymbol{\psi}_{(i,i)}\end{bmatrix}\right)\boldsymbol{\psi}_{(i,i)}^{-1}\left([\boldsymbol{\psi}_C \quad \boldsymbol{\psi}_{(i,i)}]\begin{bmatrix}\hat{\boldsymbol{Y}}_{-i}\\ \hat{y}_i\end{bmatrix}\right) = \boldsymbol{\psi}_{(i,i)}^{-1}\omega_i \quad (7.21)$$

将式(7.20)和式(7.21)代入式(7.19)，可得

$$\hat{y}_{-i}(\boldsymbol{x}_i|D_{LF}\setminus\boldsymbol{x}_i) = \hat{y}_i - \boldsymbol{\psi}_{(i,i)}^{-1}\omega_i + \sum_{j=1}^{m+1}\lambda_j g_j(\boldsymbol{x}) = y_i - \boldsymbol{\psi}_{(i,i)}^{-1}\omega_i \quad (7.22)$$

最终，近似模型 $\hat{y}_{-i}(\boldsymbol{x}|D_{\mathrm{LF}} \setminus \boldsymbol{x}_i)$ 在已观测样本点 $\boldsymbol{x}_i$ 处的预测误差 $e_{\mathrm{LOOCV}}(\boldsymbol{x}_i)$ 为

$$e_{\mathrm{LOOCV}}(\boldsymbol{x}_i) = \left|\hat{y}_{-i}(\boldsymbol{x}_i|D_{\mathrm{LF}} \setminus \boldsymbol{x}_i) - y_i\right| = \left|\psi_{(i,i)}^{-1} \omega_i\right| \qquad (7.23)$$

其中，$\psi_{(i,i)}$ 为矩阵 $\boldsymbol{\psi}$ 第 i 个主对角元素。

由于矩阵 $\boldsymbol{\psi}$ 已在建立近似模型 $\hat{y}_{\mathrm{LF}}(\boldsymbol{x}|D_{\mathrm{LF}})$ 中求得，因此通过式(7.23)即可快速求得 LOOCV 误差，避免对 $\{\hat{y}_{-i}(\boldsymbol{x}|D_{\mathrm{LF}} \setminus \boldsymbol{x}_i)\}_{i=1}^{N_{\mathrm{LF}}}$ 的近似建模，提高计算效率。

类似地，当涉及多个近似模型 $\{\hat{g}_{i,\mathrm{LF}}(\boldsymbol{x})\}_{i=1}^{n_c}$ 时，为综合评估不同近似模型在第 i 个样本点 $\boldsymbol{x}_i$ 处的 LOOCV 误差，进一步给出式(7.24)所示的多响应系统预测误差评估准则，即

$$e_{\mathrm{mLOOCV}}(\boldsymbol{x}_i) = \sum_{j=1}^{n_c} \left|\psi_{(i,i)}^{g_j\,-1} \omega_i^{g_j} \Big/ g_{j,\mathrm{LF}}(\boldsymbol{x}_i)\right| \qquad (7.24)$$

其中，$\psi_{(i,i)}^{g_j}$ 为对应第 j 个近似模型 $\hat{g}_{j,\mathrm{LF}}$ 的矩阵 $\boldsymbol{\psi}$ 的第 i 个主对角元素；$\omega_i^{g_j}$ 为对应第 j 个近似模型 $\hat{g}_{j,\mathrm{LF}}$ 的第 i 个权重系数。

进而，新增低保真度样本点的确定问题可描述为

$$\boldsymbol{x}_{\mathrm{LFsup}} = \underset{\boldsymbol{x} \in C_{\mathrm{sensitive}}}{\arg\max} \|\boldsymbol{x} - \boldsymbol{x}_{\mathrm{sensitive}}\|, \quad \boldsymbol{x}_{\mathrm{sensitive}} = \underset{\boldsymbol{x}_i \in D_{\mathrm{LF}}}{\arg\max}\, e_{\mathrm{mLOOCV}}(\boldsymbol{x}_i) \qquad (7.25)$$

其中，$\boldsymbol{x}_{\mathrm{sensitive}}$ 为具有最大 mLOOCV 误差的已观测低保真度样本点；$C_{\mathrm{sensitive}}$ 为对应该样本点的泰森多边形。

至此，基于前述讨论，面向多响应系统的低保真度样本点序列采样 mLOOCV 可总结为以下步骤。

步骤 1，对算法进行初始化。记当前低保真度训练样本集为 S_{LF}，在第 k_{iter} 次迭代中，设定每轮迭代中低保真度样本点采样数为 $n_{\mathrm{LFresample}}$。

步骤 2，划分设计空间。基于低保真度样本点记 D_{LF} 及已获得的低保真度样本点对设计空间进行划分，并记划分后获得的泰森多边形为 $\{C_i\}_{i=1}^{N_{\mathrm{LF}}}$。

步骤 3，确定当前最需采样的泰森多边形区域。为识别当前最需采样的泰森多边形区域，首先基于式(7.24)计算所有已观测低保真度样本点 $\{\boldsymbol{x}_i\}_{i=1}^{N_{\mathrm{LF}}}$ 的 mLOOCV 误差 $e_{\mathrm{mLOOCV}} = [e_{\mathrm{mLOOCV}}(\boldsymbol{x}_i)]_{i=1}^{N_{\mathrm{LF}}}$；然后将这一系列预测误差值 $[e_{\mathrm{mLOOCV}}(\boldsymbol{x}_i)]_{i=1}^{N_{\mathrm{LF}}}$ 由高至低进行排序，选取前 $n_{\mathrm{LFresample}}$ 个具有高预测误差值的样本点 $\{\boldsymbol{x}_{i,\mathrm{sensitive}}\}_{i=1}^{n_{\mathrm{LFresample}}}$ 对应的泰森多边形 $\{C_{i,\mathrm{sensitive}}\}_{i=1}^{n_{\mathrm{LFresample}}}$ 作为当前最需采样的多边形区域。

步骤 4，确定新增低保真度采样点 $\{x_{\text{LFsup},i}\}_{i=1}^{n_{\text{LFresample}}}$。针对步骤 3 确定的泰森多边形 $\{C_{i,\text{sensitive}}\}_{i=1}^{n_{\text{LFresample}}}$，采用采样空间重构算法，以泰森多边形 $C_{i,\text{sensitive}}$ 中距离 $x_{i,\text{sensitive}}$ 适当远的随机点为新增低保真度采样点 $x_{\text{LFsup},i}$。为提高采样效率，可并行执行该过程，但是为避免在两个相邻泰森多边形 $C_{i,\text{sensitive}}$ 和 $C_{j,\text{sensitive}}$ 中确定的采样点 $x_{\text{LFsup},i}$ 和 $x_{\text{LFsup},j}$ 距离过近，需在采样完成后进行校验筛选。

步骤 5，进行算法终止判定。若已生成 $n_{\text{LFresample}}$ 个低保真度样本点，则采样过程结束；否则，转步骤 2。

7.3 基于搜索空间重构的多保真度序列近似优化算法

在应用多保真度近似模型进行集中力扩散舱段优化设计时，本节并不致力于提升多保真度近似模型在立方体域设计空间内的全局精度，而是侧重发现更多潜在最优区域并提升多保真度近似模型在该区域的预测精度。结合第 6 章的空间重构策略，发展一套适用于集中力扩散舱段优化设计的高效并行采样方法，进而提出基于搜索空间重构策略的多保真度序列近似优化算法（multi-fidelity sequential approximate optimization method based on space reconstruction strategy, MFSAOSR）。

7.3.1 高保真度样本点采样策略

1. 高保真度样本点开发采样

为获取更多满足性能约束和具有更轻结构质量的样本点，首先基于罚函数法对已观测的高保真度样本点 D_{HF} 进行性能评估，即

$$f_{\text{HFscore}}(\boldsymbol{x}) = M(\boldsymbol{x}) + \sum_{i=1}^{n_c} P_i \max(g_{i,\text{HF}}(\boldsymbol{x}) - \overline{g}_i, 0) \tag{7.26}$$

其中，P_i 为对应第 i 个性能约束的惩罚因子，通常为大数；$\overline{g}_i$ 为性能约束的设计值，即要求 $g_i(\boldsymbol{x}) - \overline{g}_i \leqslant 0$；$f_{\text{HFscore}}(\boldsymbol{x})$ 为基于罚函数法的性能评估值，值越小，表示 $\boldsymbol{x}$ 的性能越优。

进而，高保真度样本点开发采样准则可描述为

$$\boldsymbol{x}_{\text{HFexploit}} = \underset{\boldsymbol{x} \in \Omega_{\text{MFcons}}}{\arg\min} f_{\text{HFscore}}(\boldsymbol{x}) \tag{7.27}$$

其中，Ω_{MFcons} 表示重构后的搜索空间。

采用非精确 DE 算法求解上述优化问题，具体步骤如下。

步骤1，算法初始化。确定每轮迭代中需采样的高保真度开发采样点数量为$n_{\text{HFexploit}}$，精英种群为S_{HFelite}，采样算法最大迭代次数为G_{HFmax}，并记当前DE算法的迭代次数$G_{\text{HF}}=1$。

步骤2，种群初始化。对已观测高保真度样本点$\{\boldsymbol{x}_{\text{HF},i}\}_{i=1}^{N_{\text{HF}}}$进行优劣排序，选取前$N_{\text{HFelite}}$个样本点作为精英种群$S_{\text{HFelite}}$。以该精英种群$S_{\text{HFelite}}$为非精确DE算法的初始种群，并记$S_{\text{HFelite}}$中第$n_{\text{HFexploit}}$个最劣个体为$\boldsymbol{x}_{\text{HFworst},n_{\text{HFexploit}}}$，即

$$\boldsymbol{x}_{\text{HF},i} \succ \boldsymbol{x}_{\text{HF},j}, \quad f_{\text{HFscore}}(\boldsymbol{x}_{\text{HF},i}) < f_{\text{HFscore}}(\boldsymbol{x}_{\text{HF},j}) \tag{7.28}$$

步骤3，差分变异。以式(5.9)进行差分变异，生成当前第G_{HF}代N_{HFelite}个变异个体。

步骤4，交叉运算。采用式(5.10)~式(5.12)进行交叉运算，生成双子代竞争的$2N_{\text{HFelite}}$个实验样本个体$\{\boldsymbol{u}_{\text{HF},i}\}_{i=1}^{2N_{\text{HFelite}}}$。

步骤5，适应度计算及实验样本个体优劣排序。基于多保真度近似模型$\{\hat{g}_{i,\text{MF}}(\boldsymbol{x})\}_{i=1}^{n_c}$计算实验样本个体的性能评估值，即

$$\hat{f}_{\text{HFscore}}(\boldsymbol{u}_{\text{HF},i}) = M(\boldsymbol{u}_{\text{HF},i}) + \sum_{i=1}^{n_c} P_i \max(\hat{g}_{i,\text{MF}}(\boldsymbol{u}_{\text{HF},i}) - \overline{g}_i, 0) \tag{7.29}$$

进而，通过式(7.30)对实验样本个体$\{\boldsymbol{u}_{\text{HF},i}\}_{i=1}^{2N_{\text{HFelite}}}$进行优劣排序，即

$$\boldsymbol{u}_{\text{HF},i} \succ \boldsymbol{u}_{\text{HF},j}, \begin{cases} \hat{f}_{\text{HFscore}}(\boldsymbol{u}_{\text{HF},i}) < \hat{f}_{\text{HFscore}}(\boldsymbol{u}_{\text{HF},j}), & \boldsymbol{u}_{\text{HF},i}, \boldsymbol{u}_{\text{HF},j} \in \Omega_{\text{MFcons}}\text{或} \\ & \boldsymbol{u}_{\text{HF},i}, \boldsymbol{u}_{\text{HF},j} \notin \Omega_{\text{MFcons}} \\ \boldsymbol{u}_{\text{HF},i}, & \boldsymbol{u}_{\text{HF},i} \in \Omega_{\text{MFcons}}, \boldsymbol{u}_{\text{HF},j} \notin \Omega_{\text{MFcons}} \end{cases}$$
$$\tag{7.30}$$

步骤6，非精确搜索终止判定。从优至劣遍历实验样本个体$\{\boldsymbol{u}_{\text{HF},i}\}_{i=1}^{2N_{\text{HFelite}}}$，选取满足式(7.31)的实验样本个体，并转步骤7；否则，转步骤8。

$$\boldsymbol{u}_{\text{HF}} \succ \boldsymbol{x}_{\text{HFworst},n_{\text{HFexploit}}}, \quad d_{\min}(\boldsymbol{u}_{\text{HF}}, D_{\text{HFpotential}}) > d_{\min}(D_{\text{HF}}) \tag{7.31}$$

其中，$D_{\text{HFpotential}} = \{D_{\text{HF}}, \{\boldsymbol{x}_{\text{HFexploit},i}\}_{i=1}^{q_{\text{HFexploit}}}\}$，$q_{\text{HFexploit}}$为当前已生成的高保真度开发采样点数量。

步骤7，确定新增高保真度开发采样点$\{\boldsymbol{x}_{\text{HFexploit},i}\}_{i=1}^{n_{\text{HFexploit}}}$。以满足式(7.31)的实验样本个体为新增高保真度开发采样点，同时，若已生成$n_{\text{HFexploit}}$个高保真度

采样点，则算法终止；否则，转步骤 8。

步骤 8，种群更新。基于式 (7.30) 所示的优劣排序方式更新当前种群，令 $G_{HF} \leftarrow G_{HF} + 1$，并转步骤 3。若达到算法最大迭代次数，算法终止。

2. 高保真度样本点探索采样

在约束空间 Ω_{MFcons} 内确定高保真度探索采样点 $x_{HFexplore}$ 的问题可描述为

$$x_{HFeplore} = \underset{x \in \Omega_{MFcons}}{\arg\max} \left(\frac{\sum_{i=1}^{n_c} \dfrac{e_{DEVAUMF,i}(x)}{\hat{g}_{i,MF}(x)}}{\rho(x)} \right) \quad (7.32)$$

采用 mMIVDO 算法求解式 (7.32) 即可获得 $n_{HFexplore}$ 个高保真度探索采样点 $\{x_{HFexplore,i}\}_{i=1}^{n_{HFexplore}}$。需要明确的是，与式 (7.10) 不同，式 (7.32) 的搜索空间为约束空间 Ω_{MFcons}。在求解式 (7.11) 时，应选取泰森多边形 $C_{HFdesired}$ 与约束空间 Ω_{MFcons} 交集中距离高保真度样本点 $x_{HFsup,ODSSMF}$ 足够远的随机点作为高保真度探索采样点。

3. 低保真度样本点入选高保真度样本点策略

在一定条件下，集中力扩散舱段静力分析结果与后屈曲分析结果具有较好的一致性，因此在迭代优化过程中，采用后屈曲分析方法验证部分已生成的低保真度样本点，将在一定程度上有利于发现更多优质解。鉴于此，可从已观测的低保真度样本点集 D_{LF} 中遴选部分优质样本点进行后屈曲分析，并以此为高保真度样本点参与下一轮迭代优化。该过程可总结为如下步骤。

步骤 1，选取低保真度样本点。挑选低保真度样本点集 D_{LF} 中落入约束空间 Ω_{MFcons} 的样本点，并记为 D_{LFcons}。

步骤 2，评估低保真度样本点性能。计算多保真度近似模型 $\{\hat{g}_{i,MF}(x)\}_{i=1}^{n_c}$ 在样本点集 D_{LFcons} 处的预测值，并采用式 (7.29) 对其进行性能评估。

步骤 3，确定入选高保真度样本点的低保真度样本点。基于式 (7.33) 对样本点集 D_{LFcons} 的样本点进行优劣排序，并依次选取前 n_{LF2HF} 个使下式成立的低保真度样本点作为新的高保真度样本点，记为 $\{x_{LF2HF,i}\}_{i=1}^{n_{LF2HF}}$，即

$$d_{\min}(x_{LF}, D_{HFpotential}) > d_{\min}(D_{HF}) \quad (7.33)$$

其中，$D_{HFpotential} = \{D_{HF}, \{x_{HFexploit,i}\}_{i=1}^{n_{HFexploit}}, \{x_{HFexplore,i}\}_{i=1}^{n_{HFexplore}}, \{x_{LF2HF,i}\}_{i=1}^{t_{loop}}\}$，$t_{loop}$ 表

示选取低保真度样本点的循环次数。

7.3.2 低保真度样本点采样策略

1. 低保真度样本点开发采样

对低保真度近似模型 $\{\hat{g}_{i,\text{LF}}(\boldsymbol{x})\}_{i=1}^{n_\text{c}}$ 进行一定程度的开发采样，有利于提高多保真度近似模型对潜在最优区域的预测精度，进而指引多保真度序列近似优化算法搜索至更优解[103]。类似地，首先基于罚函数法对已观测低保真度样本点 D_LF 进行性能评估，即

$$f_{\text{LFscore}}(\boldsymbol{x}) = M(\boldsymbol{x}) + \sum_{i=1}^{n_\text{c}} P_i \max(g_{i,\text{LF}}(\boldsymbol{x}) - \bar{g}_i, 0) \qquad (7.34)$$

进而，低保真度样本点开发采样准则可描述为

$$\boldsymbol{x}_{\text{LFexploit}} = \underset{\boldsymbol{x} \in \Omega_{\text{MFcons}}}{\arg\min}\, f_{\text{LFscore}}(\boldsymbol{x}) \qquad (7.35)$$

基于非精确 DE 算法进行低保真度样本点开发采样的过程可归纳总结为如下步骤。

步骤 1，算法初始化。确定每轮迭代中需采样的低保真度开发采样点数量为 $n_{\text{LFexploit}}$，采样算法最大迭代次数为 G_{LFmax}，记当前 DE 算法迭代次数 $G_{\text{LF}} = 1$。

步骤 2，种群初始化。根据式 (7.36) 对已观测低保真度样本点 $\{\boldsymbol{x}_{\text{LF},i}\}_{i=1}^{N_{\text{LF}}}$ 进行优劣排序，选取前 N_{LFelite} 个样本点作为精英种群 S_{LFelite}。以该精英种群 S_{LFelite} 作为非精确 DE 算法的初始种群，即

$$\boldsymbol{x}_{\text{LF},i} \succ \boldsymbol{x}_{\text{LF},j}, \quad f_{\text{LFscore}}(\boldsymbol{x}_{\text{LF},i}) < f_{\text{LFscore}}(\boldsymbol{x}_{\text{LF},j}) \qquad (7.36)$$

步骤 3，差分变异。以式 (5.9) 进行差分变异，生成当前第 G_{LF} 代 N_{LFelite} 个变异个体。

步骤 4，交叉运算。采用式 (5.10)～式 (5.12) 进行交叉运算，生成双子代竞争的 $2N_{\text{LFelite}}$ 个实验样本个体 $\{\boldsymbol{u}_{\text{LF},i}\}_{i=1}^{2N_{\text{LFelite}}}$。

步骤 5，适应度计算及实验样本个体优劣排序。基于低保真度近似模型 $\{\hat{g}_{i,\text{LF}}(\boldsymbol{x})\}_{i=1}^{n_\text{c}}$ 计算实验样本个体的性能评估值，即

$$\hat{f}_{\text{LFscore}}(\boldsymbol{u}_{\text{LF},i}) = M(\boldsymbol{u}_{\text{LF},i}) + \sum_{i=1}^{n_\text{c}} P_i \max(\hat{g}_{i,\text{LF}}(\boldsymbol{u}_{\text{LF},i}) - \bar{g}_i, 0) \qquad (7.37)$$

进而，通过式对实验样本个体 $\{u_{\text{LF},i}\}_{i=1}^{2N_{\text{LFelite}}}$ 进行优劣排序，即

$$u_{\text{LF},i} \succ u_{\text{LF},j}, \begin{cases} \hat{f}_{\text{LFscore}}(u_{\text{LF},i}) < \hat{f}_{\text{LFscore}}(u_{\text{LF},j}), & u_{\text{LF},i}, u_{\text{LF},j} \in \Omega_{\text{MFcons}} \text{或} \\ & u_{\text{LF},i}, u_{\text{LF},j} \notin \Omega_{\text{MFcons}} \\ u_{\text{LF},i}, & u_{\text{LF},i} \in \Omega_{\text{MFcons}}, u_{\text{LF},j} \notin \Omega_{\text{MFcons}} \end{cases} \quad (7.38)$$

步骤 6，非精确搜索终止判定。从优至劣遍历实验样本个体 $\{u_{\text{LF},i}\}_{i=1}^{2N_{\text{LFelite}}}$，选取使式(7.39)成立的实验样本个体，并转步骤 7；否则，转步骤 8。

$$u_{\text{LF}} \succ x_{\text{HFworst},n_{\text{HFexploit}}}, \quad d_{\min}(u_{\text{LF}}, D_{\text{LFpotential}}) > d_{\min}(D_{\text{LF}}) \quad (7.39)$$

考虑低保真度模型和高保真度模型确定的最优区域可能并不一致，若仅在低保真度近似模型的潜在最优区域进行开发采样，可能无益于提高多保真度近似模型在其潜在最优区域的预测精度，因此 $u_{\text{LF}} \succ x_{\text{HFworst},n_{\text{HFexploit}}}$ 成立的条件为 $\hat{f}_{\text{HFscore}}(u_{\text{LF}}) < \hat{f}_{\text{HFscore}}(x_{\text{HFworst},n_{\text{HFexploit}}})$。

步骤 7，新增低保真度开发采样点 $\{x_{\text{LFexploit},i}\}_{i=1}^{n_{\text{LFexploit}}}$ 确定。以满足式(7.39)的实验样本个体为新增低保真度开发采样点，同时，若已生成 $n_{\text{LFexploit}}$ 个低保真度开发采样点，则算法终止；否则，转步骤 8。

步骤 8，种群更新。基于式(7.38)所示的优劣排序方式更新当前种群，令 $G_{\text{LF}} \leftarrow G_{\text{LF}} + 1$，并转步骤 3；若达到算法最大迭代次数，算法终止。

2. 低保真度样本点探索采样

提高不同低保真度近似模型 $\{\hat{g}_{i,\text{LF}}(x)\}_{i=1}^{n_c}$ 在约束空间 Ω_{MFcons} 内的精度有利于提升多保真度近似模型 $\{\hat{g}_{i,\text{MF}}(x)\}_{i=1}^{n_c}$ 在该区域的精度。为此，低保真度样本点探索采样准则可描述为

$$x_{\text{LFexplore}} = \underset{x \in C_{\text{sensitive}} \& x_i \in \Omega_{\text{MFcons}}}{\arg\max} \|x - x_{\text{sensitive}}\|, \quad x_{\text{sensitive}} = \underset{x_i \in D_{\text{LF}} \& x_i \in \Omega_{\text{MFcons}}}{\arg\max} e_{\text{mLOOCV}}(x_i) \quad (7.40)$$

采用 mLOOCV 求解上述优化问题即可获得 $n_{\text{LFexplore}}$ 个低保真度样本点。为进一步明确，该采样过程可总结为如下步骤。

步骤 1，算法初始化。记当前低保真度训练样本集为 D_{LF}，低保真度样本点探索采样数为 $n_{\text{LFexplore}}$，循环次数 $t_{\text{loop}} = 1$。

步骤 2，设计空间划分。基于低保真度样本点 D_{LF} 对设计空间进行划分，并记

划分后获得的泰森多边形为 $\{C_i\}_{i=1}^{N_{\text{LF}}}$。

步骤3，当前最需采样的泰森多边形区域确定。

步骤3.1，若约束空间 Ω_{cons} 内的已观测低保真度样本点数量大于等于 $n_{\text{LFexplore}}$，则将这些样本点对应的预测误差值 e_{mLOOCV} 由高至低排序，选取前 $n_{\text{LFexplore}}$ 个具有高预测误差值的样本点 $\{\boldsymbol{x}_{i,\text{sensitive}}\}_{i=1}^{n_{\text{LFexplore}}}$ 对应的泰森多边形 $\{C_{i,\text{sensitive}}\}_{i=1}^{n_{\text{LFexplore}}}$ 作为最需采样区域，并转步骤4；若约束空间 Ω_{cons} 内的已观测低保真度样本点数量小于 $n_{\text{LFexplore}}$，则转步骤3.2。

步骤3.2，适度放松约束 Ω_{cons}，使落入约束空间 Ω_{cons} 内的低保真度样本点数量为 $n_{\text{LFexplore}}$，并转步骤3.1。

步骤4，新增低保真度采样点 $\{\boldsymbol{x}_{\text{LFexplore},i}\}_{i=1}^{n_{\text{LFexplore}}}$ 确定。针对步骤3中确定的泰森多边形 $\{C_{i,\text{sensitive}}\}_{i=1}^{n_{\text{LFexplore}}}$，采用第3章介绍的采样空间重构算法，以泰森多边形 $C_{i,\text{sensitive}}$ 中距离 $\boldsymbol{x}_{i,\text{sensitive}}$ 足够远的随机点为新增低保真度样本点 $\boldsymbol{x}_{\text{LFexplore},i}$，并行执行该过程，直至获得 $n_{\text{LFexplore}}$ 个低保真度采样点。

7.3.3 搜索空间重构及无效样本点剔除策略

由于集中力扩散舱段结构质量 $M(\boldsymbol{x})$ 具有显式表达式，为避免遗漏潜在最优区域，以结构质量构建采样约束空间 Ω_{MFcons}，即

$$\Omega_{\text{MFcons}} = \begin{cases} \{\boldsymbol{x} \in X^m\}, & \min_{\boldsymbol{x}_i \in D_{\text{HF}}} (\max_{j=1,\cdots,n_c} (g_{j,\text{HF}}(\boldsymbol{x}_i) - \overline{g}_j)) > 0 \\ \left\{ \boldsymbol{x} \in X^m \middle| \begin{array}{l} M(\boldsymbol{x}) \leqslant \max[M(\boldsymbol{x}_{\text{HFworst},n_{\text{HFexploit}}}), \xi M(\boldsymbol{x}_{\text{HFbest}})], \\ \boldsymbol{x}_{\text{HFbest}} = \arg\min_{\boldsymbol{x}_i \in D_{\text{HF}}} f_{\text{HFscore}}(\boldsymbol{x}_i) \end{array} \right\}, & \text{其他} \end{cases}$$

(7.41)

其中，$\boldsymbol{x}_{\text{HFbest}}$ 为当前获得的满足性能约束且目标函数最小的高保真度样本点。

当 $\min_{\boldsymbol{x}_i \in D_{\text{HF}}} (\max_{j=1,\cdots,n_c} (g_{j,\text{HF}}(\boldsymbol{x}_i) - \overline{g}_j)) > 0$ 时，表明当前未搜索到可行解，此时采样空间为立方体设计域；当高保真度样本集 D_{HF} 中有可行解时，存在 $\boldsymbol{x}_{\text{HFworst},n_{\text{HFexploit}}}$ 为不可行解且相应结构质量低于当前最轻结构质量的情形。为避免搜索空间重构后导致该区域无一可行样本点，甚至无一已观测样本点，采用 $\max[M(\boldsymbol{x}_{\text{HFworst},n_{\text{HFexploit}}})$, $\xi M(\boldsymbol{x}_{\text{HFbest}})]$ 作为结构质量约束。随着优化迭代不断进行，高保真度样本点集中可行样本点的数量逐渐增多，质量约束值 $\max[M(\boldsymbol{x}_{\text{HFworst},n_{\text{HFexploit}}}), \xi M(\boldsymbol{x}_{\text{HFbest}})]$ 也不断减小，进而实现采样空间的不断重构。ξ 为质量缩放系数，经多次试算，研究中

该参数取 1.1。

特别地，由于每次迭代采样中，低保真度样本点采样数量相对较多，这将使低保真度训练样本点集的规模迅速攀升，极大地制约了近似建模效率。同时，由于结构质量远高于当前最优解结构质量的样本点无助于多保真度近似模型搜索至更优解，因此当高/低保真度样本点达到一定规模时，采用下式更新样本点，进而提高近似建模效率，即

$$\begin{cases} D_{\mathrm{HF}} = \{x_{\mathrm{HF},i} \in D_{\mathrm{HF}} \mid M(x_{\mathrm{HF},i}) \leqslant \xi M(x_{\mathrm{HFbest}})\} \\ D_{\mathrm{LF}} = \{x_{\mathrm{LF},i} \in D_{\mathrm{LF}} \mid M(x_{\mathrm{LF},i}) \leqslant \xi M(x_{\mathrm{HFbest}})\} \end{cases} \tag{7.42}$$

7.3.4 算法框架

基于搜索空间重构的 MFSAOSR 整体框架如图 7.1 所示。总体而言，MFSAOSR

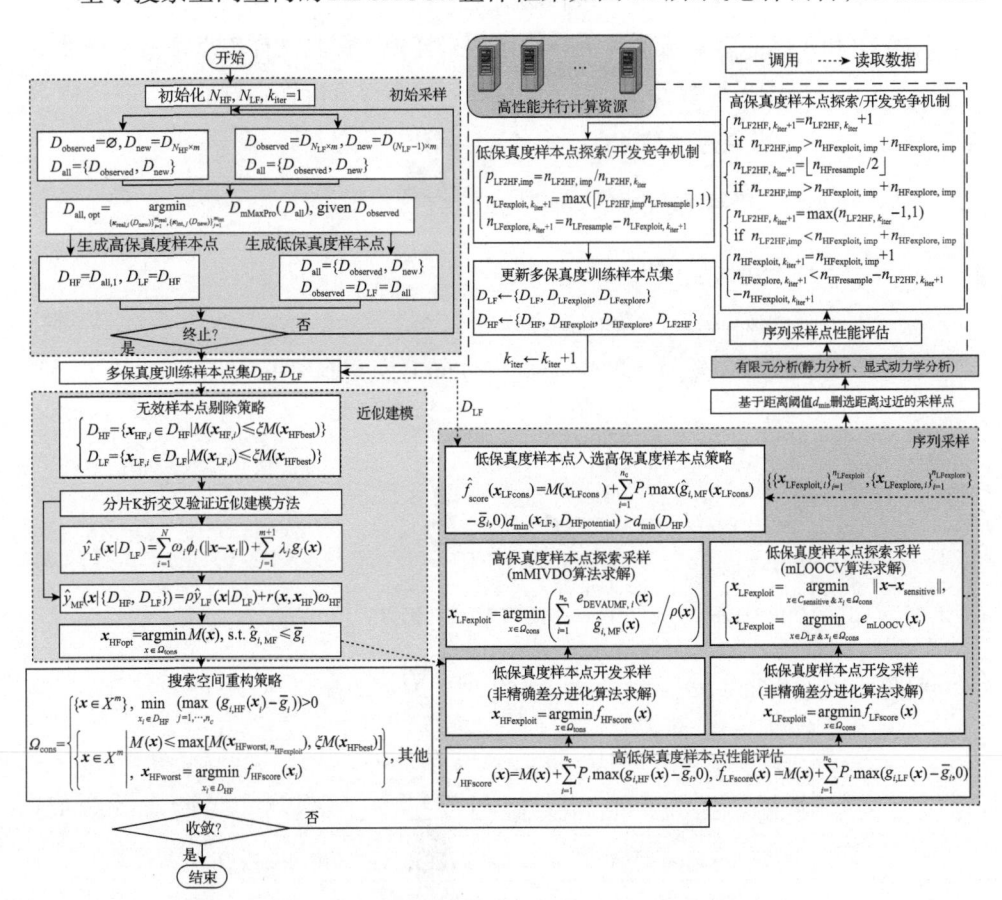

图 7.1 基于搜索空间重构的 MFSAOSR 整体框架

主要分为初始采样、多保真度近似建模、搜索空间重构模块、高/低保真度样本点序列采样和探索/开发采样竞争机制五个模块。具体地,MFSAOSR 首先通过混合整数序列填充算法生成高/低保真度初始样本点。然后,以多保真度近似模型为主干,在每轮迭代后通过序列采样方法确定多个新的高/低保真度样本点,进而更新多保真度近似模型进入下一轮迭代。同时,MFSAOSR 借助搜索空间重构策略和无效样本点剔除策略来提升近似建模效率和序列采样对加速算法收敛的促进作用。

鉴于探索/开发竞争采样机制在加筋圆柱壳序列近似优化中的优良表现,将其沿用至 MFSAOSR。具体来说,对于第 k_{iter} 次迭代中生成的高保真采样点 $\{\{x_{\text{HFexploit},i}\}_{i=1}^{n_{\text{HFexploit}}}, \{x_{\text{HFexplore},i}\}_{i=1}^{n_{\text{HFexplore}}}, \{x_{\text{LF2HF},i}\}_{i=1}^{n_{\text{LF2HF}}}\}$,当获得其高保真度模型响应后,基于式(7.26)和式(7.28)将其与 S_{HFelite} 中第 $n_{\text{HFexploit}}$ 个最劣个体 $x_{\text{HFworst},n_{\text{HFexploit}}}$ 进行优劣比较,并分别记开发采样策略、探索采样策略,以及低保真度样本点入选高保真度样本点策略获得优于 $x_{\text{HFworst},n_{\text{HFexploit}}}$ 的采样点数量分别为 $n_{\text{HFexploit,imp}}$、$n_{\text{HFexplore,imp}}$ 和 $n_{\text{LF2HF,imp}}$。进而,下一轮序列采样中高保真度样本点开发采样数量 $n_{\text{HFexploit},k_{\text{iter}}+1}$、探索采样数量 $n_{\text{HFexplore},k_{\text{iter}}+1}$ 和入选高保真度样本点的低保真度样本点数量 $n_{\text{LF2HF},k_{\text{iter}}+1}$ 可通过式(7.43)~式(7.45)确定。

当 $n_{\text{LF2HF,imp}} > n_{\text{HFexploit,imp}} + n_{\text{HFexplore,imp}}$ 时,有

$$\begin{cases} n_{\text{LF2HF},k_{\text{iter}}+1} = n_{\text{LF2HF},k_{\text{iter}}} + 1 \\ n_{\text{HFexploit},k_{\text{iter}}+1} = n_{\text{HFexploit,imp}} + 1 \\ n_{\text{HFexplore},k_{\text{iter}}+1} = n_{\text{HFresample}} - n_{\text{LF2HF},k_{\text{iter}}+1} - n_{\text{HFexploit},k_{\text{iter}}+1} \end{cases} \quad (7.43)$$

当 $n_{\text{LF2HF,imp}} = n_{\text{HFexploit,imp}} + n_{\text{HFexplore,imp}}$ 时,有

$$\begin{cases} n_{\text{LF2HF},k_{\text{iter}}+1} = \lfloor n_{\text{HFresample}}/2 \rfloor \\ n_{\text{HFexploit},k_{\text{iter}}+1} = n_{\text{HFexploit,imp}} + 1 \\ n_{\text{HFexplore},k_{\text{iter}}+1} = n_{\text{HFresample}} - n_{\text{LF2HF},k_{\text{iter}}+1} - n_{\text{HFexploit},k_{\text{iter}}+1} \end{cases} \quad (7.44)$$

当 $n_{\text{LF2HF,imp}} < n_{\text{HFexploit,imp}} + n_{\text{HFexplore,imp}}$ 时,有

$$\begin{cases} n_{\text{LF2HF},k_{\text{iter}}+1} = \max(n_{\text{LF2HF},k_{\text{iter}}} - 1, 1) \\ n_{\text{HFexploit},k_{\text{iter}}+1} = n_{\text{HFexploit,imp}} + 1 \\ n_{\text{HFexplore},k_{\text{iter}}+1} = n_{\text{HFresample}} - n_{\text{LF2HF},k_{\text{iter}}+1} - n_{\text{HFexploit},k_{\text{iter}}+1} \end{cases} \quad (7.45)$$

其中,$n_{\text{HFresample}}$ 为每轮序列采样中高保真度样本点的采样总数。

更新低保真度样本点目的是,辅助多保真度近似模型勘探并开发出更优解,因此下一轮序列采样中低保真度样本点开发采样数量 $n_{\text{LFexploit},k_{\text{iter}}+1}$ 和探索采样数量 $n_{\text{LFexplore},k_{\text{iter}}+1}$ 通过下式确定,即

$$\begin{cases} p_{\text{LF2HF,imp}} = n_{\text{LF2HF,imp}} / n_{\text{LF2HF},k_{\text{iter}}} \\ n_{\text{LFexploit},k_{\text{iter}}+1} = \max\left(\left\lceil p_{\text{LF2HF,imp}} \cdot n_{\text{LFresample}} \right\rceil, 1\right) \\ n_{\text{LFexplore},k_{\text{iter}}+1} = n_{\text{LFresample}} - n_{\text{LFexploit},k_{\text{iter}}+1} \end{cases} \quad (7.46)$$

其中,$n_{\text{LFresample}}$ 为每轮序列采样中低保真度样本点采样总数。

需特别指出的是,为满足高/低保真度样本点的嵌套特性,提高多保真度近似建模精度,需要计算高保真度采样点的低保真度模型响应,并参与下一轮的多保真度近似建模。当算法满足如下任一条件时,算法终止,即高保真度采样点有限元计算值和预测值误差小于 0.1%;序列采样达到最大迭代次数 $k_{\max}$。

7.4 基于多保真度近似模型的集中力扩散舱段优化设计

分别采用 MFSAOSR 和经典的 CoKriging-EIvf 方法[132]对集中力扩散舱段开展优化设计。当 $\Omega_{\text{cons}} = X^m$ 时,每次优化迭代不对空间进行重构,记该算法为 MFSAO。在优化过程中,初始训练样本点均为基于混合整数序列填充算法在立方体域生成的 100 个高保真度样本点和 800 个低保真度样本点,每次序列采样生成 10 个高保真度样本点、50 个低保真度样本点,算法最大迭代次数为 120 次。

如图 7.2 所示,在设定的最大迭代次数内,三种多保真度序列近似优化算法均趋于收敛,并且集中力扩散不均度均满足设计要求。总体而言,在迭代初期,本节提出的两种优化算法(MFSAO 和 MFSAOSR)相对 CoKriging-EIvf 方法表现出较为显著的搜索优势,仅用较少的迭代次数就可以获得质量更轻、集中力扩散性能更优的迭代优化结构。随着迭代继续,CoKriging-Eivf 方法表现出较为突出的局部搜索性能,结构质量和集中力扩散不均匀度均得到明显下降。同时,搜索空间重构策略在提升优化效率和精度方面的优势逐步凸显,MFSAOSR 表现出较为优越的优化搜索性能。

通过优化,MFSAOSR 获得的集中力扩散舱段的结构质量和集中力扩散不均匀度分别为 4109.22kg 和 0.189;MFSAO 方法获得的优化结构质量和集中力扩散不均匀度分别为 4231.5kg 和 0.176;CoKriging-EIvf 方法获得的优化结构质量和集中力扩散不均匀度分别为 4277.55kg 和 0.139。相对 CoKriging-EIvf 方法,MFSAOSR 和 MFSAO 方法获得的优化结构分别减重 168.33kg 和 46.05kg。同时,MFSAOSR

(a) 结构质量迭代曲线

(b) 集中力扩散不均匀度迭代曲线

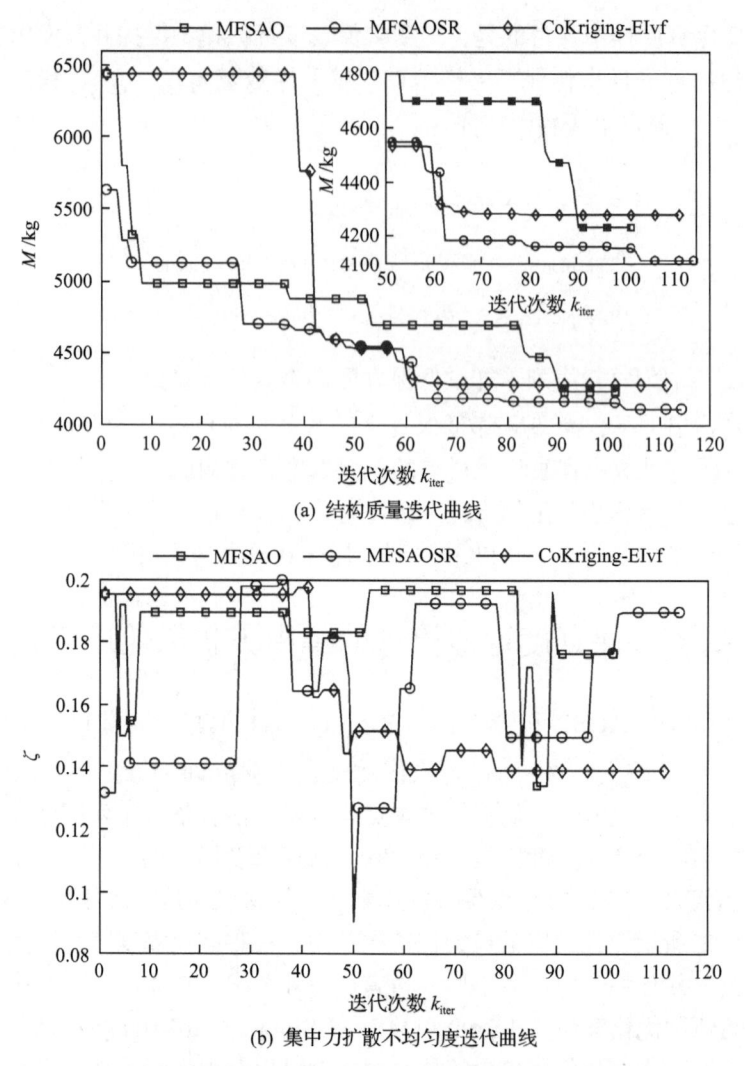

图 7.2 不同多保真度序列近似优化算法下集中力扩散结构优化迭代历程

获得的优化结构相比初始设计减重 1146.15kg(21.8%)，进一步说明基于搜索空间重构的多保真度序列近似方法(MFSAOSR)的有效性。与第 4 章获得的集中力扩散舱段最优结构对比可知，上述三种集中力扩散舱段优化结构在满足设计要求下，结构质量更轻，进一步减重达 247.17kg，有力凸显了多保真度序列近似方法在获得集中力扩散舱段更优结构形式方面具有显著优势。

表 7.1～表 7.4 分别给出上述三种集中力扩散舱段优化结构各个参数的优化设计对比。表 7.5 给出了三种集中力扩散舱段优化结构各构件质量及集中力扩散不均匀度对比。其中，CoKriging-EIvf 方法获得的优化结构中单个捆绑接头上方的主梁数量仅为 5 根。同时，相对 MFSAOSR 获得的优化结构，其余两种方法获得的优化

结构中副梁质量相对更高，集中力扩散性能也相对较优，这表明了副梁结构刚度与主梁刚度的匹配性设计对提升集中力扩散舱段载荷扩散性能的重要性，也进一步表明了集中力扩散舱段优化问题的多峰值特性，凸显了集中力扩散舱段结构设计的复杂性。

表 7.1　三种集中力扩散舱段优化结构蒙皮厚度优化设计对比

设计变量	MFSAOSR	MFSAO	CoKriging-EIvf	设计变量	MFSAOSR	MFSAO	CoKriging-EIvf
t_{patch1} /mm	8.12	9.40	8.50	t_{patch7} /mm	11.09	11.06	13.25
t_{patch2} /mm	2.55	2.25	1.58	t_{patch8} /mm	9.16	9.35	9.21
t_{patch3} /mm	8.33	7.51	7.69	t_{patch9} /mm	1.75	2.25	1.58
t_{patch4} /mm	6.01	5.17	5.67	t_{patch10} /mm	2.96	2.04	2.12
t_{patch5} /mm	9.96	9.75	8.63	t_{patch11} /mm	2.69	2.28	1.83
t_{patch6} /mm	14.13	12.96	10.87	t_{patch12} /mm	1.92	2.23	2.62

表 7.2　三种集中力扩散舱段优化结构变截面主梁优化设计对比

设计变量	MFSAOSR	MFSAO	CoKriging-EIvf	设计变量	MFSAOSR	MFSAO	CoKriging-EIvf
w_{zl1} /mm	95.11	90.48	50.13	n_{zl}	8	7	5
t_{zl1} /mm	7.26	4.88	10.84	η_{yyw}	0.48	0.60	0.47
w_{zl2} /mm	24.73	31.43	32.31	η_{upw}	0.68	0.49	0.54
t_{zl2} /mm	4.86	4.18	7.42	η_{fbh}	0.46	0.80	0.52
h_{zl3} /mm	57.05	58.98	65.28	η_{fbt}	0.75	0.45	0.51
t_{zl3} /mm	8.77	6.05	9.86				

表 7.3　三种集中力扩散舱段优化结构副梁桁条优化设计对比

设计变量	MFSAOSR	MFSAO	CoKriging-EIvf	设计变量	MFSAOSR	MFSAO	CoKriging-EIvf
w_{fl1} /mm	50.26	76.47	41.30	λ_1^{fl}	1.03	0.94	1.13
t_{fl1} /mm	4.02	3.28	3.00	λ_2^{fl}	0.99	0.83	1.04
w_{fl2} /mm	22.75	25.18	33.76	w_{ht1} /mm	42.10	44.21	41.07
t_{fl2} /mm	3.69	5.17	6.83	t_{ht1} /mm	6.79	4.12	3.62
h_{fl3} /mm	60.12	71.73	59.57	h_{ht2} /mm	42.90	50.33	43.08
t_{fl3} /mm	3.42	4.64	3.34	t_{ht2} /mm	3.64	3.33	5.04
n_{fl1}	5	5	5	n_{ht}	11	14	16
n_{fl2}	3	5	5	λ^{ht}	1.19	1.08	1.13

表 7.4　三种集中力扩散舱段优化结构中间框优化设计对比

设计变量	MFSAOSR	MFSAO	CoKriging-EIvf	设计变量	MFSAOSR	MFSAO	CoKriging-EIvf
a_{dk} /mm	71.45	46.32	40.01	t_{zjk1} /mm	3.24	3.32	3.86
b_{dk} /mm	130.81	124.85	100	t_{zjk2} /mm	5.13	4.60	5.53
c_{dk} /mm	4.52	3.96	2.92	h_1 /mm	10.14	35.93	5.69
d_{dk} /mm	4.71	4.70	7.53	h_2 /mm	715.49	716.92	689.27
a_{zjk} /mm	21.67	28.14	36.34	h_3 /mm	1066.42	756.35	1032.43
b_{zjk} /mm	113.29	118.44	163.60				

表 7.5　三种集中力扩散舱段优化结构各构件质量及集中力扩散不均匀度对比

类型	MFSAOSR	MFSAO	CoKriging-EIvf
蒙皮/kg	2664.67(64.84%)	2640.76(62.41%)	2544.15(59.47%)
主梁/kg	416.54(10.14%)	267.72(6.33%)	268.95(6.29%)
副梁/kg	308.70(7.51%)	611.78(14.45%)	475.12(11.11%)
桁条/kg	277.83(6.76%)	277.83(6.57%)	333.64(7.80%)
中间框/kg	286.01(6.96%)	305.66(7.22%)	487.49(11.40%)
端框/kg	155.47(3.78%)	127.73(3.02%)	168.19(3.93%)
总质量/kg	4109.22	4231.50	4277.55
$\zeta_{dynamic}$	0.189	0.176	0.139

注：括号里的数据为相应类型构件质量占总质量的百分比。

对上述三种优化结构进行后屈曲分析，其结构的应力云图分别如图 7.3 所示，轴向变形云图如图 7.4 所示。与第 4 章分析结果类似，三种优化结构在以两个捆绑接头为中心的放射状区域内，应力分布较为一致，并且在结构主扩散区域内均未发生稳定性失效。不同的是，本章获得的三种优化结构在非主扩散区域内综合变形量相对更小，并且非主扩散区发生屈曲变形的区域也相对更窄。如图 7.4 所示，三种优化结构轴向变形沿环向分布较为一致，表明三种结构不同位置的结构刚度具有较高的匹配性。

如图 7.5 所示，CoKriging-EIvf 方法获得的优化结构在捆绑接头两侧的副梁布置区域具有较高的承载性能，同时主梁布置区域与捆绑接头中间的副梁布置区域具有相近的承载性能，进而表现出相对较优的集中载荷扩散性能。

为进一步探究三种优化结构的极限承载性能，在捆绑接头支座上匀速施加 30mm 轴压位移直至结构发生整体压溃破坏，并提取模型的轴向支反力。如图 7.6 所示，MFSAOSR、MFSAO 和 CoKriging-EIvf 方法获得的优化结构单个捆绑接头对应的极限承载能力分别为 815×10^4N、880×10^4N 和 855×10^4N。相对第 4 章优化结果，本章获得的三种优化结构结构质量不但相对更小，而且极限承载能力更高，结构发生整体压溃时相对变形量更小。进一步表明，本章方法获得的集中力扩散

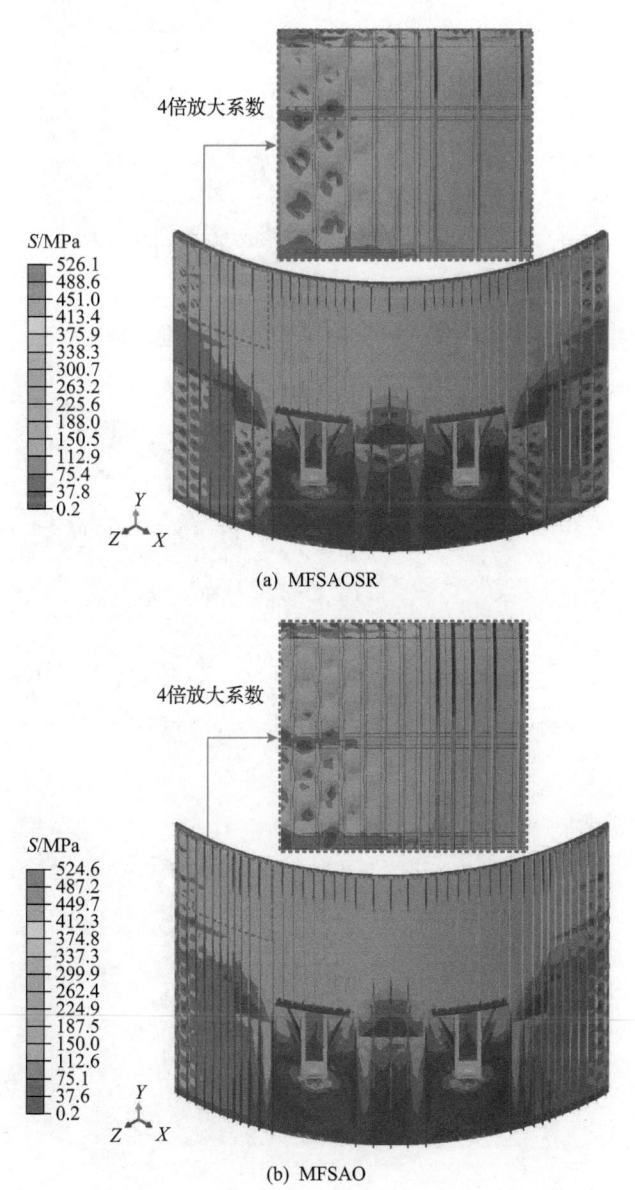

(a) MFSAOSR

(b) MFSAO

(c) CoKriging-EIvf

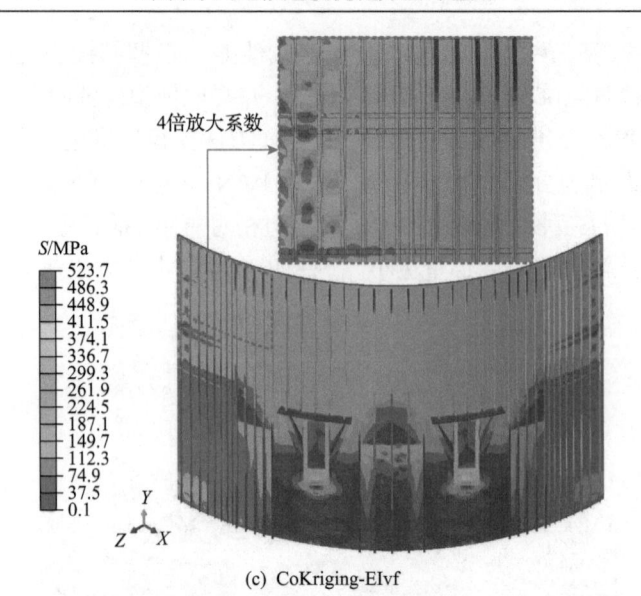

图 7.3 基于后屈曲分析的集中力扩散舱段优化结构应力云图

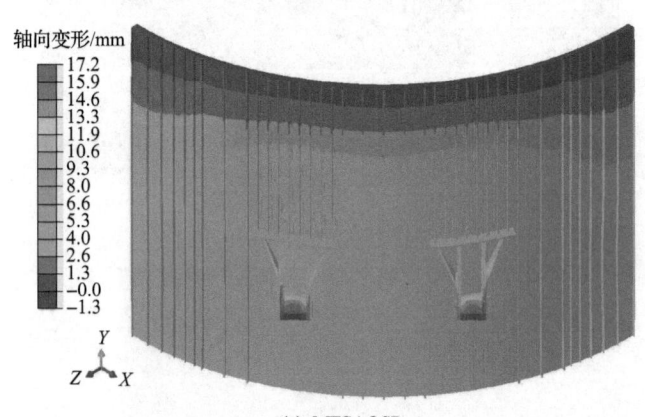

(a) MFSAOSR

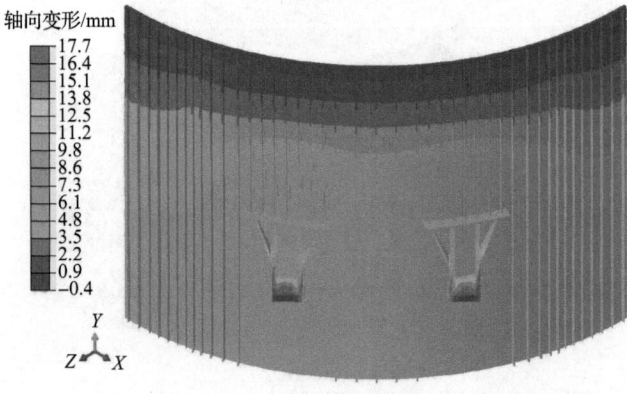

(b) MFSAO

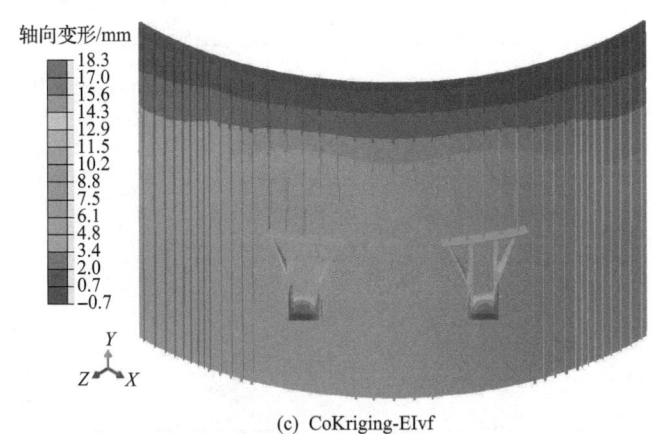

(c) CoKriging-EIvf

图 7.4　基于后屈曲分析的集中力扩散舱段优化结构轴向变形云图

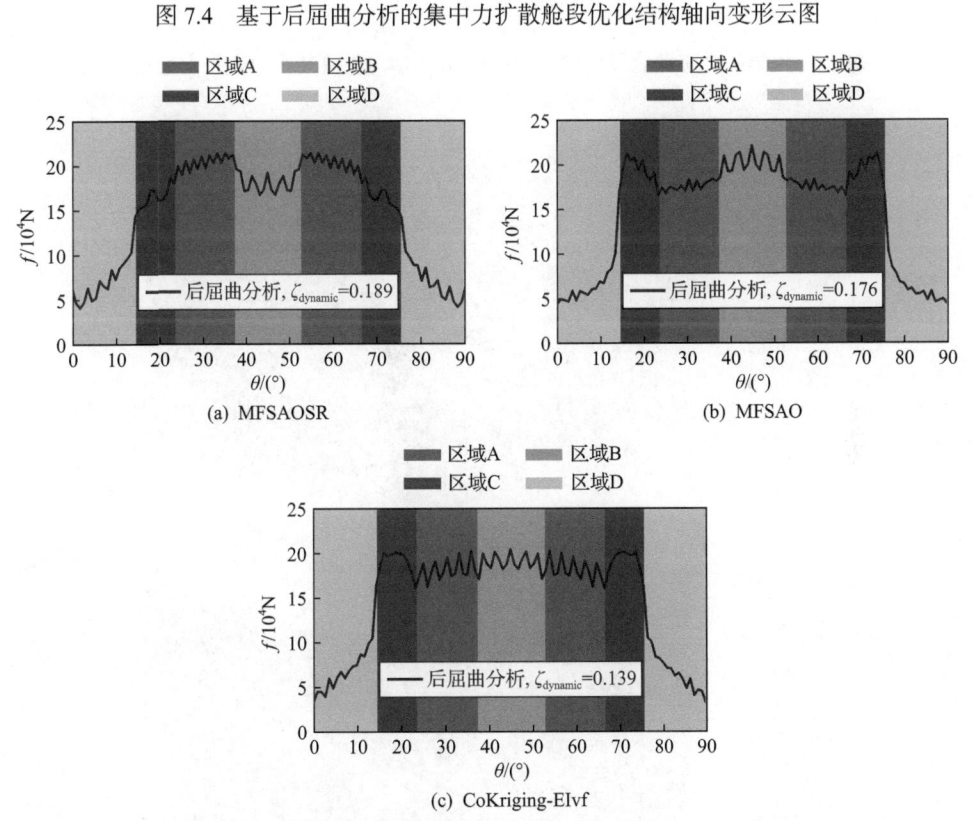

(a) MFSAOSR　　后屈曲分析，$\zeta_{dynamic}=0.189$

(b) MFSAO　　后屈曲分析，$\zeta_{dynamic}=0.176$

(c) CoKriging-EIvf　　后屈曲分析，$\zeta_{dynamic}=0.139$

图 7.5　基于后屈曲分析的Γ区域内节点轴向节点力曲线

舱段优化结构具有更为合理的承载特性。同时，当加载至 30mm 时，图 7.7 展示了三种优化结构的径向变形云图。由此可知，三种优化结构整体压溃后，主梁、副梁、桁条及其相应布置区域均发生整体压溃破坏，并且变形模式相似，均是主扩散区域在第一个和第二个中间框中发生较大幅度的径向变形和构件局部失稳。

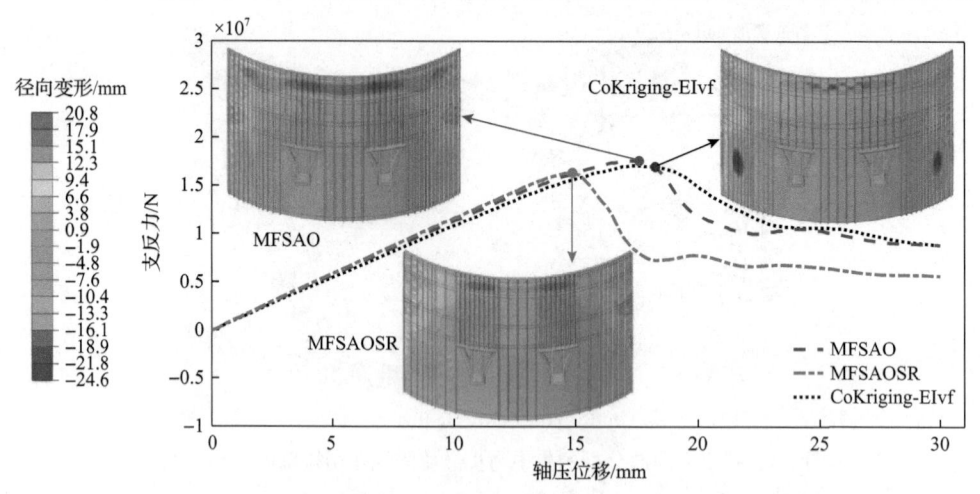

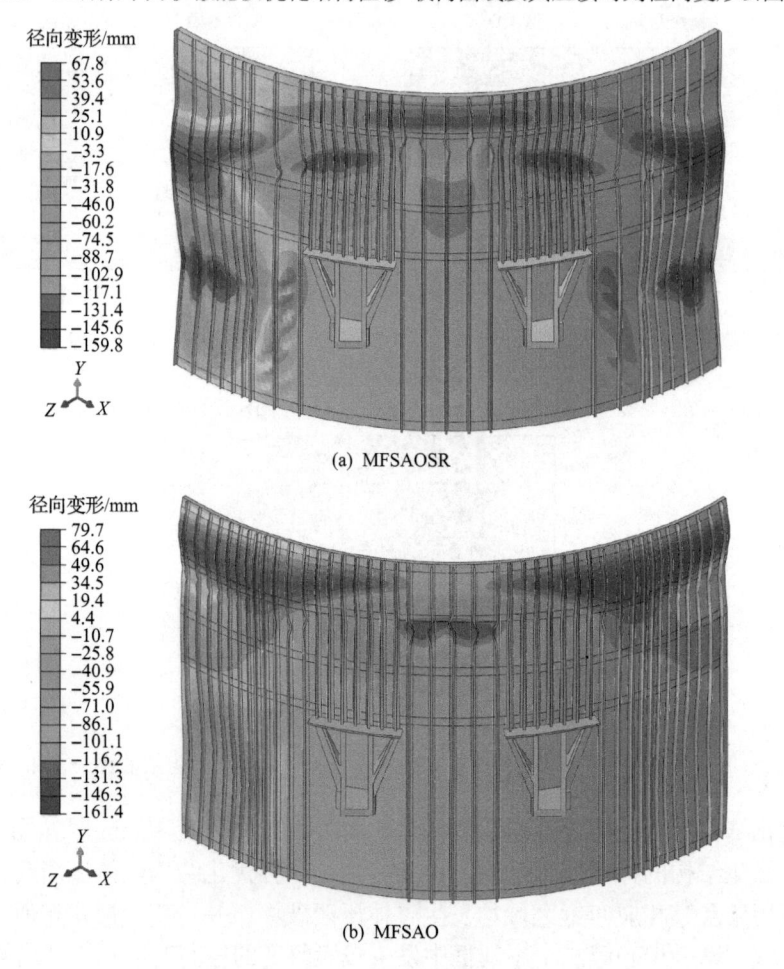

· 244 ·　　　　　　　　　结构序列近似建模优化方法与应用

图 7.6　三种集中力扩散舱段优化结构位移-载荷曲线及其压溃时刻径向变形云图

(a) MFSAOSR

(b) MFSAO

(c) CoKriging-EIvf

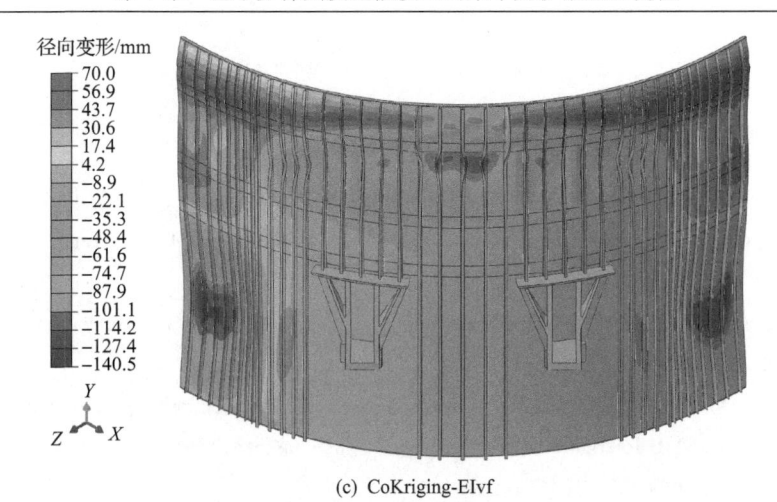

图 7.7 三种集中力扩散舱段优化结构加载至 30 mm 时径向变形云图

7.5 本章小结

本章结合集中力扩散舱段静力分析和后屈曲分析各自特点,提出基于搜索空间重构的多保真度序列近似优化算法,并开展集中力扩散舱段优化设计。本章主要研究工作和结论如下。

(1) 针对集中力扩散舱段轻量化设计中涉及众多性能约束优化难题,给出面向多响应系统的 mMIVDO 自适应采样算法,推导 ARBF 近似模型的 LOOCV 误差高效计算方法,给出面向多响应系统的 mLOOCV 自适应采样算法,进而建立面向多响应系统的多保真度序列近似模型。

(2) 针对集中力扩散舱段优化设计中高效并行序列采样难题,综合应用 mMIVDO 和 mLOOCV 自适应采样算法,提出 MFSAOSR,并开展集中力扩散舱段多保真度优化设计,获得结构质量为 4109.22kg 的优化结构,相比初始设计和第 4 章的优化结构分别减重 1146.15kg(21.8%) 和 247.17kg。与相关文献方法的对比结果也进一步凸显了 MFSAOSR 在优化效率和精度方面均具有显著优势。

参 考 文 献

[1] Zhou M, Rozvany G I N. The COC algorithm, part Ⅱ: Topological, geometrical and generalized shape optimization. Computer Methods in Applied Mechanics and Engineering, 1991, 89(1): 309-336.

[2] Bendsøe M P, Sigmund O. Material interpolation schemes in topology optimization. Archive of Applied Mechanics, 1999, 69(9): 635-654.

[3] Huang X, Xie Y M, Burry M C. A new algorithm for bi-directional evolutionary structural optimization. JSME International Journal Series C Mechanical Systems, Machine Elements and Manufacturing, 2006, 49(4): 1091-1099.

[4] 隋允康, 彭细荣. 结构拓扑优化 ICM 方法的改善. 力学学报, 2005, 37(2): 190-198.

[5] 彭细荣, 隋允康. 考虑破损-安全的连续体结构拓扑优化 ICM 方法. 力学学报, 2018, 50(3): 611-621.

[6] 隋允康, 叶红玲, 彭细荣, 等. 连续体结构拓扑优化应力约束凝聚化的 ICM 方法. 力学学报, 2007, 39(4): 554-563.

[7] 隋允康, 宣东海, 尚珍. 连续体结构拓扑优化的高精度逼近 ICM 方法. 力学学报, 2011, 43(4): 716-724.

[8] Lu H, Xie Y M. Reducing the number of different members in truss layout optimization. Structural and Multidisciplinary Optimization, 2023, 66(3): 52.

[9] Yang X Y, Xie Y M, Steven G P, et al. Bidirectional evolutionary method for stiffness optimization. AIAA Journal, 1999, 37(11): 1483-1488.

[10] Xie Y M, Steven G P. A simple evolutionary procedure for structural optimization. Computers and Structures, 1993, 49(5): 885-896.

[11] Xu T, Lin X, Xie Y M. Bi-directional evolutionary structural optimization with buckling constraints. Structural and Multidisciplinary Optimization, 2023, 66(4): 67.

[12] Li Y, Huang X, Xie Y M, et al. Evolutionary topology optimization of hinge-free compliant mechanisms. International Journal of Mechanical Sciences, 2014, 86: 69-75.

[13] Zhou Q, Shen W, Wang J, et al. Ameba: A new topology optimization tool for architectural design// Proceedings of IASS Annual Symposia, 2018: 1-8.

[14] Wang C, Xie Y M, Lin X, et al. A reaction diffusion-based B-spline level set (RDBLS) method for structural topology optimization. Computer Methods in Applied Mechanics and Engineering, 2022, 398: 115252.

[15] Xie Y M. Generalized topology optimization for architectural design. Architectural Intelligence, 2022, 1(1): 2.

[16] Wang M Y, Wang X, Guo D. A level set method for structural topology optimization. Computer Methods in Applied Mechanics and Engineering, 2003, 192(1): 227-246.

[17] van Dijk N P, Maute K, Langelaar M, et al. Level-set methods for structural topology optimization: A review. Structural and Multidisciplinary Optimization, 2013, 48(3): 437-472.

[18] 刘畅. 新颖结构与结构化材料优化设计的理论与方法研究. 大连: 大连理工大学, 2019.

[19] 周莹. 特征驱动的结构拓扑优化理论与方法研究. 西安: 西北工业大学, 2018.

[20] Xu Z, Zhang W H, Zhou Y, et al. Multiscale topology optimization using feature-driven method. Chinese Journal of Aeronautics, 2020, 33(2): 621-633.

[21] Zhu J H, Zhao Y B, Zhang W H, et al. Bio-inspired feature-driven topology optimization for rudder structure design. Engineered Science, 2019, 5: 46-55.

[22] Guo X, Zhang W, Zhong W. Doing topology optimization explicitly and geometrically—A new moving morphable components based framework. Journal of Applied Mechanics, 2014, 81(8): 112-123.

[23] Zhang W, Yuan J, Zhang J, et al. A new topology optimization approach based on moving morphable components(MMC) and the ersatz material model. Structural and Multidisciplinary Optimization, 2016, 53(6): 1243-1260.

[24] Zhang W, Li D, Yuan J, et al. A new three-dimensional topology optimization method based on moving morphable components(MMCS). Computational Mechanics, 2017, 59(4): 647-665.

[25] Guo X, Zhang W, Zhang J, et al. Explicit structural topology optimization based on moving morphable components(MMC) with curved skeletons. Computer Methods in Applied Mechanics and Engineering, 2016, 310: 711-748.

[26] Jiang X, Huo W, Liu C, et al. Explicit layout optimization of complex rib-reinforced thin-walled structures via computational conformal mapping(CCM). Computer Methods in Applied Mechanics and Engineering, 2023, 404: 115745.

[27] Jiang X, Liu C, Du Z, et al. A unified framework for explicit layout/topology optimization of thin-walled structures based on moving morphable components (MMC) method and adaptive ground structure approach. Computer Methods in Applied Mechanics and Engineering, 2022, 396: 115047.

[28] 尹益辉, 刘远东, 豆麟龙. 考虑材料非线性的结构拓扑优化研究综述. 重庆大学学报, 2016, 39(5): 34-38.

[29] 文桂林, 刘杰, 陈梓杰, 等. 非线性连续体拓扑优化算法综述. 力学学报, 2022, 54(10): 2659-2675.

[30] 阎军, 许琦, 张起伟, 等. 人工智能在结构拓扑优化领域的现状与未来趋势. 计算力学学报, 2021, 38(4): 412-422.

[31] Christensen P W, Klarbring A. An Introduction to Structural Optimization. Berlin: Springer,

2008.

[32] Beer G, Bordas S. Isogeometric Methods for Numerical Simulation. Berlin: Springer, 2015.

[33] Li K, Qian X. Isogeometric analysis and shape optimization via boundary integral. Computer-Aided Design, 2011, 43(11): 1427-1437.

[34] 刘宏亮, 祝雪峰, 杨迪雄. 基于等几何分析的结构优化设计研究进展. 固体力学学报, 2018, 39(3): 248-267.

[35] Wall W A, Frenzel M A, Cyron C. Isogeometric structural shape optimization. Computer Methods in Applied Mechanics and Engineering, 2008, 197(33): 2976-2988.

[36] 张升刚, 王彦伟, 黄正东. 等几何壳体分析与形状优化. 计算力学学报, 2014, 31(1): 115-119.

[37] Simpson R N, Bordas S P A, Trevelyan J, et al. A two-dimensional isogeometric boundary element method for elastostatic analysis. Computer Methods in Applied Mechanics and Engineering, 2012, 209: 87-100.

[38] Shaaban A M, Anitescu C, Atroshchenko E, et al. 3D isogeometric boundary element analysis and structural shape optimization for Helmholtz acoustic scattering problems. Computer Methods in Applied Mechanics and Engineering, 2021, 384: 113950.

[39] Chen L L, Lian H, Liu Z, et al. Structural shape optimization of three dimensional acoustic problems with isogeometric boundary element methods. Computer Methods in Applied Mechanics and Engineering, 2019, 355: 926-951.

[40] 郭旭, 顾元宪, 赵康. 广义变分原理的结构形状优化伴随法灵敏度分析. 力学学报, 2004, 36(3): 288-295.

[41] MacBain K M, Spillers W R. Structural Optimization. Berlin: Springer, 2009.

[42] 程耿东. 工程结构优化设计基础. 大连: 大连理工大学出版社, 2012.

[43] 胡嘉欣, 芮姝, 高瑞朝, 等. 飞行器结构布局与尺寸混合优化算法. 航空学报, 2022, 43(5): 225363.

[44] 郑帅, 王子涵, 赵浩然, 等. 基于差分进化算法的飞机油量传感器布局优化算法. 航空学报, 2022, 43(8): 125809.

[45] 郑志阳, 张阳, 张钊, 等. 基于 GA-SVR 的薄壁叶片辅助支撑布局优化算法. 航空学报, 2023, 44(4): 426805.

[46] 李芳, 凌道盛. 工程结构优化设计发展综述. 工程设计学报, 2002, 9(5): 229-234.

[47] Osaba E, Villar-Rodriguez E, Del Ser J, et al. A tutorial on the design, experimentation and application of metaheuristic algorithms to real-world optimization problems. Swarm and Evolutionary Computation, 2021, 64: 100888.

[48] Kashani A R, Camp C V, Rostamian M, et al. Population-based optimization in structural engineering: A review. Artificial Intelligence Review, 2022, 55(1): 345-452.

[49] 祖磊, 许辉, 张骞, 等. 基于多岛遗传算法的复合材料缠绕壳体封头分区补强优化. 复合材料学报, 2022, 39(7): 3616-3628.

[50] 杨惠珍, 刘西洋. 基于改进自适应小生境遗传算法的机械臂逆运动学求解. 西北工业大学学报, 2019, 37(3): 488-495.

[51] 武志峰. 差异演化算法及其应用研究. 北京: 北京交通大学, 2009.

[52] Wang C, Zhao Z, Zhou M, et al. A comprehensive review of educational articles on structural and multidisciplinary optimization. Structural and Multidisciplinary Optimization, 2021, 64(5): 2827-2880.

[53] Papadrakakis M, Lagaros N D, TsoMPanakis Y, et al. Large scale structural optimization: Computational methods and optimization algorithms. Archives of Computational Methods in Engineering, 2001, 8(3): 239-301.

[54] Cho I, Lee Y, Ryu D, et al. CoMParison study of sampling methods for computer experiments using various performance measures. Structural and Multidisciplinary Optimization, 2017, 55(1): 221-235.

[55] Crombecq K, Laermans E, Dhaene T. Efficient space-filling and non-collapsing sequential design strategies for simulation-based modeling. European Journal of Operational Research, 2011, 214(3): 683-696.

[56] Liu H T, Ong Y S, Cai J F. A survey of adaptive sampling for global metamodeling in support of simulation-based complex engineering design. Structural and Multidisciplinary Optimization, 2018, 57(1): 393-416.

[57] Fang K T, Lin D K J, Winker P, et al. Uniform design: Theory and application. Technometrics, 2000, 42(3): 237-248.

[58] Sagar P, Handa A. Wear resistance prediction model for magnesium metal composite by response surface methodology using central composite design. International Journal of Performability Engineering, 2020, 16(10): 1525-1534.

[59] Song H, Chung H, Nam K. Response surface modeling with box-behnken design for strontium removal from soil by calcium-based solution. Environmental Pollution, 2021, 274: 116577.

[60] Kotcioglu I, Cansiz A, Nasiri K M. Experimental investigation for optimization of design parameters in a rectangular duct with plate-fins heat exchanger by Taguchi method. Applied Thermal Engineering, 2013, 50(1): 604-613.

[61] Wang G G. Adaptive response surface method using inherited latin hypercube design points. Journal of Mechanical Design, 2003, 125(2): 210-220.

[62] Gebhardt C. Maximum entropy sampling. Journal of Applied Statistics 2015, 14(2): 165-170.

[63] Johnson M E, Moore L M, Ylvisaker D. Minimax and maximin distance designs. Journal of Statistical Planning and Inference, 1990, 26(2): 131-148.

[64] Morris M D, Mitchell T J. Exploratory designs for computational experiments. Journal of Statistical Planning and Inference, 1995, 43(3): 381-402.

[65] Husslage B G M, Rennen G, van Dam E R, et al. Space-filling latin hypercube designs for computer experiments. Optimization and Engineering, 2011, 12(4): 611-630.

[66] Hickernell F. A Generalized discrepancy and quadrature error bound. Mathematics of Computation, 1996, 67(221): 299-322.

[67] Montgomery D C, Loredo E N, Jearkpaporn D, et al. Experimental designs for constrained regions. Quality Engineering, 2002, 14(4): 587-601.

[68] Coetzer R, Haines L M. The construction of D- and I-optimal designs for mixture experiments with linear constraints on the components. Chemometrics and Intelligent Laboratory Systems, 2017, 171: 112-124.

[69] Heredia L A, Carlyle W M, Montgomery D C, et al. Genetic algorithms for the construction of D-optimal designs. Journal of Quality Technology, 2003, 35(1): 28-46.

[70] Stinstra E, den Hertog D, Stehouwer P, et al. Constrained maximin designs for computer experiments. Technometrics, 2003, 45(4): 340-346.

[71] Borkowski J J, Piepel G F. Uniform designs for highly constrained mixture experiments. Journal of Quality Technology, 2009, 41(1): 35-47.

[72] Chen R B, Li C H, Hung Y, et al. Optimal noncollapsing space-filling designs for irregular experimental regions. Journal of Computational and Graphical Statistics, 2019, 28(1): 74-91.

[73] Fuerle F, Sienz J. Decomposed surrogate based optimization of carbon-fiber bicycle frames using optimum latin hypercubes for constrained design spaces. Computers and Structures, 2013, 119: 48-59.

[74] Fuerle F, Sienz J. Formulation of the Audze-Eglais uniform latin hypercube design of experiments for constrained design spaces. Advances in Engineering Software, 2011, 42(9): 680-689.

[75] Draguljie D, Dean A M, Santner T J. Noncollapsing space-filling designs for bounded nonrectangular regions. Technometrics, 2012, 54(2): 169-178.

[76] Lekivetz R, Jones B. Fast flexible space-filling designs for nonrectangular regions. Quality and Reliability Engineering International, 2015, 31(5): 829-837.

[77] Piepel G F, Stanfill B A, Cooley S K, et al. Developing a space-filling mixture experiment design when the components are subject to linear and nonlinear constraints. Quality Engineering, 2019, 31(3): 463-472.

[78] Wang Y, Xu B, Sun G, et al. A two-phase differential evolution for uniform designs in constrained experimental domains. IEEE Transactions on Evolutionary Computation, 2017, 21: 665-680.

[79] Wu Z P, Wang D H, Wang W J, et al. Space-filling experimental designs for constrained design spaces. Engineering Optimization, 2018, (21): 1-14.

[80] Papilaand M, Haftka R T. Response surface approximations: Noise, error repair, and modeling errors. AIAA Journal, 2000, 38(12): 2336-2343.

[81] Gutmann H M. A radial basis function method for global optimization. Journal of Global Optimization, 2001, 19(3): 201-227.

[82] Montegranario H, Espinosa J. Radial basis functions. Acta Numerica, 2000, 9(5): 1-38.

[83] Kavuri S N, Venkatasubramanian V. Using fuzzy clustering with ellipsoidal units in neural networks for robust fault classification. Computers and Chemical Engineering, 1993, 17(8): 765-784.

[84] Handcock M S, Stein M L. A Bayesian analysis of Kriging. Technometrics, 1993, 35(4): 403-410.

[85] Wang L, Allen T T, Groeber M A. Tabu efficient global optimization with applications in additive manufacturing. Structural and Multidisciplinary Optimization, 2021, 63: 2811-2833.

[86] Raul V, Leifsson L. Surrogate-based aerodynamic shape optimization for delaying airfoil dynamic stall using Kriging regression and infill criteria. Aerospace Science and Technology, 2021, 111: 106555.

[87] Du D, He E, Li F, et al. Using the hierarchical Kriging model to optimize the structural dynamics of rocket engines. Aerospace Science and Technology, 2020, 107: 106248.

[88] 韩忠华. Kriging模型及代理优化算法研究进展. 航空学报, 2016, 37(11): 3197-3225.

[89] Vapnik V. The Nature of Statistical Learning Theory. New York: Springer, 1995.

[90] 龙腾, 刘建, Wang G G, 等. 基于计算实验设计与代理模型的飞行器近似优化策略探讨. 机械工程学报, 2016, 52(14): 79-105.

[91] 武泽平. 基于数值模拟的序列近似优化算法研究. 长沙: 国防科技大学, 2018.

[92] Haftka R T. Combining global and local approximations. AIAA Journal, 1991, 29(9): 1523-1525.

[93] Zheng J, Shao X, Gao L, et al. A hybrid variable-fidelity global approximation modelling method combining tuned radial basis function base and Kriging correction. Journal of Engineering Design, 2013, 24(8): 604-622.

[94] Gano S E, Renaud J E, Sanders B. Hybrid variable fidelity optimization by using a Kriging-based scaling function. AIAA Journal, 2005, 43(11): 2422-2433.

[95] Tian K, Li Z, Huang L, et al. Enhanced variable-fidelity surrogate-based optimization framework by Gaussian process regression and fuzzy clustering. Computer Methods in Applied Mechanics and Engineering, 2020, 366: 113045.

[96] 周奇, 杨扬, 宋学官, 等. 变可信度近似模型及其在复杂装备优化设计中的应用研究进展.

机械工程学报, 2020, 56: 219-245.

[97] 韩忠华, 许晨舟, 乔建领, 等. 基于代理模型的高效全局气动优化设计方法研究进展. 航空学报, 2020, 41(5): 25-65.

[98] Yoo K, Bacarreza O, Aliabadi M H F. A novel multi-fidelity modelling-based framework for reliability-based design optimisation of composite structures. Engineering with Computers, 2022, 38(1): 595-608.

[99] Zhang X, Xie F, Ji T, et al. Multi-fidelity deep neural network surrogate model for aerodynamic shape optimization. Computer Methods in Applied Mechanics and Engineering, 2021, 373: 113485.

[100] Hebbal A, Brevault L, Balesdent M, et al. Multi-fidelity modeling with different input domain definitions using deep Gaussian processes. Structural and Multidisciplinary Optimization, 2021, 63: 2267-2288.

[101] Guo Q, Hang J, Wang S, et al. Design optimization of variable stiffness composites by using multi-fidelity surrogate models. Structural and Multidisciplinary Optimization, 2021, 63(1): 439-461.

[102] Guo Q, Hang J, Wang S, et al. Buckling optimization of variable stiffness composite cylinders by using multi-fidelity surrogate models. Thin-Walled Structures, 2020, 156: 107014.

[103] Hao P, Feng S, Li Y, et al. Adaptive infill sampling criterion for multi-fidelity gradient-enhanced Kriging model. Structural and Multidisciplinary Optimization, 2020, 62(1): 353-373.

[104] Tian K, Li Z, Ma X, et al. Toward the robust establishment of variable-fidelity surrogate models for hierarchical stiffened shells by two-step adaptive updating approach. Structural and Multidisciplinary Optimization, 2020, 61: 1515-1528.

[105] Yoo K, Bacarreza O, Aliabadi M H F. Multi-fidelity robust design optimisation for composite structures based on low-fidelity models using successive high-fidelity corrections. Composite Structures, 2021, 259: 113477.

[106] Hu J, Zhang L, Lin Q, et al. A conservative multi-fidelity surrogate model-based robust optimization method for simulation-based optimization. Structural and Multidisciplinary Optimization, 2021, 64: 2525-2551.

[107] Han Z H, Görtz S, Zimmermann R. Improving variable-fidelity surrogate modeling via gradient-enhanced Kriging and a generalized hybrid bridge function. Aerospace Science and Technology, 2013, 25(1): 177-189.

[108] Song X, Lv L, Sun W, et al. A radial basis function-based multi-fidelity surrogate model: Exploring correlation between high-fidelity and low-fidelity models. Structural and Multidisciplinary Optimization, 2019, 60(3): 965-981.

[109] Zhou Q, Jiang P, Shao X, et al. A variable fidelity information fusion method based on radial basis function. Advanced Engineering Informatics, 2017, 32: 26-39.

[110] Zhou Q, Wang Y, Choi S K, et al. A sequential multi-fidelity metamodeling approach for data regression. Knowledge-Based Systems, 2017, 134: 199-212.

[111] Zhou Q, Wang Y, Jiang P, et al. An active learning radial basis function modeling method based on self-organization maps for simulation-based design problems. Knowledge-Based Systems, 2017, 131: 10-27.

[112] Jiang P, Xie T, Zhou Q, et al. A space mapping method based on gaussian process model for variable fidelity metamodeling. Simulation Modelling Practice and Theory, 2018, 81: 64-84.

[113] Bakr M H, Bandler J W, Biernacki R M, et al. A trust region aggressive space mapping algorithm for EM optimization. IEEE Transactions on Microwave Theory and Techniques, 1998, 46(12): 2412-2425.

[114] Bandler J W, Ismail M A, Rayas-Sanchez J E, et al. Neuromodeling of microwave circuits exploiting space-mapping technology. IEEE Transactions on Microwave Theory and Techniques, 1999, 47(12): 2417-2427.

[115] Bandler J W, Cheng Q S, Nikolova N K, et al. Implicit space mapping optimization exploiting preassigned parameters. IEEE Transactions on Microwave Theory and Techniques, 2004, 52(1): 378-385.

[116] Kennedy M C, O'Hagan A. Predicting the output from a complex computer code when fast approximations are available. Biometrika, 2000, 87(1): 1-13.

[117] Valenzuela del Río J E, Mavris D. Gaussian process surrogate model for levering similar trends across concepts. AIAA Journal, 2015, 53(4): 1002-1015.

[118] Forrester A I J, Sóbester A, Keane A J. Multi-fidelity optimization via surrogate modelling. Proceedings of the Royal Society A: Mathematical, Physical and Engineering Sciences, 2007, 463(2088): 3251-3269.

[119] Laurenceau J, Sagaut P. Building efficient response surfaces of aerodynamic functions with Kriging and Cokriging. AIAA Journal, 2008, 46(2): 498-507.

[120] Kuya Y, Takeda K, Zhang X, et al. Multifidelity surrogate modeling of experimental and computational aerodynamic data sets. AIAA Journal, 2011, 49(2): 289-298.

[121] Huang D, Allen T T, Notz W I, et al. Sequential Kriging optimization using multiple-fidelity evaluations. Structural and Multidisciplinary Optimization, 2006, 32(5): 369-382.

[122] Zimmermann R, Han Z H. Simplified cross-correlation estimation for multi-fidelity surrogate cokriging models. Advances and Applications in Mathematical Sciences, 2010, 7: 181-202.

[123] Han Z H, Zimmermann, Görtz S. Alternative CoKriging model for variable-fidelity surrogate modeling. AIAA Journal, 2012, 50(5): 1205-1210.

[124] Turner C J, Crawford R H, Campbell M I. Multidimensional sequential sampling for NURBS-based metamodel development. Engineering with Computers, 2007, 23(3): 155-174.

[125] Kim B, Lee Y, Choi D H. Construction of the radial basis function based on a sequential sampling approach using cross-validation. Journal of Mechanical Science and Technology, 2009, 23(12): 3357-3365.

[126] Sasena M J, Sasena M J, Parkinson M, et al. Improving an ergonomics testing procedure via approximation-based adaptive experimental design. Journal of Mechanical Design, 2005, 127(5): 1006-1013.

[127] Singh P, Deschrijver D, Dhaene T. A balanced sequential design strategy for global surrogate modeling// 2013 Winter Simulations Conference, 2013: 2172-2179.

[128] Liu H, Xu S, Ma Y, et al. An adaptive bayesian sequential sampling approach for global metamodeling. Journal of Mechanical Design, 2016, 138(1): 11404.

[129] Liu H T, Cai J F, Ong Y S. An adaptive sampling approach for Kriging metamodeling by maximizing expected prediction error. Computers and Chemical Engineering, 2017, 106: 171-182.

[130] Mo S X, Lu D, Shi X Q, et al. A Taylor expansion-based adaptive design strategy for global surrogate modeling with applications in groundwater modeling. Water Resources Research, 2017, 53(12): 10802-10823.

[131] Fuhg J N, Fau A, Nackenhorst U. State-of-the-art and coMParative review of adaptive sampling methods for Kriging. Archives of Computational Methods in Engineering, 2021, 28: 2689-2747.

[132] Zhang Y, Han Z H, Zhang K S. Variable-fidelity expected improvement method for efficient global optimization of expensive functions. Structural and Multidisciplinary Optimization, 2018, 58(4): 1431-1451.

[133] Jones D R, Schonlau M, Welch W J. Efficient global optimization of expensive black-box functions. Journal of Global Optimization, 1998, 13(4): 455-492.

[134] Wu Y, Lin Q, Zhou Q, et al. An adaptive space preselection method for the multi-fidelity global optimization. Aerospace Science and Technology, 2021, 113: 106728.

[135] Zhou Q, Rong Y, Shao X, et al. Optimization of laser brazing onto galvanized steel based on ensemble of metamodels. Journal of Intelligent Manufacturing, 2018, 29(7): 1417-1431.

[136] Zhou Q, Shao X, Jiang P, et al. An active learning variable-fidelity metamodelling approach based on ensemble of metamodels and objective-oriented sequential sampling. Journal of Engineering Design, 2016, 27(4-6): 205-231.

[137] Zhou Q, Shao X, Jiang P, et al. An adaptive global variable fidelity metamodeling strategy using a support vector regression based scaling function. Simulation Modelling Practice and

Theory, 2015, 59: 18-35.

[138] Zhou Q, Wang Y, Choi S K, et al. A robust optimization approach based on multi-fidelity metamodel. Structural and Multidisciplinary Optimization, 2018, 57(2): 775-797.

[139] Zhou Q, Wu J, Xue T, et al. A two-stage adaptive multi-fidelity surrogate model-assisted multi-objective genetic algorithm for computationally expensive problems. Engineering with Computers, 2021, 37(1): 623-639.

[140] Zhou Q, Wu Y, Guo Z, et al. A generalized hierarchical Co-Kriging model for multi-fidelity data fusion. Structural and Multidisciplinary Optimization, 2020, 62(4): 1885-1904.

[141] 王志祥, 武泽平, 王婕, 等. 大型运载火箭加筋柱壳近似建模方法. 宇航学报, 2020, 41(10): 1267-1279.

[142] Wang Z X, Lei Y J, Wu Z P, et al. Lightweight design of cylindrical stiffened shells in launch vehicles by a dual-elite population sequential approximation optimization approach. Engineering Optimization, 2021, 53(6): 984-1004.

[143] Song X, Sun G, Li G, et al. Crashworthiness optimization of foam-filled tapered thin-walled structure using multiple surrogate models. Structural and Multidisciplinary Optimization, 2013, 47(2): 221-231.

[144] Giselle Fernández-Godino M, Park C, Kim N H, et al. Issues in deciding whether to use multifidelity surrogates. AIAA Journal, 2019, 57(5): 2039-2054.

[145] Kidane S, Li G, Helms J, et al. Buckling load analysis of grid stiffened composite cylinders. Composites Part B: Engineering, 2003, 34(1): 1-9.

[146] Martinez O A, Sankar B V, Haftka R T, et al. Micromechanical analysis of composite corrugated-core sandwich panels for integral thermal protection systems. AIAA Journal, 2007, 45(9): 2323-2336.

[147] Lee C Y, Yu W. Homogenization and dimensional reduction of composite plates with in-plane heterogeneity. International Journal of Solids and Structures, 2011, 48(10): 1474-1484.

[148] Cheng G D, Cai Y W, Xu L. Novel implementation of homogenization method to predict effective properties of periodic materials. Acta Mechanica Sinica, 2013, 29(4): 550-556.

[149] Cai Y W, Xu L, Cheng G D. Novel numerical implementation of asymptotic homogenization method for periodic plate structures. International Journal of Solids and Structures, 2014, 51(1): 284-292.

[150] 王博, 田阔, 郑岩冰, 等. 超大直径网格加筋筒壳快速屈曲分析方法. 航空学报, 2017, 38(2): 178-186.

[151] Hao P, Wang B, Tian K, et al. Efficient optimization of cylindrical stiffened shells with reinforced cutouts by curvilinear stiffeners. AIAA Journal, 2016, 54(4): 1-14.

[152] Wang B, Tian K, Zhao H, et al. Multilevel optimization framework for hierarchical stiffened

[152] shells accelerated by adaptive equivalent strategy. Applied Composite Materials, 2017, 24(3): 575-592.

[153] Hughes O F, Ma M. Elastic tripping analysis of asymmetrical stiffeners. Computers and Structures, 1996, 60(3): 369-389.

[154] Paik J K, Thayamballi A K, Lee W H. A numerical investigation of tripping. Marine Structures, 1998, 11(4): 159-183.

[155] Seo J K, Song C H, Park J S, et al. Nonlinear structural behaviour and design formulae for calculating the ultimate strength of stiffened curved plates under axial compression. Thin-Walled Structures, 2016, 107: 1-17.

[156] 陈金睿, 陈普会, 孔斌, 等. 考虑筋条扭转弹性支持的轴压复合材料加筋板局部屈曲分析方法. 南京航空航天大学学报, 2017, 49(1): 76-82.

[157] Schilling J C, Mittelstedt C. Local buckling analysis of omega-stringer-stiffened composite panels using a new closed-form analytical approximate solution. Thin-Walled Structures, 2020, 147: 106534.

[158] Shiomitsu D, Yanagihara D. Elastic local shell and stiffener-tripping buckling strength of ring-stiffened cylindrical shells under external pressure. Thin-Walled Structures, 2020, 148: 106622.

[159] Zhou W, Shi Z, Li Y, et al. Elastic-plastic buckling analysis of stiffened panel subjected to global bending in forming process. Aerospace Science and Technology, 2021, 115: 106781.

[160] Song Z J, Xu M C, Moan T, et al. Dimensional and similitude analysis of stiffened panels under longitudinal compression considering buckling behaviours. Ocean Engineering, 2019, 187: 106188.

[161] Yondo R, Andrés E, Valero E. A review on design of experiments and surrogate models in aircraft real-time and many-query aerodynamic analyses. Progress in Aerospace Sciences, 2018, 96: 23-61.

[162] Hao P, Wang B, Tian K, et al. Integrated optimization of hybrid-stiffness stiffened shells based on sub-panel elements. Thin-Walled Structures, 2016, 103: 171-182.

[163] Hao P, Wang B, Li G. Surrogate-based optimum design for stiffened shells with adaptive sampling. AIAA Journal, 2012, 50(11): 2389-2407.

[164] Singh K, Kapania R K. Accelerated optimization of curvilinearly stiffened panels using deep learning. Thin-Walled Structures, 2021, 161: 107418.

[165] Dong X, Ding X, Li G, et al. Stiffener layout optimization of plate and shell structures for buckling problem by adaptive growth method. Structural and Multidisciplinary Optimization, 2020, 61(1): 301-318.

[166] Wang B, Wang Y, Tian K, et al. Global-local collaborative optimization method for stiffened

cylindrical shells with cutout. AIAA Journal, 2021, 59(8): 3173-3185.

[167] Liu H, Zhang Z, Li B, et al. Topology optimization of high frequency vibration problems using the EFEM-based approach. Thin-Walled Structures, 2021, 160: 107324.

[168] Chu S, Townsend S, Featherston C, et al. Simultaneous layout and topology optimization of curved stiffened panels. AIAA Journal, 2021, 59(7): 2768-2783.

[169] Zhou Y, Tian K, Xu S, et al. Two-scale buckling topology optimization for grid-stiffened cylindrical shells. Thin-Walled Structures, 2020, 151: 106725.

[170] 李增聪, 田阔, 赵海心. 面向多级加筋壳的高效变保真度代理模型. 航空学报, 2020, 41: 623435.

[171] Tian K, Ma X, Li Z, et al. A multi-fidelity competitive sampling method for surrogate-based stacking sequence optimization of composite shells with multiple cutouts. International Journal of Solids and Structures, 2020, 193-194: 1-12.

[172] 郝鹏. 面向新一代运载火箭的网格加筋柱壳结构优化研究. 大连: 大连理工大学, 2013.

[173] Wang B, Yang M, Zeng D, et al. Post-buckling behavior of stiffened cylindrical shell and experimental validation under non-uniform external pressure and axial compression. Thin-Walled Structures, 2021, 161: 107481.

[174] Hao P, Wang B, Tian K, et al. Fast procedure for non-uniform optimum design of stiffened shells under buckling constraint. Structural and Multidisciplinary Optimization, 2017, 55: 1503-1516.

[175] 陈献平, 鄢东洋, 姚瑞娟, 等. 轻质箭体结构优化设计. 导弹与航天运载技术, 2019, (2): 17-21.

[176] Merino J, Patzelt A, Steinacher A, et al. Ariane6-tanks and structures for the new European launcher. Deutscher Luft and Raumfahrtkongress, 2017: 450255.

[177] Xie X, Yang A, Wang Y, et al. Fully adaptive isogeometric topology optimization using MMC based on truncated hierarchical B-splines. Structural and Multidisciplinary Optimization, 2021, 63: 2869-2887.

[178] Wang R, Zhang X, Zhu B. A projective transformation-based topology optimization using moving morphable components. Computer Methods in Applied Mechanics and Engineering, 2021, 376: 113646.

[179] Talay E, Özkan C, Gürtaş E. Designing lightweight diesel engine alternator support bracket with topology optimization methodology. Structural and Multidisciplinary Optimization, 2021, 63: 2509-2529.

[180] Suresh S, Lindström S B, Thore C J, et al. Topology optimization for transversely isotropic materials with high-cycle fatigue as a constraint. Structural and Multidisciplinary Optimization, 2021, 63: 161-172.

[181] Chi H, Zhang Y, Tang T L E, et al. Universal machine learning for topology optimization. Computer Methods in Applied Mechanics and Engineering, 2021, 375: 112739.

[182] 牛飞, 王博, 程耿东. 基于拓扑优化技术的集中力扩散结构设计. 力学学报, 2012, 44(3): 528-536.

[183] 牛飞. 结构拓扑优化设计若干问题的建模、求解及解读. 大连: 大连理工大学, 2013.

[184] 张家鑫. 集中力扩散结构的优化设计. 大连: 大连理工大学, 2014.

[185] 张家鑫, 王博, 牛飞, 等. 分级型放射肋短壳结构集中力扩散优化设计. 计算力学学报, 2014, 31(2): 141-148.

[186] Zhang J, Wang B, Niu F, et al. Design optimization of connection section for concentrated force diffusion. Mechanics Based Design of Structures and Machines, 2015, 43(2): 209-231.

[187] 张晓颖, 李林生, 吴会强, 等. 薄壁贮箱集中力扩散研究. 强度与环境, 2016, 43(5): 38-44.

[188] Cao Y, Gu X, Zhu J, et al. Precise output loads control of load-diffusion components with topology optimization. Chinese Journal of Aeronautics, 2020, 33(3): 933-946.

[189] Lu H, Tyas A, Gilbert M, et al. On transmissible load formulations in topology optimization. Structural and Multidisciplinary Optimization, 2021, 64: 23-37.

[190] Gao T, Qiu L, Zhang W. Topology optimization of continuum structures subjected to the variance constraint of reaction forces. Structural and Multidisciplinary Optimization, 2017, 56(4): 755-765.

[191] Niu C, Zhang W, Gao T. Topology optimization of continuum structures for the uniformity of contact pressures. Structural and Multidisciplinary Optimization, 2019, 60(1): 185-210.

[192] Liu Q, Lomov S V, Gorbatikh L. Spatial distribution and orientation of nanotubes for suppression of stress concentrations optimized using genetic algorithm and finite element analysis. Materials and Design, 2018, 158: 136-146.

[193] Wang C, Zhu J, Wu M, et al. Multi-scale design and optimization for solid-lattice hybrid structures and their application to aerospace vehicle components. Chinese Journal of Aeronautics, 2021, 34(5): 386-398.

[194] 梅勇, 冯韶伟, 雷勇军, 等. 捆绑联接舱段集中力扩散结构优化设计. 机械设计与制造, 2016, (3): 200-203.

[195] 梅勇. 重型运载火箭捆绑传力路径与集中力扩散结构优化设计. 长沙: 国防科技大学, 2015.

[196] 李增聪, 田阔, 李红庆, 等. 面向集中力扩散的回转曲面加筋拓扑优化算法. 航空学报, 2021, 42(9): 224616.

[197] Savine F, Irisarri F X, Julien C, et al. A component-based method for the optimization of stiffener layout on large cylindrical rib-stiffened shell structures. Structural and

Multidisciplinary Optimization, 2021, 64: 1843-1861.

[198] 王志祥, 雷勇军, 段静波, 等. 重型运载火箭集中力扩散舱段多区域联合设计与优化. 航空学报, 2021, 43(3): 225135.

[199] Wang Z X, Lei Y J, Zhang D P, et al. Cooperatively coevolving simulated annealing for optimization design of the concentrated-force diffusion component. Thin-Walled Structures, 2021, 167: 108206.

[200] Joseph V R, Gul E, Ba S. Designing computer experiments with multiple types of factors: The maxpro approach. Journal of Quality Technology, 2020, 52(4): 343-354.

[201] Jin R C, Chen W, Sudjianto A. An efficient algorithm for constructing optimal design of computer experiments. Journal of Statistical Planning and Inference, 2005, 134(1): 268-287.

[202] Wu Z, Wang D, Okolo N P, et al. Efficient space-filling and near-orthogonality sequential latin hypercube for computer experiments. Computer Methods in Applied Mechanics and Engineering, 2017, 324: 348-365.

[203] Wu Z P, Wang D H, Patrick O N, et al. Unified estimate of gaussian kernel width for surrogate models. Neurocomputing, 2016, 203: 41-51.

[204] Ugray Z, Lasdon L, Plummer J, et al. Scatter search and local NLP solvers: A multistart framework for global optimization. Informs Journal on Computing, 2007, 19(3): 328-340.

[205] Wang Z X, Zhang D P, Lei Y J, et al. Constrained space-filling and non-collapsing sequential design of experiments and its application for the lightweight design of cylindrical stiffened shells. Structural and Multidisciplinary Optimization, 2021, 64: 3265-3286.

[206] 王志祥, 欧阳兴, 王斌, 等. 基于序列径向基函数的运载火箭蒙皮桁条结构轻质优化. 国防科技大学学报, 2021, 43(1): 57-65.

[207] Alex R. Clustering by fast search and find of density peaks. Science, 2014, 6191(344): 1492-1496.

[208] Tian K, Wang B, Zhang K, et al. Tailoring the optimal load-carrying efficiency of hierarchical stiffened shells by competitive sampling. Thin-Walled Structures, 2018, 133: 216-225.

[209] Esmaeilbeigi M, Hosseini M M. A new approach based on the genetic algorithm for finding a good shape parameter in solving partial differential equations by Kansa's method. Applied Mathematics and Computation, 2014, 249: 419-428.

[210] Fornberg B, Zuev J. The runge phenomenon and spatially variable shape parameters in RBF interpolation. Computers and Mathematics with Applications, 2007, 54(3): 379-398.

[211] Wang D, Wu Z, Fei Y, et al. Structural design employing a sequential approximation optimization approach. Computers and Structures, 2014, 134: 75-87.

[212] Kitayama S, Yamazaki K. Simple estimate of the width in Gaussian kernel with adaptive scaling technique. Applied Soft Computing, 2011, 11(8): 4726-4737.

[213] Mongillo M. Choosing basis functions and shape parameters for radial basis function methods. SIAM Undergraduate Research Online, 2011, 4(4): 190-209.

[214] Simpson T W, Mauery T M, Korte J J, et al. Kriging models for global approximation in simulation-based multidisciplinary design optimization. AIAA Journal, 2001, 39(12): 2233-2241.

[215] Teng L, Di W, Guo X, et al. Efficient adaptive response surface method using intelligent space exploration strategy. Structural and Multidisciplinary Optimization, 2015, 51(6): 1335-1362.

[216] Zhao L, Wang P, Song B, et al. An efficient Kriging modeling method for high-dimensional design problems based on maximal information coefficient. Structural and Multidisciplinary Optimization, 2020, 61(1): 39-57.

[217] Arlot S, Celisse A. A survey of cross-validation procedures for model selection. Statistics Surveys, 2010, 4: 40-79.

[218] Hastie T, Tibshirani R, Friedman J. The Elements of Statistical Learning. New York: Springer, 2001.

[219] Correia D, Wilke D N. Purposeful cross-validation: A novel cross-validation strategy for improved surrogate optimizability. Engineering Optimization, 2020, 53(9): 1558-1573.

[220] Zhang Q, Qian P Z G. Designs for crossvalidating approximation models. Biometrika, 2013, 100(4): 997-1004.

[221] Peng R, VeMPala S. Solving sparse linear systems faster than matrix multiplication. SODA, 2021,8: 504-521.

[222] Viana F, Haftka R, Steffen J V. Multiple surrogates: How cross-validation errors can help us to obtain the best predictor. Structural and Multidisciplinary Optimization, 2009, 39: 439-457.

[223] Jung Y. Multiple predicting K-fold cross-validation for model selection. Journal of Nonparametric Statistics, 2018, 30(1): 197-215.

[224] Joseph V R, Hung Y, Sudjianto A. Blind Kriging: A new method for developing metamodels. Journal of Mechanical Design, 2008, 130(3): 031102.

[225] Couckuyt I, Forrester A, Gorissen D, et al. Blind Kriging: Implementation and performance analysis. Advances in Engineering Software, 2012, 49: 1-13.

[226] Yao W, Chen X. A sequential radial basis function neural network modeling method based on partial cross validation error estimation// The Fifth International Conference on Natural Computation, 2009: 405-409.

[227] Yao W, Chen X, Tooren M V, et al. Euclidean distance and second derivative based widths optimization of radial basis function neural networks// International Joint Conference on Neural Networks, 2010:1123-1139.

[228] Jiang C, Cai X, Qiu H, et al. A two-stage support vector regression assisted sequential sampling

approach for global metamodeling. Structural and Multidisciplinary Optimization, 2018, 58(4): 1657-1672.

[229] 刘海涛. 基于近似模型的工程优化算法中相关问题研究及应用. 大连: 大连理工大学, 2016.

[230] Xu S, Liu H, Wang X, et al. A robust error-pursuing sequential sampling approach for global metamodeling based on Voronoi diagram and cross validation. Journal of Mechanical Design, 2014, 136(7): 71009.

[231] van Beek A, Tao S, Plumlee M, et al. Integration of normative decision-making and batch sampling for global metamodeling. Journal of Mechanical Design, 2020, 142(3): 31114.

[232] Aute V, Saleh K, Abdelaziz O, et al. Cross-validation based single response adaptive design of experiments for Kriging metamodeling of deterministic computer simulations. Structural and Multidisciplinary Optimization, 2013, 48(3): 581-605.

[233] Lam C Q. Sequential adaptive designs in computer experiments for response surface model fit. Ohio: The Ohio State University, 2008.

[234] Thenon A, Gervais V, Ravalec M L. Multi-fidelity meta-modeling for reservoir engineering-application to history matching. Computational Geosciences, 2016, 20(6): 1231-1250.

[235] Wullschleger L, Meyer P H R. Buckling of geometrically imperfect cylindrical shells-definition of a buckling load. International Journal of Non-Linear Mechanics, 2002, 37(4): 645-657.

[236] Jia Y H, Chen W N, Gu T, et al. Distributed cooperative co-evolution with adaptive computing resource allocation for large scale optimization. IEEE Transactions on Evolutionary Computation, 2018, 23(2): 188-202.

[237] 罗亚中. 空间最优交会路径规划策略研究. 长沙: 国防科学技术大学, 2007.

[238] Bartoli N, Lefebvre T, Dubreuil S, et al. Adaptive modeling strategy for constrained global optimization with application to aerodynamic wing design. Aerospace Science and Technology, 2019, 90: 85-102.

[239] 范书群, 戴政, 黄诚, 等. 大直径火箭半硬壳结构框-桁匹配性设计. 强度与环境, 2015, 42: 34-41.

[240] Qian J, Yi J, Cheng Y, et al. A sequential constraints updating approach for Kriging surrogate model-assisted engineering optimization design problem. Engineering with Computers, 2020, 36(3): 993-1009.

[241] Parr J M, Keane A J, Forrester A I J, et al. Infill sampling criteria for surrogate-based optimization with constraint handling. Engineering Optimization, 2012, 44(10): 1147-1166.

[242] Hao P, Wang B, Li G, et al. Surrogate-based optimization of stiffened shells including load-carrying capacity and imperfection sensitivity. Thin-Walled Structures, 2013, 72(15): 164-174.

[243] Wang B, Hao P, Li G, et al. Optimum design of hierarchical stiffened shells for low imperfection sensitivity. Chinese Journal of Theoretical and Applied Mechanics, 2014, 30(3): 391-402.

[244] Sobol' I M. Global sensitivity indices for nonlinear mathematical models and their Monte Carlo estimates. Mathematics and Computers in Simulation, 2001, 55(1): 271-280.

[245] Sobol' I M, Tarantola S, Gatelli D, et al. Estimating the approximation error when fixing unessential factors in global sensitivity analysis. Reliability Engineering and System Safety, 2007, 92(7): 957-960.

[246] Sobol' I M, Kucherenko S. A new derivative based importance criterion for groups of variables and its link with the global sensitivity indices. Computer Physics Communications, 2010, 181(7): 1212-1217.

[247] 肖思男, 吕震宙, 王薇. 不确定性结构全局灵敏度分析方法概述. 中国科学:物理学 力学 天文学, 2018, 48(1): 8-25.

[248] Morris M D, Moore L M, McKay M D. Sampling plans based on balanced incomplete block designs for evaluating the importance of computer model inputs. Journal of Statistical Planning and Inference, 2006, 136(9): 3203-3220.

[249] 武泽平. 序列近似优化算法及其应用研究. 长沙: 国防科学技术大学, 2013.

[250] Zhan D, Qian J, Cheng Y. Pseudo expected improvement criterion for parallel EGO algorithm. Journal of Global Optimization, 2017, 68(3): 641-662.

[251] He Y, Sun J, Song P, et al. Variable-fidelity hypervolume-based expected improvement criteria for multi-objective efficient global optimization of expensive functions. Engineering with Computers, 2022, 38(4): 3663-3689.

[252] He Y, Sun J, Song P, et al. Variable-fidelity expected improvement based efficient global optimization of expensive problems in presence of simulation failures and its parallelization. Aerospace Science and Technology, 2021, 111: 106572.

[253] Santos M J, Hosder S, West T K. Multifidelity modeling for efficient aerothermal prediction of deployable entry vehicles. Journal of Spacecraft and Rockets, 2020, 58(1): 110-123.